中国房地产估价师与房地产经纪人学会

地址：北京市海淀区首体南路 9 号主语国际 7 号楼 11 层

邮编：100048

电话：（010）88083151

传真：（010）88083156

网址：http：//www. cirea. org. cn

　　　http：//www. agents. org. cn

全国房地产估价师职业资格考试辅导教材

房地产制度法规政策

（2022）

中国房地产估价师与房地产经纪人学会　编写

赵鑫明　吕　萍　主编

中国建筑工业出版社

中国城市出版社

图书在版编目（CIP）数据

房地产制度法规政策. 2022 / 中国房地产估价师与
房地产经纪人学会编写；赵鑫明，吕萍主编. — 北京：
中国城市出版社，2022.8
全国房地产估价师职业资格考试辅导教材
ISBN 978-7-5074-3503-0

Ⅰ. ①房… Ⅱ. ①中… ②赵… ③吕… Ⅲ. ①房地产
法－中国－资格考试－教学参考资料 Ⅳ. ①D922.38

中国版本图书馆 CIP 数据核字（2022）第 139065 号

责任编辑：周方圆　封　毅
责任校对：张惠雯

全国房地产估价师职业资格考试辅导教材
房地产制度法规政策
（2022）
中国房地产估价师与房地产经纪人学会　编写
赵鑫明　吕　萍　主编

*

中国建筑工业出版社、中国城市出版社出版、发行（北京海淀三里河路 9 号）
各地新华书店、建筑书店经销
北京红光制版公司制版
北京云浩印刷有限责任公司印刷

*

开本：787 毫米×960 毫米　1/16　印张：24¾　字数：468 千字
2022 年 8 月第一版　　2022 年 8 月第一次印刷
定价：**50.00** 元
ISBN 978-7-5074-3503-0
（904494）

本书编写人员

赵鑫明　吕　萍　胡细英　陈树民

冯　骏　赵　曦　林永民　陈卫华

汪为民　崔永亮

目　　录

第一章 房地产及相关制度法规政策概述

第一节 房 地 产

房地产是指房产和地产的总称，包括土地和土地上建筑物、构筑物及其所衍生的权利。房地产业是从事房地产投资、开发、经营、服务和管理的行业，属于第三产业。房地产业为人类的生存、发展提供基础性物质条件，其产业链长，关联度大，深刻影响着国民经济的发展。

一、基本概念

（一）土地和房屋

1. 土地

土地作为承载建筑的地块是房地产开发活动中的物质载体，是最为基础性的"原料""生产要素"。土地包含三个部分：一是土地的地表范围，指该宗土地在地表上的"边界"所围合的区域；二是土地的地上空间范围，一般以人类所能够利用的高度为限；三是土地的地下空间范围，一般以人类的能力所及为限。一宗土地的地表范围通常是根据标有界址点坐标的平面界址图或用地红线图，由政府主管部门在地块各转点钉桩、埋设混凝土界桩或界石并放线来确认，面积依其水平投影面积计算。

土地按照开发程度，可以分为未开发的土地和已开发的土地。土地供给量的变动能够直接影响房地产市场的供给，直接影响房地产市场的供求状况以及价格水平，也是土地基础性地位的表现。与此相关的土地使用制度、交易主体和客体等，都会直接影响房地产开发的方向、规模、结构以及利益分配。

2. 房屋

房屋是指有基础、墙体、门窗和顶盖，供人们在其内部进行生产、生活等活动的建筑空间，起着挡风遮雨、保温隔热、抵御他人或野兽侵扰等作用，如住宅、商店、办公楼、宾馆、厂房、仓库等。构筑物是指能够改善生产、生活环境或者提高生产、生活便利度及效率，人们一般不直接在其内进行生产、生活等活动的工程实体或附属建筑设施，如烟囱、水塔、围墙、道路、桥梁等。通常广义的建筑物包括房屋和构筑物，狭义的建筑物是指房屋。需要注意的是，《城市房地产管理法》将房屋定义为土地上的房屋等建筑物及构筑物。

（二）房地产

房地产是一个较为复杂的综合概念，从实物现象看，它是由建筑物、构筑物与土地共同构成。建筑物、构筑物依附土地而存在，与土地结合在一起。房地产的概念可以从两个方面来理解，房地产既是一种客观存在的物质形态，同时也附着有法律权利。作为一种客观存在的物质形态，房地产是指房产和地产的总称，包括土地和土地上永久建筑物、构筑物及其所衍生的权利。房产是指建筑在土地上的各种房屋及其衍生的权利，包括住宅商铺、厂房、仓库以及办公用房等及其衍生的权利。地产是指土地及其上下一定的空间及其衍生的权利，包括地下的各种基础设施、地面道路等及其衍生的权利。房地产由于其位置的固定性和不可移动性，又被称为不动产。而作为法律赋予的权利状态，法律意义上的房地产权利本质是一种财产权利，这种财产权利是指寓含于房地产实体中的各种经济利益以及由此而形成的各种权利，如所有权、使用权、抵押权、地役权、居住权等。

（三）房地产业

根据《国民经济行业分类》GB/T 4754—2017，房地产业包括房地产开发经营、物业管理、房地产中介服务、房地产租赁经营和其他房地产业。

1. 房地产开发经营

根据《城市房地产开发经营管理条例》，房地产开发经营是指房地产开发企业在城市规划区内国有土地上进行基础设施建设、房屋建设，并转让房地产开发项目或者销售、出租商品房的行为。具体是指取得待开发房地产特别是土地，然后进行基础设施建设、场地平整等土地开发或者房屋建设，再转让开发完成后的土地、房地产开发项目或者销售、出租建成后的房屋。房地产开发经营具有单件性、投资大、周期长、风险高、回报率高、附加值高、产业关联度高、带动力强等特点。房地产开发企业的收入具有不连续性。房地产开发企业主要是组织者和决策者，要关注房地产市场的发展变化，把资金、相关专业服务人员和机构、建筑承包商等结合起来完成房地产开发经营活动。

2. 物业管理

根据《物业管理条例》，物业管理是指业主通过选聘物业服务企业，由业主和物业服务企业按照物业服务合同约定，对房屋及配套的设施设备和相关场地进行维修、养护、管理，维护物业管理区域内的环境卫生和相关秩序的活动。物业管理的对象主要是已建成并经竣工验收投入使用的各类房屋及配套的设施设备和相关场地。除维修、养护、管理外，物业服务企业还要维护物业管理区域内的环境卫生和相关秩序，并提供相关服务。从事物业管理活动需要树立服务意识，正确处理好与业主的关系。

3.　房地产中介服务

房地产中介服务是指房地产咨询、房地产价格评估、房地产经纪等活动。房地产咨询的主要业务是为有关房地产活动的当事人提供法律法规、政策、信息、技术等方面的顾问服务，具体业务包括接受当事人的委托进行房地产市场调查研究、房地产投资项目可行性研究、房地产开发项目策划等。目前，房地产咨询业务主要由房地产估价师和房地产估价机构或者房地产经纪人和房地产经纪机构承担。房地产估价的主要业务是分析、测算和判断房地产的价值并提出相关专业意见，为国有建设用地使用权出让、流转和房地产买卖、抵押、征收征用补偿、损害赔偿、课税等提供价值参考依据。房地产经纪的主要业务是帮助房地产出售者、出租人寻找到房地产的购买者、承租人，或者帮助房地产的购买者、承租人寻找到其欲购买、承租的房地产，是房地产市场运行的润滑剂。房地产中介服务是房地产市场价值链中不可或缺的环节，一级市场、二级市场和三级市场均存在不同业态的房地产中介服务，在房地产开发、交易过程中为各级市场的参与者提供专业化中介服务，在促进房地产市场健康发展、保障房地产交易安全、节约房地产交易成本等方面都发挥着重要的作用。

4.　房地产租赁经营

房地产租赁经营是指各类单位和居民住户的营利性房地产租赁活动，以及房地产管理部门和企事业单位、机关提供的非营利性租赁服务，包括土地使用权租赁服务、保障性住房租赁服务、非住房租赁服务、住房租赁服务等。目前，非住房租赁服务、住房租赁服务等市场化的住房租赁经营服务主要是由房地产开发企业、房地产经纪机构、互联网平台企业设立的住房租赁企业提供的。

根据国家统计局《三次产业划分规定（2018）》，房地产业属于第三产业，是为生产和生活服务的部门。房地产业与建筑业既有区别又有联系。它们之间的主要区别是：建筑业是物质生产部门，属于第二产业；房地产业兼有生产（开发）、经营、服务和管理等多种性质，属于第三产业。这两个产业又有着非常密切的关系，因为它们的业务对象都是房地产。在房地产开发活动中，房地产业与建筑业往往是甲方与乙方的合作关系，房地产业是房地产开发建设的甲方，建筑业是乙方；房地产业是策划者、组织者和发包单位，建筑业则是承包单位，按照承包合同的要求完成基础设施建设、场地平整等土地开发和房屋建设的生产任务。

二、房地产权利

中华人民共和国成立以来，先后制定了《宪法》《土地管理法》《城市房地产管理法》等一系列法律规范并不断修订完善，特别是自2021年1月1日起施行的《民法典》，对土地、房屋等不动产物权的权利类型及内容都作出了规定，房地产物权法律体系得到进一步完善。

（一）所有权

所有权是物权的基础，是所有权人对自己的不动产或者动产依法享有的占有、使用、收益和处分的权利。就房地产而言，所有权指土地所有权、房屋所有权。

1. 土地所有权

《土地管理法》第二条规定："中华人民共和国实行土地的社会主义公有制，即全民所有制和劳动群众集体所有制。"

（1）国有土地。全民所有制的土地被称为国家所有土地，简称国有土地，其所有权由国务院代表国家行使。《宪法》第十条规定："城市的土地属于国家所有。"《民法典》第二百四十九条规定："城市的土地属于国家所有；法律规定属于国家所有的农村和城市郊区的土地，属于国家所有。"《土地管理法》第二条规定："全民所有，即国家所有土地的所有权由国务院代表国家行使。"第九条规定："城市市区的土地属于国家所有。"这里所说的城市是指国家设立市建制的城市，不同于某些法律、法规中的城市含义。《中国城市统计年鉴》等使用的市区一词，指的是城市行政区划内除市辖县以外的区域，包括城区和郊区。建制镇既不属于《宪法》和《土地管理法》所说的城市范畴，也不属于其所说的农村和城市郊区的范畴。关于镇的土地所有权问题，1982年11月26日第五届全国人民代表大会第五次会议《关于中华人民共和国宪法修改草案的报告》指出："草案第十条中原来是把镇的土地和农村、城市郊区一律看待的。全民讨论中有人指出，全国各地情况不同，有些地方镇的建制较大，今后还要发展，实际上是小城市。因此删去了有关镇的规定。镇的土地所有权问题，可以根据实际情况分别处理。"

《宪法》第十条规定："任何组织或者个人不得侵占、买卖或者以其他形式非法转让土地。土地的使用权可以依照法律的规定转让。"在现阶段，按照国家有关规定，取得建设用地使用权的途径主要有：①通过划拨方式取得；②通过出让方式取得；③通过房地产转让方式取得（如买卖、赠与或者其他合法方式）；④通过土地或房地产租赁方式取得。依法取得建设用地使用权后，建设用地使用权人享有土地占有、使用和收益的权利，有权利用该土地建造建筑物、构筑物及其附属设施。但不得改变土地用途，如需要改变的，应当依法经有关行政主管部门批准。新设立的建设用地使用权，不得损害已设立的用益物权。建设用地使用权转让、互换、出资、赠与或者抵押的，当事人应当采取书面形式订立相应的合同。使用期限由当事人约定，但不得超过建设用地使用权的剩余期限。建设用地使用权转让、互换、出资或者赠与的，附着于该土地上的建筑物、构筑物及其附属设施一并处分。同样，建筑物、构筑物及其附属设施转让、互换、出资或者赠与的，该建筑物、构筑物及其附属设施占用范围内的建设用地使用权一并处分。

（2）集体土地。劳动群众集体所有制的土地采取的是农民集体所有制的形式，该种所有制的土地被称为农民集体所有土地，简称集体土地。农民集体有 3 种：①村农民集体；②村内两个以上农村集体经济组织的农民集体；③乡（镇）农民集体。《土地管理法》第十一条规定："农民集体所有的土地依法属于村农民集体所有的，由村集体经济组织或者村民委员会经营、管理；已经分别属于村内两个以上农村集体经济组织的农民集体所有的，由村内各该农村集体经济组织或者村民小组经营、管理；已经属于乡（镇）农民集体所有的，由乡（镇）农村集体组织经营、管理。"

除法律规定属于国家所有的以外，农村和城市郊区的土地一般属于农民集体所有。《宪法》第十条规定："农村和城市郊区的土地，除由法律规定属于国家所有的以外，属于集体所有；宅基地和自留地、自留山，也属于集体所有。"第九条规定："矿藏、水流、森林、山岭、草原、荒地、滩涂等自然资源，都属于国家所有，即全民所有；由法律规定属于集体所有的森林和山岭、草原、荒地、滩涂除外。"

2. 房屋所有权

（1）房屋所有权的含义。房屋所有权，是指房屋所有人独占性、排他性地支配其所有的房屋的权利。房屋所有人在法律规定的范围内，可以排除他人的干涉，对其所有的房屋行使占有、使用、收益、处分的权能。房屋所有权是一种绝对权，即权利人不需要他人积极行为的协助就可以直接实现自己的权利。国家、集体、个人所拥有的房屋所有权受到宪法和法律的平等保护。此外，房屋所有权可以设立抵押权，但不能设立质权，因为根据物权法定原则，能设定权利质权的只有票据、股票等有价证券，知识产权与一般债权这三种权利。

占有权，是所有权人对其房屋事实上的控制权，是房屋所有权的基本内容。作为所有权的一项权能，占有权在一定条件下可与所有权分离。使用权，是所有权人按照房产的性能、作用，对房屋加以利用的权利。使用权的行使必须符合下列条件：①无损于房屋的本质；②按照房屋的自然性能、经济性能和规定的土地用途使用；③遵守法律和公共道德，不损害公共利益和他人的合法权益。收益权，是收取房产所产生的利益的权利，如将房屋出租取得租金、用房屋作为合伙出资取得红利等。处分权，是在事实上或法律上对房产进行处置的权利。如依法对自己所有的房地产出售、出租、抵押、赠与、拆除等。处分权是房屋所有权的核心内容，是房屋所有权最根本的权利，一般只能由房屋所有权人行使。

此外，我们通常所说的房屋产权是由房屋所有权和土地使用权两部分组成。其中，房屋所有权没有期限限制；而根据有关法律法规规定，土地使用权的出让期限按照用途不同最长可为 40 年、50 年或 70 年不等。根据《城市房地产管理法》第二十二条的规定，土地使用权出让合同约定的使用年限届满，土地使用者需要继续使用土地的，应当至迟于届满前 1 年申请续期，除根据社会公共利益需要收回该幅土地的，应当予以批准。经批准准予续期的，应当重新签订土地使用权出让合同，依照规定支付土地使用权出让金。土地使用权出让合同约定的使用年限届满，土地使用者未申请续期或者虽申请续期但依照上述规定未获批准的，土地使用权由国家无偿收回。需要注意的是，目前关于住宅建设用地使用权续期后的收费问题及非住宅建设用地使用权如何续期及其地上物的处理问题，《民法典》第三百五十九条规定，住宅建设用地使用权期限届满的，自动续期，续期费用的缴纳或者减免，依照法律、行政法规的规定办理；非住宅建设用地使用权期限届满后的续期，依照法律规定办理，该土地上的房屋以及其他不动产的归属，有约定的，按照约定，没有约定或者约定不明确的，依照法律、行政法规的规定办理。

（2）业主的建筑物区分所有权。业主的建筑物区分所有权，是指业主对建筑物中自己专有部分的所有权、对共有部分的共有权以及因共有关系而产生的管理权的结合。业主的建筑物区分所有权是我国《民法典》规定的不动产所有权一种形态。对专有部分的所有权、对共有部分的共有权，以及对共有部分的共同管理权三个方面的权利是一个不可分离的整体，业主的建筑物区分所有权人不得以放弃权利为由不履行义务；转让专有部分的所有权时，对共有部分的共有权，以及对共有部分的共同管理权一并转让。

（二）用益物权

用益物权，是指用益物权人依法对他人的物，享有占有、使用和收益的权利。用益物权是为了使用、收益目的，对他人所有的不动产或者动产设立的权利，因而被称为"用益"物权，属于他物权。土地、房屋的用益物权主要有：土地承包经营权、建设用地使用权、宅基地使用权、居住权和地役权。

1. 土地承包经营权

土地承包经营权，是指土地承包经营权人依法对其承包的耕地、林地、草地等享有的占用、使用和收益的权利，有权从事种植业、林业、畜牧业等农业生产。这些权利都是法定权利，即使在承包合同中没有约定，承包人也依法享有这些权利，任何组织和个人不得剥夺和侵害。

2. 建设用地使用权

根据土地的性质，建设用地使用权分为国有建设用地使用权、集体建设用地使用权。

（1）国有建设用地使用权。国有建设用地使用权是指使用者进行非农业建设依法使用国有土地的权利。在国家所有的土地上设立的建设用地使用权，它的产生方式包括划拨和出让等方式。《城镇国有土地使用权出让和转让暂行条例》第四十三条规定："划拨土地使用权是指土地使用者通过各种方式依法无偿取得的土地使用权。"《城市房地产管理法》第二十三条规定："土地使用权划拨，是指县级以上人民政府依法批准，在土地使用者缴纳补偿、安置等费用后将该幅土地交付其使用，或者将土地使用权无偿交付给土地使用者使用的行为。"我国法律规定，严格限制以划拨方式设立建设用地使用权。采取划拨方式的，应当遵守法律、行政法规关于土地用途的规定。根据《土地管理法》的有关规定，可以通过划拨方式取得的建设用地包括：国家机关用地和军事用地；城市基础设施用地和公益事业用地；国家重点扶持的能源、交通、水利等基础设施用地；法律、行政法规规定的其他用地。上述以划拨方式取得建设用地，须经县级以上地方人民政府依法批准。

国有建设用地使用权出让是国家以土地所有人身份将建设用地使用权在一定期限内让与土地使用者，并由土地使用者向国家支付建设用地使用权出让金的行为。土地使用者通过这种出让建设用地使用权的行为即取得建设用地使用权。与划拨相比，出让有以下三个主要特点，即交易性、有偿性、期限性。建设用地使用权出让主要有招标、拍卖、挂牌、协议等四种方式。采取这几种出让方式设立建设用地使用权的，当事人应当采取书面形式订立建设用地使用权出让合同。

国有建设用地使用权流转，是指土地使用人将建设用地使用权再转移的行为，如转让、互换、出资、赠与等。国有建设用地使用权转让、互换、出资或者赠与的，应当向不动产登记机构申请登记。基于土地使用权流转的法律事实，新建设用地使用权人即取得原建设用地使用权人的建设用地使用权。

（2）集体建设用地使用权。集体土地建设用地使用权，是指农民集体和个人进行非农业生产建设依法使用集体所有的土地的权利。法律对集体土地建设用地使用权的主体有较为严格的限制，该权利一般只能由本集体及其所属成员拥有。《土地管理法》第六十条规定："农村集体经济组织使用乡（镇）土地利用总体规划确定的建设用地兴办企业或者与其他单位、个人以土地使用权入股、联营等形式共同举办企业的，应当持有关批准文件，向县级以上地方人民政府自然资源主管部门提出申请，按照省、自治区、直辖市规定的批准权限，由县级以上地方人民政府批准。"

中国共产党十八届三中全会提出加快建立城乡统一的建设用地市场。2019年修订的《土地管理法》规定，土地利用总体规划、城乡规划确定为工业、商业等经营性用途，并经依法登记的集体经营性建设用地，土地所有权人可以通过出让、出租等方式交由单位或者个人使用，并应当签订书面合同，载明土地界址、面积、动工期限、使用期限、土地用途、规划条件和双方其他权利义务。以上规定的集体经营性建设用地出让、出租等，应当经本集体经济组织成员的村民会议三分之二以上成员或者三分之二以上村民代表的同意。通过出让等方式取得的集体经营性建设用地使用权可以转让、互换、出资、赠与或者抵押，但法律、行政法规另有规定或者土地所有权人、土地使用权人签订的书面合同另有约定的除外。集体经营性建设用地的出租，集体建设用地使用权的出让及其最高年限、转让、互换、出资、赠与、抵押等，参照同类用途的国有建设用地执行。具体办法由国务院制定。《土地管理法实施条例》在"建设用地"一章中单设"集体经营性建设用地管理"一节，对《土地管理法》的相关规定作了进一步细化和明确，增强了制度的配套性和操作性。

3. 宅基地使用权

宅基地使用权，是指经依法审批由农村集体经济组织分配给其成员用于建造村民住宅的没有使用期限限制的集体土地使用权。《民法典》第三百六十二条规定："宅基地使用权人依法对集体所有的土地享有占有和使用的权利，有权依法利用该土地建造住宅及其附属设施。"宅基地使用权的取得、行使和转让，适用《土地管理法》《土地管理法实施条例》等法律法规的有关规定。《土地管理法》规定，农村村民一户只能拥有一处宅基地，其宅基地的面积不得超过省、自治区、直辖市规定的标准。人均土地少、不能保障一户拥有一处宅基地的地区，县级人民政府在充分尊重农村村民意愿的基础上，可以采取措施，按照省、自治区、直辖市规定的标准保障农村村民实现户有所居。农村村民出卖、出租、赠与住宅后，再申请宅基地的，不予批准。国家允许进城落户的农村村民依法自愿有偿退出宅基地，鼓励农村集体经济组织及其成员盘活利用闲置宅基地和闲置住宅。针对部分地方在合村并居中出现的侵犯农村村民宅基地合法权益的问题，

《土地管理法实施条例》规定，禁止违背农村村民意愿强制流转宅基地，禁止违法收回农村村民依法取得的宅基地，禁止以退出宅基地作为农村村民进城落户的条件，禁止强迫农村村民搬迁退出宅基地。

4. 居住权

居住权，是指居住权人依法对他人所有的住宅的全部或者部分及其附属设施享有占有、使用的权利，以满足生活居住的需要。设立居住权，当事人应当采用书面形式订立居住权合同，居住权合同的表现形式，可以是遗嘱、遗赠扶养协议，也可以是其他合同。例如，某人在遗嘱中写明，其住宅由他的儿子继承，但应当让服务多年的保姆居住，直到保姆去世。除当事人另有约定的外，居住权无偿设立。设立居住权，应当向房屋所在地不动产登记机构办理居住权登记，经登记后居住权才成立。居住权不得转让、继承。

居住权的内容主要是指居住权人的权利和义务。居住权人的权利主要包括四个方面的内容：①居住权人享有对房屋的使用权，但此种使用权须限于居住的目的；②居住权人享有附属于房屋使用权的各项权利，如相邻权等；③居住权人有权为居住的目的而对房屋进行修缮和维护；④在当事人约定设立居住权的房屋可以出租的情况下，居住权人可以将房屋出租，如当事人未约定可以出租的，则居住权人不得出租。居住权人有权在居住期间内将房屋出租给他人以收取租金，但必须符合相关的法律要求。例如承租人转租承租的房屋必须先经过原出租人的同意。居住权人的主要义务包括：居住权人在居住期间负有保管房屋的义务、不得就其居住权设定抵押或其他任何权利负担、应当承担房屋的日常管理和维修费用及其他使用过程中的合理费用支出、不得随意改变房屋的结构和用途、在居住期届满时负有返还房屋的义务。

5. 地役权

地役权，是指按照合同约定，利用他人的不动产，以提高自己的不动产效益的权利。他人的不动产为供役地，自己的不动产为需役地。地役权期限由当事人约定，但不得超过土地承包经营权、建设用地使用权等用益物权的剩余期限。土地上已经设立土地承包经营权、建设用地使用权、宅基地使用权等用益物权的，未经用益物权人同意，土地所有权人不得设立地役权。

地役权具有从属性，与需役地不可分离，不能单独转让和抵押。土地承包经营权、建设用地使用权等转让的，地役权一并转让，但是合同另有约定的除外。土地承包经营权、建设用地使用权等抵押的，在实现抵押权时，地役权一并转让。需役地以及需役地上的土地承包承包经营权、建设用地使用权等部分转让时，转让部分涉及地役权的，受让人同时享有地役权。供役地以及供役地上的土地承包经营权、建设用地使用权等部分转让时，转让部分涉及地役权的，地役权对受让人具有法律约束力。

地役权依不同分类标准，可区分为不同种类。依内容的不同，可分为通行地役权、取水地役权、排水地役权、采光地役权、眺望地役权等。在不违背法律规定和公序良俗的前提下，当事人还可以进行更为多样的地役权约定。

（三）担保物权

担保物权，是指为确保债权的实现而设定的物权，是以直接取得或者支配特定财产的交换价值为内容的权利，是与用益物权并列的他物权。权利人在债务人不履行到期债务或者发生当事人约定的实现担保物权的情形时，依法享有就担保财产优先受偿的权利。最常见的担保物权是抵押权。

随着我国社会主义市场经济的发展，以债的形式发生的自然人、法人及非法人组织之间的经济联系日益频繁。保障债，尤其是合同之债的履行，对于维护市场经济秩序和交易安全、保护当事人的合法权益，至关重要。一般来说，债务人对于其负担的债务，应当以其全部财产负履行义务，即债务人的全部财产为其债务的总担保。在债务人不履行时，债权人需要请求人民法院依法定程序变卖债务人的财产，以其变卖所得价款清偿债权。一般债权不具有排他性，因而对于同一债务人，可能存在数个债权，而一般债权都处于平等地位；同一债务人的数个债权人，对债务人的财产都平等享有债权，如果债务人的财产不足以清偿总债权时，就要依各债权人的债权额比例分配，债权人的债权就会得不到完全清偿。此外，债权也不具有追及性，在债务人将财产让与他人时，该部分财产即失去"担保"的功能，因而不能得出债务人正常让与财产的行为，有故意损害债权人利益的结论。但客观上，债务人转让自己的财产，可能使得债务人的全部财产减少，不利于债权人利益的保护。债权人为避免这种风险，需依靠特别担保方法保障债权。这种特别担保方法包括人的担保、物上担保、金钱担保三种。人的担保就是保证，金钱担保指的就是定金。物上担保，指以债务人或者第三人提供的特定不动产或者动产作为履行债务的担保，即设立担保物权。不论债务人是否负担其他债务，也不论债务人是否将此担保物让与他人，债权人对此担保物享有优先受偿权。

三、房地产物权生效时间

房地产是重要的不动产，不动产登记是房地产物权公示的方式。但并不是所有的房地产物权都必须经过登记后才生效。根据《民法典》物权编，不动产物权生效主要有法定生效、登记生效、事实行为成就生效和合同成立生效四种情形。

（一）法定生效

物权可以根据法律规定生效，如《民法典》第二百四十九条规定，城市的土地，属于国家所有。法律规定属于国家所有的农村和城市郊区的土地，属于国家所有。因此，通过立法形式直接公示的属于国家所有的土地，无须再通过登记的方式来公示所有权的归属。

（二）登记生效

登记是房地产物权公示最主要的方法。一般情况下，因当事人之间的法律行为导致房地产物权的设立、变更、转让和消灭，均应当依法申请登记，物权变动自记载于不动产登记簿时发生效力；未经登记，不发生效力。如房屋买卖、不动产抵押，自记载于不动产登记簿时发生物权效力。当事人之间订立有关设立、变更、转让和消灭不动产物权的合同，未办理物权登记的，不影响合同效力；依照法律规定需要办理登记的，未经登记，不发生物权效力。例如，根据《民法典》第三百四十九条、第四百零二条规定，建设用地使用权和不动产抵押权的设立应当登记，不登记则不发生物权变动效力。《民法典》第三百六十八条规定，设立居住权的，应当向登记机构申请居住权登记。居住权自登记时设立。需要注意的是，《民法典》修改了接受遗赠取得物权的生效条件，遗赠是指遗嘱指定法定继承人以外的主体继受遗产，属于基于法律行为的物权变动，自记载于不动产登记簿时发生物权效力。

（三）事实行为成就生效

基于事实行为发生的物权变动，只要事实行为发生，不经登记，物权变动也发生效力。这些事实行为主要有：因人民法院、仲裁委员会的法律文书或者人民政府的征收决定等，导致物权设立、变更、转让或者消灭的，自法律文书或者人民政府的征收决定等生效时发生效力；因继承取得物权的，自继承开始时发生效力；因合法建造、拆除房屋等事实行为设立或者消灭物权的，自事实行为成就时发生效力。但权利人基于事实行为取得物权后再次处分该物权时，依据法律规定需要办理登记的，未经登记，不发生物权效力。

（四）合同成立生效

《民法典》中确定的基于合同生效时设立的物权，包括土地承包经营权、地役权。《民法典》第三百三十三条、第三百三十五条规定，土地承包经营权自土地承包经营权合同生效时设立。土地承包经营权互换、转让的，当事人可以向登记机构申请登记；未经登记，不得对抗善意第三人。第三百七十四条规定，地役权自地役权合同生效时设立。当事人要求登记的，可以向登记机构申请地役权登记；未经登记，不得对抗善意第三人。地役权不登记，并非意味着地役权就不能对抗第三人。土地承包经营权和地役权属于用益物权，物权具有绝对权，具有排他性。因此，土地承包经营权和地役权一经设立虽未登记，作为物权，仍可对抗侵权行为，如果他人非法侵害当事人，未经登记的权利人，可以请求赔偿妨碍、排除损失。此外，未经登记的土地承包经营权和地役权，仅仅是不得对抗善意第三人。对恶意的第三人，如以不公正手段获取地役权登记的人、明知该权利已经存在的第三人，仍具有对抗效力。

四、新中国成立以来房地产的发展

房地产业在中国是一个既古老又新兴的产业。据有关文字记载，中国在3000多年前就出现了田地的交换和买卖。长达2000多年的封建历史时期，存在一定规模的土地和房屋的租赁、买卖等经济活动。19世纪中叶起，在沿海一带的上海、广州等城市，近代房地产业产生并得到了迅速发展。但所有这些都是以土地和房产的私有制为基础的。

中华人民共和国成立后，房地产业发展大体上可以分为下列三个时期。

（一）改革开放前

第一阶段：1949—1955年。中华人民共和国成立初期，为开展经济建设、稳定民生，这一阶段政府的主要工作是稳定城市房地产秩序。为此，第一，接收了旧政府的房地产档案、确认产权归属、代管无主房屋、没收敌伪房地产、打击房地产投机和各种非法活动。第二，在全国各地陆续建立了房地产管理机构，制定了有关政策规定，开展了大规模的房地产清查登记，以极高的效率建立了新的房地产管理秩序。第三，国家在极其紧张的财政经费中，拨出专款改造旧社会遗留下来的棚户区和贫民窟，建造新住宅，改善贫穷居民的居住生活条件。这一阶段，相关房地产工作对于稳定民心、恢复经济起到了重要作用。

第二阶段：1956—1965年。随着对资本主义工商业的社会主义改造，全国城镇陆续开始以"国家经租"和"公私合营"的形式对出租私有房屋进行了社会主义改造，付给房主定租和股息，赎买了房主产权，改造私房一亿多平方米。这一阶段，社会主义公有制在城市房地产中的主体地位得到确立。

第三阶段：1966—1978年。这段时期，城市房地产管理工作受到极大破坏。房地产管理机构大都处于瘫痪阶段，产权管理陷入混乱，违章占地几经泛滥，变相买卖土地时有发生，住宅建设停滞不前，历史欠账越来越多，致使住房问题成为严重的社会问题之一。

（二）改革开放后至十八大召开前

1978年12月，中国共产党十一届三中全会召开后，经济体制改革全面展开，在城市进行了城镇住房制度改革、城镇土地使用制度改革和房地产生产方式改革。1987年10月25日，中国共产党第十三次全国代表大会报告正式提出"社会主义的市场体系，不仅包括消费品和生产资料等商品市场，而且应当包括资金、劳务、技术、信息和房地产等生产要素市场"。在中国社会主义经济发展史上第一次提出了建立房地产市场，确立了房地产市场的地位，宣告了中国社会主义房地产市场的诞生。2003年8月12日，国务院印发了《关于促进房地产市场持续健康发展的通知》，要求要充分认识房地产市场持续健康发展的重要意义，指出房地产业关联度高，带动力强，已经成为国民经济的支柱产业，实现房地产市场持续健康发展，对于全面建设小康社会，加快推进社会主义现代化具有十分重要的意义。

（三）十八大以来

中国共产党第十八次全国代表大会召开以来，中央提出建立促进房地产市场平稳健康发展的长效机制，调整和优化中长期供给体系，实现房地产市场动态均衡；以市场为主满足多层次需求，以政府为主提供基本保障；坚持"房子是用来住的，不是用来炒的"的定位，坚持住房的居住属性，建立完善租购并举的住房制度。加强房地产市场分类调控，因城施策，落实地方政府主体责任。中国共产党十九届五中全会提出，"十四五"时期，要加快构建以国内大循环为主体、国内国际双循环相互促进的新发展格局。要推动金融、房地产同实体经济均衡发展，着力建立和完善房地产市场平稳健康发展的长效机制，坚持房子是用来住的、不是用来炒的定位，因地制宜、多策并举、精准施策，切实防范化解房地产市场风险。

第二节　土地管理制度概述

为维护土地的社会主义公有制，协调土地分配、占有、使用关系，保障国民经济和社会发展的正常运行，必须由国家对土地的分配、使用和开发、利用、保护等实行统一管理。土地管理是国家为调整土地关系，组织和监督土地的开发利用，保护和合理利用土地资源，而采取的行政、经济、法律和技术的综合性措施，是对土地用途、取得、使用等实施的监督管理的过程。

一、土地管理的内涵

（一）土地管理的主要内容

土地管理的主要内容包括：土地法规与政策的制定、地籍管理、国土空间规划和土地用途管制、耕地保护、农用地转用和土地征收征用、土地供应和市场管理、土地执法与监察等。

（二）土地管理的目的

根据《土地管理法》，土地管理的目的是：维护土地的社会主义公有制，保护、开发土地资源，合理利用土地，切实保护耕地，促进社会经济的可持续发展。土地管理的具体目的主要包括以下几点。

1. 维护土地公有制。我国实行土地的社会主义公有制，即全民所有制和劳动群众集体所有制。土地公有制是我国土地制度的基础，体现了社会主义制度的基本特征。《土地管理法》第二条规定："实行土地的社会主义公有制，即全民所有制和劳动群众集体所有制。"全民所有制的土地被称为国家所有土地，简称国有土地，其所有权由国务院代表国家行使。《土地管理法》第二条规定："全民所有，即国家所有土地的所有权由国务院代表国家行使。"

土地公有制和土地市场化并不矛盾，我国以土地所有权和使用权分离的方式实现土地的商品性。依法维护土地的社会主义公有制具有十分重要的意义。

2. 调整土地关系，提高土地利用的经济效益、生态效益和社会效益。随着经济社会的发展，土地所有权和土地使用权处于经常变动之中。国家必须依照土地管理的目标，采取必要的措施，对客观需要的土地所有权和使用权的变动进行管理、监督和调控，避免盲目性，防止权属混乱及土地纠纷。调整土地关系，增加土地可利用面积，提高土地利用率和产出率，提高土地的集约化利用，促进土地利用的社会效益、经济效益、生态效益三者协调统一。

3. 实现土地资源的可持续利用。当前，走可持续发展的道路已经成为世界各国的共同选择。土地作为一种自然资源，它的存在是非人力所能创造的，土地本身具有不可移动性、地域性、整体性、有限性等固有特点，人类对其依赖和持续利用程度的增加也是不可逆转的。因此，应通过立法强化土地管理，保证对土地的永续利用，以促进社会经济的可持续发展。

（三）土地管理的性质

土地管理具有自然属性和社会属性的两重性。一方面从纯劳动过程角度考察，它要服从分工协作、合理组织的自然规律，体现其自然属性；另一方面，从人与人在劳动过程中必然要结成一定的社会关系角度考察，它要服从社会发展规律，体现其社会属性。

（四）土地管理的原则

1. 依法管理原则

土地管理过程要始终贯彻法治原则，严格实施法律监督，做到有法可依、有法必依、执法必严、违法必究。目前，我国已建立了以《土地管理法》《城市房地产管理法》《城乡规划法》《农村土地承包法》《农村土地承包经营纠纷调解仲裁法》和《民法典》为主体的一系列土地法规，为依法管理土地提供了法律依据。

2. 统一管理原则

土地利用涉及城乡范围内各行业、各种用途的用地，必须坚持城乡土地统一管理的原则。一方面，把全国土地作为一个整体，实行城乡土地的统一管理；另一方面，要求自然资源主管部门与相关管理部门在合理分工的基础上进行有效的密切合作，形成一个相互协作、协调统一的管理结构，发挥整体功能，实现土地管理目标。

3. 维护社会主义公有制原则

我国实行土地的社会主义公有制，即全民所有制和劳动群众集体所有制。土地公有制是我国社会主义制度的物质基础，因此，进行土地管理，我们必须坚持和维护社会主义土地公有制。

4. 充分合理利用和保护土地原则

土地管理的根本目标在于满足经济社会发展对土地的需求，实现土地资源的可持续利用。而要实现这一目标，就必须切实保护好土地，特别是保护好耕地，保护好土地生态环境，防止水土流失、土地沙化等破坏土地现象的发生。否则，这一目标就难以实现。因此，实现对土地资源的充分、科学、合理、有效利用和保护是土地管理的基本准则。

（五）土地管理的职责

《土地管理法》规定，国务院自然资源主管部门统一负责全国土地的管理和监督工作。国务院自然资源主管部门承担的土地管理职责主要有：承担有关法律法规草案和规章起草工作，行政复议、行政应诉有关工作；拟订包括土地资源在内的全民所有自然资源资产划拨、出让、租赁、作价出资、评估和土地储备政策；拟订并实施耕地保护政策，负责永久基本农田划定、占用和补划的监督管理；负责耕地保护政策与林地、草地、湿地等土地资源保护政策的衔接；组织拟订耕地、林地、草地、湿地等国土空间用途转用政策，指导建设项目用地预审工作；承担报国务院审批的改制企业的国有土地资产处置；承担报国务院审批的各类土地用途转用的审核、报批工作；承担土地征收征用管理工作等。

（六）土地管理的方法

实现土地管理的上述目标，需要综合运用行政、经济、法律、技术等手段管理土地。

1. 行政方法

行政方法指领导者（管理者）运用行政权力，用命令、指示、规定、通知、条例、章程、指令性计划等方式对于系统进行控制。行政方法依靠行政权力，具有权威性、强制性、单一性和无偿性等特点。行政方法只有在它符合客观规律，反映人民群众利益时，才能在管理中发挥重要作用。

土地的登记和分类统计也是一种行政手段。土地登记是对土地所有者和使用者的权属及其变动情况的登记，具有法律效力，是保护土地所有者和使用者合法权益的法律依据。土地分类统计是在土地调查、登记基础上，对土地权属以及土地类型、面积和质量的分类统计，为国家管理土地的宏观决策提供依据。

2. 经济方法

经济方法指管理者按照客观经济规律的要求调节和引导土地利用活动，以实现管理职能的方法，管理者用经济利益鼓励、引导、推动被管理者，使其行为和利益与管理者所要达到的目标一致起来，这是一种利益导向的间接控制方法。经济杠杆是经济方法的工具，在调节经济利益、实现管理目标方面发挥着重要作用。常用的经济杠杆有：地租地价杠杆、财政杠杆、金融杠杆和税收杠杆。其中，通过地租地价杠杆可以实行土地有偿使用，调节土地供需矛盾，指导土地的合理分配和利用，优化土地利用结构，鼓励对土地的投入，提高土地利用的集约度。

3. 法律方法

法律方法是管理者通过制定、贯彻、执行有关土地的法规，调整人们在土地开发、利用、保护、整治过程中所发生的各种土地关系，规定人们行动必须遵守的准则来进行管理的方法。在土地管理中运用法律方法，主要是运用立法和司法手段，来巩固和调整各方面的土地关系，制定法律必须正确认识和真实反映事物本身的客观规律。法律方法比行政方法具有更大的强制性、严肃性和权威性。

4. 技术方法

技术方法是管理者按照土地的自然、经济规律，运用遥感、地理信息系统、GPS 等高科技数字化技术，以及系统工程、土地规划等来执行管理职能的方法。土地调查、土地信息与土地评价等是土地管理的技术手段，是为土地管理提供土地面积、类型、质量、分布、价格和权属等资料的基础性工作。

综上可见，行政方法、经济方法、法律方法、技术方法各具特色，但又有各自的局限性，土地管理中必须综合运用上述方法，才能收到事半功倍的效果。

二、土地管理的任务

（一）维护土地权益

依法保护土地所有者和使用者的合法权益，保障土地权利人的合法权益不受侵犯，是土地管理的根本任务。加强土地登记管理，依法保护土地所有者、使用者及相关权利人的合法权益，承办并组织调处重大权属纠纷，查处重大违法案件。

（二）保护土地资源

我国人口多，耕地少，后备资源不足，生态环境不断恶化的基本国情，决定了土地管理的主要任务之一，就是要保护好土地资源。因此，保护和合理开发利用土地资源是土地管理的根本任务；只有在合理开发利用土地资源的过程中加强对土地的保护，才能实现土地资源的可持续利用和社会的可持续发展。

（三）合理利用土地

合理利用土地资源，满足国民经济各部门对土地需求的同时，防止滥占耕地及其他浪费土地现象，不断提高土地的经济、社会和生态效益，促进经济社会稳定健康发展是土地管理的最终目标，也是土地管理的基本任务。

（四）规范土地利用行为

通过法律、技术、经济、行政等方面的手段规范土地利用行为，使各项土地利用活动均在法律法规规定的范围内进行，确保维护土地权益、保护土地资源、合理利用土地等土地管理目标的实现。

（五）健全土地管理制度

健全的土地管理制度是合理利用和保护土地资源的基础。因此，根据土地管理的需要，建立健全土地管理制度，保证土地管理有章可循，有法可依，是土地管理的重要任务。

三、地籍管理

地籍管理作为土地管理的基础，是政府为获取土地的权属及其有关的信息，建立、维护和有效利用地籍图册的行政工作体系，包括地籍调查、土地确权、土地登记、土地统计和地籍档案管理。这里重点介绍地籍调查的相关内容。

（一）地籍调查的作用和意义

地籍调查是指以清查每宗土地的位置、界限、面积、权属、用途和等级为目的的土地调查，其作用和意义主要有：核实宗地的权属和确认宗地界址的实地位置，并掌握土地利用状况；通过地籍测量获得宗地界址点的平面位置、宗地形状及其面积的准确数据，为土地登记、核发不动产权属证书奠定基础；为完善地籍管理服务，作好技术准备，提供法律凭证。

（二）地籍调查的内容

根据《地籍调查规程》TD/T 1001—2012，地籍调查包括土地权属调查和地籍测量。地籍调查是针对每宗地的权属、界址、位置、面积、用途等进行的土地调查。

（三）地籍调查的分类

根据《地籍调查规程》TD/T 1001—2012，地籍调查分为初始地籍调查和变更地籍调查。初始地籍调查是初始土地登记前的区域性普遍调查。变更地籍调查是在变更土地登记或设定土地登记时利用初始地籍调查成果对变更宗地的调查，是地籍管理的日常性工作。

地籍调查还可以按照调查的先后工作重点分为权属调查和地籍测量。权属调查是对土地权属单位的土地权属来源及其权利所及的位置、界址、数量和用途等基本情况的调查。界址调查是权属调查的关键，权属调查是地籍调查的核心。通过对宗地权属及其权利所及的界线的调查，在现场标定宗地界址位置，绘制宗地草图，调查土地用途，填写地籍调查表，为地籍测量提供工作草图和依据。地籍测量是在权属调查基础上运用测绘科学技术测定界址线的位置、计算面积、绘制地籍图，为土地登记、核发证书提供依据，为地籍管理服务。地籍测量的内容包括：地籍平面控制测量，地籍细部测量，地籍原图绘制，面积量算。地籍测量必须遵循"先整体后局部"，"先控制后细部"的原则进行。其主要内容包括地籍平面控制测量及地籍细部测量两大部分。

（四）地籍调查的总体要求

自然资源地籍调查主要采用"内业为主、外业为辅"的内外业相结合的方法，但权属调查、自然状况和公共管制等不同类型地籍调查的要求不尽相同。

权属调查包括权属状况调查和界址调查，遵循充分利用已有相关资料、尽量减少非必要的外业调查的原则开展。权属状况调查是以不动产登记成果和自然资源登记单元已有权属来源资料为基础，结合全民所有自然资源资产清单划定成果，以及相关许可信息，获取自然资源登记单元的基本状况和权属状况，登记单元内所有权状况，以及登记单元内相关不动产登记及许可信息。对于内业无法确认或缺少相关来源资料的，应开展外业实地调查。界址调查的工作内容，主要包括指界和界标设置等。首先，在国土调查、专项调查、权籍调查、土地勘测定界等工作中对重要界址点已经指界确认的，不需要重复指界。其次，对于登记单元界线来源资料合法、界址明确的，以及因工作底图比例尺或精度原因造成登记单元界线与实际位置偏差的，不需要进行界址调查。除上述情况以外，因自然资源登记单元界线来源资料缺失、不完整等原因，内业无法确定的界址点和界址线，以及存在可能影响界址线走向、容易引起纠纷等情形的重要界址点，应参照《地籍调查规程》TD/T 1001—2012 开展界址调查。

自然状况和公共管制调查主要采用内业调查方式开展。其中，对于自然状况调查，应充分利用国土调查、各类自然资源专项调查等调查成果，通过内业图层叠加，直接提取相应地类图斑，形成水流、湿地、森林、草原、荒地等各类自然资源类型界线，获取自然资源类型、面积、包含图斑数量等。针对不同类型的自然资源，依据各类自然资源专项调查成果，查清自然资源质量等专项自然状况信息。对于公共管制调查，应通过将国土空间规划明确的用途管制范围、生态保护红线、特殊保护区范围线等管理管制成果，套合登记单元边界，获取登记单元内相关管理管制信息，包括区块编号、面积、用途管制和特殊保护要求等内容。

四、土地管理监督检查

（一）土地执法

土地执法是指政府土地行政机关或司法部门依照法律对行政相对人采取的直接限制其权利义务，或对相对人权利义务的行使和履行情况进行监督检查的行为。土地执法坚持"早发现、早制止、严查处"，利用卫星遥感、大数据等推动执法关口前移、重心下移，自然资源部立案查处、挂牌督办、公开通报重大典型土地违法案件；开展维护被征地农民合法权益专项督察、全面划定永久基本农田落实情况专项督察、不动产登记职责机构整合情况专项督察、"大棚房"问题整治、农村乱占耕地建房专项整治、围填海问题整治、"三调"督察、耕地保护督察等重大专项，用最严格制度、最严密法制保护土地资源。

根据国土资源部《关于印发〈查处土地违法行为立案标准〉的通知》，违反《土地管理法》《城市房地产管理法》等土地管理法律、法规和规章的规定，有下列各类违法行为之一，依法应当给予行政处罚或行政处分的，应及时予以立案。但是违法行为轻微并及时纠正，没有造成危害后果的，或者法律、法规和规章未规定法律责任的，不予立案。

1. 非法转让土地类

（1）未经批准，非法转让、出租、抵押以划拨方式取得的国有土地使用权的；

（2）不符合法律规定的条件，非法转让以出让方式取得的国有土地使用权的；

（3）将农民集体所有的土地的使用权非法出让、转让或者出租用于非农业建设的；

（4）不符合法律规定的条件，擅自转让房地产开发项目的；

（5）以转让房屋（包括其他建筑物、构筑物），或者以土地与他人联建房屋分配实物、利润，或者以土地出资入股、联营与他人共同进行经营活动，或者以置换土地等形式，非法转让土地使用权的；

（6）买卖或者以其他形式非法转让土地的。

2. 非法占地类

（1）未经批准或者采取欺骗手段骗取批准，非法占用土地的；

（2）农村村民未经批准或者采取欺骗手段骗取批准，非法占用土地建住宅的；

（3）超过批准的数量占用土地的；

（4）依法收回非法批准、使用的土地，有关当事人拒不归还的；

（5）依法收回国有土地使用权，当事人拒不交出土地的；

（6）临时使用土地期满，拒不归还土地的；

（7）不按照批准的用途使用土地的；

（8）不按照批准的用地位置和范围占用土地的；

（9）在土地利用总体规划确定的禁止开垦区内进行开垦，经责令限期改正，逾期不改正的；

（10）在临时使用的土地上修建永久性建筑物、构筑物的；

（11）在土地利用总体规划制定前已建的不符合土地利用总体规划确定的用途的建筑物、构筑物，重建、扩建的。

3. 破坏耕地类

（1）占用耕地建窑、建坟，破坏种植条件的；

（2）未经批准，擅自在耕地上建房、挖砂、采石、采矿、取土等，破坏种植条件的；

（3）非法占用基本农田建窑、建房、建坟、挖砂、采石、采矿、取土、堆放固体废弃物或者从事其他活动破坏基本农田，毁坏种植条件的；

（4）拒不履行土地复垦义务，经责令限期改正，逾期不改正的；

（5）建设项目施工和地质勘查临时占用耕地的土地使用者，自临时用地期满之日起 1 年以上未恢复种植条件的；

（6）因开发土地造成土地荒漠化、盐渍化的。

4. 非法批地类

（1）无权批准征收、使用土地的单位或者个人非法批准占用土地的；

（2）超越批准权限非法批准占用土地的；

（3）没有农用地转用计划指标或者超过农用地转用计划指标，擅自批准农用地转用的；

（4）规避法定审批权限，将单个建设项目用地拆分审批的；

（5）不按照土地利用总体规划确定的用途批准用地的；

（6）违反法律规定的程序批准占用、征收土地的；

（7）核准或者批准建设项目前，未经预审或者预审未通过，擅自批准农用地转用、土地征收或者办理供地手续的；

（8）非法批准不符合条件的临时用地的；

（9）应当以出让方式供地，而采用划拨方式供地的；

（10）应当以招标、拍卖、挂牌方式出让国有土地使用权，而采用协议方式出让的；

（11）在以招标、拍卖、挂牌方式出让国有土地使用权过程中，弄虚作假的；

（12）不按照法定的程序，出让国有土地使用权的；

（13）擅自批准出让或者擅自出让土地使用权用于房地产开发的；

（14）低于按国家规定所确定的最低价，协议出让国有土地使用权的；

（15）依法应当给予土地违法行为行政处罚或者行政处分，而未依法给予行政处罚或者行政处分，补办建设用地手续的；

（16）对涉嫌违法使用的土地或者存在争议的土地，已经接到举报，或者正在调查，或者上级机关已经要求调查处理，仍予办理审批、登记或颁发土地证书等手续的；

（17）未按国家规定的标准足额缴纳新增建设用地土地有偿使用费，擅自下发农用地转用或土地征收批准文件的。

5. 其他类型的土地违法行为

（1）依法应当将耕地划入基本农田保护区而不划入，经责令限期改正而拒不改正的；

（2）破坏或者擅自改变基本农田保护区标志的；

（3）依法应当对土地违法行为给予行政处罚或者行政处分，而不予行政处罚或者行政处分、提出行政处分建议的；

（4）土地行政主管部门的工作人员，没有法律、法规的依据，擅自同意减少、免除、缓交土地使用权出让金等滥用职权的；

（5）土地行政主管部门的工作人员，不依照土地管理的规定，办理土地登记、颁发土地证书，或者在土地调查、建设用地报批中，虚报、瞒报、伪造数据以及擅自更改土地权属、地类和面积等滥用职权的。

6. 依法应当予以立案的其他土地违法行为。

（二）国家土地督察

土地是自然资源的重要组成部分。土地督察是指国家自然资源督察机构根据授权对省、自治区、直辖市人民政府以及国务院确定的城市人民政府有关土地利用和土地管理情况进行督察。2004年10月国务院印发的《关于深化改革严格土地管理的决定》要求，完善土地执法监察体制，建立国家土地督察制度，设立国家土地总督察，向地方派驻土地督察专员，监督土地执法行为。2019年修订的《土地管理法》在总则中增加了土地督察的原则性规定。2021年修正的《土地管理法实施条例》第五章"监督检查"，确定了督察、检查、失信惩戒的监督体系。

根据《土地管理法实施条例》，国家自然资源督察机构依法对下列土地利用和土地管理情况进行督察：

（1）耕地保护情况；

（2）土地节约集约利用情况；

（3）国土空间规划编制和实施情况；

（4）国家有关土地管理重大决策落实情况；

（5）土地管理法律、行政法规执行情况；

（6）其他土地利用和土地管理情况。

国家自然资源督察机构进行督察时，有权向有关单位和个人了解督察事项有关情况，有关单位和个人应当支持、协助督察机构工作，如实反映情况，并提供有关材料。被督察的地方人民政府违反土地管理法律、行政法规，或者落实国家有关土地管理重大决策不力的，国家自然资源督察机构可以向被督察的地方人民政府下达督察意见书，地方人民政府应当认真组织整改，并及时报告整改情况；国家自然资源督察机构可以约谈被督察的地方人民政府有关负责人，并可以依法向监察机关、任免机关等有关机关提出追究相关责任人责任的建议。

（三）监督检查措施

《土地管理法》规定，县级以上人民政府自然资源主管部门对违反土地管理法律、法规的行为进行监督检查。有关单位和个人对县级以上人民政府自然资源主管部门就土地违法行为进行的监督检查应当支持与配合，并提供工作方便，不得拒绝与阻碍土地管理监督检查人员依法执行职务。《土地管理法》第六十八条规定，县级以上人民政府自然资源主管部门履行监督检查职责时，有权采取下列措施：

（1）要求被检查的单位或者个人提供有关土地权利的文件和资料，进行查阅或者予以复制；

（2）要求被检查的单位或者个人就有关土地权利的问题作出说明；

（3）进入被检查单位或者个人非法占用的土地现场进行勘测；

（4）责令非法占用土地的单位或者个人停止违反土地管理法律、法规的行为。

县级以上人民政府农业农村主管部门对违反农村宅基地管理法律、法规的行为进行监督检查的，适用《土地管理法》关于自然资源主管部门监督检查的规定。《土地管理法实施条例》第四十八条规定，自然资源主管部门、农业农村主管部门按照职责分工进行监督检查时，还可以采取下列措施：

（1）询问违法案件涉及的单位或者个人；

（2）进入被检查单位或者个人涉嫌土地违法的现场进行拍照、摄像；

（3）责令当事人停止正在进行的土地违法行为；

（4）对涉嫌土地违法的单位或者个人，在调查期间暂停办理与该违法案件相关的土地审批、登记等手续；

（5）对可能被转移、销毁、隐匿或者篡改的文件、资料予以封存，责令涉嫌土地违法的单位或者个人在调查期间不得变卖、转移与案件有关的财物。

（四）监督检查处理

县级以上人民政府自然资源主管部门在监督检查工作中发现国家工作人员的违法行为，依法应当给予处分的，应当依法予以处理；自己无权处理的，应当依法移送监察机关或者有关机关处理。县级以上人民政府自然资源主管部门在监督检查工作中发现土地违法行为构成犯罪的，应当将案件移送有关机关，依法追究刑事责任；尚不构成犯罪的，应当依法给予行政处罚。依照《土地管理法》规定应当给予行政处罚，而有关自然资源主管部门不给予行政处罚的，上级人民政府自然资源主管部门有权责令有关自然资源主管部门作出行政处罚决定或者直接给予行政处罚，并给予有关自然资源主管部门的负责人处分。按照以上规定给予处分的，应当按照管理权限由责令作出行政处罚决定或者直接给予行政处罚的上级人民政府自然资源主管部门或者其他任免机关、单位作出。县级以上人民政府自然资源主管部门应当会同有关部门建立信用监管、动态巡查等机制，加强对建设用地供应交易和供后开发利用的监管，对建设用地市场重大失信行为依法实施惩戒，并依法公开相关信息。

五、新中国成立以来我国土地管理的演变

（一）土地管理机构设置的演变与现状

1986年《土地管理法》颁布，国家土地管理局成立，地方各级政府也相继成立了具有城乡地政统一管理职能的土地管理机构。1998年机构改革后，根据中央统一要求，地方各级土地管理机构也进行了相应调整改革，一般在省级人民政府设置国土资源厅，市、县级人民政府设置国土资源局，乡（镇）设国土资源所，省、市、县三级内设机构结合自身特点，参照国土资源部内设职能部门设置。自此形成了从中央到地方五级土地管理机构网络。

我国现行土地管理机构的设置是 2018 年中央国家机关机构改革方案确定的管理体制。国务院设自然资源部，负责全国土地统一管理工作，承担着相应的土地管理职责。

（二）国有土地资产管理

2001 年，国务院《关于加强国有土地资产管理的通知》发布，严格控制建设用地供应总量，切实规范土地市场管理秩序，防止国有土地资产流失，首次提出建立土地储备制度。2021 年 6 月，中共中央办公厅、国务院办公厅印发《全民所有自然资源资产所有权委托代理机制试点方案》，为统一行使全民所有自然资源资产所有者职责、维护所有者权益积累实践经验。2021 年 10 月，全国人大常委会首次听取国务院关于国有自然资源资产管理情况的专项报告，对自然资源资产管理情况进行审议和监督。自然资源部以推进国有建设用地使用权配置制度建设为重点，研究自然资源资产统一配置规则；加强土地储备业务创新管理；探索自然资源领域生态产品价值实现机制；扎实开展全民所有自然资源资产清查试点，拟定清查技术标准，推进资产核算研究，初步构建国家级价格体系。

（三）可持续发展与生态文明建设

土地资源可持续利用，包括土地资源应公平分配，以满足当代人和后代人的需求，即"代内平等"和"代际平等"。土地资源可持续利用包含土地资源合理配置和土地资源充分利用两个方面，即做到以最小的土地资源投入获得最大的产出；土地利用过程中人与自然应当和谐相处，即永续利用；随时间的推移和技术的进步而不断变化的过程；土地资源的利用必须具备时间、空间上的连续性和利用上的低耗高效性。

可持续发展的核心问题是人口增加、资源短缺、环境污染加剧问题。土地是人类赖以生存的重要资源，是人类一切生产和存在的源泉，是重要的生产资料和生产、生活的场所。我国人口多、耕地少、后备资源不足，人地矛盾突出。耕地减少过快、土地利用粗放、土地退化加剧、土地污染严重等土地问题，对人类的生存与发展已构成严重威胁。因此，实施可持续发展战略必须认真解决土地问题，加强土地管理是可持续发展的客观要求，是实现可持续发展的重要措施。

党的十八大以来，以习近平同志为核心的党中央将生态文明建设纳入中国特色社会主义"五位一体"总体布局和"四个全面"战略布局，开展了一系列根本性、开创性、长远性工作。2018年，自然资源部组建，统一行使全民所有自然资源资产所有者职责，统一行使所有国土空间用途管制和生态保护修复职责，为全面加强土地管理事业提供了组织保障。党领导下的土地管理事业在"生态文明"和"国家治理体系和治理能力现代化"两个维度上全面升级，坚持人与自然和谐共生，统筹保护和发展，围绕党和国家重大战略进行系统集成改革，实现了历史性变革、系统性重塑、整体性重构。

第三节 城镇住房制度概述

城镇住房制度改革是经济体制改革的重要组成部分。通过城镇住房制度改革，建立租购并举的住房制度，构建了以政府为主提供基本保障、以市场为主满足多层次需求的住房供应体系，改善了人们的居住条件和居住环境。

一、城镇住房制度改革的发展历程

改革开放前，我国城镇住房制度是一种以国家无偿分配、低租金、无限期使用为特点的实物福利性住房制度。这种住房制度存在着一系列严重弊端和难以克服的矛盾，其根本问题在于不能有效地满足城镇居民的住房需求，不适应社会主义经济发展的客观要求。实行低租金出租的办法，国家不仅每年投入住宅建设的大量资金收不回来，还要再拿出一大笔资金用于补贴住房的维修和管理费用。对这种城镇住房制度必须进行全面彻底的改革。我国城镇住房制度改革经历了三个阶段。

（一）探索和试点阶段

1978年邓小平同志提出了关于住房制度改革的问题。1980年4月，他更加进一步明确地提出了住房制度改革的总体构想，提出要走住房商品化的道路。同年6月，中共中央、国务院批转了《全国基本建设工作会议汇报提纲》，正式宣布将实行住宅商品化的政策。1979年开始实行向居民全价售房的试点。1980年试点扩大到50个城市，1981年又扩大到23个省、自治区、直辖市的60多个城市及部分县镇。1982年开始实行补贴出售住房的试点，即政府、单位、个人各负担房价的1/3。1984年国务院批准北京、上海、天津3个直辖市扩大试点。截至1985年底，全国共有160个城市和300个县镇实行了补贴售房，共出售住房1093万 m²。

自1986年以后，城镇住房制度改革取得了重大突破，掀起了第一轮房改热潮。1986年2月，成立了"国务院住房制度改革领导小组"，下设办公室，负责领导和协调全国的房改工作。这一时期的主要特点是针对低租金的传统住房制度，提出了以大幅度提租为基本环节的改革思路。在总结试点工作经验的基础上，1988 年 1 月国务院召开了"第一次全国住房制度改革工作会议"，同年 2 月国务院批准印发了国务院住房制度改革领导小组起草的《关于在全国城镇分期分批推行住房制度改革的实施方案》。这是国务院颁发的全面指导城镇住房制度改革的重要文件，充分肯定了试点城市的做法和经验，确定了房改的目标、步骤和主要政策，对全国房改的工作进行了部署，标志着住房制度改革进入了整体方案设计和全面试点阶段。

（二）全面推进和全面实施阶段

1991 年城镇住房制度改革取得了重大突破和实质性进展，结束了一段时期以来的徘徊局面，进入了全面推进和综合配套改革的新阶段。1991 年 6 月，国务院颁发了《关于继续积极稳妥地进行城镇住房制度改革的通知》，明确了城镇住房制度改革的根本目的，重申了城镇住房制度改革的有关政策，提出了部分产权理论，要求实行新房新制度，强调了国家统一政策的严肃性。同年 11 月，国务院办公厅转发国务院住房制度改革领导小组制定的《关于全面推进城镇住房制度改革的意见》，这是城镇住房制度改革的一个纲领性文件，明确了城镇住房制度改革的指导思想和根本目的，制定了城镇住房制度改革的总体目标和分阶段目标，提出了城镇住房制度改革的四项基本原则，规定了城镇住房制度改革的十二大政策，要求在 1992—1993 年在全国范围内全面推进城镇住房制度改革。这标志着城镇住房制度改革已从探索和试点阶段，进入全面推进和综合配套改革的新阶段。1992 年 2 月，国务院正式批复了上海市的住房制度改革方案。上海市实行了"五位一体"的房改实施方案，具体包括推行住房公积金、提租发补贴、配房买债券、买房给优惠、建立房委会五项措施。上海市借鉴新加坡的成功经验，在全国率先建立了住房公积金制度，开辟了新的稳定的住宅资金筹集渠道。上海市住房制度改革方案的实施对全国的房改产生了巨大影响和推动作用，引起了所谓的"上海效应"。

1994 年 7 月 18 日，国务院印发《关于深化城镇住房制度改革的决定》。该决定确定房改的根本目的是：建立与社会主义市场经济体制相适应的新的城镇住房制度，实现住房商品化、社会化；加快住房建设，改善居住条件，满足城镇居民不断增长的住房需求。房改的基本内容可以概括为"三改四建"。"三改"即改变计划经济体制下的福利性的旧体制，包括：把住房建设投资由国家、单位统包的体制改变为国家、单位、个人三者合理负担的体制；把各单位建房、分房和维修、管理住房的体制改变为社会化、专业化运行的体制；把住房实物福利分配的方式改变为以按劳分配为主的货币工资分配方式。"四建"即建立与社会主义市场经济体制相适应的新的住房制度，包括：建立以中低收入家庭为对象、具有社会保障性质的经济适用住房供应体系和以高收入家庭为对象的商品房供应体系；建立住房公积金制度；发展住房金融和住房保险，建立政策性和商业性并存的住房信贷体系；建立规范化的房地产交易市场和发展社会化的房屋维修、管理市场。从而逐步实现住房资金投入产出的良性循环、促进房地产业和相关产业的发展。随着住房公积金制度建立，租金改革积极推进，公有住房稳步出售，经济适用住房开发建设，城镇住房制度改革进入深化和全面实施阶段。

　　1998 年 7 月 3 日国务院发布《关于进一步深化城镇住房制度改革加快住房建设的通知》，宣布从 1998 年下半年开始，全国城镇停止住房实物分配，逐步实行住房分配货币化。新的深化城镇住房制度改革的基本内容是：①停止住房实物分配，逐步实行住房分配货币化；②建立和完善以经济适用住房为主的住房供应体系；③继续推进现有公有住房改革，培育和规范住房交易市场；④采取扶持政策，加快经济适用住房建设；⑤发展住房金融；⑥加强住房物业管理。上述政策在全国实施，标志着城镇住房制度改革进入全面实施阶段。

　　（三）租购并举的新阶段

　　党的十八大提出，加快建立市场配置和政府保障相结合的住房制度，完善符合国情的住房体制机制和政策体系，立足保障基本需求、引导合理消费，加快构建以政府为主提供基本保障、以市场为主满足多层次需求的住房供应体系，逐步形成总量基本平衡、结构基本合理、房价与消费能力基本适应的住房供需格局，实现广大群众住有所居的住房目标。

　　党的十九大提出，坚持房子是用来住的、不是用来炒的定位，加快建立多主体供给、多渠道保障、租购并举的住房制度，让全体人民住有所居。我国的住房制度进入租购并举的新阶段。

二、住房保障制度

　　（一）住房保障制度概述

　　住房保障制度是国家直接供给或通过政策引导、激励市场主体供给保障性住房满足人民基本居住需求的各种政策措施，与市场化住房供给机制共同构成我国住房供应体系，也是国家社会政策与社会保障制度的重要组成部分。保障性住房是享受政策支持，用于保障人民基本居住需求的住房统称，根据《国务院办公厅关于加快发展保障性租赁住房的意见》，我国应加快完善以公共租赁住房、保障性租赁住房和共有产权住房为主体的住房保障体系，因此我国的保障性住房包括公共租赁住房、保障性租赁住房以及共有产权住房等。其中：公共租赁住房、保障性租赁住房是通过租赁方式保障人民基本居住需求，而共有产权住房是通过买卖方式保障人民基本居住需求。除此之外，通过棚户区改造、老旧小区改造改善住房困难群体居住条件，符合住房保障的民生属性，也是我国住房保障体系的重要组成部分。

（二）保障性住房种类

1. 公共租赁住房

公共租赁住房的供应对象主要是城镇中等偏下收入住房困难家庭。有条件的地区，可以将新就业职工和有稳定职业并在城市居住一定年限的外来务工人员纳入供应范围。公共租赁住房房源通过新建、改建、收购、在市场上长期租赁住房等方式多渠道筹集。租金水平由市县人民政府统筹考虑市场租金水平和供应对象的住房支付能力合理确定。财政部、住房和城乡建设部制定的《公共租赁住房资产管理暂行办法》规定，地方各级住房保障主管部门应与建设单位在合同中约定，建设单位不得将公租房资产作为融资抵押物。公租房可以采用实物保障，也可以实行货币补贴。符合条件的保障对象，向政府申请，政府既可以提供实物的公租房，也可以给予货币补贴。实物的公租房，一般建筑面积在 60m² 以下，货币补贴的具体标准由各个市县人民政府规定。

住房和城乡建设部要求 2014 年底前，各地区要把廉租住房全部纳入公共租赁住房，实现统一规划建设、统一资金使用、统一申请受理、统一运营管理。廉租住房由政府通过新建、改建、购置、租赁等方式筹集，新建廉租住房，实行土地划拨和税费减免，以低租金出租给符合条件的家庭。廉租住房单套建筑面积控制在 50m² 以内，保证基本居住功能。廉租住房保障也采取发放租赁补贴、由低收入家庭在市场上自行承租住房的方式。廉租住房保障资金来源有：一是廉租住房保障资金纳入地方财政年度预算安排；二是住房公积金增值收益在提取贷款风险准备金和管理费用之后全部用于廉租住房建设；三是土地出让净收益用于廉租住房保障资金的比例不得低于 10%，各地还可根据实际情况进一步适当提高比例；四是廉租住房租金收入实行收支两条线管理，专项用于廉租住房的维护和管理。对中西部财政困难地区，通过中央预算内投资补助和中央财政廉租住房保障专项补助资金等方式给予支持。

2. 保障性租赁住房

保障性租赁住房主要解决符合条件的新市民、青年人等群体的住房困难问题，以建筑面积不超过 70m² 的小户型为主，租金低于同地段同品质市场租赁住房租金，准入和退出的具体条件、小户型的具体面积由城市人民政府按照保基本的原则合理确定。保障性租赁住房由政府给予土地、财税、金融等政策支持，充分发挥市场机制作用，引导多主体投资、多渠道供给，坚持"谁投资、谁所有"。保障性租赁住房主要利用集体经营性建设用地、企事业单位自有闲置土地、产业园区配套用地和存量闲置房屋建设，适当利用新供应国有建设用地建设。利用非居住存量土地和非居住存量房屋建设保障性租赁住房，可由市县人民政府组织有关部门联合审查建设方案，出具保障性租赁住房项目认定书后，由相关部门办理立项、用地、规划、施工、消防等手续。不涉及土地权属变化的项目，可用已有用地手续等材料作为土地证明文件，不再办理用地手续。探索将建设工程规划许可和施工许可合并为一个阶段。实行相关各方联合验收。利用非居住存量土地和非居住存量房屋建设保障性租赁住房，取得保障性租赁住房项目认定书后，用水、用电、用气价格按照居民标准执行。支持专业化规模化住房租赁企业建设和运营管理保障性租赁住房。

3. 共有产权住房

共有产权住房是指所有权由政府（单位）与个人共同享有的住房。个人按照所持有的所有权比例支付房款，即可获得住房的使用权。这种方式，减轻了个人购房资金压力，相对提高了个人的支付能力。从具体政策上，共有产权住房的供应对象是在城镇稳定就业满一定年限的首次购房家庭和棚户区改造后扩大住房面积的家庭，只能享受一次。当居住满一定年限后交易时，需按照产权比例，与政府（或单位）分享收益。在地方政府允许的情况下，政府（或单位）与购房者各自持有的产权份额可按规定相互购买。

在住房保障的发展过程中，廉租房、经济适用住房及限价商品住房等也都发挥了重要的作用。经济适用住房由政府组织、社会投资建设，实行土地划拨、税费减免、信贷支持，按照保本微利原则出售给符合条件的家庭。经济适用住房单套建筑面积控制在 $60m^2$ 左右；购房人拥有有限产权，购房满 5 年可转让，但应按照规定交纳土地收益等价款；政府优先回购。但随着住房保障制度的不断完善，保障房的保障品种也在不断完善，我国将加快完善以公租房、保障性租赁住房及共有产权住房为主体的住房保障体系，其中公租房、保障性租赁住房采取租赁的保障方式，廉租房已并入公租房，共有产权住房采取产权共有的保障方式，经济适用住房及限价商品住房作为产权保障方式将退出历史舞台。

（三）支持保障性住房政策措施

1. 财政政策

市县财政将公共住房保障资金纳入年度预算安排。中央财政对各地公共租赁住房及棚户区改造住房建设给予资金支持。对保障性住房建设，减免税收，免收各种行政事业性收费和政府性基金。通过税率调整，鼓励合理住房消费。中央通过现有经费渠道，对符合规定的保障性租赁住房建设任务予以补助。

2. 税收政策

综合利用税费手段，加大对发展保障性租赁住房的支持力度。利用非居住存量土地和非居住存量房屋建设保障性租赁住房，取得保障性租赁住房项目认定书后，比照适用住房租赁增值税、房产税等税收优惠政策。对保障性租赁住房项目免收城市基础设施配套费。

3. 金融政策

允许利用住房公积金贷款支持保障性住房建设（试点）。金融机构对保障性住房建设执行优惠利率并适当延长贷款期限。加大对保障性租赁住房建设运营的信贷支持力度，支持银行业金融机构以市场化方式向保障性租赁住房自持主体提供长期贷款；按照依法合规、风险可控、商业可持续原则，向改建、改造存量房屋形成非自有产权保障性租赁住房的住房租赁企业提供贷款。完善与保障性租赁住房相适应的贷款统计，在实施房地产信贷管理时予以差别化对待。

支持银行业金融机构发行金融债券，募集资金用于保障性租赁住房贷款投放。支持企业发行企业债券、公司债券、非金融企业债务融资工具等公司信用类债券，用于保障性租赁住房建设运营。企业持有运营的保障性租赁住房具有持续稳定现金流的，可将物业抵押作为信用增进，发行住房租赁担保债券。支持商业保险资金按照市场化原则参与保障性租赁住房建设。

4. 土地政策

不同于商品住房用地采取"招拍挂"方式出让，保障性住房用地的供应方式具有多样性，并优先保证。人口净流入的大城市和省级人民政府确定的城市，保障性租赁住房用地可采取出让、租赁或划拨等方式供应，其中以出让或租赁方式供应的，可将保障性租赁住房租赁价格及调整方式作为出让或租赁的前置条件，允许出让价款分期收取；应按照职住平衡原则，提高住宅用地中保障性租赁住房用地供应比例，在编制年度住宅用地供应计划时，单列租赁住房用地计划、优先安排、应保尽保，主要安排在产业园区及周边、轨道交通站点附近和城市建设片区等区域，引导产城人融合、人地房联动。

新建普通商品住房项目，可配建一定比例的保障性租赁住房，具体配建比例和管理方式由市县人民政府确定。鼓励在地铁上盖物业中建设一定比例的保障性租赁住房。

对人口净流入的大城市和省级人民政府确定的城市，一是在尊重农民集体意愿的基础上，经城市人民政府同意，可探索利用集体经营性建设用地建设保障性租赁住房；应支持利用城区、靠近产业园区或交通便利区域的集体经营性建设用地建设保障性租赁住房；农村集体经济组织可通过自建或联营、入股等方式建设运营保障性租赁住房；建设保障性租赁住房的集体经营性建设用地使用权可以办理抵押贷款。二是对企事业单位依法取得使用权的土地，经城市人民政府同意，在符合规划、权属不变、满足安全要求、尊重群众意愿的前提下，允许用于建设保障性租赁住房，并变更土地用途，不补缴土地价款，原划拨的土地可继续保留划拨方式；允许土地使用权人自建或与其他市场主体合作建设运营保障性租赁住房。三是经城市人民政府同意，在确保安全的前提下，可将产业园区中工业项目配套建设行政办公及生活服务设施的用地面积占项目总用地面积的比例上限由7％提高到15％，建筑面积占比上限相应提高，提高部分主要用于建设宿舍型保障性租赁住房，严禁建设成套商品住宅；鼓励将产业园区中各工业项目的配套比例对应的用地面积或建筑面积集中起来，统一建设宿舍型保障性租赁住房。

对闲置和低效利用的商业办公、旅馆、厂房、仓储、科研教育等非居住存量房屋，经城市人民政府同意，在符合规划原则、权属不变、满足安全要求、尊重群众意愿的前提下，允许改建为保障性租赁住房；用作保障性租赁住房期间，不变更土地使用性质，不补缴土地价款。

三、住房公积金制度

（一）住房公积金制度概述

我国住房公积金制度，最早于1991年在上海市建立。1994年，国务院《关于深化城镇住房制度改革的决定》要求全面推行住房公积金制度。1999年，国务院发布了《住房公积金管理条例》，住房公积金制度稳步发展，逐步规范，住房公积金的使用方向从生产领域转向消费领域，从支持住房建设转向支持职工住房消费。随后国务院不断完善修改《住房公积金管理条例》，从调整和完善住房公积金决策体系、规范住房公积金管理机构设置、健全和完善监督体系、强化住房公积金归集和使用等方面进一步完善住房公积金制度，规范住房公积金管理。

住房公积金，是指国家机关、国有企业、城镇集体企业、外商投资企业、城镇私营企业及其他城镇企业、事业单位、民办非企业单位、社会团体及其在职职工缴存的长期住房储金。职工个人缴存的住房公积金和职工所在单位为职工缴存的住房公积金，属于职工个人所有。住房公积金的管理实行住房公积金管理委员会决策、住房公积金管理中心运作、银行专户存储、财政监督的原则。

（二）住房公积金缴存

国家机关、国有企业、城镇集体企业、外商投资企业、城镇私营企业及其他城镇企业、事业单位、民办非企业单位和社会团体及其在职职工都应按月缴存住房公积金。有条件的地方，城镇单位聘用进城务工人员，单位和职工可缴存住房公积金；城镇个体工商户、自由职业人员可申请缴存住房公积金。职工缴存的住房公积金和单位为职工缴存的住房公积金，全部纳入职工个人账户。

缴存基数是职工本人上一年度月平均工资，原则上不应超过职工工作地所在设区城市统计部门公布的上一年度职工月平均工资的 2 或 3 倍。缴存基数每年调整一次。缴存比例是指职工个人和单位缴存住房公积金的数额占职工上一年度月平均工资的比例。单位和职工的缴存比例不低于 5％，原则上不高于 12％。具体缴存比例由住房公积金管理委员会拟订，经本级人民政府审核后，报省自治区、直辖市人民政府批准。

（三）住房公积金提取和使用

1. 住房公积金提取

住房公积金提取，是指缴存职工符合住房消费提取条件或丧失缴存条件时，部分或全部提取个人账户内的住房公积金存储余额的行为。职工有下列情形的，可以申请提取个人账户内的住房公积金存储余额：

（1）购买、建造、翻建、大修自住住房的；

（2）偿还购建自住住房贷款本息的；

（3）职工连续足额缴存住房公积金满 3 个月，本人及配偶在缴存城市无自有住房且租赁住房的；

（4）离休、退休和出境定居的；

（5）职工死亡、被宣告死亡的；

（6）享受城镇最低生活保障的；

（7）完全或部分丧失劳动能力，并与单位终止劳动关系的等。

2. 住房公积金使用

（1）发放个人住房贷款

设立个人住房公积金账户，且连续足额正常缴存一定期限的职工，在购买、建造、翻建、大修自住住房时，可以向住房公积金管理中心申请个人住房公积金贷款。缴存职工在缴存地以外地区购房，可按购房地住房公积金个人住房贷款政策向购房地住房公积金管理中心申请个人住房贷款。

住房公积金个人住房贷款和商业性个人住房贷款除贷款资金来源不同，在贷款对象、贷款流程以及贷款利率、额度等方面也存在较明显差异。

（2）购买国债

在保证职工住房公积金提取和贷款的前提下，经住房公积金管理委员会批准，住房公积金管理中心可将住房公积金用于购买国债。

（3）贷款支持保障性住房建设试点

2009年，国家开展了利用住房公积金贷款支持保障性住房建设试点工作。试点城市在优先保证职工提取和个人住房贷款、留足备付准备金的前提下，可将50％以内的住房公积金结余资金贷款支持保障性住房建设，贷款利率按照5年期以上个人住房公积金贷款利率上浮10％执行。利用住房公积金结余资金发放的保障性住房建设贷款，定向用于经济适用住房、列入保障性住房规划的城市棚户区改造项目安置用房、政府投资的公共租赁住房建设。

第四节　房地产法律法规制度体系

房地产和房地产业涉及的社会面广、资金量大、产权关系复杂，需要通过建立完善的法律法规制度体系，维护房地产市场秩序，规范房地产行为，保护各方当事人的合法权益。完善的法律法规制度体系是由法律、行政法规、地方性法规、部门规章、地方政府规章、规范性文件和技术标准（规范）等构成。

一、法的概念

法是体现统治阶级意识，由国家制定或者认可，用国家强制力保证执行的行为规范的总称。按照法的立法机关、立法层级不同，我国的法一般可分为法律、行政法规、地方性法规、部门规章等。

二、法的主要形式

（一）法律

法律可分为广义上的法律和狭义上的法律。广义上的法律泛指一切规范性文件。在我国，狭义上的法律一般仅指全国人民代表大会及其常务委员会制定的规范性文件总称。本书中所称的法律，除有特别说明的外，一般是指狭义上的法律。全国人民代表大会及其常务委员会行使国家立法权。全国人民代表大会制定和修改刑事、民事、国家机构的和其他的基本法律。全国人民代表大会常务委员会制定和修改除应当由全国人民代表大会制定的法律以外的其他法律；在全国人民代表大会闭会期间，对全国人民代表大会制定的法律进行部分补充和修改，但是不得同该法律的基本原则相抵触。全国人民代表大会及其常务委员会通过的法律由国家主席签署主席令予以公布。

需要注意的是，《宪法》也是法律，但有时将《宪法》单独列出，与法律并列。这主要是为了突出《宪法》是国家根本大法，在整个法律体系中处于最高的地位，是其他法律的立法依据。其他的法律法规均不得与《宪法》相抵触。

（二）行政法规

行政法规是指国务院根据法律，按照法定程序制定的有关行使行政权力，履行行政职责，以国务院令颁布的规范性文件的总称。国务院根据宪法和法律，制定行政法规。行政法规可以就为执行法律的规定需要制定行政法规的事项、《宪法》第八十九条规定的国务院行政管理职权的事项作出规定。行政法规由总理签署国务院令公布。有关国防建设的行政法规，可以由国务院总理、中央军事委员会主席共同签署国务院、中央军事委员会令公布。

需要注意的是，法规与行政法规不是同一概念。法规包括的范围较广，不仅包括行政法规，也包括地方性法规；也可用法规来称法律、行政法规、规章甚至规范性文件。而行政法规特指由总理签署的国务院令。

（三）地方性法规

省、自治区、直辖市的人民代表大会及其常务委员会根据本行政区域的具体情况和实际需要，在不同宪法、法律、行政法规相抵触的前提下，可以制定地方性法规。设区的市的人民代表大会及其常务委员会根据本市的具体情况和实际需要，在不同宪法、法律、行政法规和本省、自治区的地方性法规相抵触的前提下，可以对城乡建设与管理、环境保护、历史文化保护等方面的事项制定地方性法规，法律对设区的市制定地方性法规的事项另有规定的，从其规定。

（四）规章

国务院各部、委员会、中国人民银行、审计署和具有行政管理职能的直属机构，可以根据法律和国务院的行政法规、决定、命令，在本部门的权限范围内，制定规章。部门规章是以部门首长签署形式颁布的文件。涉及两个以上国务院部门职权范围的事项，应当提请国务院制定行政法规或者由国务院有关部门联合制定规章。例如，房产测绘涉及测绘管理，也涉及房屋管理，《房产测绘管理办法》由建设部、国家测绘局于2001年共同制定，联合发布。

省、自治区、直辖市和设区的市、自治州的人民政府，可以根据法律、行政法规和本省、自治区、直辖市的地方性法规，制定地方政府规章。

三、法的适用主要规则

（一）法不溯及既往原则

法不溯及既往，通俗地讲，是指不能用当前的规则，去约束、评判在规则出台之前的行为。《立法法》第九十三条规定："法律、行政法规、地方性法规、自治条例和单行条例、规章不溯及既往，但为了更好地保护公民、法人和其他组织的权利和利益而作的特别规定除外。"法不溯及既往原则的首要作用在于维护法律主体的既得权利以及原有的法律地位，使得法律主体在行动的时候只要注意并遵守当时有效的法律即可，无须顾虑行为后法律的变动，从而有安全感。

（二）上位法优于下位法

上位法优于下位法，是指效力等级高的法律与效力等级低的法律发生冲突时，应当适用效力等级高的法律。在我国，不同类型的法之间的效力高低为：①宪法具有最高法律效力；②法律的效力高于行政法规、地方性法规、规章；③行政法规的效力高于地方性法规、规章；④地方性法规的效力高于本级和下级地方政府规章；⑤省、自治区的人民政府制定的规章的效力高于本行政区域内的设区的市、自治州的人民政府制定的规章。

作为上位法优于下位法规则的例外是：自治条例和单行条例依法对法律、行政法规、地方性法规作变通规定的，在本自治地方适用自治条例和单行条例的规定；经济特区法规根据授权对法律、行政法规、地方性法规作变通规定的，在本经济特区适用经济特区法规的规定。

（三）特别法优先一般法

特别法是指根据某种特殊情况和需要制定的调整某种特殊问题的法律规范。一般法是为调整某类社会关系而制定的法律规范。《立法法》第九十二条规定："同一机关制定的法律、行政法规、地方性法规、自治条例和单行条例、规章，特别规定与一般规定不一致的，适用特别规定。"这就是所谓的特别法优于一般法的规则。例如，《公司法》调整的规定各类公司的设立、活动、解散的基本制度。《公司法》是一般法。而《资产评估法》对设立评估机构也有相应的规定，这些规定是针对评估机构的特别规定。《资产评估法》属于特别法。在设立评估机构方面，《公司法》与《资产评估法》规定不一致的，应适用《资产评估法》。需要注意的是，特别法优于一般法的前提是这些法都是同一机关制定的，在效力等级上相同，否则不能适用该规则。

（四）新法优于旧法

法律会随着社会的发展而发展，原先的立法机关对某一事项作出了一个规定，但是随着社会的发展，在此后的另一部法律中对此又作出了一个不同规定，于是同一事项上出现了效力等级相同的法律之间新旧规定不一致的情形。《立法法》第九十二条规定："同一机关制定的法律、行政法规、地方性法规、自治条例和单行条例、规章……新的规定与旧的规定不一致的，适用新的规定。"此即新法优于旧法的规则。

（五）新的一般规定与旧的特别规定不一致处理原则

法律之间对同一事项的新的一般规定与旧的特别规定不一致，不能确定如何适用的，由全国人民代表大会常务委员会裁决。行政法规之间对同一事项的新的一般规定与旧的特别规定不一致，不能确定如何适用的，由国务院裁决。同一机关制定的地方性法规（或者规章）新的一般规定与旧的特别规定不一致的，由制定机关裁决。

（六）部门规章、地方政府规章、地方性法规之间发生冲突的处理原则

部门规章之间、部门规章与地方政府规章之间具有同等效力，在各自的权限范围内施行。部门规章之间、部门规章与地方政府规章之间对同一事项的规定不一致的，由国务院裁决。地方性法规与部门规章之间对同一事项的规定不一致，不能确定如何适用的，由国务院提出意见，国务院认为应当适用地方性法规的，应当决定在该地方适用地方性法规的规定；国务院认为应当适用部门规章的，应当提请全国人民代表大会常务委员会裁决。

四、房地产领域的主要法律法规规章和规范性文件、技术标准（规范）

（一）法律

1.《民法典》

自 2021 年 1 月 1 日起施行的《民法典》是中华人民共和国成立以来第一部以法典命名的法律。《民法典》是规范财产关系的民事基本法律，调整因物的归属和利用而产生的民事关系，包括明确国家、集体、私人和其他权利人的物权以及对物权的保护。《民法典》确定了国家、集体和私人的物权平等保护的原则；确定了物权的种类和内容以及不动产登记制度等。《民法典》实施，对确认物的归属，明确所有权和用益物权、担保物权的内容，保障各种市场主体的平等法律地位和发展权利，依法保护权利人的物权，发展社会主义市场经济发挥着重要的作用。

2.《土地管理法》

1987 年 1 月 1 日《土地管理法》实施标志着我国土地管理迈入法制轨道。《土地管理法》发布实施以来，不断修正完善，对土地的所有权和使用权、土地利用总体规划、耕地保护、建设用地等作出了规定，加强了土地管理、切实保护耕地，合理利用土地，促进了社会经济可持续发展。

3.《城市房地产管理法》

1995 年 1 月 1 日《城市房地产管理法》实施标志着我国房地产业的发展迈

入了法治管理的新时期，为依法管理房地产市场奠定了坚实的法律基础。这部法律除确立了我国房地产管理的基本原则外，对房地产开发用地、房地产开发、房地产交易、房地产中介等主要环节，都确立了一系列基本制度，作出了规定，内容十分丰富。

（1）《城市房地产管理法》与《土地管理法》《城乡规划法》之间的关系。《城市房地产管理法》《土地管理法》和《城乡规划法》既有分工，又相辅相成。《城市房地产管理法》的立法目的是"为了加强对城市房地产的管理，维护房地产市场秩序，保障房地产权利人的合法权益，促进房地产业的健康发展"。《土地管理法》的立法目的是"为了加强土地管理，维护土地的社会主义公有制，保护、开发土地资源，合理利用土地，切实保护耕地，促进社会经济的可持续发展"。《城乡规划法》的立法目的是"为了加强城乡规划管理，协调城乡空间布局，改善人居环境，促进城乡经济社会全面协调可持续发展"。因此，对于城市建设和房地产业来说，《土地管理法》主要是解决土地资源的保护、利用和配置，规范城市建设用地的征收、征用，即征收农村集体所有的土地以及使用国有土地等问题。《城乡规划法》除规定了城市、镇的发展布局、功能分区、用地布局、综合交通体系，禁止、限制和适宜建设的地域范围以外，重点是确定规划区范围、规划区内建设用地规模、基础设施和公共服务设施用地、水源地和水系、基本农田和绿化用地、环境保护、自然与历史文化遗产保护以及防灾减灾等内容。《城市房地产管理法》则对如何取得国有土地使用权、房地产开发、房地产交易和房地产权属登记管理等作出了具体规定。

（2）《城市房地产管理法》与《资产评估法》之间的关系。《城市房地产管理法》对包括房地产估价行业在内的房地产行业管理作出了规定。自 2016 年 12 月 1 日起实施的《资产评估法》重点规范包括房地产估价在内的各类评估专业人员和评估机构从业行为、评估行业组织自律行为和政府监督管理行为。《资产评估法》实施之前的资产评估，是指财政部门管理的国有"资产评估"，亦即狭义的资产评估。《资产评估法》实施之后的资产评估不仅包括财政部门管理的"资产评估"，还包括房地产估价、土地估价等其他评估领域和评估专业，是广义的资产评估。《资产评估法》对包括房地产估价行业在内的各类评估行业管理作出了一般性规定，是评估行业的一般法。《城市房地产管理法》是包括房地产评估管理在内的有关房地产管理的特别法。《立法法》第九十二条规定："同一机关制定的法律、行政法规、地方性法规、自治条例和单行条例、规章，特别规定与一般规定不一致的，适用特别规定。"因此，在房地产估价行业管理活动中，《城市房地产管理法》有规定的，适用《城市房地产管理法》，与《资产评估法》规定不一致的，应当适用《城市房地产管理法》。

（二）行政法规

涉及房地产方面的行政法规主要有《土地管理法实施条例》《城镇国有土地使用权出让和转让暂行条例》《国有土地上房屋征收与补偿条例》《城市房地产开发经营管理条例》《建设工程质量管理条例》《住房公积金管理条例》《物业管理条例》《不动产登记暂行条例》等。

（三）规章

房地产部门规章主要有《房地产开发企业资质管理规定》《城市商品房预售管理办法》《商品房销售管理办法》《商品房屋租赁管理办法》《城市房地产抵押管理办法》《闲置土地处置办法》《注册房地产估价师管理办法》《房地产估价机构管理办法》《房产测绘管理办法》《已购公有住房和经济适用住房上市出售管理暂行办法》等。

（四）规范性文件和技术标准（规范）

规范性文件是指主管部门根据法律、法规、规章的规定，在本部门的权限范围内，以通知、意见等形式发布的文件或者标准、规范。房地产方面的规范性文件主要有《国务院关于促进房地产市场持续健康发展的通知》《国务院办公厅关于加快培育和发展住房租赁市场的若干意见》《房地产估价师职业资格制度规定》《房地产估价师职业资格考试实施办法》《关于规范与银行信贷业务相关的房地产抵押估价管理有关问题的通知》《房地产经纪专业人员职业资格制度暂行规定》《房地产经纪专业人员职业资格考试实施办法》《国有土地上房屋征收评估办法》《房地产抵押估价指导意见》《关于进一步规范和加强房屋网签备案工作的指导意见》等。

房地产方面的国家标准主要有《房地产估价规范》GB/T 50291、《房地产估价基本术语标准》GB/T 50899、《房产测量规范》GB/T 17986。房地产方面的行业标准主要有《房地产业基本术语标准》JGJ/T 30、《房地产市场基础信息数据标准》JGJ/T 252等。

目前，房地产管理的主要环节均有法可依，房地产法律法规体系基本建立，为住宅建设和房地产业的健康发展创造了良好的法治环境。

需要注意的是，随着政府机构改革的推进、职能整合，相关政府主管部门的称谓、职能也发生了一些变化，例如国土资源管理部门主要职能由自然资源主管部门承担；建设管理部门、房产管理部门改为住房城乡建设主管部门等。本书中对原来有些部门的称谓，根据现行称谓、职能作了修正、统一。但有的内容中涉及部门称谓变化的，未作修正、统一，书中称谓略显不统一。这主要是考虑有些内容属于直接引用法律、法规、规章或者规范性文件原文或者条款，为尊重原文，对称谓未作修正、统一，仍采用了原称谓，在此一并说明。

复 习 思 考 题

1. 什么是房地产业？
2. 房地产业包括哪些细分行业？各细分行业的主要内容是什么？
3. 房地产权利有哪些？
4. 土地管理的主要内容有哪些？
5. 土地监督检查的内容和措施有哪些？
6. 保障性住房的种类有哪些？支持保障性住房的政策措施主要有哪些？
7. 住房公积金缴存和提取有何要求？
8. 法的适用规则主要有哪些？
9. 房地产领域的法律、行政法规、部门规章、规范性文件和技术规范主要有哪些？

第二章 国土空间规划与土地用途管制

第一节 国土空间规划

　　长期以来，我国在空间利用与保护方面存在规划类型过多、内容重叠冲突等突出问题。将主体功能区规划、土地利用规划、城乡规划等空间规划融合为统一的国土空间规划，实现"多规合一"，强化国土空间规划对各专项规划的指导约束作用，是党中央、国务院作出的重大决策部署。为贯彻落实这项决策部署，近年来，我国出台了一系列国土空间规划相关文件与标准规范，并全面启动国土空间规划编制审批和实施管理工作。目前，该项工作正有序推进，部分地区已经完成了国土空间规划编制工作，全国统一、责权清晰的国土空间规划体系正在加速形成。

一、国土空间规划的概念

　　理解国土空间规划首先要准确把握国土空间的内涵。何谓国土空间？按照《全国主体功能区规划》中的解释，国土空间"是指国家主权与主权权利管辖下的地域空间，是国民生存的场所和环境，包括陆地、陆上水域、内水、领海、领空等"。《省级国土空间规划编制指南（试行）》将国土空间定义为"国家主权与主权权利管辖下的地域空间，包括陆地国土空间和海洋国土空间"。可见，国土空间是一个基于国家主权并包含各类自然要素、人类活动成果及其环境的立体空间，具有政治性与自然性双重属性。国土空间规划则是国家空间发展的指南、可持续发展的蓝图，是各类开发保护建设活动的基本依据，是对一定区域国土空间的开发保护，在空间和时间上作出的总体部署与统筹安排，包括总体规划、详细规划和相关专项规划。

二、国土空间规划的内容

　　《中共中央 国务院关于建立国土空间规划体系并监督实施的若干意见》要求建立"五级三类"国土空间规划体系。"五级"是指国土空间规划的层级，对应我国的行政管理体系，分为国家级、省级、市级、县级和乡镇级五个层级，"三类"是指国土空间规划的类型，分为总体规划、详细规划和相关专项规划三类。《土地管理法实施条例》对国土空间规划的内容与要点进行了原则性规定：国土空间规划应当细化落实国家发展规划提出的国土空间开发保护要求，统筹布局农业、生态、城镇等功能空间，划定落实永久基本农田、生态保护红线和城镇开发边界。国土空间规划应当包括国土空间开发保护格局和规划用地布局、结构、用途管制要求等内容，明确耕地保有量、建设用地规模、禁止开垦的范围等要求，统筹基础设施和公共设施用地布局，综合利用地上地下空间，合理确定并严格控制新增建设用地规模，提高土地节约集约利用水平，保障土地的可持续利用。

（一）"三类"国土空间规划的主要内容

国土空间总体规划是对一定区域范围内国土空间开发保护作出的总体安排和综合部署，是详细规划的依据、相关专项规划的基础，强调综合性。国土空间详细规划是对具体地块用途和开发建设强度等作出的实施性安排，是开展国土空间开发保护活动、实施国土空间用途管制、核发城乡建设项目规划许可、进行各项建设等的法定依据，强调实施性。在城镇开发边界内的详细规划，由市县自然资源主管部门组织编制，报同级政府审批；在城镇开发边界外的乡村地区，以一个或几个行政村为单元，由乡镇政府组织编制"多规合一"的实用性村庄规划，作为详细规划，报上一级政府审批。相关专项规划是指在特定区域（流域）、特定领域，为体现特定功能，对空间开发保护利用作出的专门安排，是涉及空间利用的专项规划，强调专门性。

（二）"五级"国土空间规划的主要内容

不同层级的国土空间规划对应不同层级政府的责任与规划事权，规划的重点、内容与精度也有所不同。全国国土空间规划是对全国国土空间作出的全局安排，是全国国土空间保护、开发、利用、修复的政策和总纲，侧重战略性，由自然资源部会同相关部门组织编制，由党中央、国务院审定后印发。省级国土空间规划是对全国国土空间规划的落实，指导市县国土空间规划编制，侧重协调性，由省级政府组织编制，经同级人大常委会审议后报国务院审批。市县和乡镇国土空间规划是本级政府对上级国土空间规划要求的细化落实，是对本行政区域开发保护作出的具体安排，侧重实施性。需报国务院审批的城市国土空间总体规划，由市政府组织编制，经同级人大常委会审议后，由省级政府报国务院审批；其他市县及乡镇国土空间规划由省级政府根据当地实际，明确规划编制审批内容和程序要求。

1. 国家级国土空间规划的主要内容

（1）体现国家意志导向，维护国家安全和国家主权，谋划顶层设计和总体部署，明确国土空间开发保护的战略选择和目标任务。

（2）明确国土空间规划管控的底数、底盘、底线和约束性指标。

（3）协调区域发展、海陆统筹和城乡统筹，优化部署重大资源、能源、交通、水利等关键性空间要素。

（4）进行地域分区，统筹全国生产力组织和经济布局，调整和优化产业空间布局结构。

（5）合理规划城镇体系，合理布局中心城市、城市群或城市圈。

（6）统筹推进大江大河流域治理，跨省区的国土空间综合整治和生态保护修复，建立以国家公园为主体的自然保护地体系。

（7）提出国土空间开发保护的政策宣言和差别化空间治理的总体原则。

2. 省级国土空间规划的主要内容

（1）确定国土空间开发保护目标与战略。落实全国国土空间规划纲要的主要目标、管控方向和重大任务等，明确省级国土空间发展的总体定位、国土空间开发保护目标和战略。

（2）构建国土空间开发保护总体格局。落实全国国土空间规划纲要确定的国家级主体功能区，明确省域生态空间、农业空间、城镇空间布局，确定省域三条控制线的总体布局和重点区域，明确市县划定任务，提出管控要求。

（3）加强资源要素保护与利用。确定自然资源利用上线和环境质量安全底线，提出水、土地、能源等重要自然资源供给总量、结构以及布局调整的重点和方向，构建历史文化与自然景观网络。

（4）健全基础支撑体系。按照区域一体化要求，构建与国土空间开发保护格局相适应的基础设施支撑体系，明确省级综合防灾减灾重大项目布局及时序安排。

（5）推进生态修复和国土综合整治。提出生态修复和国土综合整治目标、重点区域和重大工程。

（6）促进区域协调与规划传导。强化区域协调发展，提出省域、省内重点地区协调发展要求和措施，对市县级规划编制提出指导约束要求，协调各专项规划空间安排。

（7）制定规划实施保障政策。

3. 市级国土空间规划的主要内容

（1）落实国家级和省级规划的重大战略、目标任务与约束性指标，明确空间发展目标战略。

（2）落实国家和省的区域发展战略、主体功能区战略，优化空间总体格局，促进区域协调、城乡融合发展。

（3）强化资源环境底线约束，基于资源环境承载能力和国土安全要求，明确重要资源利用上限，划定各类控制线。

（4）优化城市功能布局和空间结构，改善空间连通性和可达性，促进节约集约、高质量发展。

（5）优化居住和公共服务设施用地布局，完善公共空间和公共服务功能。

（6）加强自然和历史文化资源保护，塑造具有地域特色的城乡风貌。

（7）完善基础设施体系，提高城市综合承载能力，增强城市安全韧性。

（8）推进国土整治修复与城市更新，提升空间综合价值。

（9）建立规划实施保障机制。

4. 县级国土空间规划的主要内容

（1）落实国家和省域重大战略决策部署，落实区域发展战略、乡村振兴战略、主体功能区战略和制度，落实省级和市级规划的目标任务和约束性指标。

（2）确定全域镇村体系、村庄类型和村庄布点原则；统筹、优化和确定"三条控制线"，明确管控要求；划分国土空间用途分区，确定开发边界内集中建设地区的功能布局，明确城市主要发展方向、空间形态和用地结构。

（3）明确县域镇村体系、综合交通、基础设施、公共服务设施及综合防灾体系。

（4）以县级城镇开发边界为限，形成县级集建区与非集建区，分别构建"指标＋控制线＋分区"的管控体系，县级集建区重点突出土地开发模式引导。

（5）明确国土空间生态修复目标、任务和重点区域，安排国土综合整治和生态保护修复重点工程的规模、布局和时序。

（6）划定乡村发展和振兴的重点区域，提出优化乡村居民点空间布局的方案，提出激活乡村发展活力和推进乡村振兴的路径策略。

（7）根据需要和可能，因地制宜划定国土空间规划单元，明确单元规划编制指引。

（8）明确国土空间用途管制、转换和准入规则。健全规划实施动态监测、评估、预警和考核机制，提出保障规划落地实施的政策措施。

5. 乡镇级国土空间规划的主要内容

（1）落实县级规划的战略、目标任务和约束性指标。

（2）统筹生态保护修复。

（3）统筹耕地和永久基本农田保护。

（4）统筹农村住房布局。

（5）统筹产业发展空间。

（6）统筹基础设施和基本公共服务设施布局。

（7）制定乡村综合防灾减灾规划。

（8）统筹自然历史文化传承与保护。

（9）根据需要因地制宜进行国土空间用途编定，制定详细的用途管制规则，全面落地国土空间用途管制制度。

（10）根据需要并结合实际，在乡（镇）域范围内，以一个村或几个行政村为单元编制"多规合一"的实用性村庄规划，规划成果纳入国土空间基础信息平台统一实施管理。

三、国土空间规划的实施与监督

（一）国土空间规划的技术规定和标准

国土空间规划技术标准是国土空间规划体系的重要组成部分，对于建立全国统一、权责清晰、科学高效的国土空间规划体系，全面提升国家空间治理能力和水平发挥着基础性、引领性作用。近年来，按照"急用先行"的原则，我国以政策文件形式先行印发了一批有一定实践基础、工作又急需的技术指南，如《资源环境承载能力和国土空间开发适宜性评价指南（试行）》《国土空间调查、规划、用途管制用地用海分类指南（试行）》《省级国土空间规划编制指南（试行）》《市级国土空间总体规划编制指南（试行）》等。

2021年9月，自然资源部、国家标准化管理委员会印发《国土空间规划技术标准体系建设三年行动计划（2021—2023年）》（以下简称《行动计划》）。《行动计划》提出，到2023年基本建立"多规合一、统筹协调、包容开放、科学适用"的国土空间规划技术标准体系，国土空间规划技术标准体系由基础通用、编制审批、实施监督、信息技术等四种类型标准组成。基础通用类标准，主要是适用于国土空间规划编制审批实施监督全流程的相关标准规范，具备基础性和普适性特点，同时也作为其他相关标准的基础，具有广泛指导意义，如已经发布的行业标准《国土空间规划城市设计指南》TD/T 1065—2021、《城区范围确定规程》TD/T 1064—2021；编制审批类标准，主要是支撑不同类别国土空间总体规划、详细规划和相关专项规划编制或审批的技术方法，特别是通过标准强化规划编制审批的权威性，现行以文件形式印发的《省级国土空间规划编制指南（试行）》《市级国土空间总体规划编制指南（试行）》即属于此类；实施监督类标准，主要是适用于各类空间规划在实施管理、监督检查等方面的相关标准规范，强调规划用途管制和过程监督，如已经发布的行业标准《国土空间规划城市体检评估规程》TD/T 1063—2021；信息技术类标准，主要是以实景三维中国建设数据为基底，以自然资源调查监测数据为基础，采用国家统一的测绘基准和测绘系统，整合各类空间关联数据，建立全国统一的国土空间基础信息平台的相关标准规范，体现新时代国土空间规划的信息化、数字化水平，如已经发布的"多规合一"改革后国土空间规划领域首个国家标准《国土空间规划"一张图"实施监督信息系统技术规范》GB/T 39972—2021。

（二）国土空间规划"一张图"实施监督系统

国土空间规划体系的构建实现了"多规合一"。"多规合一"的关键在于"合"，难点也在于"合"，"合"就是要打破以往不同类型规划自成体系、数据不闭合、内容不衔接、相互不协调的局面，实现国土空间规划的"全国一盘棋"。这就要求全国、省级、市级、县级、乡镇级和总体规划、详细规划、相关专项规划等"五级三类"国土空间规划形成一个全国统一、纵向贯通、横向衔接、内容呼应的完整体系，实现全国国土空间开发保护"一本规划"、"一张蓝图"。

围绕上述目标，我国开展了国土空间规划"一张图"建设。2019年，自然资源部办公厅发布《关于开展国土空间规划"一张图"建设和现状评估工作的通知》，并出台了《国土空间规划"一张图"建设指南（试行）》，对国土空间规划"一张图"建设的目标、主体、内容、功能要求等进行了规定。国土空间规划"一张图"建设主要开展四方面工作：其一，构建国家、省、市、县上下贯通、部门联动、安全可靠的国土空间基础信息平台；其二，整合国土空间规划编制所需的各类空间关联数据，形成坐标一致、边界吻合、空间关系正确、逻辑关系清晰、数据成果规范的国土空间规划"一张底图"，支撑国土空间规划编制；其三，依托国土空间基础信息平台，以一张底图为基础，整合叠加各级各类国土空间规划成果，实现各类空间管控要素精准落地，形成覆盖全国、动态更新、权威统一的全国国土空间规划"一张图"，为统一国土空间用途管制、强化规划实施监督提供法定依据；其四，基于国土空间基础信息平台推动国土空间规划"一张图"实施监督信息系统建设，为建立健全国土空间规划动态监测评估预警和实施监管机制提供信息化支撑。

国土空间规划"一张图"，可以提供规划数据资源及成果的浏览查询共享，以及分析统计评价等功能。更为重要的是，它还具备国土空间规划成果审查与管理、国土空间规划监测评估预警等功能。它可以从规划成果数据的完整性、规范性、空间拓扑等方面对编制成果进行质量检查，自动生成质检报告。还可以通过实时采集接入多源数据，基于国土空间规划对相关的国土空间保护和开发利用行为进行长期动态监测，以及对各类管控边界、约束性指标的落实情况进行重点监测，同时还能对国土空间规划实施中违反开发保护边界及保护要求的情况，或有突破约束性指标风险的情况进行及时预警。

可以说，国土空间规划"一张图"，是实行国土空间规划全周期管理的重要工具与平台，同时也是统一国土空间用途管制、实施建设项目规划许可、强化规划实施监督的主要依据和支撑。

四、国土空间规划与城乡规划、土地利用规划的衔接

（一）国土空间规划与城乡规划、土地利用规划的关系

国土空间规划与城乡规划、土地利用规划都属于空间规划，三者之间既有联系，又有区别。

城乡规划，是指对一定时期内城乡社会和经济发展、土地利用、空间布局以及各项建设的综合部署、具体安排和实施管理。包括城镇体系规划、城市规划、镇规划、乡规划和村庄规划，城市规划、镇规划又分为总体规划和详细规划。详细规划分为控制性详细规划和修建性详细规划。城乡规划的规划区是城市、镇和村庄的建成区以及因城乡建设和发展需要，必须实行规划控制的区域。城乡规划的根本目的是协调城乡空间布局，改善人居环境，促进城乡经济社会全面协调可持续发展。

土地利用规划，是指在一定区域内，根据国家社会经济可持续发展的要求和当地自然、经济、社会条件对土地开发、利用、治理、保护在空间上、时间上所作的总体的战略性布局和统筹安排。土地利用规划按照行政层级，分为国家、省、市、县和乡（镇）五级，按照性质分为土地利用总体规划、土地利用详细规划和土地利用专项规划三类。土地利用规划的对象是规划区域内的全部土地，其根本目的是通过优化土地利用结构、布局以及用途管制促进土地资源的保护（尤其是耕地保护）与合理利用，以及国民经济的协调发展。

国土空间规划是将主体功能区规划、土地利用规划、城乡规划等空间规划融合统一后形成的全新空间规划。国土空间规划是国家空间发展的指南、可持续发展的空间蓝图，是各类开发保护建设活动的基本依据。国土空间规划通过构建国家统一的国土空间基础信息平台和国土空间规划"一张图"实现了"多规合一"，解决了以往不同类型空间规划交叉重叠、相互不协调的问题。但是，需要指出的是，国土空间规划并不是简单地将主体功能区规划、土地利用规划、城乡规划等

空间类规划"拼合"，而是吸收了原有不同类型空间规划的优势与特长，并深度融合创新后形成的有机整体。土地利用规划中的用途管制、指标分解、用地平衡及规划传导机制，城乡规划中的发展布局、功能分区及规划要素的空间组织与精细设计，这些好的理念、方法、措施都已经以有形或无形的方式融入到了国土空间规划中。可以说，国土空间规划是主体功能区规划、土地利用规划、城乡规划等空间规划的传承、融合、优化与创新。

国土空间规划体系的构建需要一个过程，如果国土空间规划还没有编制完成，或者还没有依法批准，那么，原有的土地利用规划、城乡规划等空间类规划必须继续发挥作用。《土地管理法实施条例》第二条规定，经依法批准的国土空间规划是各类开发、保护、建设活动的基本依据。已经编制国土空间规划的，不再编制土地利用总体规划和城乡规划。在编制国土空间规划前，经依法批准的土地利用总体规划和城乡规划继续执行。

（二）城乡规划审批及相关技术标准

1. 城乡规划审批

《城乡规划法》规定，全国城镇体系规划由国务院城乡规划主管部门报国务院审批。省域城镇体系规划由省、自治区人民政府组织编制，报国务院审批。直辖市的城市总体规划由直辖市人民政府报国务院审批。省、自治区人民政府所在地的城市以及国务院确定的城市的总体规划，由省、自治区人民政府审查同意后，报国务院审批。其他城市的总体规划，由城市人民政府报省、自治区人民政府审批。县人民政府组织编制县人民政府所在地镇的总体规划，报上一级人民政府审批。其他镇的总体规划由镇人民政府组织编制，报上一级人民政府审批。

城市人民政府城乡规划主管部门根据城市总体规划的要求，组织编制城市的控制性详细规划，经本级人民政府批准后，报本级人民代表大会常务委员会和上一级人民政府备案。镇人民政府根据镇总体规划的要求，组织编制镇的控制性详细规划，报上一级人民政府审批。县人民政府所在地镇的控制性详细规划，由县人民政府城乡规划主管部门根据镇总体规划的要求组织编制，经县人民政府批准后，报本级人民代表大会常务委员会和上一级人民政府备案。乡、镇人民政府组织编制乡规划、村庄规划，报上一级人民政府审批。村庄规划在报送审批前，应当经村民会议或者村民代表会议讨论同意。

2. 城乡规划相关技术标准

为了指导、规范城乡规划工作，我国构建了相对完善的城乡规划相关技术标准体系，主要包括国家标准、行业标准和地方标准等类型（表2-1）。

我国主要的城乡规划相关国家标准　　　　　表 2-1

标准名称	标准号	实施日期	备注
城市规划基本术语标准	GB/T 50280—98	1999 年 2 月 1 日	推荐性
城市通信工程规划规范	GB/T 50853—2013	2013 年 9 月 1 日	
城镇燃气规划规范	GB/T 51098—2015	2015 年 11 月 1 日	
城市供热规划规范	GB/T 51074—2015	2015 年 9 月 1 日	
城市电力规划规范	GB/T 50293—2014	2015 年 5 月 1 日	
城市轨道交通线网规划标准	GB/T 50546—2018	2018 年 12 月 1 日	
城市综合防灾规划标准	GB/T 51327—2018	2019 年 3 月 1 日	
城市环境卫生设施规划标准	GB/T 50337—2018	2019 年 4 月 1 日	
城市绿地规划标准	GB/T 51346—2019	2019 年 12 月 1 日	
镇规划标准	GB 50188—2007	2007 年 5 月 1 日	强制性
城市公共设施规划规范	GB 50442—2008	2008 年 7 月 1 日	
城市水系规划规范	GB 50513—2009	2009 年 12 月 1 日	
城市用地分类与规划建设用地标准	GB 50137—2011	2012 年 1 月 1 日	
城市道路交叉口规划规范	GB 50647—2011	2012 年 1 月 1 日	
城市对外交通规划规范	GB 50925—2013	2014 年 6 月 1 日	
防洪标准	GB 50201—2014	2015 年 5 月 1 日	
城市消防规划规范	GB 51080—2015	2015 年 9 月 1 日	
城市给水工程规划规范	GB 50282—2016	2017 年 4 月 1 日	
城市排水工程规划规范	GB 50318—2017	2017 年 7 月 1 日	
城市居住区规划设计标准	GB 50180—2018	2018 年 12 月 1 日	
历史文化名城保护规划标准	GB/T 50357—2018	2019 年 4 月 1 日	

（三）土地利用总体规划及其审批

《土地管理法》规定，各级人民政府应当依据国民经济和社会发展规划、国土整治和资源环境保护的要求、土地供给能力以及各项建设对土地的需求，组织编制土地利用总体规划。土地利用总体规划的规划期限由国务院规定。

下级土地利用总体规划应当依据上一级土地利用总体规划编制。地方各级人民政府编制的土地利用总体规划中的建设用地总量不得超过上一级土地利用总体规划确定的控制指标，耕地保有量不得低于上一级土地利用总体规划确定的控制指标。省、自治区、直辖市人民政府编制的土地利用总体规划，应当确保本行政区域内耕地总量不减少。

土地利用总体规划实行分级审批。省、自治区、直辖市的土地利用总体规划，报国务院批准。省、自治区人民政府所在地的市、人口在 100 万以上的城市以及国务院指定的城市的土地利用总体规划，经省、自治区人民政府审查同意后，报国务院批准。其他土地利用总体规划，逐级上报省、自治区、直辖市人民政府批准；其中，乡（镇）土地利用总体规划可以由省级人民政府授权的设区的市、自治州人民政府批准。土地利用总体规划一经批准，必须严格执行。

另外，为有效衔接城乡规划与土地利用总体规划，《土地管理法》规定，城市总体规划、村庄和集镇规划，应当与土地利用总体规划相衔接，城市总体规划、村庄和集镇规划中建设用地规模不得超过土地利用总体规划确定的城市和村庄、集镇建设用地规模。在城市规划区内、村庄和集镇规划区内，城市和村庄、集镇建设用地应当符合城市规划、村庄和集镇规划。

（四）规划用地审批和规划许可

1. 以划拨方式提供国有土地使用权的

《城乡规划法》规定，按照国家规定需要有关部门批准或者核准的建设项目，以划拨方式提供国有土地使用权的，建设单位在报送有关部门批准或者核准前，应当向城乡规划主管部门申请核发选址意见书。上述规定以外的建设项目，不需要申请选址意见书。

在城市、镇规划区内以划拨方式提供国有土地使用权的建设项目，经有关部门批准、核准、备案后，建设单位应当向城市、县人民政府城乡规划主管部门提出建设用地规划许可申请，由城市、县人民政府城乡规划主管部门依据控制性详细规划核定建设用地的位置、面积、允许建设的范围，核发建设用地规划许可证。建设单位在取得建设用地规划许可证后，方可向县级以上地方人民政府土地主管部门申请用地，经县级以上人民政府审批后，由土地主管部门划拨土地。

2. 以出让方式提供国有土地使用权的

　　《城乡规划法》规定，在城市、镇规划区内以出让方式提供国有土地使用权的，在国有土地使用权出让前，城市、县人民政府城乡规划主管部门应当依据控制性详细规划，提出出让地块的位置、使用性质、开发强度等规划条件，作为国有土地使用权出让合同的组成部分。未确定规划条件的地块，不得出让国有土地使用权。以出让方式取得国有土地使用权的建设项目，建设单位在取得建设项目的批准、核准、备案文件和签订国有土地使用权出让合同后，向城市、县人民政府城乡规划主管部门领取建设用地规划许可证。城市、县人民政府城乡规划主管部门不得在建设用地规划许可证中，擅自改变作为国有土地使用权出让合同组成部分的规划条件。

　　规划条件未纳入国有土地使用权出让合同的，该国有土地使用权出让合同无效；对未取得建设用地规划许可证的建设单位批准用地的，由县级以上人民政府撤销有关批准文件；占用土地的，应当及时退回；给当事人造成损失的，应当依法给予赔偿。

　　此外，《自然资源部办公厅关于加强国土空间规划监督管理的通知》要求，严格按照国土空间规划核发建设项目用地预审与选址意见书、建设用地规划许可证、建设工程规划许可证和乡村建设规划许可证。未取得规划许可，不得实施新建、改建、扩建工程。不得以集体讨论、会议决定等非法定方式替代规划许可、搞"特事特办"。同时要求，严格依据规划条件和建设工程规划许可证开展规划核实，规划核实必须两人以上现场审核并全过程记录，核实结果应及时公开，接受社会监督。无规划许可或违反规划许可的建设项目不得通过规划核实，不得组织竣工验收。

第二节　土地用途管制

　　1998 年修订的《土地管理法》规定，国家实行土地用途管制制度。这标志着我国土地用途管制制度正式确立。经过 20 余年的发展，土地用途管制已经形成了系统完整、衔接有序、运行有效的制度体系，在我国土地利用与管理，尤其是在保护耕地与生态环境、促进建设用地节约集约利用等方面发挥着重要作用。如今，随着自然资源管理制度的改革和国土空间规划体系的构建，土地用途管制扩展至国土空间，土地用途管制制度已经逐步转型升级为国土空间用途管制制度。

一、土地用途管制制度的概念

　　土地用途管制制度，是指国家通过编制土地利用总体规划，划定土地利用区，确定土地使用条件，并要求严格按照国家确定的用途利用土地的制度。土地用途管制制度由一系列具体制度和规范组成，涉及土地用途分类、土地利用分区、土地利用及用途变更许可、土地利用违法处理等诸多方面与环节，其本质是一种土地利用约束机制，是政府为保证土地的合理利用而对土地权利人的土地利用活动施行限制的一系列法规、规则的总和。

二、土地用途管制的作用和意义

土地用途管制作为我国土地管理的一项基本制度，其作用和意义主要包括以下方面。

（一）贯彻落实土地基本国策，促进耕地保护

十分珍惜、合理利用土地和切实保护耕地是我国的基本国策。为了贯彻这一基本国策，守住18亿耕地红线，确保粮食安全，我国把耕地保护作为土地管理的第一要务，坚持实行最严格的耕地保护制度。土地用途管制则是贯彻耕地保护基本国策、实施最严格耕地保护制度的基本工具和手段。《土地管理法》第四条规定，国家实行土地用途管制制度，国家编制土地利用总体规划，规定土地用途，将土地分为农用地、建设用地和未利用地，严格限制农用地转为建设用地，控制建设用地总量，对耕地实行特殊保护。同时，围绕耕地保护，我国还采取了划定永久基本农田、实行耕地占用补偿、严格耕地占用转用征收审批、逐级分解下达耕地保有量和永久基本农田保护目标等多重耕地用途管控举措。

我国对耕地用途管制已经趋于精细化，具体可分为三种管制类型：一是对耕地转为建设用地进行严格限制；二是对耕地转为其他农用地进行严格管控；三是对耕地种植用途严格落实利用的优先序。耕地主要用于粮食和棉、油、糖、蔬菜等农产品以及饲草饲料的生产，永久基本农田重点用于粮食生产，高标准农田原则上全部用于粮食生产。

（二）优化土地利用结构与空间布局，促进生态保护与经济社会协调发展

土地是人类社会赖以生存和发展的物质基础。它既可以孕育万物，又可以为人类的社会经济活动提供空间和载体。土地对人类的重要性不言而喻。但是，土地是自然的产物，具有不可再生性，这就导致土地供给的有限性与人类持续增长的用地需求成为长期存在的矛盾。并且，土地还具有不可移动性，它的利用受到地理位置、地形地貌、气候、水文、土壤等自然因素，以及人口规模、产业结构、发展阶段、制度政策等社会经济因素的影响。如果土地利用缺乏科学规划，将可能顾此失彼、配置错位，导致土地浪费或利用效率效益低下，进而引发生态环境破坏，或者经济社会失衡。

我国在土地管理实践中，运用土地用途管制这一重要政策工具有效解决了上述问题。具体做法为：在综合考虑区域资源环境承载能力、国土空间开发适宜性、人口特征、发展战略、生态环境保护等因素基础上，科学确定不同用途土地的规模和比例，有序布局生产空间、生活空间、生态空间，合理划定生态保护红线、永久基本农田、城镇开发边界等空间管控边界和土地用途区，并明确管制规则，严格执行管制规则，这就从机制上保证了土地利用结构与空间布局的合理性、科学性。

（三）消除土地利用的负外部性，提升土地利用整体效益

政府在土地管理中，是将辖区内全部土地作为一个整体来看待的，其目标是通过总体谋划与部署安排，提高辖区内全部土地的整体效益，以最大限度满足生态保护与经济社会发展对土地的多样化需求。为了实现这一目标，在土地利用管理过程中，必须要对全部土地进行合理分工，不同的区域和地块要赋予不同的功能与用途，如农业生产、商业经营、生活居住、文化教育、生态保护、基础设施建设等。不同地块由于承担功能和具体用途的不同，将导致利用效益高低不一。土地所有者或土地使用者，为了追求更高的土地利用效益（尤其是经济效益），在缺乏规则约束的情况下，将会积极谋求土地功能和用途的改变。但是，由于土地不可移动，且相互联结在一起，某一区域或地块功能与用途的改变，将不可避免地直接或间接给周边土地，甚至更大区域带来影响，其中消极影响尤为常见。比如挖湖造景、毁林建厂、削山修别墅等，严重破坏了所在区域甚至周边区域的生态环境。因此，对土地利用中的负外部性必须予以干预和控制。土地用途管制，通过划定土地利用区，明确土地用途和使用条件，制定并执行管控规则，依法惩处违法用地行为，达到规范土地利用行为，减少土地利用负外部性，提升土地利用整体效益的目标。

三、土地用途管制的内容

（一）按用途对土地进行分类

按照用途对土地进行分类，是土地用途管制的基础和前提。《土地管理法》第四条规定，国家编制土地利用总体规划，规定土地用途，将土地分为农用地、建设用地和未利用地。农用地是指直接用于农业生产的土地，包括耕地、林地、草地、农田水利用地、养殖水面等；建设用地是指建造建筑物、构筑物的土地，包括城乡住宅和公共设施用地、工矿用地、交通水利设施用地、旅游用地、军事设施用地等；未利用地是指农用地和建设用地以外的土地。严格限制农用地转为建设用地，控制建设用地总量，对耕地实行特殊保护。

依据土地的利用方式、用途、经营特点和覆盖特征等因素，按照主要用途，国家标准《土地利用现状分类》GB/T 21010—2017 将土地利用类型分为耕地、园地、林地、草地、商服用地、工矿仓储用地、住宅用地、公共管理与公共服务用地、特殊用地、交通运输用地、水域及水利设施用地、其他用地等 12 个一级类、73 个二级类。为了适应国土空间用途管制的需求，2020 年，自然资源部在整合《土地利用现状分类》GB/T 201010—2017、《城市用地分类与规划建设用地标准》GB 50137—2011、《海域使用分类》HY/T 123—2009 等标准基础上，发布了《国土空间调查、规划、用途管制用地用海分类指南（试行）》，建立了全国统一的国土空间用地用海分类体系。该指南采用三级分类体系，共设置了 24 种一级类、106 种二级类及 39 种三级类，并且对地下空间用途也专门进行了分类。

（二）土地利用总体规划规定土地用途

土地利用总体规划是实施土地用途管制的法定依据。《土地管理法》第四条规定，国家编制土地利用总体规划，规定土地用途，使用土地的单位和个人必须严格按照土地利用总体规划确定的用途使用土地。第十九条规定，县级土地利用总体规划应当划分土地利用区，明确土地用途。乡（镇）土地利用总体规划应当划分土地利用区，根据土地使用条件，确定每一块土地的用途，并予以公告。随着"多规合一"的实施和国土空间规划体系的构建，中共中央、国务院《关于建立国土空间规划体系并监督实施的若干意见》也明确规定，以国土空间规划为依据，对所有国土空间分区分类实施用途管制。在城镇开发边界内的建设，实行"详细规划＋规划许可"的管制方式；在城镇开发边界外的建设，按照主导用途分区，实行"详细规划＋规划许可"和"约束指标＋分区准入"的管制方式。该意见同时指出，国土空间详细规划是对具体地块用途和开发建设强度等作出的实施性安排，是实施国土空间用途管制的法定依据。

（三）土地登记注明土地用途

土地用途管制，本质上是一种针对土地权利人的行为约束机制，其目的是要求土地权利人按照土地利用规划确定的用途和使用条件开发利用土地。土地利用规划中虽然规定了土地用途，但是具体地块的权利人可能具有不确定性，实际用途也较为复杂多样，而且土地使用期限动辄数十年，土地权利人、实际用途可能发生变更。这就导致仅仅通过土地利用规划确定土地用途难以实现对土地用途的精准长期动态管控。通过土地登记注明土地用途是解决上述问题的有效策略，也是土地用途管制贯彻落实过程中一个重要的环节。通过出让、划拨、承包等方式取得国有或集体土地使用权后，经过土地用途登记，一方面为土地权利人提供了土地用途方面的权利保障（按照登记用途使用土地受到法律的保护），另一方面有助于土地权利人在土地用途上形成一种自我约束。更重要的是，为政府针对特定土地权利人实施土地用途管制提供了详细准确的法定依据。另外，对于擅自改变土地用途的，政府不予进行土地登记发证，土地的开发利用行为无法得到法律的认可与保护，如在农地上违法修建住房。这在客观上也有助于督促土地权利人按照法定用途使用土地。

（四）土地用途变更审批

对土地用途变更进行严格审批，是土地用途管制的重要内容。我国多部法律法规和文件对土地用途变更的程序、要求等进行了规定。《土地管理法》第二十五条规定，经批准的土地利用总体规划的修改，须经原批准机关批准；未经批准，不得改变土地利用总体规划确定的土地用途。第五十六条规定，建设单位确需改变土地建设用途的，应当经有关人民政府自然资源主管部门同意，报原批准用地的人民政府批准。其中，在城市规划区内改变土地用途的，在报批前，应当先经有关城市规划行政主管部门同意。对于国有出让建设用地的用途变更，《城市房地产管理法》第十八条规定，土地使用者需要改变土地使用权出让合同约定的土地用途的，必须取得出让方和市、县人民政府城市规划行政主管部门的同意，签订土地使用权出让合同变更协议或者重新签订土地使用权出让合同，相应调整土地使用权出让金。

随着国土空间规划体系的构建，对国土空间用途的变更审批，也有相应的规定。中共中央、国务院《关于建立国土空间规划体系并监督实施的若干意见》规定，规划一经批复，任何部门和个人不得随意修改、违规变更。因国家重大战略调整、重大项目建设或行政区划调整等确需修改规划的，须先经规划审批机关同意后，方可按法定程序进行修改。自然资源部办公厅《关于加强国土空间规划监督管理的通知》明确提出，国土空间规划修改必须严格落实法定程序要求，深入调查研究，征求利害关系人意见，组织专家论证，实行集体决策。不得以城市设计、工程设计或建设方案等非法定方式擅自修改规划、违规变更规划条件。

（五）对不按批准用途使用土地行为的处罚

执法督察是土地用途管制制度得以贯彻落实的重要保障。针对违反土地批准用途使用土地的行为，根据不同情形，《土地管理法》等法律法规规定了相应的法律责任。不按照批准的用途使用国有土地的，由县级以上人民政府自然资源主管部门责令交还土地，处以罚款，罚款额为非法占用土地每平方米 100 元以上500 元以下。不按照批准的用途使用集体土地的，农村集体经济组织报经原批准用地的人民政府批准，可以收回土地使用权。违反土地利用总体规划擅自将农用地改为建设用地的，限期拆除在非法占用的土地上新建的建筑物和其他设施，恢复土地原状，可以并处罚款对直接负责的主管人员和其他直接责任人员，依法给予处分，构成犯罪的，依法追究刑事责任。违法占用耕地建窑、建坟或者擅自在耕地上建房、挖砂、采石、采矿、取土等，破坏种植条件的，责令限期改正或者治理，可以并处罚款；构成犯罪的，依法追究刑事责任。非法占用永久基本农田发展林果业或者挖塘养鱼的，责令限期改正；逾期不改正的，按占用面积处耕地开垦费2倍以上5倍以下的罚款；破坏种植条件的，依照《土地管理法》第七十五条的规定处罚。

四、农用地转用

（一）农用地转用概念

农用地转用是指现状农用地按照土地利用总体规划（国土空间规划）和国家规定的批准权限，经过审查批准后转为建设用地的行为。根据《土地管理法》第四条，农用地是指直接用于农业生产的土地，包括耕地、林地、草地、农田水利用地、养殖水面等；建设用地是指建造建筑物、构筑物的土地，包括城乡住宅和公共设施用地、工矿用地、交通水利设施用地、旅游用地、军事设施用地等。

农用地与商业、旅游、居住等建设用地相比，经济效益明显较低。在市场机制作用下，农用地具有转为建设用地的内在驱动。但是农用地承担着供应农产品与生态产品的重任，是保障国家粮食安全与生态安全的重要物质基础。因此，严格限制农用地转为建设用地，对符合规划与要求的农用地转用进行严格审批，是我国土地用途管制的重要内容。

（二）农用地转用的依据

农用地转用的依据主要有土地利用总体规划、土地利用年度计划及建设用地供应政策等。

1. 土地利用总体规划。土地用途管制的基本依据是土地利用总体规划。农用地能否转为建设用地，首先要看是否符合土地利用总体规划，如果符合规划确定的用途，则具备了农用地转用的基本条件。随着国土空间规划体系的构建，国土空间规划将逐步取代土地利用总体规划，成为农用地转用的基本依据。

2. 土地利用年度计划。通过不断完善改革土地利用计划管理方式，以真实有效的项目落地作为配置计划的依据，保障地方合理的用地需求。全面提升土地节约集约利用水平，实现建设用地总量和强度双控。

3. 建设用地供应政策。建设用地供应政策是调整经济社会结构、优化土地配置、促进经济和环境可持续发展的重要工具。国家发展改革委修订发布《产业结构调整指导目录（2019 年本）》涉及行业 48 个，条目 1477 条，由鼓励类、限制类、淘汰类三个类别组成。建设用地供应应与国家产业政策相呼应。

（三）农用地转用的审批权限

建设占用土地，涉及农用地转为建设用地的，应当办理农用地转用审批手续。根据《土地管理法》，农用地转用审批按照项目是否占用永久基本农田、是否在土地利用总体规划（如果国土空间规划已审定批准，以国土空间规划为准，下同）确定的城市和村庄、集镇建设用地规模范围，实行分级审批。

永久基本农田转为建设用地的，必须由国务院批准。在土地利用总体规划确定的城市和村庄、集镇建设用地规模范围内，为实施该规划而将永久基本农田以外的农用地转为建设用地的，按土地利用年度计划分批次按照国务院规定由原批准土地利用总体规划的机关或者其授权的机关批准。在已批准的农用地转用范围内，具体建设项目用地可以由市、县人民政府批准。在土地利用总体规划确定的城市和村庄、集镇建设用地规模范围外，将永久基本农田以外的农用地转为建设用地的，由国务院或者国务院授权的省、自治区、直辖市人民政府批准。

（四）农用地转用的审批程序

关于农用地转用的审批程序，《土地管理法实施条例》按照是否在国土空间规划（该条例明确规定为国土空间规划，如果国土空间规划尚未批准，应为土地利用总体规划，下同）确定的城市和村庄、集镇建设用地范围分别进行了规定。

在国土空间规划确定的城市和村庄、集镇建设用地范围内，为实施该规划而将农用地转为建设用地的，由市、县人民政府组织自然资源等部门拟订农用地转用方案，分批次报有批准权的人民政府批准。农用地转用方案应当重点对建设项目安排、是否符合国土空间规划和土地利用年度计划以及补充耕地情况作出说明。农用地转用方案经批准后，由市、县人民政府组织实施。

在国土空间规划确定的城市和村庄、集镇建设用地范围外，建设项目确需占用农用地的，按照下列规定办理。

1. 建设项目批准、核准前或者备案前后，由自然资源主管部门对建设项目用地事项进行审查，提出建设项目用地预审意见。建设项目需要申请核发选址意见书的，应当合并办理建设项目用地预审与选址意见书，核发建设项目用地预审与选址意见书。

2. 建设单位持建设项目的批准、核准或者备案文件，向市、县人民政府提出建设用地申请。市、县人民政府组织自然资源等部门拟订农用地转用方案，报有批准权的人民政府批准；依法应当由国务院批准的，由省、自治区、直辖市人民政府审核后上报。农用地转用方案应当重点对是否符合国土空间规划和土地利用年度计划以及补充耕地情况作出说明，涉及占用永久基本农田的，还应当对占用永久基本农田的必要性、合理性和补划可行性作出说明。

3. 农用地转用方案经批准后，由市、县人民政府组织实施。

第三节　耕　地　保　护

耕地是我国最为宝贵的资源，是保障国家粮食安全的根本。十分珍惜、合理利用土地和切实保护耕地是我国的基本国策。长期以来，我国将耕地保护作为土地管理的重中之重，着力健全并落实最严格的耕地保护制度，取得了显著成效，但仍然面临多重压力与挑战。

一、耕地保护与管理

（一）耕地保护的重要性

国以民为本，民以食为天。作为一个拥有 14 亿人口的大国，吃饭问题始终是我国面临的首要民生问题。党中央、国务院高度重视粮食安全，将粮食安全作为维护国家安全的重要基础。而耕地是粮食生产的物质基础和载体，是粮食安全的重要保障。第三次全国国土调查结果显示，截至 2019 年末，我国耕地面积为 19.18 亿亩，居世界第 3 位，但人均耕地面积不足 1.4 亩，仅占世界人均耕地面积的 40% 左右。而且，我国耕地质量总体较低，水热资源空间分布不匹配，生产障碍因素突出，后备资源不足。因此，对我国而言，耕地保护具有极端重要性。

近年来，我国耕地利用存在两方面突出问题：一方面，部分地理位置较好或质量等级较高的耕地处于高投入、高产出的超负荷利用状态，导致耕地出现结构性破坏、基础地力下降，质量状况堪忧；另一方面，由于粮食种植比较效益低，一些地区耕地非农化、非粮化或者粗放利用甚至撂荒的问题比较突出，导致耕地隐性流失。另外，近年来，由于建设占用、生态退耕及农业结构调整等原因，我国耕地数量持续减少，过去 10 年间，全国耕地减少了 1.13 亿亩。因此，当前我国耕地保护压力非常大，任务十分艰巨。

（二）耕地保护的责任目标考核制度

为督促地方人民政府落实最严格的耕地保护制度，切实执行各项耕地保护政策，守住耕地保护红线，同时调动保护耕地的主动性、积极性，我国构建了耕地保护的地方政府责任目标考核制度。目前，国家层面出台了《省级政府耕地保护责任目标考核办法》，该办法规定，县级以上地方人民政府根据该办法，结合本行政区域实际情况，制定下一级人民政府耕地保护责任目标考核办法。省级政府耕地保护责任目标考核的主要内容如下。

1. 考核对象与实施主体。各省、自治区、直辖市人民政府对本行政区域内的耕地保有量、永久基本农田保护面积以及高标准农田建设任务负责，省长、自治区主席、直辖市市长为第一责任人。国务院对各省、自治区、直辖市人民政府耕地保护责任目标履行情况进行考核，由自然资源部会同农业部、国家统计局（以下称考核部门）负责组织开展考核检查工作。

2. 考核依据与考核组织方式。全国土地利用变更调查提供的各省、自治区、直辖市耕地面积、生态退耕面积、永久基本农田面积数据以及耕地质量调查评价与分等定级成果，作为考核依据。省级政府耕地保护责任目标考核在耕地占补平衡、高标准农田建设等相关考核评价的基础上综合开展，实行年度自查、期中检查、期末考核相结合的方法。年度自查每年开展1次，由各省、自治区、直辖市自行组织开展；从2016年起，每五年为一个规划期，期中检查在每个规划期的第三年开展1次，由考核部门组织开展；期末考核在每个规划期结束后的次年开展1次，由国务院组织考核部门开展。期中检查和期末考核对各省份耕地保护责任目标落实情况进行综合评价、打分排序。

3. 考核内容。年度自查主要检查所辖市（县）上一年度的耕地数量变化、耕地占补平衡、永久基本农田占用和补划、高标准农田建设、耕地质量保护与提升、耕地动态监测等方面情况，涉及补充耕地国家统筹的省份还应检查该任务落实情况。期中检查主要检查规划期前两年各地区耕地数量变化、耕地占补平衡、永久基本农田占用和补划、高标准农田建设、耕地质量保护与提升、耕地保护制度建设以及补充耕地国家统筹等方面情况。期末考核内容主要包括耕地保有量、永久基本农田保护面积、耕地数量变化、耕地占补平衡、永久基本农田占用和补划、高标准农田建设、耕地质量保护与提升、耕地保护制度建设等方面情况。

2020年9月15日，《国务院办公厅关于坚决制止耕地"非农化"行为的通知》将"六个严禁"的有关要求纳入省级政府耕地保护责任目标考核内容。一是严禁违规占用耕地绿化造林。二是严禁超标准建设绿色通道。三是严禁违规占用耕地挖湖造景。四是严禁占用永久基本农田扩大自然保护地。五是严禁违规占用耕地从事非农建设。六是严禁违法违规批地用地。

4. 考核结果应用。国务院根据考核结果，对认真履行省级政府耕地保护责任、成效突出的省份给予表扬；有关部门在安排年度土地利用计划、土地整治工作专项资金、耕地提质改造项目和耕地质量提升资金时予以倾斜。考核发现问题突出的省份要明确提出整改措施，限期进行整改；整改期间暂停该省、自治区、直辖市相关市、县农用地转用和土地征收审批。考核结果作为领导干部综合考核评价、生态文明建设目标评价考核、粮食安全省长责任制考核、领导干部问责和领导干部自然资源资产离任审计的重要依据。

需要指出的是，我国耕地保护责任目标考核要求越来越严格。2022年，中共中央、国务院《关于做好2022年全面推进乡村振兴重点工作的意见》明确提出，实行耕地保护党政同责。把耕地保有量和永久基本农田保护目标任务足额带位置逐级分解下达，由中央和地方签订耕地保护目标责任书，作为刚性指标实行严格考核、一票否决、终身追责。

（三）耕地保护管理的主要内容

近年来，在新发展理念指引下，围绕国家粮食安全目标，我国政府不断探索耕地保护新机制、新举措，逐步形成了数量、质量、生态三位一体的耕地保护新格局，为保障国家粮食安全和生态安全，支撑经济社会持续健康发展发挥了不可替代的重要作用。

1. 耕地数量保护

耕地数量保护，就是守住18亿亩耕地红线，确保耕地总量不减少。我国在耕地数量保护方面构建了较为完整的制度体系。

（1）规划管控。耕地保有量、永久基本农田保护面积是我国土地利用总体规划、国土空间规划的重要控制性指标。《土地管理法》第十六条规定，地方各级人民政府编制的土地利用总体规划中的耕地保有量不得低于上一级土地利用总体规划确定的控制指标。省、自治区、直辖市人民政府编制的土地利用总体规划，应当确保本行政区域内耕地总量不减少。另外，根据《土地管理法》第三十三条，各省、自治区、直辖市要根据土地利用总体规划划定永久基本农田，比例应当占本行政区域内耕地的80%以上。

（2）耕地利用过程管控。在耕地利用过程主要通过严格农用地转用审批和实行耕地占用补偿实现对耕地数量保护。我国对耕地实行特殊保护，不但严格控制耕地转为建设用地，还严格控制耕地转为林地、草地、园地等其他农用地。我国实行占用耕地补偿制度，非农业建设经批准占用耕地的，按照"占多少，垦多少"的原则，由占用耕地的单位负责开垦与所占用耕地的数量和质量相当的耕地；没有条件开垦或者开垦的耕地不符合要求的，应当按照省、自治区、直辖市的规定缴纳耕地开垦费，专款用于开垦新的耕地。

（3）目标责任管控。前文已经介绍，我国构建了完整的耕地保护地方政府责任目标考核制度。实行党政同责，耕地保有量和永久基本农田保护目标任务足额带位置逐级分解下达，完不成目标任务的，严格追责。

2. 耕地质量保护

过去我国耕地保护存在"重数量轻质量"的情况，导致一些地区出现耕地总量未减少但耕地质量下滑的问题。近年来，我国着力构建耕地质量保护体系，取得了显著成效。当前，我国耕地质量保护的主要举措如下。

（1）确保补充耕地质量。对于占用耕地补偿，《土地管理法》特别强调，要补偿与所占用耕地数量和质量相当的耕地，开垦的耕地不符合要求的，缴纳耕地开垦费，专款用于开垦新的耕地。并且提出，可以要求占用耕地的单位将所占用耕地耕作层的土壤用于新开垦耕地、劣质地或者其他耕地的土壤改良。

（2）大力实施土地整治。县、乡（镇）人民政府应当组织农村集体经济组织，按照土地利用总体规划对田、水、路、林、村综合整治，提高耕地质量，增加有效耕地面积，改善农业生产条件和生态环境。同时要求地方各级人民政府采取措施，改造中、低产田，整治闲散地和废弃地。

（3）大规模建设高标准农田。要求各省（自治区、直辖市）根据全国高标准农田建设总体规划和全国土地整治规划的安排，以提升粮食产能为首要目标，逐级分解高标准农田建设任务，统一建设标准、统一上图入库、统一监管考核，集中力量建设集中连片、旱涝保收、节水高效、稳产高产、生态友好的高标准农田。2021年我国建成1.0551亿亩高标准农田。

（4）统筹推进耕地休养生息。为平衡土壤养分，实现用地与养地结合，多措并举保护提升耕地产能，《土地管理法》要求，各级人民政府应当采取措施，引导因地制宜轮作休耕。当前我国一些地区正在根据地方实际情况探索免耕少耕、深松浅翻、深施肥料、粮豆轮作套作的保护性耕作制度。

3. 耕地生态保护

耕地是一个受到人类强烈干预的自然—人工复合生态系统。耕地生态保护，本质上是对耕地生态系统的保护。耕地生态系统的改变或者破坏，将直接影响耕地的粮食生产功能与生态功能。土壤的酸化、沙化、盐碱化、板结、重金属超标、有机质含量下降等问题，都是耕地生态系统存在问题或者被破坏的直接表征。因此，耕地的生态保护与质量保护关系非常密切。在前文耕地质量保护中提到的土地整治、高标准农田建设与耕地休养生息，同样也是耕地生态保护的重要举措。

近年来，为了消除化肥农药过量使用、盲目使用带来的耕地污染与生态破坏，我国政府努力构建绿色种植制度，持续开展化肥农药使用量零增长行动和减量增效行动。另外，我国还出台了建设耕地污染综合治理与修复示范区、严控农田灌溉水源污染、强化废旧农膜和秸秆综合利用、防治畜禽养殖污染、实行绿色生态为导向的农业支持保护补贴等一系列耕地生态保护政策与措施，有效保护了耕地生态系统，促进了农业生产与生态协调发展。

（四）耕地资源质量分类方法与指标

为更好地适应生态文明建设需要，满足自然资源管理新要求，实现耕地数量、质量、生态"三位一体"保护，第三次全国国土调查首次构建了耕地资源质量分类方法体系。耕地资源质量分类不再进行综合评价，其核心是要准确分析、客观描述耕地的自然地理特征，采取分类分级的思路，突出耕地重要的基本特征，不再进行综合评价。这也是耕地资源质量分类与以往的耕地质量等级划分最主要的区别。下面简要介绍第三次全国国土调查耕地资源质量分类方法与指标体系。

1. 耕地资源质量分类方法。

（1）从自然地理格局、地形条件、土壤条件、生态环境条件、作物熟制和耕地利用现状六个层面，构建耕地资源质量分类指标体系。

（2）获取耕地资源质量分类指标值。国家按照中国生态地理区域成果和全国种植制度区划成果，结合全国行政区域，以县为单位，确定各县所在的自然区和熟制，然后由各省组织各县获取其他指标属性值。

（3）建立县级耕地资源质量分类数据库。以"三调"耕地图斑为分类单元，将国家确定的各县自然区、熟制，以及各县获取的坡度、土层厚度、土壤质地、土壤有机质含量等指标值落到分类单元，并按照指标分级标准确定各单元各指标的级别。在此基础上，进行耕地资源质量分类结果表达。

（4）开展耕地资源质量分类结果统计分析。根据各分类单元指标属性值，按照分类指标逐项进行分级分类统计，分析不同自然区、不同坡度级、不同土壤条件、不同生态环境条件、不同熟制和不同地类条件及不同条件组合的耕地面积与分布状况，提出合理利用和保护耕地资源的对策建议，形成县级耕地资源质量分类成果。

（5）市级、省级、国家级逐级核查汇总分析。基于县级耕地资源质量分类成果，市级、省级逐级检查，国家组织各省专家对各省分类指标数据进行核查。在此基础上，分别汇总形成市级、省级、国家级耕地资源质量分类成果，构建各级行政区耕地资源质量分类数据库，分析各级行政区和各自然区不同耕地资源条件及其组合的耕地面积与分布状况。

2. 耕地资源质量分类指标体系。耕地资源质量分类指标由国家统一构建，分为六个层级，见表2-2。

耕地资源质量分类指标体系   表 2-2

层级	一级指标	二级指标	指标阈值
第一层级	自然地理格局	自然区	用《中国生态地理区域》的 49 个自然区来反映
第二层级	地形条件	坡度	≤2°
			2°～6°
			6°～15°
			15°～25°
			＞25°
第三层级	土壤条件	土层厚度	≥100cm
			60～100cm
		土壤质地	＜60cm
			壤质
		土壤有机质含量	黏质
			砂质
		土壤 pH 值	≥20g/kg
			10～20g/kg
			＜10g/kg
			6.5～7.5
			5.5～6.5 或 7.5～8.5
			＜5.5 或＞8.5
第四层级	生态环境条件	生物多样性	丰富
			一般
			不丰富
		土壤重金属污染状况	绿色
			黄色
			红色
第五层级	作物熟制	熟制	一年三熟
			一年两熟
			一年一熟
第六层级	耕地利用现状	耕地二级地类	水田
			水浇地
			旱地

注：引自《第三次全国国土调查耕地资源质量分类工作方案》。

二、永久基本农田保护

(一) 永久基本农田概念

我国实行永久基本农田保护制度。2008 年，我国首次提出"永久基本农田"的概念，之前一直称为"基本农田"。需要注意的是，永久基本农田既不是在原有基本农田中挑选的优质基本农田，也不是永远不能占用的基本农田。"永久"两字在此处的作用，主要是体现国家对基本农田高度重视、严格保护的态度。因此，从内涵来看，永久基本农田与基本农田并没有本质区别。根据《基本农田保护条例》，基本农田，是指按照一定时期人口和社会经济发展对农产品的需求，依据土地利用总体规划确定的不得占用的耕地。这个定义同样适用于永久基本农田。

永久基本农田是最优质、最精华、生产能力最好的耕地。根据《土地管理法》第三十三条，下列耕地应当根据土地利用总体规划划为永久基本农田，实行严格保护：

1. 经国务院农业农村主管部门或者县级以上地方人民政府批准确定的粮、棉、油、糖等重要农产品生产基地内的耕地；

2. 有良好的水利与水土保持设施的耕地，正在实施改造计划以及可以改造的中、低产田和已建成的高标准农田；

3. 蔬菜生产基地；

4. 农业科研、教学试验田；

5. 国务院规定应当划为永久基本农田的其他耕地。

各省、自治区、直辖市划定的永久基本农田一般应当占本行政区域内耕地的百分之八十以上，具体比例由国务院根据各省、自治区、直辖市耕地实际情况规定。

(二) 永久基本农田保护及永久基本农田保护区的概念

永久基本农田保护，是指为了保障国家粮食安全，守住永久基本农田控制线，围绕科学划定与数量、质量、生态综合全面管护而采取的一系列政策措施总和。划定永久基本农田，集中资源、集聚力量实行特殊保护，是实施"藏粮于地、藏粮于技"战略，提高粮食综合生产能力的重大举措。与一般耕地相比，永久基本农田保护的等级更高，要求更严格。永久基本农田划定以乡（镇）为单位进行，由县级人民政府自然资源主管部门会同同级农业农村主管部门组织实施。永久基本农田要求落实到地块，纳入国家永久基本农田数据库，实行定量、定质、定位、定责保护。永久基本农田一经划定，任何单位和个人不得擅自占用或者擅自改变用途。国家能源、交通、水利、军事设施等重点建设项目选址确实难以避让永久基本农田，涉及农用地转用或者土地征收的，必须经国务院批准。

永久基本农田保护区，是指为对永久基本农田实行特殊保护而依据土地利用总体规划和依照法定程序确定的特定保护区域。我国划定基本农田保护区的工作始于 1988 年，并于 1994 年通过发布《基本农田保护条例》首次建立起了基本农田保护区制度。现行《基本农田保护条例》规定，县级和乡（镇）土地利用总体规划应当确定基本农田保护区。根据土地利用总体规划，铁路、公路等交通沿线，城市和村庄、集镇建设用地区周边的耕地，应当优先划入基本农田保护区；需要退耕还林、还牧、还湖的耕地，不应当划入基本农田保护区。基本农田保护区以乡（镇）为单位划区定界，由县级人民政府土地行政主管部门会同同级农业行政主管部门组织实施。划定的永久基本农田保护区，由县级人民政府设立保护标志，予以公告，由县级人民政府土地行政主管部门建立档案，并抄送同级农业行政主管部门。任何单位和个人不得破坏或者擅自改变永久基本农田保护区的保护标志。

（三）永久基本农田划定的程序

永久基本农田划定，是指根据《土地管理法》《基本农田保护条例》及相关规定，按照土地利用总体规划，依照规定程序确定永久基本农田空间位置、数量、质量等级、地类等信息的过程。

按照《基本农田划定技术规程》TD/T 1032—2011，永久基本农田划定的程序包括工作准备、方案编制与论证、组织实施、成果验收与报备四个阶段（图 2-1）。

1. 工作准备

工作准备阶段主要开展两方面工作。

（1）基础资料收集。主要包括土地利用总体规划资料、土地利用现状调查资料、已有永久基本农田保护资料、农用地分等资料及其他土地管理相关资料。

（2）初步调查和分析。土地利用总体规划批准后，应用土地利用现状调查成果，建立已有的永久基本农田划定成果与土地利用总体规划成果的对应关系。通过内业核实和实地勘察，查清规划确定的永久基本农田保护区内基本农田地块现状信息，确保规划确定的永久基本农田图、数、实地一致；结合农用地分等成果，核实永久基本农田质量等级信息；综合分析可划定永久基本农田的空间位置、地类、数量、质量等级等。

2. 方案编制与论证

（1）方案编制。在初步调查和分析的基础上，拟定永久基本农田划定方案，

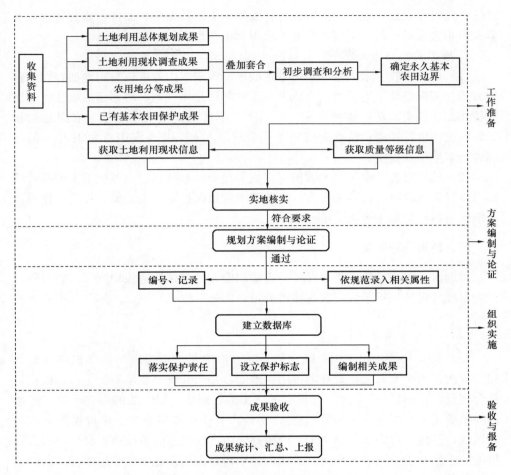

图 2-1　永久基本农田划定程序

方案包括：永久基本农田划定文本及说明；拟划定永久基本农田清单；涉及划定的相关图件；划定前、后的永久基本农田汇总表及相关附件。

（2）方案论证。对于永久基本农田划定方案，应从组织、经济、技术、公众接受度等方面，进行可行性论证，征求村民意见，取得相关权益人同意，做好与相关方面的协调。经反复协调仍有异议的，应提交县级人民政府审定。

3. 组织实施

县级国土资源管理部门依照经审批通过的永久基本农田划定方案，根据划定的技术方法与技术要求开展划定工作，将永久基本农田落到具体地块，落实保护责任，及时设立统一规范的保护标志，编制、更新数据库、图件、表册等永久基本农田相关成果资料，填写永久基本农田划定平衡表。

4. 成果验收与报备

（1）成果验收。永久基本农田划定成果验收采取内业审核与实地抽查相结合的方式。依据最新土地利用调查成果和土地利用总体规划，对划定地块进行对比分析并实地核实。初检按照每县（市、区）不低于新划入永久基本农田总面积50％的比例进行抽查；验收应按照不低于新划入永久基本农田总面积15％的比例进行实地抽查核实。

（2）成果报备。永久基本农田划定成果经验收合格后，由各级国土资源管理部门逐级备案。报备内容主要为：永久基本农田保护图、表、册、相关工作报告等纸质资料；数据库等电子信息。

三、耕地占补平衡

耕地占补平衡是我国耕地保护的重要制度，是守住耕地保护红线，破解经济社会发展与耕地保护矛盾，实现耕地数量、质量、生态"三位一体"保护的重要举措。

（一）耕地占补平衡的概念

1997年，中共中央、国务院《关于进一步加强土地管理切实保护耕地的通知》首次提出"非农业建设确需占用耕地的，必须开发、复垦不少于所占面积且符合质量标准的耕地"，1998年修订的《土地管理法》以立法的形式确定了耕地占补平衡制度。根据《土地管理法》，耕地占补平衡是指非农业建设经批准占用耕地的，按照"占多少，垦多少"的原则，由占用耕地的单位负责开垦与所占用耕地的数量和质量相当的耕地。耕地占补平衡是占用耕地单位必须履行的法定义务，是地方各级人民政府的重要职责。

20余年来，由于耕地保护形势的变化以及耕地占补平衡实施中遇到的新问题，比如占多补少、占优补劣、占水田补旱地等，耕地占补平衡政策不断优化改进，由初期的追求数量平衡演化至后来的数量质量综合平衡，再到现在的数量、质量、生态"三位一体"保护体系和"数量为基础、产能为核心"的占补新机制，有力地支持了耕地保护目标的实现。

（二）耕地占补平衡中补充耕地要求

补充耕地与所占用耕地数量质量的精准匹配，在实践中存在难度。改进建设用地项目与补充耕地项目逐一挂钩的做法，按照补改结合的原则，实行耕地数量、粮食产能和水田面积3类指标核销制落实占补平衡。市、县申报单独选址建设项目用地与城市、村庄和集镇建设用地时，应明确建设拟占用耕地的数量、粮食产能和水田面积，按照占补平衡的要求，应用自然资源部耕地占补平衡动态监管系统分类分别从本县、市储备库指标中予以核销，核销信息随同用地一并报批。对于按规定允许以承诺方式补充耕地的，根据承诺内容，在申报用地时须按规定落实具体的补充耕地项目或提质改造项目并报自然资源部备案，项目验收后相关指标纳入储备库；承诺到期时，自然资源部将及时核销储备库补充耕地指标。

复 习 思 考 题

1. 什么是国土空间规划？
2. 国土空间规划的内容主要包括哪些？
3. 国土空间规划的实施与监督措施主要有哪些？
4. 国土空间规划与城乡规划、土地利用规划如何衔接？
5. 土地用途管制的作用和意义有哪些？
6. 土地用途管制的内容主要有哪些？
7. 农用地转用管理要求主要有哪些？
8. 耕地保护管理的主要内容有哪些？
9. 永久基本农田划定与保护主要内容有哪些？
10. 耕地占补平衡政策规定主要有哪些？

第三章 土地与房屋征收

第一节 集体土地征收

征收是国家以行政权取得集体、组织和个人的财产所有权的行为。集体土地征收是国家为了公共利益的需要，依照法律规定的权限和程序，获取属于集体所有的土地所有权。征收集体土地导致集体组织丧失了土地的所有权，需要依法进行赔偿、补偿。

一、集体土地征收的范围、原则和批准权限

（一）征收基本要求

《民法典》第二百四十三条规定，为了公共利益的需要，依照法律规定的权限和程序可以征收集体所有的土地和组织、个人的房屋以及其他不动产。征收集体所有的土地，应当依法及时足额支付土地补偿费、安置补助费以及农村村民住宅、其他地上附着物和青苗等的补偿费用，并安排被征地农民的社会保障费用，保障被征地农民的生活，维护被征地农民的合法权益。征收组织、个人的房屋以及其他不动产，应当依法给予征收补偿，维护被征收人的合法权益；征收个人住宅的，还应当保障被征收人的居住条件。任何组织或者个人不得贪污、挪用、私分、截留、拖欠征收补偿费等费用。

（二）征收范围

《土地管理法》第四十五条规定，为了公共利益的需要，有下列情形之一，确需征收农民集体所有的土地的，可以依法实施征收：

（1）军事和外交需要用地的；

（2）由政府组织实施的能源、交通、水利、通信、邮政等基础设施建设需要用地的；

（3）由政府组织实施的科技、教育、文化、卫生、体育、生态环境和资源保护、防灾减灾、文物保护、社区综合服务、社会福利、市政公用、优抚安置、英烈保护等公共事业需要用地的；

（4）由政府组织实施的扶贫搬迁、保障性安居工程建设需要用地的；

（5）在土地利用总体规划确定的城镇建设用地范围内，经省级以上人民政府批准由县级以上地方人民政府组织实施的成片开发建设需要用地的；

（6）法律规定为公共利益需要可以征收农民集体所有的土地的其他情形。

以上规定的建设活动，应当符合国民经济和社会发展规划、土地利用总体规划、城乡规划和专项规划；第（4）、（5）项规定的建设活动，还应当纳入国民经济和社会发展年度计划；第（5）项规定的成片开发并应当符合国务院自然资源主管部门规定的标准。

（三）征收原则

1. 依法征地

因城市建设、工业项目等需要征收土地，建设单位必须根据国家的有关规定和要求，持有国家主管部门或者县级以上人民政府批准的证书或文件，并按照征收土地的程序和法定的审批权限，依法办理征收手续后，才能合法用地。凡无征地手续，或无权批准使用土地的单位批准使用的土地，或超权限批准使用的土地，均属非法征地，不受法律保护。违法违规征地体现在"以租代征"，即通过租用集体土地进行非农业建设，擅自扩大建设用地规模。其实质是规避法定的农用地转用和土地征收审批，在规划计划之外扩大建设用地规模，同时逃避了缴纳有关税费、履行耕地占补平衡法定义务。其结果必然会严重冲击用途管制等土地管理的基本制度，影响国家宏观调控政策的落实和耕地保护目标的实现。此外，违反土地利用总体规划、扩大开发区用地规模、未批先征等行为都是当前违法征地的主要表现形式。因此，有必要采取坚决行动，遏制土地违法的行为，保证国家土地调控政策的落实。

2. 珍惜耕地与合理利用土地

土地是人类赖以生存和生活的基础，具有有限性和不可再生性的特点，因此，它是最珍贵的自然资源，最宝贵的物质财富。中国耕地具有四个明显的特点：①人均占有耕地少；②耕地总体质量差；③生产水平低；④退化严重，后备资源不足。但是，随着城市建设的发展和建立社会主义市场经济的需要，以及人民生活水平的不断提高，必然还要占用一部分耕地。中国近年来每年大约要征收350万~750万亩耕地，这将使土地的供求矛盾日益加剧。因此，在征收土地时，必须坚持"一要吃饭、二要建设"的方针，必须坚持"十分珍惜、合理利用土地和切实保护耕地"的基本国策。单位和个人必须坚持精打细算，能少占土地就不多占。坚决反对征而不用、多征少用、浪费土地的行为。

3. 保证国家建设用地

征收土地特别是占用耕地，必然会给被征地单位和农民带来一定的困难，但为了国家的整体和长远利益，就要求被征地单位和农民从全局出发，克服暂时的局部困难，保证国家建设用地。在征收土地时，应反对两种做法：一是以节约土地为理由，拒绝国家征收；二是大幅度提高征地费用，以限制非农业部门占用土地。因此，既要贯彻节约用地的原则，又要保证国家建设项目所必需的土地。

4. 保障被征地农民权益

《土地管理法》规定，征收土地应当给予公平、合理的补偿，保障被征地农民原有生活水平不降低、长远生计有保障。征收土地会给被征地单位和农民的生产、生活带来困难和不便，用地单位应根据国家和当地政府的规定，妥善安排被征地范围内的单位和农民的生产、生活，这是必须坚持的原则。没有这个原则就不能保证征地工作的顺利进行。妥善安置主要包括：①对征收的土地要合理补偿；②对因征地给农民造成的损失要合理补助；③对征地造成的剩余农民劳动力要适当安排。由于中国土地辽阔，各地情况差异较大，补偿、补助标准不应简单统一。但补偿、补助不能因为征收土地而降低被征地农民的生活水平。

5. 有偿使用土地

有偿使用土地是土地使用制度改革的核心内容，是管好土地、促进节约用地和合理利用土地、提高土地效益的经济手段。土地征收后，除一些公共设施、公益事业和基础设施外，国有土地供应原则上都应实行有偿使用，土地有偿使用将成为今后国有建设用地供应的基本制度。实行土地有偿使用，不但可以增加国家收入，防止国有资产流失，还可以促进土地资源的合理使用，是有效控制建设用地增长的经济手段。一般来说，除了国家核准划拨的以外，凡新增建设用地均实行有偿有限期使用。有偿使用土地有多种形式，如土地使用权出让，土地租赁，土地使用权作价出资、入股等。目前对国有土地没有全部实行有偿使用，依然采取土地使用权有偿出让和土地使用权划拨两种制度并存。

6. 严守生态环境保护红线

生态保护红线是指在生态空间范围内具有特殊重要生态功能、必须强制性严格保护的区域，是保障和维护国家生态安全的底线和生命线，通常包括具有重要水源涵养、生物多样性维护、水土保持、防风固沙、海岸生态稳定等功能的生态功能重要区域，以及水土流失、土地沙化、石漠化、盐渍化等生态环境敏感脆弱区域。生态空间是指具有自然属性、以提供生态服务或生态产品为主体功能的国土空间，包括森林、草原、湿地、河流、湖泊、滩涂、岸线、海洋、荒地、荒漠、戈壁、冰川、高山冻原、无居民海岛等。划定并严守生态保护红线，是贯彻落实主体功能区制度、实施生态空间用途管制的重要举措，是提高生态产品供给能力和生态系统服务功能、构建国家生态安全格局的有效手段，是健全生态文明制度体系、推动绿色发展的有力保障。

通过强化用途管制，严禁任意改变用途，杜绝不合理开发建设活动对生态保护红线的破坏。生态保护红线原则上按禁止开发区域的要求进行管理。严禁不符合主体功能定位的各类开发活动，严禁任意改变用途。生态保护红线划定后，只能增加、不能减少，因国家重大基础设施、重大民生保障项目建设等需要调整的，由省级政府组织论证，提出调整方案，经环境保护部、国家发展改革委会同有关部门提出审核意见后，报国务院批准。因国家重大战略资源勘查需要，在不影响主体功能定位的前提下，经依法批准后予以安排勘查项目。

（四）批准权限

根据《土地管理法》，征收下列土地的，由国务院批准：①永久基本农田；②永久基本农田以外的耕地超过35公顷的；③其他土地超过70公顷的。征收以上规定以外的土地的，由省、自治区、直辖市人民政府批准。征收农用地的，应当依照《土地管理法》第四十四条的规定先行办理农用地转用审批。其中，经国务院批准农用地转用的，同时办理征地审批手续，不再另行办理征地审批；经省、自治区、直辖市人民政府在征地批准权限内批准农用地转用的，同时办理征地审批手续，不再另行办理征地审批，超过征地批准权限的，应当依照征收永久基本农田的规定，另行办理征地审批。

需要注意的是，并不是所有的耕地都是永久基本农田。永久基本农田是指按照一定时期人口和经济发展对农产品的需求，依据土地利用总体规划确定的不得占用的耕地。在基本农田加上"永久"二字体现了国家对基本农田保护的高度重视。永久基本农田一经划定，在规划期内必须得到严格保护，除法律规定的情形外，不得擅自占用和改变。永久基本农田保护区以乡（镇）为单位划区定界，由县级人民政府设立保护标志，并予以公告。一宗耕地是否属于永久基本农田，可根据相应公告和田间地头可见的保护标志进行判断，也可通过查看土地承包经营权证上的记载判断。

在严格保护耕地、节约集约用地的前提下，为进一步深化"放管服"改革，2020年印发的《国务院关于授权和委托用地审批权的决定》赋予了省级人民政府更大用地自主权：试点将永久基本农田转为建设用地和国务院批准土地征收审批事项委托部分省、自治区、直辖市人民政府批准。首批试点省份为北京、天津、上海、江苏、浙江、安徽、广东、重庆，具体实施方案由试点省份人民政府制订并报自然资源部备案。国务院将建立健全省级人民政府用地审批工作评价机制，根据各省、自治区、直辖市的土地管理水平综合评估结果，对试点省份进行动态调整，对连续排名靠后或考核不合格的试点省份，国务院将收回委托。

《土地管理法》规定，国家征收土地的，依照法定程序批准后，由县级以上地方人民政府予以公告并组织实施。《土地管理法实施条例》对土地征收的程序作出了具体规定。

二、集体土地征收的工作程序

（一）发布征收土地预公告，启动土地征收

需要征收土地，县级以上地方人民政府认为符合《土地管理法》第四十五条规定的，应当发布征收土地预公告，并开展拟征收土地现状调查和社会稳定风险评估。征收土地预公告应当包括征收范围、征收目的、开展土地现状调查的安排等内容。征收土地预公告应当采用有利于社会公众知晓的方式，在拟征收土地所在的乡（镇）和村、村民小组范围内发布，预公告时间不少于 10 个工作日。自征收土地预公告发布之日起，任何单位和个人不得在拟征收范围内抢栽抢建；违反规定抢栽抢建的，对抢栽抢建部分不予补偿。

土地现状调查应当查明土地的位置、权属、地类、面积，以及农村村民住宅、其他地上附着物和青苗等的权属、种类、数量等情况。

社会稳定风险评估应当对征收土地的社会稳定风险状况进行综合研判，确定风险点，提出风险防范措施和处置预案。社会稳定风险评估应当有被征地的农村集体经济组织及其成员、村民委员会和其他利害关系人参加，评估结果是申请征收土地的重要依据。

（二）组织编制征地补偿安置方案并进行公告和听证

县级以上地方人民政府应当依据社会稳定风险评估结果，结合土地现状调查情况，组织自然资源、财政、农业农村、人力资源和社会保障等有关部门拟定征地补偿安置方案。征地补偿安置方案应当包括征收范围、土地现状、征收目的、补偿方式和标准、安置对象、安置方式、社会保障等内容。

征地补偿安置方案拟定后，县级以上地方人民政府应当在拟征收土地所在的乡（镇）和村、村民小组范围内公告，公告时间不少于 30 日。征地补偿安置公告应当同时载明办理补偿登记的方式和期限、异议反馈渠道等内容。多数被征地的农村集体经济组织成员认为拟定的征地补偿安置方案不符合法律、法规规定的，县级以上地方人民政府应当组织听证。

（三）签订征地补偿安置协议

县级以上地方人民政府根据法律、法规规定和听证会等情况确定征地补偿安置方案后，应当组织有关部门与拟征收土地的所有权人、使用权人签订征地补偿安置协议。征地补偿安置协议示范文本由省、自治区、直辖市人民政府制定。对

个别确实难以达成征地补偿安置协议的，县级以上地方人民政府应当在申请征收土地时如实说明。

（四）申请征收土地审批

县级以上地方人民政府完成《土地管理法实施条例》规定的征地前期工作后，方可提出征收土地申请，依照《土地管理法》第四十六条的规定报有批准权的人民政府批准。有批准权的人民政府应当对征收土地的必要性、合理性、是否符合《土地管理法》第四十五条规定的为了公共利益确需征收土地的情形以及是否符合法定程序进行审查。

申请征收土地的县级以上地方人民政府应当及时落实土地补偿费、安置补助费、农村村民住宅以及其他地上附着物和青苗等的补偿费用、社会保障费用等，并保证足额到位，专款专用。有关费用未足额到位的，不得批准征收土地。

（五）发布征收土地公告

征收土地申请经依法批准后，县级以上地方人民政府应当自收到批准文件之日起15个工作日内在拟征收土地所在的乡（镇）和村、村民小组范围内发布征收土地公告，公布征收范围、征收时间等具体工作安排，对个别未达成征地补偿安置协议的应当作出征地补偿安置决定。

（六）实施土地征收

实施土地征收，征收补偿是主要工作，也是一项难度较大的工作，涉及国家、集体、个人的利益。组织征地的地方政府必须按征地协议书如数支付补偿费，被征地单位也不得额外索取。在征地告知后，凡被征地农村集体经济组织和农户在拟征土地上抢栽、抢种、抢建的地上附着物和青苗，征地时一律不予补偿。

《土地管理法》规定，无权批准征收、使用土地的单位或者个人非法批准占用土地的，超越批准权限非法批准占用土地的，不按照土地利用总体规划确定的用途批准用地的，或者违反法律规定的程序批准占用、征收土地的，其批准文件无效，对非法批准征收、使用土地的直接负责的主管人员和其他直接责任人员，依法给予处分；构成犯罪的，依法追究刑事责任。非法批准、使用的土地应当收回，有关当事人拒不归还的，以非法占用土地论处。非法批准征收、使用土地，对当事人造成损失的，依法应当承担赔偿责任。

《土地管理法实施条例》规定，违反土地管理法律、法规规定，阻挠国家建设征收土地的，由县级以上地方人民政府责令交出土地；拒不交出土地的，依法申请人民法院强制执行。

三、集体土地征收的补偿范围和标准

《土地管理法》规定，征收土地应当给予公平、合理的补偿，保障被征地农民原有生活水平不降低、长远生计有保障。征收土地应当依法及时足额支付土地补偿费、安置补助费以及农村村民住宅、其他地上附着物和青苗等的补偿费用，并安排被征地农民的社会保障费用。

（一）征收农用地的土地补偿费、安置补助费标准

征收农用地的土地补偿费、安置补助费标准由省、自治区、直辖市通过制定公布区片综合地价确定。区片综合地价是征收农民集体农用地的土地补偿费和安置补助费标准，不包括法律规定用于社会保险缴费补贴的被征地农民社会保障费用、征收农用地涉及的地上附着物和青苗等的补偿费用。区片综合地价采用农用地产值修正法、征地案例比较法等方法综合测算。

农用地产值修正法是以当地主导耕作制度为测算基础，将未来农用地预期产值还原到当期，并结合被征地农民安置需要，综合考虑土地区位、土地供求关系、人口以及经济社会发展水平等因素进行修正后测算区片综合地价的方法。征地案例比较法是选择区片内近3～5年来实施征地的典型案例，以政府实际支付的土地补偿费和安置补助费为基础，剔除政府支付的社会保障费用，根据经济社会发展情况等进行修正后测算区片综合地价的方法。

区片综合地价应与当前经济社会发展水平相适应，不低于内涵可比的现行征地补偿标准。同一区片内不同类型农用地的质量存在明显差异的，可以设定地类调节系数进行调节。制定区片综合地价应当综合考虑土地原用途、土地资源条件、土地产值、土地区位、土地供求关系、人口以及经济社会发展水平等因素，并至少每3年调整或者重新公布一次。

（二）征收农用地以外的其他土地、地上附着物和青苗等的补偿标准

征收农用地以外的其他土地、地上附着物和青苗等的补偿标准，由省、自治区、直辖市制定。对其中的农村村民住宅，应当按照先补偿后搬迁、居住条件有改善的原则，尊重农村村民意愿，采取重新安排宅基地建房、提供安置房或者货币补偿等方式给予公平、合理的补偿，并对因征收造成的搬迁、临时安置等费用予以补偿，保障农村村民居住的权利和合法的住房财产权益。

（三）社会保障费用

县级以上地方人民政府应当将被征地农民纳入相应的养老等社会保障体系。被征地农民的社会保障费用主要用于符合条件的被征地农民的养老保险等社会保险缴费补贴。被征地农民社会保障费用的筹集、管理和使用办法，由省、自治

区、直辖市制定。

（四）合理使用各类补偿补助、保障费用

被征地的农村集体经济组织应当将征收土地的补偿费用的收支状况向本集体经济组织的成员公布，接受监督。禁止侵占、挪用被征收土地单位的征地补偿费用和其他有关费用。地上附着物和青苗等的补偿费用归其所有权人所有。社会保障费用主要用于符合条件的被征地农民的养老保险等社会保险缴费补贴，依据省、自治区、直辖市规定的标准单独列支。

第二节　国有土地上房屋征收

国家对权利人的财产实行平等保护。为了公共利益的需要，征收国有土地上单位、个人的房屋，应当对被征收房屋所有权人给予公平补偿。征收房屋是国家以行政权取得集体、单位和个人的房屋的行为。征收个人住宅的，还应当保障被征收人的居住条件。

一、房屋征收的前提条件

（一）房屋征收的概念

房屋征收是指国家为了公共利益的需要，依照法律规定的权限和程序强制取得单位、个人的房屋的行为。房屋征收是物权变动的一种特殊的情形，是国家取得单位、个人房屋所有权的一种方式。房屋征收的主体是国家，通常是政府代表国家以行政命令的方式执行。按照房屋所占用土地性质，房屋征收可分为国有土地上房屋征收和集体土地上房屋征收。集体土地上农村村民住宅以及其他房屋等地上附属物，通常情况是在征收集体土地时一并进行补偿，具体规定如前所述。国有土地上房屋征收通常处于建设项目的前期工作阶段，是城市建设的重要组成部分。在实践中，国有土地上房屋被依法征收的，该房屋占用的国有土地使用权同时被收回。国有土地上房屋征收作为一种以取得国有土地上单位、个人的房屋为目的的强制性行为，有严格法定的限制条件：①房屋征收只能是为了公共利益的需要；②房屋征收必须严格依照法律规定的权限和程序；③以房屋征收决定公告之日被征收房屋类似房地产的市场价格对被征收人的损失予以公平补偿。

根据《国有土地上房屋征收与补偿条例》，房屋征收的主体是市、县级人民政府。市、县级人民政府负责本行政区域的房屋征收与补偿工作。房屋征收部门是指市、县级人民政府确定的房屋征收部门。房屋征收部门组织实施本行政区域的房屋征收与补偿工作。市、县级人民政府有关部门应当依据相应的职责分工，互相配合，保障房屋征收与补偿工作的顺利进行。房屋征收部门可以委托房屋征收实施单位，承担房屋征收与补偿的具体工作，并对其在委托范围内实施的房屋征收与补偿行为负责监督，对其行为后果承担法律责任。房屋征收实施单位不得以营利为目的。上级人民政府应当加强对下级人民政府房屋征收与补偿工作的监督。国务院住房城乡建设主管部门和省、自治区、直辖市人民政府住房城乡建设主管部门应当会同同级财政、国土资源、发展与改革等有关部门，加强对房屋征收与补偿实施工作的指导。任何组织和个人对违反《国有土地上房屋征收与补偿条例》规定的行为，都有权向有关人民政府、房屋征收部门和其他有关部门举报。接到举报的有关人民政府、房屋征收部门和其他有关部门对举报应当及时核实、处理。监察机关应当加强对参与房屋征收与补偿工作的政府和有关部门或者单位及其工作人员的监察。

（二）公共利益的界定

国有土地上房屋征收的核心是不需要房屋所有权人的同意而强制取得其房屋，收回国有土地使用权，"公共利益"是国家征收国有土地上单位、个人的房屋的前提条件。为此，《宪法》《民法典》《土地管理法》《城市房地产管理法》均明确规定房屋征收必须基于"公共利益的需要"。《国有土地上房屋征收与补偿条例》界定了公共利益的范围，即①国防和外交的需要；②由政府组织实施的能源、交通、水利等基础设施建设的需要；③由政府组织实施的科技、教育、文化、卫生、体育、环境和资源保护、防灾减灾、文物保护、社会福利、市政公用等公共事业的需要；④由政府组织实施的保障性安居工程建设的需要；⑤由政府依照城乡规划法有关规定组织实施的对危房集中、基础设施落后等地段进行旧城区改建的需要；⑥法律、行政法规规定的其他公共利益的需要。

（三）公共利益的特点

1. 公共利益具有客观性

公共利益的客观性表现在它客观地影响着社会公众整体的生存与发展。公共利益不是完全主观地从不同的层级利益中剥离出来的，不因各个利益主体主观认识上的不同有所改变，而是独立地、真实地存在于各种利益之上的客观利益。

2. 公共利益具有共享性

公共利益不是个体利益的简单相加，也不是多数人利益在数量上的直接体现，它是社会共同的、整体的、普遍的利益。因此，判断公共利益内涵时，不应仅仅考虑个体利益的正当需求，应在不同利益格局中选择利益综合体，维护社会的公共价值体系。社会公共利益具有整体性和普遍性两大特点。换言之，社会公共利益在主体上是整体的而不是局部的利益，在内容上是普遍的而不是特殊的利益。公共利益当然涉及多数人与少数人的利益问题，但并不能说多数人的就一定是公共利益，公共利益还必须有价值判断。

3. 公共利益具有不确定性

公共利益在实体法上是一个广泛存在的概念，但同时它又是一个不确定的概念。公共利益的不确定性包括"利益内容的不确定性"和"受益对象的不确定性"。利益的实质是某种价值，社会客观事实决定利益的形成和同时期的利益价值的内容，而社会客观事实本身是不确定的，利益内容也就具有不确定性。受益对象的不确定性源于"公共"的不确定性，普遍的对"公共"的理解是许多个体的集合，"许多"又是一个没有界限的概念。

二、房屋征收的程序

（一）拟定征收补偿方案

房屋征收部门拟定征收补偿方案，报市、县级人民政府。征收补偿方案的内容包括房屋征收目的、房屋征收范围、实施时间、补偿方式、补偿金额、补助和奖励、安置用房面积和安置地点、搬迁期限、搬迁过渡方式和过渡期限等事项。

（二）组织有关部门论证

收到房屋征收部门上报的征收补偿方案后，市、县级人民政府应当组织发展改革、城乡规划、国土资源、环境资源保护、文物保护、财政、建设等有关部门对征收补偿方案进行论证。主要论证内容包括建设项目是否符合国民经济和社会发展规划、土地利用总体规划、城乡规划和专项规划，房屋征收目的是否符合公共利益的需要，房屋征收范围是否科学合理，补偿方案是否公平等。

（三）征求公众意见

对征收补偿方案进行论证、修改后，市、县级人民政府应当予以公布，征求公众意见，期限不得少于 30 日。征收补偿方案征求公众意见结束后，市、县级人民政府应当将征求意见情况进行汇总，根据公众意见反馈情况对征收补偿方案进行修改，并将征求意见情况和根据公众意见修改情况及时公布。因旧城区改建需要征收房屋的，如果多数被征收人认为征收补偿方案不符合《国有土地上房屋征收与补偿条例》规定，市、县级人民政府应当组织召开听证会进一步听取意见。参加听证会的代表应当包括被征收人代表和社会各界公众代表。市、县级人民政府应当听取公众意见，就房屋征收补偿方案等群众关心的问题进行说明。根据听证情况，市、县级人民政府应当对征收补偿方案进行修改完善，对合理意见和建议要充分吸收采纳。

（四）发布房屋征收决定

市、县级人民政府作出房屋征收决定前，应当按照有关规定进行社会稳定风险评估；房屋征收决定涉及被征收人数量较多的，应当经政府常务会议讨论决定。市、县级人民政府作出房屋征收决定后应当及时公告。公告应当载明征收补偿方案和行政复议、行政诉讼权利等事项。市、县级人民政府及房屋征收部门应当做好房屋征收与补偿的宣传、解释工作。房屋被依法征收的，国有土地使用权同时收回。

房屋征收决定之前，还应做好与房屋征收相关的以下几项工作。

（1）组织调查登记。调查登记，一般应当在作出房屋征收决定前进行，调查登记应当全面深入，以满足拟定征收补偿方案和进行评估的需要。调查登记事项，一般包括房屋征收范围内房屋的权属、区位、用途、建筑面积等。上述因素是评估确定被征收房屋价值的主要依据，对其他可能影响房屋价值评估的因素，在调查过程中也应予以查明。调查结果应当在征收范围内向被征收人公布。

（2）对未进行登记的建筑物先行调查、认定和处理。为了避免在房屋征收时矛盾过于集中，市、县级人民政府应当依法加强对建设活动的监督管理，对违反城乡规划进行建设的，依法予以处理；另外，市、县级人民政府作出房屋征收决定前，应当组织有关部门依法对征收范围内未经登记的建筑进行调查、认定和处理。当事人对有关部门的认定和处理结果不服的，可以依法提起行政复议或者诉讼。

（3）暂停办理相关手续。在房屋征收范围确定后，不得在房屋征收范围内实施新建、扩建、改建房屋和改变房屋用途等不当增加补偿费用的行为；违反规定实施上述行为的，不予补偿。房屋征收部门应当将上述事项书面通知有关部门暂停办理相关手续。暂停办理相关手续的书面通知应当载明暂停期限。暂停期限最长不得超过1年。

（4）作出房屋征收决定前，征收补偿费用应当足额到位、专户存储、专款专用。足额到位，是指用于征收补偿的货币、实物的数量应当符合征收补偿方案的要求，能够保证全部被征收人得到依法补偿和妥善安置。专户存储、专款专用是保证补偿费用不被挤占、挪用的重要措施。专款专用，是指征收补偿费用只能用于发放征收补偿，不得挪作他用。

（五）实施房屋征收

实施房屋征收，应当先补偿、后搬迁。作出房屋征收决定的市、县级人民政府对被征收人给予补偿后，被征收人应当在补偿协议约定或者补偿决定确定的搬迁期限内完成搬迁。任何单位和个人不得采取暴力、威胁或者违反规定中断供水、供热、供气、供电和道路通行等非法方式迫使被征收人搬迁。禁止建设单位参与搬迁活动。被征收人在法定期限内不申请行政复议或者不提起行政诉讼，在补偿决定规定的期限内又不搬迁的，由作出房屋征收决定的市、县级人民政府依法申请人民法院强制执行。强制执行申请书应当附具补偿金额和专户存储账号、产权调换房屋和周转用房的地点和面积等材料。

《国有土地上房屋征收与补偿条例》规定了暴力野蛮搬迁、非法阻碍依法征收与补偿的法律责任。暴力野蛮搬迁的相关单位及其直接负责的主管人员和其他直接责任人员需要根据情节严重程度不同承担民事责任、行政责任或刑事责任。采取暴力、威胁或者违反规定中断供水、供热、供气、供电和道路通行等非法方式迫使被征收人搬迁，造成损失的，依法承担赔偿责任；对直接负责的主管人员和其他直接责任人员，构成犯罪的，依法追究刑事责任；尚不构成犯罪的，依法给予处分；构成违反治安管理行为的，依法给予治安管理处罚。采取暴力、威胁等方法阻碍依法进行的房屋征收与补偿工作的，根据情节严重程度不同应依法追究其民事责任或刑事责任；构成犯罪的，依法追究刑事责任；构成违反治安管理行为的，依法给予治安管理处罚。

三、房屋征收补偿

（一）房屋征收补偿的内容

对被征收人给予的补偿内容如下。

（1）被征收房屋价值的补偿。对被征收房屋价值的补偿，不得低于房屋征收决定公告之日被征收房屋类似房地产的市场价格。

（2）因征收房屋造成的搬迁、临时安置的补偿。因征收房屋造成搬迁的，房屋征收部门应当向被征收人支付搬迁费。选择房屋产权调换的，产权调换房屋交付前，房屋征收部门应当向被征收人支付临时安置费或者提供周转用房。

（3）因征收房屋造成的停产停业损失的补偿。对因征收房屋造成停产停业损失的补偿，根据房屋被征收前的效益、停产停业期限等因素确定。具体办法由省、自治区、直辖市制定。

此外，市、县级人民政府应当制定补助和奖励办法，对被征收人给予补助和奖励。征收个人住宅，被征收人符合住房保障条件的，作出房屋征收决定的市、县级人民政府还应当优先给予住房保障。具体办法由省、自治区、直辖市制定。

（二）房屋征收补偿的方式

房屋征收补偿的方式有货币补偿和房屋产权调换两种，由被征收人选择。选择房屋产权调换的，市、县级人民政府应当提供用于产权调换的房屋，并与被征收人计算、结清被征收房屋价值与用于产权调换房屋价值的差价。因旧城区改建征收个人住宅，被征收人选择在改建地段进行房屋产权调换的，作出房屋征收决定的市、县级人民政府应当提供改建地段或者就近地段的房屋。

（三）被征收房屋价值的评估

被征收房屋的价值由具有相应资质的房地产价格评估机构按照《国有土地上房屋征收评估办法》评估确定。

房地产价格评估机构由被征收人协商选定。协商不成的，通过多数决定、随机选定等方式确定，具体办法由省、自治区、直辖市制定。房地产价格评估机构应当独立、客观、公正地开展房屋征收评估工作，任何单位和个人不得干预。

对评估确定的被征收房屋价值有异议的，可以向房地产价格评估机构申请复核评估。对复核结果有异议的，可以向房地产价格评估专家委员会申请鉴定。

（四）订立补偿协议或作出补偿决定

房屋征收部门与被征收人就补偿方式、补偿金额和支付期限、用于产权调换房屋的地点和面积、搬迁费、临时安置费或者周转用房、停产停业损失、搬迁期限、过渡方式和过渡期限等事项，订立补偿协议。

补偿协议订立后，一方当事人不履行补偿协议约定的义务的，另一方当事人可以依法提起诉讼。

房屋征收部门与被征收人在征收补偿方案确定的签约期限内达不成补偿协议，或者被征收房屋所有权人不明确的，由房屋征收部门报请作出房屋征收决定的市、县级人民政府依照《国有土地上房屋征收与补偿条例》的规定，按照征收补偿方案作出补偿决定，并在房屋征收范围内予以公告。

被征收人对补偿决定不服的，可以依法申请行政复议，也可以依法提起行政诉讼。

（五）公布补偿情况和审计结果

房屋征收部门应当依法建立房屋征收补偿档案，并将分户补偿情况在房屋征收范围内向被征收人公布。审计机关应当加强对征收补偿费用管理和使用情况的监督，并公布审计结果。

四、房屋征收评估要求

《国有土地上房屋征收与补偿条例》规定："被征收房屋的价值，由具有相应资质的房地产价格评估机构按照房屋征收评估办法评估确定。""房屋征收评估办法由国务院住房城乡建设主管部门制定。"为规范国有土地上房屋征收评估活动，保证房屋征收评估结果客观公平，住房和城乡建设部根据《国有土地上房屋征收与补偿条例》，制定了《国有土地上房屋征收评估办法》，对房屋征收评估的机构委托、被征收房屋的价值评估程序等均作出了明确规定。

（一）房屋征收评估机构选定

根据《国有土地上房屋征收与补偿条例》，房屋征收评估应当由具有相应资质的房地产估价机构承担。根据《房地产估价机构管理办法》，除三级暂定资质外，其他资质的房地产估价机构都可以从事房屋征收评估工作。

房地产估价机构的选定应当科学、合理。首先由被征收人在规定时间内协商选定；在规定时间内没有协商或者经协商达不成一致意见的，由房屋征收部门组织被征收人按照少数服从多数的原则投票决定，或者采取随机方式确定，如进行摇号、抽签等。评估机构选用的具体办法由省、自治区、直辖市制定。

房地产估价机构选定或确定后，一般由房屋征收部门作为委托人在规定时间内向其出具房屋征收评估委托书，并与其签订房屋征收评估委托合同。房屋征收评估委托书应当载明委托人的名称、委托的房地产价格评估机构的名称、评估目的、评估对象范围、评估要求以及委托日期等内容。

房屋征收评估委托合同应当载明下列事项：

（1）委托人和房地产价格评估机构的基本情况；

（2）负责本评估项目的注册房地产估价师；

（3）评估目的、评估对象、评估时点等评估基本事项；

（4）委托人应提供的评估所需资料；

（5）评估过程中双方的权利和义务；

（6）评估费用及收取方式；

（7）评估报告交付时间、方式；

（8）违约责任；

（9）解决争议的方法；

（10）其他需要载明的事项。

房地产估价机构应当指派与承接的房屋征收评估项目工作量相适应的足够数量的注册房地产估价师开展评估工作。房屋征收评估报告必须由负责房屋征收评估项目的两名以上注册房地产估价师签字，并加盖房地产估价机构公章。

（二）房屋征收评估原则和要求

1.房屋征收评估原则

《国有土地上房屋征收与补偿条例》第二十条规定："房地产价格评估机构应当独立、客观、公正地开展房屋征收评估工作，任何单位和个人不得干预。"这一方面要求房屋征收评估应当坚持独立、客观、公正的原则。另一方面禁止任何单位和个人干预房屋征收评估活动,为房地产价格评估机构做好房屋征收评估创造良好的执业环境。

所谓"独立"就是要求房地产估价机构和估价人员与房屋征收当事人无利害关系,在房屋评估活动中不受任何单位和个人的影响,凭自己的专业知识、经验和职业道德进行评估。所谓"客观"就是要求房地产估价机构和估价人员在评估中不带着自己的情感、好恶和偏见,应按照事物的本来面目、实事求是地进行评估。所谓"公正"就是要求房地产估价机构和估价人员在评估活动中不偏袒房屋征收当事人中的任何一方,坚持原则,客观评估。

2. 房屋征收评估的内容

房屋征收中应由房地产估价机构评估、测算的内容主要有以下几点。

(1)被征收房屋的价值。根据《国有土地上房屋征收与补偿条例》的规定,被征收房屋的价值,由具有相应资质的房地产价格评估机构评估确定。

(2)用于产权调换房屋的价值。《国有土地上房屋征收与补偿条例》规定:"被征收人选择房屋产权调换的,市、县级人民政府应当提供用于产权调换的房屋,并与被征收人计算、结清被征收房屋价值与用于产权调换房屋价值的差价。"因此,被征收人选择产权调换的,为了结算被征收房屋与用于产权调换房屋的差价,除了评估被征收房屋价值外,还要对用于产权调换房屋的价值进行评估。

(3)被征收房屋类似房地产的市场价格。《国有土地上房屋征收与补偿条例》规定:"对被征收房屋价值的补偿,不得低于房屋征收决定公告之日被征收房屋类似房地产的市场价格。"因此,为了保证对被征收房屋价值的补偿不低于房屋征收决定公告之日被征收房屋类似房地产的市场价格,需要对类似房地产的市场价格进行测算。

除上述评估内容外,房屋征收当事人对被征收房屋室内装饰装修价值,机器设备、物资搬迁费用,以及停产停业损失等补偿协商不成时,也可以通过委托评估机构评估确定。

房屋征收部门拟定征收补偿方案时,也可以委托评估机构对征收范围内的房屋价值进行预评估。

3. 房屋征收评估基本事项

(1)评估目的。被征收房屋价值评估目的应当表述为"为房屋征收部门与被征收人确定被征收房屋价值的补偿提供依据,评估被征收房屋的价值"。用于产权调换房屋价值评估目的应当表述为"为房屋征收部门与被征收人计算被征收房屋价值与用于产权调换房屋价值的差价提供依据,评估用于产权调换房屋的价值"。

(2)评估时点确定。被征收房屋价值评估时点应当为房屋征收决定公告之日。用于产权调换房屋价值评估时点应当与被征收房屋价值评估时点一致。

（3）评估对象界定。房屋征收部门应当向受托的房地产估价机构提供征收范围内房屋情况。一是在委托书和委托合同中明确评估对象范围。房屋征收评估前，房屋征收部门应当组织有关单位对被征收房屋情况进行调查，明确评估对象。评估对象应当全面、客观，不得遗漏、虚构。二是提供征收范围内已经登记的房屋情况和未经登记建筑的认定、处理结果情况。对于已经登记的房屋，其性质、用途和建筑面积，一般以不动产（房屋）权属证书和不动产（房屋）登记簿的记载为准。不动产（房屋）权属证书与不动产（房屋）登记簿的记载不一致的，除有证据证明不动产（房屋）登记簿确有错误外，以不动产（房屋）登记簿为准。对于未经登记的建筑，应当按照市、县级人民政府的认定、处理结果进行评估。

（4）评估价值内涵。被征收房屋的价值包含被征收房屋及其占用范围内土地使用权的价值。其价值内涵具体是指被征收房屋及其占用范围内的土地使用权在不被征收的情况下，由熟悉情况的交易双方以公平交易方式在评估时点自愿交易的金额，但不考虑被征收房屋租赁、抵押、查封等因素的影响。

4. 房屋征收评估收费

接受委托进行房屋征收评估、鉴定，应当按照标准收取评估费用。房屋征收评估、鉴定费用由委托人承担，即房屋征收评估的费用由房屋征收部门承担，鉴定费用由委托鉴定的房屋征收当事人承担。但鉴定改变原评估结果的，鉴定费用由原房地产估价机构承担。房地产估价机构受托进行复核评估的，不再收取评估费用。

（三）实地查勘、评估方法和技术协调

（1）实地查勘要求。房地产估价机构应当安排注册房地产估价师对被征收房屋进行实地查勘，调查被征收房屋状况，拍摄反映被征收房屋外观和内部状况的影像资料，作好实地查勘记录，并妥善保管。被征收人应当协助注册房地产估价师对被征收房屋进行实地查勘，提供或者协助搜集被征收房屋价值评估所必需的情况和资料。

房屋征收部门、被征收人和注册房地产估价师应当在实地查勘记录上签字或者盖章确认。被征收人拒绝在实地查勘记录上签字或者盖章的，应当有房屋征收部门、注册房地产估价师和无利害关系的第三人见证，并应当在评估报告中说明有关情况。需要注意的是，无利害关系的第三人，从理论上包括很广，但在实践中，愿意签字见证的不易寻找。为避免因缺少无利害关系的第三人见证造成的程序缺陷带来的风险，可预约选择社区工作人员、片区民警作为无利害关系的第三人赴现场签字见证。

（2）评估方法选用。房屋征收评估应当选用市场法、收益法、成本法、假设开发法等方法中的一种或者多种，方法选用前应当进行适用性分析。可以同时选用两种（含两种）以上评估方法评估的，应当选用两种以上评估方法评估。被征收房屋的类似房地产有交易的，应当选用市场法评估；被征收房屋或者其类似房地产有经济收益的，应当选用收益法评估；被征收房屋是在建工程的，应当选用假设开发法评估。

（3）评估结果确定。选用多种方法评估时，应在对各种评估方法的测算结果进行校核和比较分析后，合理确定评估结果。房屋征收评估价值应当以人民币为计价的货币单位，精确到元。

（4）技术协调要求。同一征收项目的房屋征收评估工作，原则上由一家房地产估价机构承担。房屋征收范围较大的，可以由两家以上房地产估价机构共同承担。两家以上房地产估价机构承担的，应当共同协商确定一家房地产估价机构为牵头单位；牵头单位应当组织有关房地产估价机构就评估对象、评估时点、价值内涵、评估依据、评估假设、评估原则、评估技术路线、评估方法、重要参数选取、评估结果确定方式等进行沟通，统一标准。

（四）评估结果和报告送达

房地产估价机构应当在委托书或者委托合同约定期限内将分户初步评估结果提交房屋征收部门。分户的初步评估结果应当包括评估对象的构成及其基本情况和评估价值。房屋征收部门将该结果在征收范围内向被征收人公示。公示期间，房地产估价机构应安排注册房地产估价师对分户的初步评估结果进行现场说明解释，听取有关意见。公示期满后，房地产估价机构应向房屋征收部门提供委托评估范围内被征收房屋的整体评估报告和分户评估报告。整体评估报告和分户评估报告应当由负责该房屋征收评估项目的两名以上注册房地产估价师签字，并加盖房地产估价机构公章。房屋征收部门应向被征收人转交分户评估报告。

（五）房屋征收评估异议处理和争议调处

《国有土地上房屋征收与补偿条例》第十九条规定："对评估确定的被征收房屋价值有异议的，可以向房地产价格评估机构申请复核评估。对复核结果有异议的，可以向房地产价格评估专家委员会申请鉴定。"

1. 房屋征收评估异议处理

被征收人或者房屋征收部门对评估报告有疑问的，可以向出具报告的房地产估价机构咨询。房地产估价机构应当向其解释和说明，包括房屋征收评估的依据、原则、程序、方法、参数选取和评估结果产生的过程等。被征收人或者房屋征收部门对评估结果有异议的，应当自收到评估报告之日起 10 日内，向原房地产估价机构书面申请复核评估。该房地产估价机构应当自收到书面复核评估申请之日起 10 日内对评估结果进行复核。复核后改变原评估结果的，应当重新出具评估报告；评估结果没有改变的，应当书面告知复核评估申请人。

2. 房屋征收评估争议调处

被征收人或者房屋征收部门对原房地产估价机构的复核结果有异议的，应当自收到复核结果之日起 10 日内，向被征收房屋所在地房地产价格评估专家委员会申请鉴定。

评估专家委员会应当自收到鉴定申请之日起 10 日内，对申请鉴定评估报告的评估程序、评估依据、评估假设、评估技术路线、评估方法选用、参数选取、评估结果确定方式等评估技术问题进行审核，出具书面鉴定意见。经鉴定，评估报告不存在技术问题的，应维持评估报告；评估报告存在技术问题的，出具报告的房地产估价机构应当改正错误，重新出具评估报告。

3. 评估专家委员会及其工作机制

省、自治区住房城乡建设主管部门和设区城市的房地产管理部门应当成立房地产价格评估专家委员会。评估专家委员会由房地产估价师以及价格、房地产、土地、城市规划、法律等方面的专家组成。评估专家委员会对复核结果进行鉴定，选派成员组成专家组时，专家组成员应为 3 人以上单数，其中房地产估价师不得少于 1/2。

复 习 思 考 题

1. 集体土地征收的范围和原则是什么？有哪些程序？
2. 集体土地征收补偿的范围和标准是什么？
3. 国有土地上房屋征收的条件是什么？
4. 国有土地上房屋征收的程序是什么？
5. 房屋征收补偿的方式有哪些？
6. 房屋征收评估有哪些规定？
7. 《国有土地上房屋征收与补偿条例》对房地产估价违法违规的处罚有哪些具体规定？

第四章　建设用地供应与土地市场管理

第一节　建设用地概述

土地按照用途分为农用地、建设用地和未利用地。建设用地是指用于建造建筑物、构筑物的土地，包括城乡住宅和公共设施用地、工矿用地、交通水利设施用地、旅游用地、军事设施用地等。建设用地管理要严格控制农业用地向非农业用地转变，清查处理违法用地和违章用地，优化土地资源配置、促进土地集约节约利用，对建设用地供应进行科学合理的安排。

一、建设用地的分类

（一）按土地使用的分类

1. 按土地使用的权利性质

按土地使用的权利性质，分为划拨、出让、作价出资（入股）、国有土地租赁、授权经营等。

2. 按土地用途分类

按照国家标准《城市用地分类与规划建设用地标准》GB 50137—2011，用地分类包括城乡用地分类、城市建设用地分类两部分，该标准对各类用地赋予相应的英文字母代码。例如，居住用地，其对应的英文近义词为"residential"，将居住用地的代码界定为英文字母"R"，即居住用地（R）。

城乡用地指市域范围内所有土地，包括建设用地（H）与非建设用地（E）。建设用地分为：城乡居民点建设用地（H1）、区域交通设施用地（H2）、区域公用设施用地（H3）、特殊用地（H4）、采矿用地（H5）、其他建设用地（H9）。非建设用地包括水域（E1）、农林用地（E2）、其他非建设用地（E9）。

城市建设用地共分为 8 大类：居住用地（R）、公共管理与公共服务用地（A）、商业服务业设施用地（B）、工业用地（M）、物流仓储用地（W）、道路与交通设施用地（S）、公用设施用地（U）、绿地与广场用地（G）。

2020 年，自然资源部在整合《土地利用现状分类》GB/T 21010—2017、

《城市用地分类与规划建设用地标准》GB 50137—2011 等标准基础上，发布了《国土空间调查、规划、用途管制用地用海分类指南（试行）》，建立了全国统一的国土空间用地用海分类体系，将建设用地分为居住用地、公共管理与公共服务用地、商业服务业用地、工矿用地、仓储用地、交通运输用地、公用设施用地、绿地与开敞空间用地、特殊用地等。

（二）按土地上附着物的性质分类

1. 建筑物用地

建筑物用地是指建筑物占用使用的土地。

2. 构筑物用地。

构筑物用地是指构筑物占用使用的土地。

（三）按土地所有权的归属分类

1. 国有建设用地

国有建设用地是指所有权属于国家，即全民所有的用于建造建筑物、构筑物的土地。

2. 集体所有建设用地

集体所有建设用地是指所有权属于集体所有的用于建造建筑物、构筑物的土地。

需要注意的是，如没有特别说明，建设用地即指国有建设用地。《民法典》第十二章"建设用地使用权"所指的也是国有建设用地使用权。为便于区分，集体所有建设用地可简称为集体建设用地，但不简称为建设用地，不省略"集体"两字。

（四）按建设用地的状况分类

1. 新增建设用地

新增建设用地指新近某一时点以后由其他非建设用地转变而来的建设用地。

2. 存量建设用地

存量建设用地指新近某一时点以前已有的建设用地。

这两类建设用地在进入市场交易过程中，有不同的方式和审批要求。

（五）按建设用地的使用期限分类

1. 永久性建设用地

永久性建设用地是指建设用地一经使用后就不再恢复原来状态的土地。

2. 临时建设用地

临时建设用地是指在施工过程中，需要临时性使用的土地。根据《土地管理法》，临时使用土地的使用者应当按照临时使用土地合同约定的用途使用土地，不得修建永久性建筑物。

二、建设用地的特点

(一) 非生态利用性

建设用地无需利用土壤的生产功能，具土地的非生态利用性。建设用地可以利用水土条件相对较差但承载功能符合要求的土地，而尽可能将水土条件好的、可能生产出更多生物量的土地留作农业生产用地，使土地资源的配置更加合理，以发挥土地更大的效益。农用地转变为建设用地较为容易，但要使建设用地转变为农用地，则较为困难。除需要相当长的时间外，成本也相当高。建设用地的这个特点，要求在农用地转变为建设用地时，一定要慎重行事，严格把关，不要轻易将农用地转变为建设用地。

(二) 土地利用的集约性

农用地或未利用地变为建设用地后，就具有利用的高度集约性和资金的高度密集性，可以产生更高的经济效益。建设用地的集约性，一方面有利于提高土地利用效率，有效配置土地；另一方面，则会引发市场的趋利行为，市场热衷于将农用地转变为建设用地就是一个典型的例子。为了保护农用地，限制农用地转变为建设用地，世界各国都采取了严格的控制措施。

(三) 区位选择的重要性

在建设用地的选择中，区位起着非常重要的作用。如道路的位置决定着商业服务中心的布局。但区位具有相对性，一是对一种类型的用地来说是优越的区位，对另外一种用地来说则不一定。如临街的土地对商业来说是很好的区位，而对居住用地来说则不一定是优越的区位。二是区位的优劣可以随着周围环境的改变而改变，经济活动对于区位本身的影响是巨大的。如交通站点的变迁对周围土地的影响就是典型的例子。

三、建设用地供应的历史沿革

(一) 城镇建设用地供应

改革开放前，我国城市土地使用制度的基本特征是：行政划拨、无偿无限期使用、土地使用权禁止转让。针对传统城市土地使用制度的弊端，自 20 世纪 80 年代初开始，我国进行了城市土地使用制度改革，实行城市国有土地有偿使用制度，把城市国有土地使用权从所有权中分离出来，全面开放城市国有土地使用权市场，大体经历了以下阶段。

(1) 征收土地使用费（税）。向国有土地使用者征收土地使用费（税），体现了城镇国有土地有偿使用的原则。

（2）试点土地使用权有偿出让和转让，制定地方性法规。征收土地使用费（税）的改革，虽然在一定程度上体现了土地有偿使用，但尚未允许土地使用权转让，对传统土地使用制度改革力度不大。1987 年下半年，深圳经济特区率先进行改革，具体做法是，国家出让土地使用权，规定使用年限，一次性收取土地出让金，并且允许受让方转让土地使用权或进行抵押。1987 年 11 月，上海、广州、深圳、厦门等城市先后制定和颁布了地方性土地使用权有偿出让和转让的相关条例或规定。

（3）修改《宪法》和《土地管理法》。1988 年 4 月 12 日，第七届全国人民代表大会第一次会议将《宪法》第十条第四款修改为："任何组织或者个人不得侵占、买卖或者以其他形式非法转让土地。土地的使用权可以依照法律的规定转让。"同年 12 月 29 日，《土地管理法》也作了相应修改。这为城市土地使用权出让转让制度在全国推行提供了基本法律依据。

（4）制定全国性土地使用权出让和转让法规，全面开放城市国有土地使用权市场。1990 年 5 月 19 日，国务院发布了《城镇国有土地使用权出让和转让暂行条例》，对土地使用权出让、转让、抵押、终止等问题作了具体规定。1994 年 7 月 5 日第八届全国人大常委会第八次会议通过了《城市房地产管理法》，对土地使用权出让和转让作出了进一步规定。自此，中国在全国范围内开始了国有土地使用权的出让和转让，全面开放了城市国有土地使用权市场。

（二）农村集体经营性建设用地入市供应

长期以来，我国法律对集体建设用地使用和流转有着严格的限制规定，明确除乡镇企业破产兼并外，禁止农村集体经济组织以外的单位或者个人直接使用集体建设用地，只有将集体建设用地征收为国有土地后，该幅土地才可以出让给单位或者个人使用。这一规定使集体建设用地的价值不能显化。中国共产党十八届三中全会对农村土地征收、集体经营性建设用地入市、宅基地制度改革作出重要部署。2015 年 3 月，国土资源部启动农村土地征收、集体经营性建设用地入市、宅基地制度改革试点。农村集体经营性建设用地入市改革试点的主要任务是：建立农村集体经营性建设用地入市制度。针对农村集体经营性建设用地权能不完整，不能同等入市、同权同价和交易规则亟待健全等问题，完善农村集体经营性建设用地产权制度，赋予农村集体经营性建设用地出让、租赁、入股权能；明确农村集体经营性建设用地入市范围和途径；建立健全市场交易规则和服务监管制度。

试点期间，有关部门先后出台了《农村土地征收、集体经营性建设用地入市和宅基地制度改革试点实施细则》《关于深化统筹农村土地制度改革三项试点工作的通知》《农村集体经营性建设用地土地增值收益调节金征收使用管理暂行办法》等一系列文件。2019年8月26日，第十三届全国人大常委会第十二次会议审议通过了《土地管理法》修正案，自2020年1月1日起施行。修正后的《土地管理法》删除了"任何单位和个人进行建设，需要使用土地的，必须依法申请使用国有土地"的规定，允许集体经营性建设用地在符合规划、依法登记，并经本集体经济组织三分之二以上成员或者村民代表同意的条件下，通过出让、出租等方式交由集体经济组织以外的单位或者个人直接使用。同时，使用者取得集体经营性建设用地使用权后还可以转让、互换或者抵押。这一规定是重大的制度突破，它结束了多年来集体建设用地不能与国有建设用地同权同价同等入市的二元体制，为推进城乡一体化发展扫清了制度障碍，是此次修正的最大亮点。

四、建设用地使用的一般规定

（一）建设用地使用原则和要求

根据《土地管理法实施条例》，建设项目需要使用土地应当遵循以下原则和要求：

（1）符合国土空间规划、土地利用年度计划和用途管制要求；

（2）符合节约资源、保护生态环境的要求；

（3）严格执行建设用地标准，优先使用存量建设用地，提高建设用地使用效率；

（4）从事土地开发利用活动，应当采取有效措施，防止、减少土壤污染，并确保建设用地符合土壤环境质量要求。

需要注意的是，《土地管理法》第五十二条规定，建设项目可行性研究论证时，自然资源主管部门可以根据土地利用总体规划、土地利用年度计划和建设用地标准，对建设用地有关事项进行审查，并提出意见。根据《土地管理法》，已经编制国土空间规划的，不再编制土地利用总体规划和城乡规划，在编制国土空间规划前经依法批准的土地利用总体规划和城乡规划继续执行。因此，建设用地管理中所依据的土地利用总体规划和国土空间规划是相互关联和一致的。

（二）土地利用计划管理

各级人民政府应当依据国民经济和社会发展规划及年度计划、国土空间规划、国家产业政策以及城乡建设、土地利用的实际状况等，加强土地利用计划管理，实行建设用地总量控制，推动城乡存量建设用地开发利用，引导城镇低效用地再开发，落实建设用地标准控制制度，开展节约集约用地评价，推广应用节地技术和节地模式。县级以上地方人民政府自然资源主管部门应当将本级人民政府确定的年度建设用地供应总量、结构、时序、地块、用途等在政府网站上向社会公布，供社会公众查阅。

（三）临时用地使用与管理

根据《土地管理法》，建设项目施工和地质勘查需要临时使用国有土地或者农民集体所有的土地的，由县级以上人民政府自然资源主管部门批准。其中，在城市规划区内的临时用地，在报批前，应当先经有关城市规划行政主管部门同意。土地使用者应当根据土地权属，与有关自然资源主管部门或者农村集体经济组织、村民委员会签订临时使用土地合同，并按照合同的约定支付临时使用土地补偿费。临时使用土地的使用者应当按照临时使用土地合同约定的用途使用土地，并不得修建永久性建筑物。临时使用土地期限一般不超过2年。

《土地管理法实施条例》规定，建设项目施工、地质勘查需要临时使用土地的，应当尽量不占或者少占耕地。临时用地由县级以上人民政府自然资源主管部门批准，期限一般不超过2年；建设周期较长的能源、交通、水利等基础设施建设使用的临时用地，期限不超过4年；法律、行政法规另有规定的除外。土地使用者应当自临时用地期满之日起1年内完成土地复垦，使其达到可供利用状态，其中占用耕地的应当恢复种植条件。抢险救灾、疫情防控等急需使用土地的，可以先行使用土地。其中，属于临时用地的，用后应当恢复原状并交还原土地使用者使用，不再办理用地审批手续；属于永久性建设用地的，建设单位应当在不晚于应急处置工作结束6个月内申请补办建设用地审批手续。

第二节　国有建设用地

我国依法实行国有土地有偿使用制度，建设单位使用国有土地，应当以出让等有偿使用方式取得，但是，国家在法律规定的范围内划拨国有土地使用权的除外。国有土地使用权出让、国有土地租赁等应当依照国家有关规定通过公开的交易平台进行交易，并纳入统一的公共资源交易平台体系。

一、建设用地供地标准

（一）不同类别项目的供地政策

依据国家有关规定，对于不同类别的项目，有不同的供地政策。国家发展改革委公布的《产业结构调整指导目录（2019年本）》涉及行业48个，由鼓励类、限制类、淘汰类三个类别组成。对于国家鼓励类项目，可以供地，甚至要积极供地。对于国家限制类项目限制供地，一般须先取得相关部门许可，再履行批准手续。对于国家禁止类项目禁止供地，在禁止期限内，自然资源主管部门不得受理其建设项目的用地报件，各级人民政府不得批准提供建设用地。

自然资源部印发的《产业用地政策实施工作指引（2019年版）》明确，各地要根据国家产业政策、国土空间规划和当地产业发展情况，统筹使用新增和存量建设用地，合理安排用地计划指标，优先支持符合产业政策的项目用地，服务民生设施建设，促进产业创新发展。下列产业用地可优先纳入年度供应计划：

（1）国务院及其职能部门发布的产业发展规划中明确的重点产业；

（2）国务院及其职能部门发布的产业促进政策中明确的重点产业；

（3）县级以上地方人民政府依据前述规划、政策明确的本地区重点产业。

（二）供地的位置、时间和数量

根据土地利用总体规划、城市规划、村庄和集镇规划，决定供地的具体位置。根据建设时间和土地供应年度计划，决定供地时间。根据国家规定的具体建设用地定额指标，决定供地数量。

二、国有建设用地的使用方式和审批规定

（一）使用方式

根据《土地管理法》，建设单位使用国有土地，应当以出让等有偿使用方式取得。但国家机关用地和军事用地、城市基础设施用地和公益事业用地、国家重点扶持的能源交通水利等基础设施用地，以及法律、行政法规规定的其他用地，经县级以上人民政府依法批准，可以以划拨方式取得。

根据《土地管理法实施条例》，国有土地有偿使用的方式包括：国有土地使用权出让、国有土地租赁、国有土地使用权作价出资或者入股。

（二）用地审批

建设项目需要使用土地的，建设单位原则上应当一次申请，办理建设用地审批手续，确需分期建设的项目，可以根据可行性研究报告确定的方案，分期申请建设用地，分期办理建设用地审批手续。建设过程中用地范围确需调整的，应当依法办理建设用地审批手续。根据《土地管理法》，以出让等有偿使用方式取得国有土地使用权的建设单位，按照国务院规定的标准和办法，缴纳土地使用权出让金等土地有偿使用费和其他费用后，方可使用土地。新增建设用地的土地有偿使用费，30%上缴中央财政，70%留给有关地方人民政府。具体使用管理办法由国务院财政部门会同有关部门制定，并报国务院批准。经批准的建设项目需要使用国有建设用地的，建设单位应当持法律、行政法规规定的有关文件，向有批准

权的县级以上人民政府自然资源主管部门提出建设用地申请，经自然资源主管部门审查，报本级人民政府批准。建设单位使用国有土地的，应当按照土地使用权出让等有偿使用合同的约定或者土地使用权划拨批准文件的规定使用土地；确需改变该幅土地建设用途的，应当经有关人民政府自然资源主管部门同意，报原批准用地的人民政府批准。其中，在城市规划区内改变土地用途的，在报批前，应当先经有关城市规划行政主管部门同意。

《土地管理法实施条例》在《土地管理法》关于调整农用地转用审批权限、取消省级人民政府批准的征地报国务院备案的基础上，进一步优化了建设用地的审批流程。一是合并预审和选址意见书，规定建设项目需要申请核发选址意见书的，应当合并办理建设项目用地预审与选址意见书，核发建设项目预审与选址意见书；二是减少审批层级，规定市县人民政府组织自然资源等部门拟定农用地转用方案，报有批准权的人民政府批准，删去原来"逐级"上报审批的规定；三是简化建设用地报批材料，对建设用地呈报书和农用地转用方案、补充耕地方案、征收土地方案、供地方案，"一书四方案"进行合并调整，整合为农用地转用方案和征收土地申请，并明确农用地转用方案内容；四是明确国务院和省级人民政府在土地征收审批中，主要是对土地征收的必要性、合理性、是否符合《土地管理法》第四十五条规定的为了公共利益确需征收土地的情形以及是否符合法定程序进行审查；五是将征地补偿安置方案的决定权交由县级以上地方人民政府负责，国务院或者省、自治区、直辖市人民政府批准土地征收后，对于个别未达成征地补偿安置协议的，由县级以上地方人民政府作出征地补偿安置决定，并组织实施，以体现权责对等，进一步明确了市县人民政府征地补偿安置的主体责任。

三、建设用地使用权出让

（一）建设用地使用权出让的概念

建设用地使用权出让简称土地使用权出让，是指国家将国有土地使用权在一定年限内出让给土地使用者，由土地使用者向国家支付土地使用权出让金的行为。土地使用权出让金是指通过有偿有期限出让方式取得土地使用权的受让者，按照出让合同规定的期限，一次或分次提前支付的整个使用期间的地租。

（二）建设用地使用权出让方式

《民法典》第三百四十七条规定："设立建设用地使用权，可以采取出让或者划拨等方式。工业、商业、旅游、娱乐和商品住宅等经营性用地以及同一土地有两个以上意向用地者的，应当采取招标、拍卖等公开竞价的方式出让。严格限制以划拨方式设立建设用地使用权。"根据《土地管理法实施条例》，建设用地使用权出让，除依法可以采取协议方式外，应当采取招标、拍卖、挂牌等竞争性方式确定土地使用者。

1. 招标出让

招标出让是指市、县人民政府自然资源主管部门（以下简称出让人）发布招标公告，邀请特定或者不特定的自然人、法人和其他组织参加国有建设用地使用权投标，根据投标结果确定国有建设用地使用权人的行为。招标出让方式的特点是有利于公平竞争，适用于需要优化土地布局、重大工程的较大地块的出让。投标、开标依照下列程序进行。

（1）投标人在投标截止时间前将标书投入标箱。招标公告允许邮寄标书的，投标人可以邮寄，但出让人在投标截止时间前收到的方为有效。标书投入标箱后，不可撤回。投标人应当对标书和有关书面承诺承担责任。

（2）出让人按照招标公告规定的时间、地点开标，邀请所有投标人参加。由投标人或者其推选的代表检查标箱的密封情况，当众开启标箱，点算标书。投标人少于3人的，出让人应当终止招标活动。投标人不少于3人的，应当逐一宣布投标人名称、投标价格和投标文件的主要内容。

（3）评标小组进行评标。评标小组由出让人代表、有关专家组成，成员人数为5人以上的单数。评标小组可以要求投标人对投标文件作出必要的澄清或者说明，但是澄清或者说明不得超出投标文件的范围或者改变投标文件的实质性内容。评标小组应当按照招标文件确定的评标标准和方法，对投标文件进行评审。

（4）招标人根据评标结果，确定中标人。按照价高者得的原则确定中标人的，可以不成立评标小组，由招标主持人根据开标结果，确定中标人。对能够最大限度地满足招标文件中规定的各项综合评价标准，或者能够满足招标文件的实质性要求且价格最高的投标人，应当确定为中标人。

2. 拍卖出让

拍卖出让是指出让人发布拍卖公告，由竞买人在指定时间、地点进行公开竞价，根据出价结果确定国有建设用地使用权人的行为。拍卖出让是按规定时间、地点，利用公开场合由政府的代表者——自然资源主管部门主持拍卖（指定）地块的土地使用权（也可以委托拍卖行拍卖），由拍卖主持人首先叫底价，诸多竞拍者轮番报价，通常情况下，出最高价者取得土地使用权。拍卖出让方式的特点是有利于公平竞争，它适用于区位条件好、交通便利的繁华市区，土地利用上有较大灵活性的地块的出让。竞买人的最高应价未达到底价时，应当终止拍卖。拍卖会依照下列程序进行：

（1）主持人点算竞买人；

（2）主持人介绍拍卖宗地的面积、界址、空间范围、现状、用途、使用年期、规划指标要求、开工和竣工时间以及其他有关事项；

（3）主持人宣布起叫价和增价规则及增价幅度，没有底价的，应当明确提示；

（4）主持人报出起叫价；

（5）竞买人举牌应价或者报价；

（6）主持人确认该应价或者报价后继续竞价；

（7）主持人连续 3 次宣布同一应价或者报价而没有再应价或者报价的，主持人落槌表示拍卖成交；

（8）主持人宣布最高应价或者报价者为竞得人。

3. 挂牌出让

挂牌出让国有土地使用权，是指出让人发布挂牌公告，按公告规定的期限将拟出让宗地的交易条件在指定的土地交易场所挂牌公布，接受竞买人的报价申请并更新挂牌价格，根据挂牌期限截止时的出价结果或者现场竞价结果确定国有建设用地使用权人的行为。挂牌时间不少于 10 个工作日，挂牌期间，自然资源主管部门可以根据竞买人竞价情况调整增价幅度。挂牌依照下列程序进行：

（1）在挂牌公告规定的挂牌起始日，出让人将挂牌宗地的面积、界址、空间范围、现状、用途、使用年期、规划指标要求、开工时间和竣工时间、起始价、增价规则及增价幅度等，在挂牌公告规定的土地交易场所挂牌公布；

（2）符合条件的竞买人填写报价单报价；

（3）挂牌主持人确认该报价后，更新显示挂牌价格；

（4）挂牌主持人在挂牌公告规定的挂牌截止时间确定竞得人。

挂牌截止应当由挂牌主持人主持确定。挂牌期限届满，挂牌主持人现场宣布最高报价及其报价者，并询问竞买人是否愿意继续竞价。有竞买人表示愿意继续竞价的，挂牌出让转入现场竞价，通过现场竞价确定竞得人。挂牌主持人连续 3 次报出最高挂牌价格，没有竞买人表示愿意继续竞价的，按照下列规定确定是否成交：在挂牌期限内只有一个竞买人报价，且报价不低于底价，并符合其他条件的，挂牌成交；在挂牌期限内有两个或者两个以上的竞买人报价的，出价最高者为竞得人；报价相同的，先提交报价单者为竞得人，但报价低于底价者除外；在挂牌期限内无应价者或者竞买人的报价均低于底价或者均不符合其他条件的，挂牌不成交。

需要注意的是，在建设用地使用权出让中，还有附加特定条件的招标、拍卖、挂牌出让，主要有以下几种情形。①限地价、竞配建（或竞房价、竞自持面积等）。②限房价、竞地价。采用"限房价、竞地价"方式出让的土地，应充分考虑建成房屋首次售出后是否可上市流转。对不能上市流转，或只能由政府定价回购，或上市前需补缴土地收益的限价房开发项目，都有明确约定。③出让时约定租赁住宅面积比例。

以招标、拍卖或者挂牌方式确定中标人、竞得人后，中标人、竞得人支付的投标、竞买保证金，转作受让地块的定金。出让人应当向中标人发出中标通知书或者与竞得人签订成交确认书。中标通知书或者成交确认书应当包括出让人和中标人或者竞得人的名称，出让标的，成交时间、地点、价款以及签订国有建设用地使用权出让合同的时间、地点等内容。中标通知书或者成交确认书对出让人和中标人或者竞得人具有法律效力。出让人改变竞得结果，或者中标人、竞得人放弃中标宗地、竞得宗地的，应当依法承担责任。中标人、竞得人应当按照中标通知书或者成交确认书约定的时间，与出让人签订国有建设用地使用权出让合同。中标人、竞得人支付的投标、竞买保证金抵作土地出让价款；其他投标人、竞买人支付的投标、竞买保证金，出让人必须在招标拍卖挂牌活动结束后 5 个工作日内予以退还，不计利息。招标拍卖挂牌活动结束后，出让人应在 10 个工作日内将招标拍卖挂牌出让结果在土地有形市场或者指定的场所、媒介公布。出让人公布出让结果，不得向受让人收取费用。受让人依照国有建设用地使用权出让合同的约定付清全部土地出让价款后，方可申请办理土地登记，领取国有建设用地使用权证书。未按出让合同约定缴清全部土地出让价款的，不得发放国有建设用地使用权证书，也不得按出让价款缴纳比例分割发放国有建设用地使用权证书。中标人、竞得人有下列行为之一的，中标、竞得结果无效，造成损失的，应当依法承担赔偿责任：提供虚假文件隐瞒事实的；采取行贿、恶意串通等非法手段中标或者竞得的。自然资源主管部门的工作人员在招标拍卖挂牌出让活动中玩忽职守、滥用职权、徇私舞弊的，依法给予处分；构成犯罪的，依法追究刑事责任。

4. 协议出让

协议出让国有土地使用权，是指国家以协议方式将国有土地使用权在一定年限内出让给土地使用者，由土地使用者向国家支付土地使用权出让金的行为。

以协议方式出让国有土地使用权的出让金不得低于按国家规定所确定的最低价。协议出让最低价不得低于新增建设用地的土地有偿使用费、征地（拆迁）补偿费以及按照国家规定应当缴纳的有关税费之和；有基准地价的地区，协议出让最低价不得低于出让地块所在级别基准地价的 70%。低于最低价时国有土地使用权不得出让。省、自治区、直辖市人民政府自然资源主管部门应当拟定协议出让最低价，报同级人民政府批准后公布，由市、县人民政府自然资源主管部门实施。

对符合协议出让条件的，市、县人民政府自然资源主管部门会同城市规划等有关部门，依据国有土地使用权出让计划、城市规划和意向用地者申请的用地项目类型、规模等，制定协议出让土地方案。协议出让土地方案应当包括拟出让地块的具体位置、界址、用途、面积、年限、土地使用条件、规划设计条件、供地时间等。

市、县人民政府自然资源主管部门应当根据国家产业政策和拟出让地块的情况，按照《城镇土地估价规程》GB/T 18508—2014 的规定，对拟出让地块的土地价格进行评估，经市、县人民政府自然资源主管部门集体决策，合理确定协议出让底价。协议出让底价不得低于协议出让最低价。协议出让底价确定后应当保密，任何单位和个人不得泄露。

协议出让土地方案和底价经有批准权的人民政府批准后，市、县人民政府自然资源主管部门应当与意向用地者就土地出让价格等进行充分协商，协商一致且议定的出让价格不低于出让底价的，方可达成协议。市、县人民政府自然资源主管部门应当根据协议结果，与意向用地者签订《国有土地使用权出让合同》。

《国有土地使用权出让合同》签订后 7 日内，市、县人民政府自然资源主管部门应当将协议出让结果在土地有形市场等指定场所，或者通过报纸、互联网等媒介向社会公布，接受社会监督。公布协议出让结果的时间不得少于 15 日。

以协议出让方式取得国有土地使用权的土地使用者，需要将土地使用权出让合同约定的土地用途改变为商业、旅游、娱乐和商品住宅等经营性用途的，应当取得出让方和市、县人民政府城市规划部门的同意，签订土地使用权出让合同变更协议或者重新签订土地使用权出让合同，按变更后的土地用途，以变更时的土地市场价格补交相应的土地使用权出让金，并依法办理土地使用权变更登记手续。

（三）建设用地使用权出让计划的拟定和批准权限

《城市房地产管理法》规定，土地使用权出让，必须符合土地利用总体规划、城市规划和年度建设用地计划。县级以上地方人民政府出让土地使用权用于房地产开发的，须根据省级以上人民政府下达的控制指标拟订年度出让土地使用权总面积方案，按照国务院规定，报国务院或者省级人民政府批准。土地使用权出让，由市、县人民政府有计划、有步骤地进行。出让的每幅地块、用途、年限和其他条件，由市、县人民政府土地管理部门会同城市规划、建设、房产管理部门共同拟定方案，按照国务院规定，报经有批准权的人民政府批准后，由市、县人民政府土地管理部门实施。直辖市的县人民政府及其有关部门行使上述规定的权限，由直辖市人民政府规定。

（四）建设用地使用权出让年限

《城镇国有土地使用权出让和转让暂行条例》规定的出让最高年限分别为居住用地70年，工业用地50年，教育、科技、文化卫生、体育用地50年，商业、旅游、娱乐用地40年，综合或其他用地50年。

出让土地使用权的最高年限不是唯一年限，具体出让项目的实际年限由国家根据产业特点和用地项目情况确定或与用地者商定。土地使用权出让的实际年限可以低于最高年限，但不得高于规定最高年限。例如，综合用地出让的最高年限为50年，根据用地项目情况，综合用地出让年限可以确定为30年。

（五）建设用地使用权收回

1. 依法经批准收回

国家收回土地使用权有多种原因，如使用权期限届满、提前收回、没收等。根据《土地管理法》第五十八条的规定，由有关人民政府自然资源主管部门报经原批准用地的人民政府或者有批准权的人民政府批准，可以收回国有土地使用权的情形有：

（1）为实施城市规划进行旧城区改建以及其他公共利益需要，确需使用土地的；

（2）土地出让等有偿使用合同约定的使用期限届满，土地使用者未申请续期或者申请续期未获批准的；

（3）因单位撤销、迁移等原因，停止使用原划拨的国有土地的；

（4）公路、铁路、机场、矿场等经核准报废的。

《民法典》第三百五十八条规定，建设用地使用权期限届满前，因公共利益需要提前收回该土地的，应当依据该法第二百四十三条的规定对该土地上的房屋以及其他不动产给予补偿，并退还相应的出让金。

2. 土地使用者不履行土地使用权出让合同而收回

土地使用者不履行土地使用权出让合同而收回土地使用权有两种情况。一是土地使用者未如期支付地价款。土地使用者在签约时应缴纳地价款一定比例的款项作为定金，60日内应支付全部地价款，逾期未全部支付地价款的，出让方有权依照法律和合同约定，收回土地使用权。二是土地使用者未按合同约定的期限和条件开发和利用土地，由县以上人民政府自然资源主管部门予以纠正，并根据情节可以给予警告、罚款，直至无偿收回土地使用权，这是对不履行合同的义务人，采取的无条件取消其土地使用权的处罚形式。

3. 司法机关决定收回

因土地使用者触犯国家法律，不能继续履行合同或司法机关决定没收其全部财产，收回土地使用权。

（六）建设用地使用权期限届满续期

根据《民法典》，住宅建设用地使用权期限届满的，自动续期。续期费用的缴纳或者减免，依照法律、行政法规的规定办理。非住宅建设用地使用权期限届满后的续期，依照法律规定办理。该土地上的房屋以及其他不动产的归属，有约定的，按照约定；没有约定或者约定不明确的，依照法律、行政法规的规定办理。

（七）建设用地使用权终止

1. 因土地灭失而终止

土地使用权要以土地的存在或土地能满足某种需要为前提，因土地使用权灭失而导致使用人实际上不能继续使用土地，使用权自然终止。土地灭失是指由于自然原因造成原土地性质的彻底改变或原土地面貌的彻底改变，诸如地震、水患、塌陷等自然灾害引起的不能使用土地而终止。

2. 因土地使用者的抛弃而终止

由于政治、经济、行政等原因，土地使用者抛弃使用的土地，致使土地使用合同失去意义或无法履行而终止土地使用权。《民法典》第三百六十条规定："建设用地使用权消灭的，出让人应当及时办理注销登记。登记机构应当收回权属证书。"

四、建设用地使用权划拨

（一）建设用地使用权划拨的概念

建设用地使用权划拨是指县级以上人民政府依法批准，在用地者缴纳补偿、安置等费用后将该幅土地交付其使用，或者将建设用地使用权无偿交给土地使用者使用的行为。划拨土地使用权有以下含义：

（1）划拨土地使用权包括土地使用者缴纳拆迁安置、补偿费用（如城市的存量土地或集体土地）和无偿取得（如国有的荒山、沙漠、滩涂等）两种形式；

（2）除法律、法规另有规定外，划拨土地没有使用期限的限制，但未经许可不得进行转让、出租、抵押等经营活动；

（3）取得划拨土地使用权，必须经有批准权的人民政府核准并按法定的程序办理手续；

（4）在国家没有法律规定之前，在城市范围内的土地和城市范围以外的国有土地，除了以出让、作价出资（入股）、国有土地租赁等有偿使用方式取得土地以外的土地，均按划拨土地进行管理。

（二）建设用地使用权划拨的范围

《国务院关于深化改革严格土地管理的决定》要求，推进土地资源的市场化配置。严格控制划拨用地范围，经营性基础设施用地要逐步实行有偿使用。运用价格机制限制多占、滥占和浪费土地。

根据《划拨用地目录》，下列建设用地可由县级以上人民政府依法批准，划拨土地使用权：

（1）国家机关用地和军事用地。包括党政机关和人民团体用地、军事用地。

（2）城市基础设施用地和公益事业用地。包括城市基础设施用地、非营利性邮政设施用地、非营利性教育设施用地、公益性科研机构用地、非营利性体育设施用地、非营利性公共文化设施用地、非营利性医疗卫生设施用地和非营利性社会福利设施用地。

（3）国家重点扶持的能源、交通、水利等基础设施用地。包括石油天然气设施用地、煤炭设施用地、电力设施用地、水利设施用地、铁路交通设施用地、公路交通设施用地、水路交通设施用地、民用机场设施用地等。

（4）法律、行政法规规定的其他用地。包括特殊用地，如监狱、劳教所、戒毒所、看守所、治安拘留所、收容教育所等用地。

对以营利为目的，非国家重点扶持的能源、交通、水利等基础设施用地项目，应当以有偿方式提供土地使用权。以划拨方式取得的土地使用权，因企业改制、土地使用权转让或者改变土地用途等不再符合《划拨用地目录》的，应当实行有偿使用。2001年10月22日《划拨用地目录》施行后，法律、行政法规和国务院的有关政策对划拨土地使用权范围另有规定的，按有关规定执行。

（三）建设用地使用权划拨的管理

1. 划拨建设用地使用要求

（1）按规定使用。以划拨方式取得国有建设用地使用权的土地使用者，必须严格按照《国有建设用地划拨决定书》和《建设用地批准书》中规定的划拨土地面积、土地用途、土地使用条件等内容来使用土地，不得擅自变更。

（2）改变用途需依法批准。划拨国有建设用地使用权人需要改变批准的土地用途的，须报经市、县自然资源主管部门批准。改变后的用途符合《划拨用地目录》的，由市、县自然资源主管部门向土地使用者重新核发《国有土地划拨决定书》；改变后的用途不再符合《划拨用地目录》的，划拨国有建设用地使用权人可以申请补缴出让金、租金等土地有偿使用费，办理土地使用权出让、租赁等有偿用地手续，但法律法规、行政规定等明确规定或《国有土地划拨决定书》约定应当收回划拨国有建设用地使用权的除外。

2. 划拨建设用地的转让

以划拨方式取得的建设用地使用权转让，需经依法批准，土地用途符合《划拨用地目录》的，可不补缴土地出让价款，按转移登记办理；不符合《划拨用地目录》的，在符合规划的前提下，由受让方依法依规补缴土地出让价款。补缴土地出让价款分为两种情况。一是办理土地使用权出让手续。转让建设用地使用权时，应报有批准权的人民政府审批，准予转让的，应当由受让方办理土地使用权出让手续，并依照国家有关规定缴纳土地使用权出让金。二是有批准权的人民政府按照国务院规定决定可不办理出让手续的，转让方应将所获得的收益中的土地收益上缴国家或者作其他处理。经依法批准利用原有划拨土地进行经营性开发建设的，应当按照市场价补缴土地出让金。经依法批准转让原划拨土地使用权的，应当在土地有形市场公开交易，按照市场价补缴土地出让金；低于市场价交易的，政府应当行使优先购买权。

3. 划拨建设用地的出租

按照《国务院办公厅关于完善建设用地使用权转让、出租、抵押二级市场的指导意见》，以划拨方式取得的建设用地使用权出租的，应按照有关规定上缴租金中所含土地收益，纳入土地出让收入管理。宗地长期出租，或部分用于出租且可分割的，应依法补办出让、租赁等有偿使用手续。建立划拨建设用地使用权出租收益年度申报制度，出租人依法申报并缴纳相关收益的，不再另行单独办理划拨建设用地使用权出租的批准手续。

4. 划拨建设用地的抵押

以划拨方式取得的建设用地使用权可以依法依规设定抵押权，划拨土地抵押权实现时应优先缴纳土地出让收入。划拨土地使用权抵押时，其抵押价值应当为划拨土地使用权下的市场价值。因抵押划拨土地使用权造成土地使用权转移的，应办理土地出让手续并向国家缴纳地价款才能变更土地权属。对未经批准擅自转让、出租、抵押划拨土地使用权的单位和个人，市、县人民政府自然资源主管部门应当没收其非法收入，并根据情节处以罚款。

5. 划拨建设用地的收回

国家无偿收回划拨土地使用权主要有以下七种：①土地使用者因迁移、解散、撤销、破产或其他原因而停止使用土地的；②国家为了公共利益需要和城市规划的要求收回土地使用权；③各级司法部门没收其所有财产而收回土地使用权；④土地使用者自动放弃土地使用权；⑤未经原批准机关同意，连续2年未使用；⑥不按批准用途使用土地；⑦铁路、公路、机场、矿场等核准报废的土地。上述①和②两种情况下，国家无偿收回划拨土地使用权时，对其地上建筑物、其他附着物，应当依法给予补偿。

五、建设用地容积率管理

（一）容积率的概念

容积率是指一定地块内，总建筑面积与建筑用地面积的比值。为规范建设用地容积率管理，2012年，住房和城乡建设部印发了《建设用地容积率管理办法》，对在城市、镇规划区内以划拨或出让方式提供国有土地使用权的建设用地的容积率管理作出了规定。容积率计算规则由省（自治区）、市、县人民政府城乡规划主管部门依据国家有关标准规范确定。

（二）容积率在建设用地供应中的作用

以出让方式提供国有土地使用权的，在国有土地使用权出让前，城市、县人民政府城乡规划主管部门应当依据控制性详细规划，提出容积率等规划条件，作为国有土地使用权出让合同的组成部分。未确定容积率等规划条件的地块，不得出让国有土地使用权。容积率等规划条件未纳入土地使用权出让合同的，土地使用权出让合同无效。

以划拨方式提供国有土地使用权的建设项目，建设单位应当向城市、县人民政府城乡规划主管部门提出建设用地规划许可申请，由城市、县人民政府城乡规划主管部门依据控制性详细规划核定建设用地容积率等控制性指标，核发建设用地规划许可证。建设单位在取得建设用地规划许可证后，方可向县级以上地方人民政府土地主管部门申请用地。

（三）容积率在建设项目行政管理中的作用

城乡规划主管部门在对建设项目实施规划管理时，必须严格遵守经批准的控制性详细规划确定的容积率。对同一建设项目，在给出规划条件、建设用地规划许可、建设工程规划许可、建设项目竣工规划核实过程中，城乡规划主管部门给定的容积率均应符合控制性详细规划确定的容积率，且前后一致，并将各环节的审批结果公开，直至该项目竣工验收完成。对于分期开发的建设项目，各期建设工程规划许可确定的建筑面积的总和，应该符合规划条件、建设用地规划许可证确定的容积率要求。

县级以上地方人民政府城乡规划主管部门对建设工程进行核实时，要严格审查建设工程是否符合容积率要求。未经核实或经核实不符合容积率要求的，建设单位不得组织竣工验收。

因建设单位或个人原因提出申请容积率调整而不能按期开工的项目，依据土地闲置处置有关规定执行。建设单位或个人违反《建设用地容积率管理办法》规定，擅自调整容积率进行建设的，县级以上地方人民政府城乡规划主管部门依据《城乡规划法》第六十四条规定进行查处。

《城乡规划法》第六十四条规定："未取得建设工程规划许可证或者未按照建设工程规划许可证的规定进行建设的，由县级以上地方人民政府城乡规划主管部门责令停止建设；尚可采取改正措施消除对规划实施的影响的，限期改正，处建设工程造价百分之五以上百分之十以下的罚款；无法采取改正措施消除影响的，限期拆除，不能拆除的，没收实物或者违法收入，可以并处建设工程造价百分之十以下的罚款。"

（四）容积率的调整

国有土地使用权一经出让或划拨，任何建设单位或个人都不得擅自更改确定的容积率。任何单位和个人都应当遵守经依法批准的控制性详细规划确定的容积率指标，不得随意调整。确需调整的，应当按《建设用地容积率管理办法》规定进行，不得以政府会议纪要等形式代替规定程序调整容积率。符合下列情形之一的，方可调整容积率：

（1）因城乡规划修改造成地块开发条件变化的；

（2）因城乡基础设施、公共服务设施和公共安全设施建设需要导致已出让或划拨地块的大小及相关建设条件发生变化的；

（3）国家和省、自治区、直辖市的有关政策发生变化的；

（4）法律、法规规定的其他条件。

六、建设用地供应合同及相关文本

（一）国有土地有偿使用合同

《城市房地产管理法》第十五条规定："土地使用权出让，应当签订书面出让合同。土地使用权出让合同由市、县人民政府土地管理部门与土地使用者签订。"土地使用权出让合同有成片土地使用权出让合同，项目用地（宗地）土地使用权出让合同，划拨土地使用权和地上建筑物、其他附着物所有权因转让、出租、抵押而补办的土地使用权出让合同等三类。为规范国有建设用地使用权出让合同管理，国土资源部、国家工商行政管理总局组织制定了《国有建设用地使用权出让合同》示范文本（GF—2008—2601）。

1. 合同的主要内容

合同的主要内容包括：当事人的名称和住所；土地界址、面积等；建筑物、构筑物及其附属设施占用的空间；土地用途；土地条件；土地使用期限；出让金等费用及其支付方式；开发投资强度；规划条件；配套；转让、出租、抵押条件；期限届满的处理；不可抗力的处理；违约责任；解决争议的方法。合同附件主要内容有：出让宗地平面界址图；出让宗地竖向界限；市县政府规划管理部门确定的宗地规划条件等。

根据房地产市场调控政策的需要，《国土资源部关于坚持和完善土地招标拍卖挂牌出让制度的意见》要求，完善土地招拍挂出让合同。市、县自然资源主管部门要依据现行土地管理法律政策，对附加各类开发建设销售条件的政策性商品住房用地的出让，增加出让合同条款，完善出让合同内容，严格供后监管。政策性商品住房用地出让成交后，竞得人或中标人应当按照成交确认书或中标通知书的要求，按时与自然资源主管部门签订出让合同。建房套数、套型、面积比例、容积率、项目开竣工时间、销售对象条件、房屋销售价格上限、受让人承诺的销售房价、土地转让条件、配建要求等规划、建设、土地使用条件以及相应的违约责任，应当在土地出让合同或住房建设和销售合同中明确。为保证政策性商品住房用地及时开发利用，市、县自然资源主管部门可以在出让合同中明确约定不得改变土地用途和性质、不得擅自提高或降低规定的建设标准、保障性住房先行建设和先行交付、不得违规转让土地使用权等内容。对违反规定或约定的，可在出让合同中增加"收回土地使用权并依法追究责任"等相关内容。

2. 合同的履行

以出让方式取得土地使用权进行房地产开发的，必须按照建设用地使用权出让合同约定的动工开发期限、土地用途、固定资产投资规模和强度开发土地。

（1）超过出让合同约定的动工开发日期满1年未动工开发的，可以征收相当于土地使用权出让金20%以下的土地闲置费；满2年未动工开发的，可以无偿收回土地使用权；但是，因不可抗力或者政府、政府有关部门的行为，或者动工开发必需的前期工作造成动工开发迟延的除外。

（2）用地单位改变土地利用条件及用途，应当变更或重新签订出让合同并相应调整地价款。

（3）项目固定资产总投资、投资强度和开发投资总额应达到合同约定标准。未达到约定的标准，出让人可以按照实际差额部分占约定投资总额和投资强度指标的比例，要求用地单位支付相当于同比例国有建设用地使用权出让价款的违约金，并可要求用地单位继续履约。

3. 合同的解除

在签订出让合同后，受让人应缴纳定金并按约定期限支付地价款，受让人延期付款超过 60 日，经自然资源主管部门催交后仍不能支付国有建设用地使用权出让价款的，自然资源主管部门有权解除合同，并可以请求违约赔偿。

自然资源主管部门延期交付土地超过 60 日，经受让人催交后仍不能交付土地的，受让人有权解除合同，由自然资源主管部门双倍返还定金，并退还已经支付国有建设用地使用权出让价款的其余部分。受让人并可请求自然资源主管部门赔偿损失。

（二）国有土地划拨决定书

以划拨方式提供国有土地使用权的，由市、县自然资源主管部门向建设单位颁发《国有土地划拨决定书》和《建设用地批准书》，依照规定办理土地登记。《国有土地划拨决定书》应当包括划拨土地面积、土地用途、土地使用条件等内容。

以划拨方式取得国有土地使用权的，建设单位向所在地的市、县自然资源主管部门提出建设用地规划许可申请，经有建设用地批准权的人民政府批准后，市、县自然资源主管部门向建设单位同步核发建设用地规划许可证、《国有土地划拨决定书》。

七、国有建设用地闲置处理

为有效处置和充分利用闲置土地，规范土地市场行为，促进节约集约用地，《闲置土地处置办法》对闲置土地的调查和认定、处置和利用、预防和监管等作出了规定。

（一）闲置土地的认定

闲置土地是指国有建设用地使用权人超过国有建设用地使用权有偿使用合同或者划拨决定书约定、规定的动工开发日期满 1 年未动工开发的国有建设用地。已动工开发但开发建设用地面积占应动工开发建设用地总面积不足 1/3 或者已投资额占总投资额不足 25％，中止开发建设满 1 年的国有建设用地，也可以认定为闲置土地。

市、县自然资源主管部门发现有涉嫌闲置土地的，应当在 30 日内开展调查核实，向国有建设用地使用权人发出《闲置土地调查通知书》。市、县自然资源主管部门履行闲置土地调查职责，可以采取下列措施：①询问当事人及其他证人；②现场勘测、拍照、摄像；③查阅、复制与被调查人有关的土地资料；④要求被调查人就有关土地权利及使用问题作出说明。

经调查核实，构成闲置土地的，市、县自然资源主管部门应当向国有建设用地使用权人下达《闲置土地认定书》。《闲置土地认定书》下达后，市、县自然资源主管部门应当通过门户网站等形式向社会公开闲置土地的位置、国有建设用地使用权人名称、闲置时间等信息；属于政府或者政府有关部门的行为导致土地闲置的，应当同时公开闲置原因，并书面告知有关政府或者政府部门。上级自然资源主管部门应当及时汇总下级自然资源主管部门上报的闲置土地信息，并在门户网站上公开。闲置土地在没有处置完毕前，相关信息应当长期公开。闲置土地处置完毕后，应当及时撤销相关信息。

（二）闲置土地的处置方式

闲置土地处置应当符合土地利用总体规划和城乡规划，遵循依法依规、促进利用、保障权益、信息公开的原则。

1. 属于政府、政府有关部门的行为造成动工开发延迟的，国有建设用地使用权人应当向市、县自然资源主管部门提供土地闲置原因说明材料，经审核属实的，以及因自然灾害等不可抗力导致土地闲置的，市、县自然资源主管部门应当与国有建设用地使用权人协商，选择下列方式处置。

（1）延长动工开发期限。签订补充协议，重新约定动工开发、竣工期限和违约责任。从补充协议约定的动工开发日期起，延长动工开发期限最长不得超过1年。

（2）调整土地用途、规划条件。按照新用途或者新规划条件重新办理相关用地手续，并按照新用途或者新规划条件核算、收缴或者退还土地价款。改变用途后的土地利用必须符合土地利用总体规划和城乡规划。

（3）由政府安排临时使用。待原项目具备开发建设条件，国有建设用地使用权人重新开发建设。从安排临时使用之日起，临时使用期限最长不得超过2年。

（4）协议有偿收回国有建设用地使用权。

（5）置换土地。对已缴清土地价款、落实项目资金，且因规划依法修改造成闲置的，可以为国有建设用地使用权人置换其他价值相当、用途相同的国有建设用地进行开发建设。涉及出让土地的，应当重新签订土地出让合同，并在合同中注明为置换土地。

（6）市、县自然资源主管部门还可以根据实际情况规定其他处置方式。

除第（4）项规定外，动工开发时间按照新约定、规定的时间重新起算。

2. 其他原因造成土地闲置的情形，按照下列方式处理闲置土地。

（1）未动工开发满1年的，由市、县自然资源主管部门报经本级人民政府批准后，向国有建设用地使用权人下达《征缴土地闲置费决定书》，按照土地出让或者划拨价款的20％征缴土地闲置费。土地闲置费不得列入生产成本。

（2）未动工开发满2年的，由市、县自然资源主管部门按照《土地管理法》第三十八条和《城市房地产管理法》第二十六条的规定，报经有批准权的人民政府批准后，向国有建设用地使用权人下达《收回国有建设用地使用权决定书》，无偿收回国有建设用地使用权。闲置土地设有抵押权的，同时抄送相关土地抵押权人。

3. 对依法收回的闲置土地，市、县自然资源主管部门可以采取下列方式利用。

（1）依据国家土地供应政策，确定新的国有建设用地使用权人开发利用。

（2）纳入政府土地储备。

（3）对耕作条件未被破坏且近期无法安排建设项目的，由市、县自然资源主管部门委托有关农村集体经济组织、单位或者个人组织恢复耕种。

（三）闲置土地的预防和监管

市、县自然资源主管部门供应土地应做到土地权利清晰，安置补偿落实到位，没有法律经济纠纷，地块位置、使用性质、容积率等规划条件明确，具备动工开发所必需的其他基本条件，防止因政府、政府有关部门的行为造成土地闲置。国有建设用地使用权有偿使用合同或者划拨决定书应当就项目动工开发、竣工时间和违约责任等作出明确约定、规定。约定、规定动工开发时间应当综合考虑办理动工开发所需相关手续的时限规定和实际情况，为动工开发预留合理时间。因特殊情况，未约定、规定动工开发日期，或者约定、规定不明确的，以实际交付土地之日起1年为动工开发日期。实际交付土地日期以交地确认书确定的时间为准。

国有建设用地使用权人应当在项目开发建设期间，及时向市、县自然资源主管部门报告项目动工开发、开发进度、竣工等情况。并在施工现场设立建设项目公示牌，公布建设用地使用权人、建设单位、项目动工开发、竣工时间和土地开发利用标准等。

国有建设用地使用权人违反法律法规规定和合同约定、划拨决定书规定恶意囤地、炒地的，依照《闲置土地处置办法》规定处理完毕前，市、县自然资源主管部门不得受理该国有建设用地使用权人新的用地申请，不得办理被认定为闲置土地的转让、出租、抵押和变更登记。

第三节　集体建设用地管理

一、集体建设用地概念和类型

（一）集体建设用地概念

集体建设用地是指属于农民集体所有的建设用地。按照《土地管理法》的规定，任何建设需要将农用地和未利用地转为建设用地的，都必须依法经过批准。因此，集体建设用地也就是农村集体土地中已依法办理转用手续的非农业建设用地。

（二）集体建设用地类型

《土地管理法》第五十九条规定，乡镇企业、乡（镇）村公共设施、公益事业、农村村民建住宅等乡（镇）村建设，应当按照村庄和集镇规划，合理布局，综合开发，配套建设；建设用地，应当符合乡（镇）土地利用总体规划和土地利用年度计划，并依法办理规划建设许可及农用地转用和建设项目用地审批手续。

可见，农村集体建设用地分类包括：

（1）宅基地，即农村村民建住宅使用农民集体所有的土地；

（2）经营性建设用地，包括但不限于乡镇企业用地；

（3）公益性公共设施用地，即乡（镇）村公共设施和公益事业建设土地。

二、宅基地管理

（一）宅基地规划

宅基地是农村各户村民依法拥有用于建造住宅所占用的集体建设用地。宅基地制度是我国土地管理制度的重要组成部分，事关广大农民的基本权利和乡村振兴战略的实施。宅基地不仅继续承载农民的居住保障功能，其财产功能也进一步凸显。《土地管理法》规定，农村村民一户只能拥有一处宅基地，其宅基地的面积不得超过省、自治区、直辖市规定的标准。人均土地少、不能保障一户拥有一处宅基地的地区，县级人民政府在充分尊重农村村民意愿的基础上，可以采取措施，按照省、自治区、直辖市规定的标准保障农村村民实现户有所居。农村村民建造住宅，应当符合乡（镇）土地利用总体规划、村庄规划，不得占用永久基本农田，并尽量使用原有的宅基地和村内空闲地。编制乡（镇）土地利用总体规划、村庄规划应当统筹并合理安排宅基地用地，改善农村村民居住环境和条件。

《土地管理法实施条例》规定，农村居民点布局和建设用地规模应当遵循节约集约、因地制宜的原则合理规划。县级以上地方人民政府应当按照国家规定安排建设用地指标，合理保障本行政区域农村村民宅基地需求。乡（镇）、县、市国土空间规划和村庄规划应当统筹考虑农村村民生产、生活需求，突出节约集约用地导向，科学划定宅基地范围。这一规定进一步明确了县级以上地方人民政府是保障村民宅基地需求的义务主体。

（二）宅基地申请

《土地管理法》将宅基地使用存量建设用地（不涉及占用农用地）的审批权下放到乡（镇）人民政府。《土地管理法》规定，农村村民住宅用地，由乡（镇）人民政府审核批准；其中，涉及占用农用地的，依照《土地管理法》第四十四条的规定办理审批手续。农村村民出卖、出租、赠与住宅后，再申请宅基地的，不予批准。

《土地管理法实施条例》进一步细化了宅基地申请和审批流程，规定农村村民申请宅基地的，应当以户为单位向农村集体经济组织提出申请；没有设立农村集体经济组织的，应当向所在的村民小组或者村民委员会提出申请。宅基地申请依法经农村村民集体讨论通过并在本集体范围内公示后，报乡（镇）人民政府审核批准。涉及占用农用地的，应当依法办理农用地转用审批手续。

（三）宅基地有偿退出和盘活利用

《土地管理法》规定，国家允许进城落户的农村村民依法自愿有偿退出宅基地，鼓励农村集体经济组织及其成员盘活利用闲置宅基地和闲置住宅。

对于农村村民依法自愿有偿退出的宅基地，实践中存在多种盘活利用的方式，为发展乡村产业，一些地方将农户退出的宅基地整理后优先用于发展产业从而获取更多的土地收益，从而出现村庄产业发展用地挤占农户宅基地空间的现象。《土地管理法实施条例》规定，国家允许进城落户的农村村民依法自愿有偿退出宅基地，乡（镇）人民政府和农村集体经济组织、村民委员会等应当将退出的宅基地优先用于保障本集体经济组织成员的宅基地需求。这一规定明确了宅基地保障的优先地位，这意味着退出的宅基地要优先用于保障本集体经济组织成员合法合理的宅基地需求，体现了在乡村建设用地的结构安排上优先保障农村村民居住权益和以人为本的价值取向。

2018年中共中央、国务院《关于实施乡村振兴战略的意见》提出：完善农民闲置宅基地和闲置农房政策，探索宅基地所有权、资格权、使用权"三权分置"，落实宅基地集体所有权，保障宅基地农户资格权和农民房屋财产权，适度放活宅基地和农民房屋使用权，不得违规违法买卖宅基地，严格实行土地用途管制，严格禁止下乡利用农村宅基地建设别墅大院和私人会馆。2020年中共中央、国务院《关于抓好"三农"领域重点工作确保如期实现全面小康的意见》再次明确：以探索宅基地所有权、资格权、使用权"三权分置"为重点，进一步深化农村宅基地制度改革试点。宅基地"三权分置"制度的提出，不仅利于提升宅基地的利用效益和实现宅基地的价值，也有利于宅基地权利人的利益保障。

（四）宅基地权利人利益保护

农户对其依法取得的宅基地及其地上房屋和附属设施等享有宅基地使用权和房屋（包括附属设施等）所有权。这些权利既是我国《宪法》所保障的公民基本权利中的公民财产权的重要组成部分，也是受到《民法典》保护的不动产物权。《土地管理法实施条例》规定，依法取得的宅基地和宅基地上的农村村民住宅及其附属设施受法律保护。禁止违背农村村民意愿强制流转宅基地，禁止违法收回农村村民依法取得的宅基地，禁止以退出宅基地作为农村村民进城落户的条件，禁止强迫农村村民搬迁退出宅基地。

三、集体经营性建设用地供应

我国实行土地用途管制制度，对非农业建设占用农用地实行严格控制。农用地转为建设用地的，应当办理农用地转用审批手续。《土地管理法》赋予了农村集体经营性建设用地出让、租赁、入股的权能，集体经营性建设用地可依法直接入市交易。《土地管理法实施条例》在《土地管理法》关于集体经营性建设用地入市规定的基础上，进一步明确入市交易的规则。

（一）供应范围

《土地管理法》规定，土地利用总体规划、城乡规划确定为工业、商业等经营性用途，并经依法登记的集体经营性建设用地，土地所有权人可以通过出让、出租等方式交由单位或者个人使用，并应当签订书面合同。

《土地管理法实施条例》规定，国土空间规划应当统筹并合理安排集体经营性建设用地布局和用途，依法控制集体经营性建设用地规模，促进集体经营性建设用地的节约集约利用。鼓励乡村重点产业和项目使用集体经营性建设用地。

（二）供地条件

国土空间规划确定为工业、商业等经营性用途，且已依法办理土地所有权登记的集体经营性建设用地，土地所有权人可以通过出让、出租等方式交由单位或者个人在一定年限内有偿使用。

（三）供地方案

1. 规划要求

土地所有权人拟出让、出租集体经营性建设用地的，市、县人民政府自然资源主管部门应当依据国土空间规划提出拟出让、出租的集体经营性建设用地的规划条件，明确土地界址、面积、用途和开发建设强度等。市、县人民政府自然资源主管部门应当会同有关部门提出产业准入和生态环境保护要求。

2. 方案编制

土地所有权人应当依据规划条件、产业准入和生态环境保护要求等，编制集体经营性建设用地出让、出租等方案，并依照《土地管理法》第六十三条的规定，由本集体经济组织形成书面意见，在出让、出租前不少于 10 个工作日报市、县人民政府。集体经营性建设用地出让、出租等方案应当载明宗地的土地界址、面积、用途、规划条件、产业准入和生态环境保护要求、使用期限、交易方式、入市价格、集体收益分配安排等内容。

3. 方案审查

市、县人民政府认为该方案不符合规划条件或者产业准入和生态环境保护要求等的，应当在收到方案后 5 个工作日内提出修改意见。土地所有权人应当按照市、县人民政府的意见进行修改。

（四）出让（出租）合同

土地所有权人应当依据集体经营性建设用地出让、出租等方案，以招标、拍卖、挂牌或者协议等方式确定土地使用者，双方应当签订书面合同，载明土地界址、面积、用途、规划条件、使用期限、交易价款支付、交地时间和开工竣工期限、产业准入和生态环境保护要求，约定提前收回的条件、补偿方式、土地使用权届满续期和地上建筑物、构筑物等附着物处理方式，以及违约责任和解决争议的方法等，并报市、县人民政府自然资源主管部门备案。未依法将规划条件、产业准入和生态环境保护要求纳入合同的，合同无效；造成损失的，依法承担民事责任。合同示范文本由国务院自然资源主管部门制定。

集体经营性建设用地的出租，集体建设用地使用权的出让及其最高年限、转让、互换、出资、赠与、抵押等，参照同类用途的国有建设用地执行，法律、行政法规另有规定的除外。

四、集体经营性建设用地转让与抵押

（一）集体经营性建设用地转让

《土地管理法实施条例》规定，通过出让等方式取得的集体经营性建设用地使用权依法转让、互换、出资、赠与或者抵押的，双方应当签订书面合同，并书面通知土地所有权人。

（二）集体经营性建设用地抵押

《民法典》第四百一十八条规定，以集体所有土地的使用权依法抵押的，实现抵押权后，未经法定程序，不得改变土地所有权的性质和土地用途。

第四节 土地市场及交易监管

土地市场是我国现代市场体系的重要组成部分，是资源要素市场的重要内容。改革开放以来，通过大力推行国有建设用地有偿使用制度，我国基本形成了以政府供应为主的土地一级市场和以市场主体之间转让、出租、抵押为主的土地二级市场，对建立和完善社会主义市场经济体制、促进土地资源的优化配置和节约集约利用、加快工业化和城镇化进程起到了重要作用。

一、土地市场概念

土地市场是指土地作为特殊商品在流通过程中发生的经济关系的总和。土地市场的概念有狭义和广义之分。

（一）狭义的土地市场

狭义的土地市场是指进行土地交易的专门场所，如土地交易所、不动产交易所等。长期以来，我国的土地市场主要指城镇土地市场，2008年10月通过的《中共中央关于推进农村改革发展若干重大问题的决定》明确指出要逐步建立城乡统一的建设用地市场，2013年11月通过的《中共中央关于全面深化改革若干重大问题的决定》提出，要"建立城乡统一的建设用地市场"。

（二）广义的土地市场

广义的土地市场是指因土地交易所引起的一切商品交换关系的总和，由于土地市场中经营的产品具有价值大、位置固定等特点，产品难以集中到固定的场所去交换，所以交换活动尤其需要依靠金融、信息等部门的作用才能完成。因此，土地市场主体不只有市场的买卖双方，还有众多的参与者，要发生多方面的经济关系。市场的参与者除了购买者、出售者，还有出租人、承租人、抵押人、贷款人、经营者、政府管理部门、中介服务机构等。在土地交易过程中各参与者要发生以土地交易为核心的各种经济关系，这种为实现土地交易而进行的各种活动及经济关系就构成土地市场。

（三）土地市场的主体和客体

1. 土地市场主体

土地市场主体即土地市场的参与者，包括供给者、需求者、中介机构和管理者。

供给者。供给者是向土地市场提供交易对象的经济行为主体，主要是土地所有者和开发者、使用者（含经营者）。

需求者。需求者是通过土地交易取得土地所有权、使用权、租赁权、抵押权等土地权利的单位和个人。

中介机构。由于土地市场信息缺乏，交易过程需要大量的专业知识，而普通买者并非经常参与土地交易。因此在土地市场上，通过土地供求双方直接面议成交的仅为少数。对于大量的土地交易，土地供求双方往往通过土地交易中介机构等来完成。可见，土地交易中介机构是土地市场中的一个重要主体。

管理者。市场的管理者的基本任务在于维持交易秩序，提供交易质量和效率，协调土地交易关系。管理者包括国家的有关部门，如土地、房地产、价格、市场监督管理、税务等管理部门。除必要的行政手段外，主要通过价格、税收、信贷、利率等经济杠杆进行管理。

2. 土地市场客体

市场客体是市场交易的对象。土地市场运行中的客体，就是土地本身及其产权关系。土地市场最基本的特点是土地流通或转移的不仅是土地物质体，更重要的是土地产权关系。因此，土地产权关系及其在市场运行中的交换，构成土地市场客体的主要内容。

二、土地市场的特点

土地市场作为市场体系的组成部分，其主要特点包括以下几点。

（一）交易实体的非移动性

土地在交易过程中，交易对象是不能移动的，只发生货币交易和使用者的变更，其实质是土地产权的交易。因此，土地交易权利的取得必须按规定，进行土地变更登记后，方为有效。

（二）土地市场的地域性

由于位置固定的特性，使土地市场基本上是一个地方市场，并具有较强的地域性特点，必须在原地交易，难以形成全国性统一的土地市场。

（三）土地市场的垄断性

土地市场参与者不多，市场信息获得较难，使土地市场的竞争不充分。土地资源的稀缺性和位置固定性，以及土地市场的地域性分割，导致地方性市场的不完全竞争和土地价格不完全由供求关系来决定，加之土地交易数额较大，所以土地市场容易形成垄断。土地市场实际上是由政府控制的市场，因而价格机制、竞争机制等对土地供求关系的调节作用就不如一般商品那样明显。

（四）流通方式的多样性

土地作为耐用、高价值商品，根据使用期限长短、利用方式、开发程度、收益高低的不同组合，表现为多种不同形式的土地权属、利益关系。其流通方式主要包括买卖、交换、拍卖、招标、挂牌、抵押、租赁等多种方式。

（五）土地供给弹性小

土地作为一种比较稀缺的资源，其自然供给完全无弹性，经济供给弹性也很小。在同一地域性市场内，土地价格主要由土地的需求来决定。对土地的需求增加，地租上升，地价就随之上涨；反之，对土地的需求减少，地租则下降，地价也下跌。

（六）供给滞后性

由于土地价值较大，用途难以改变且开发周期较长，因此土地供给只能根据前期需求确定；当市场需求发生变化时，土地供给则难以及时调整。

（七）交易低效率性

土地市场为地域性市场，土地资源一般不可再生，加之，土地自然供给没有弹性，土地的经济供给弹性也相对较小。因而土地市场相对一般商品市场来讲，交易效率较低。

（八）管制严格性

土地作为国家重要的资源，其分配是否公平有效，对经济的发展和社会的稳定具有十分重大的作用，因此政府往往对土地的权利、利用、交易等，都有明确政策规定和较多限制。

三、土地市场的分类

我国土地市场是在社会主义经济制度的基础上建立起来的，是由多种市场构成的市场体系。我国土地市场体系按地域划分，分为城市建设用地使用权市场和农村集体土地使用权市场；按市场主体划分，分为涉外（国外或境外）市场和境内（中国大陆）市场。我国建设用地使用权市场按市场交易主体和市场运行过程划分，分为土地一级市场和土地二级市场。

（一）以国家、集体经济组织等土地所有权人供应为主的土地一级市场

土地一级市场是指土地使用权出让市场。在土地使用权出让市场，土地所有者将一定期限内的土地使用权让与土地使用者，反映了土地所有者和土地使用者之间的经济关系。土地一级市场的主要市场活动是国家或集体经济组织以土地所有者身份，将土地使用权按规划要求和投资计划及使用年限，出让给土地使用

者。原《土地管理法》规定："任何单位和个人进行建设，需要使用土地的，必须依法申请使用国有土地。"所以长期以来，我国土地一级市场是国家垄断的市场。2019 年 8 月 26 日，修正后的《土地管理法》允许集体经济组织将集体经营性建设用地通过出让、出租等方式交由单位或者个人使用，打破了国家对土地一级市场的垄断局面。

（二）以市场主体之间转让、出租、抵押为主的土地二级市场

土地二级市场是指土地使用权人将从土地一级市场取得的国有建设用地使用权或集体建设用地使用权，进行转让、出租、抵押形成的市场。土地使用权转让市场是指土地使用权人将剩余年限的土地使用权让与其他土地使用者而形成的市场，反映的是土地使用者与土地使用者之间的经济关系。土地使用权出租是指土地使用者作为出租人将土地使用权出租给承租人使用，由承租人向出租人支付租金的行为。土地使用权抵押是土地抵押人以其合法的土地使用权以不转移占有的方式向抵押权人提供债务履行担保的行为。

四、土地市场的功能和运行机制

（一）土地市场的功能

1. 优化配置土地资源

土地资源配置方式主要有两类：一是行政划拨；二是市场配置。行政划拨方式是由政府用行政手段把土地资源分配到各土地使用者手中，实现土地资源与其他生产生活资料的结合。行政划拨方式一般来说效率低下，极易造成土地资源的巨大浪费。而市场配置方式是通过市场机制的作用把土地资源分配到各土地使用者手中，实现土地资源与其他生产生活资料的结合。因此，只有通过市场机制的作用，运用市场手段，才能优化配置土地资源。

2. 调整产业结构，优化生产力布局

经济的健康发展，需要有合理的产业结构和生产力布局。以价格机制为核心的市场机制就像一只"无形的手"，时刻对一个国家或地区的产业结构和生产力布局依市场原则进行调整，以实现最大的经济效益。地租、地价是土地市场中最重要的经济杠杆，是引导土地资源在不同产业中合理配置的重要信号。

3. 健全市场体系，实现生产要素的最佳组合

完整的市场体系，不仅包括消费品市场、一般生产资料市场，还应包括金融市场、土地市场、房产市场、劳务市场、技术市场等。市场机制只有在一个完整的市场体系中才能充分发挥作用。土地是人类的基本生产要素，只有实现以市场配置为主，才能健全全社会的市场体系，最大限度发挥市场机制的作用，实现

全部生产要素的组合。

4. 调控土地供给，控制投资过热或过冷

通过土地市场，加大土地供给调控力度，防止投资过剩，防止重复建设，促进经济平稳发展。

（二）土地市场的运行机制

土地市场是依靠以价格形成机制为核心的市场机制的作用来运行的，土地价格的形成是由土地的供给与需求来决定的。土地的供求机制和价格机制是土地市场运行机制的核心。同时，受各种因素的制约，市场功能的发挥会受到一定的影响，特别是对土地这一特殊商品来说，单靠市场机制的调节作用，很难保证土地市场健康有序的发展。为维护土地市场秩序，政府有必要对土地市场进行宏观调控。其主要手段和措施有控制土供给量，调控土地价格水平，制定土地市场规则，确定土地优先供给范围，制定优惠和限制政策等。土地市场运行机制包括市场机制和宏观调控机制。

1. 市场机制

所谓市场机制，是对市场经济体制中基于经济活动主体的自身经济利益，在竞争性市场中供给、需求与价格之间相互依存和作用，连锁互动所形成的自组织、自耦合机能的理论概括。土地市场机制主要包括供求机制、竞争机制和价格机制。

（1）供求机制。土地的供求机制包括土地供给和需求两方面。土地供给是在某一特定时间内，在某一土地市场上，某类用途土地在某一价格下可供出售或出租的数量，这是一种有效供给。土地需求是在某一特定时间内，在某一土地市场，某类用途土地在某一价格下被购买或租出的数量。在不同的地域市场内，某一时期的某一土地价格下，土地的需求是不相同的，在某一价格下商业用地市场需求的增加并不能说明住宅用地市场的需求也增加。

（2）竞争机制。在市场秩序的形成过程中，市场机制是最重要的、最基本的调节力量。市场秩序能否形成，主要取决于市场机制能否发挥作用及其作用程度。

（3）价格机制。土地价格和地租是由土地的供给与需求共同决定的。根据土地的供给和需求原理，在某一土地市场，当土地的价格持续上升，土地的供给量增加，但土地的需求量减少，最后该市场的土地供给量就会超过需求量，出现过剩，从而会使部分土地卖不出去，土地价格就会下降。相反，当土地价格持续下降时，土地需求量就会增加，但土地供给量会减少，最后该市场的土地需求量就会超过供给量，出现短缺，从而会使土地价格上涨。需求与供给二者相互作用的结果，最终使土地的供给和需求会在某一价格上相等，此时出现了市场均衡，这时的价格称为均衡价格。

2. 宏观调控机制

市场机制也存在失灵的一面。单纯依靠市场机制调节，不能使土地市场达到有序运行状态。因此，就像对其他市场的干预一样，政府迫切需要对土地市场进行干预，以有效地管理土地市场。为了维护土地市场秩序，政府必须对土地市场进行宏观调控，以弥补市场机制的不足。政府宏观调控意图要通过市场机制来贯彻，调控目标要在市场运行中实现。宏观调控通过市场机制间接作用于企业活动。

五、我国土地市场管理的内容

（一）土地市场供需调控

在现实经济运行中，土地市场供给与需求不可能在数量上保持相等，总会出现或大或小的数量缺口。为了使尚未失衡的城市土地市场避免失衡，或者使已失衡的城市土地市场趋向平衡，需要进行土地市场供需平衡的宏观调控。要始终把握从城市土地市场的供需调控的方向、时间和力度上对城市土地市场的供需进行调控的原则。

1. 土地市场供需调控的方向

城市土地市场供需调控的方向包括两方面的内容：选择调控目标和确定调控措施的作用方向。

相对来说，调控目标的选择相对容易，其确定依据是一定时期内土地市场发展目标。例如，当土地市场处于景气循环的谷底萧条阶段，这时供需调控的目标是增加有效需求，促进消费从而启动土地市场，加快市场走出低谷的步伐。当土地市场处于景气循环的繁荣阶段，这时就要根据土地市场的发展状况（一般以土地价格为指示器）来判断土地市场是否过热，根据判断结果来决定调控的目标是保持还是降低其发展速度。

确定调控措施的作用方向则需要在明确调控目标的基础上，对当前土地市场的运行状态和变化趋势进行分析。城市土地市场供需调控措施的作用方向大致可分为两类：一类是刺激土地市场发展的措施，其作用方向是向上，如减免税收、降低贷款利率等；另一类是抑制土地市场发展的措施，其作用方向是向下，如控制贷款规模、限制土地供给量等。在土地市场景气循环的不同阶段，需要采用不同作用方向的调控措施。一般来说，在土地市场景气循环的萧条阶段和复苏阶段，应采用作用方向向上的调控措施；在土地市场出现"过热"预兆时，应采用作用方向向下的调控措施。

为了判别调控的方向是否正确，可以分析、评估调控措施实施之后产生的调控效应，如果调控方向正确，那么调控效应就会表现为向目标逼近的有效成果，即正向效应；如果调控方向不正确，那么调控效应就会表现为与目标偏离的运行结果或与预期相反的结果，即偏离效应或负向效应。

2. 土地市场供需调控的时间

确定城市土地市场供需调控的时间，也就是要确定何时开始调控，调控时间应持续多长。

在确定土地市场供需的时间问题上，必须考虑以下三个方面：一要考虑供需调控措施的决策时间，即土地市场上问题的出现—供需调控决策者对问题有了比较清楚的认识—决策者经过判断决定对土地市场实施调控行为—决策者具体确定调控方案和调控手段组合之间的时间间隔；二要考虑供需调控效应的滞后时间，供需调控的措施实施之后，并不是马上就能产生调控效果，从实施供需调控措施到产生供需调控效应的这一段时间就是供需调控效应的滞后时间；三要考虑调控效应的惯性，即某种调控行为撤销之后，调控效应在一定时间内仍然存在。

3. 土地市场供需调控的力度

城市土地市场供需调控的力度要考虑土地经济波动的幅度、调控手段从使用到产生效应的滞后时间、调控效应惯性大小和调控的环境等。供需调控力度大小与作为调控手段的变量的变化大小相关。供需调控手段的变量的变化幅度越大，则调控力度越大；反之，则调控力度越小。

4. 土地市场供需调控的政策工具

（1）国土空间规划

《土地管理法》规定，国家建立国土空间规划体系。经依法批准的国土空间规划是各类开发、保护、建设活动的基本依据；已经编制国土空间规划的，不再编制土地利用总体规划和城乡规划；编制国土空间规划前，经依法批准的土地利用总体规划和城乡规划继续执行。

土地利用总体规划是土地市场宏观调控的重要工具。《土地管理法》规定，国家编制土地利用总体规划，规定土地用途，将土地分为农用地、建设用地和未利用地。使用土地的单位和个人必须严格按照土地利用总体规划确定的用途使用土地。县级土地利用总体规划应当划分土地利用区，明确土地用途。乡（镇）土地利用总体规划应当划分土地利用区，根据土地使用条件，确定每一块土地的用途，并予以公告。

　　城乡规划对土地市场的宏观调控作用主要体现在对具体地块的规划控制上。《土地管理法》第二十一条规定，在城市规划区内、村庄和集镇规划区内，城市和村庄、集镇建设用地应当符合城市规划、村庄和集镇规划。第五十二条规定，建设项目可行性研究论证时，自然资源主管部门可以根据土地利用总体规划、土地利用年度计划和建设用地标准，对建设用地有关事项进行审查，并提出意见。

　　（2）土地利用计划

　　依据《土地管理法》，各级人民政府应当加强土地利用计划管理，实行建设用地总量控制。土地利用年度计划，根据国民经济和社会发展计划、国家产业政策、土地利用总体规划以及建设用地和土地利用的实际状况编制。土地利用年度计划应当对集体经营性建设用地作出合理安排。土地利用年度计划的编制审批程序与土地利用总体规划的编制审批程序相同，一经审批下达，必须严格执行。省、自治区、直辖市人民政府应当将土地利用年度计划的执行情况列为国民经济和社会发展计划执行情况的内容，向同级人民代表大会报告。

　　乡（镇）村建设同样纳入土地利用规划和计划管理。《土地管理法》第五十九条规定，乡镇企业、乡（镇）村公共设施、公益事业、农村村民住宅等乡（镇）村建设，应当按照村庄和集镇规划，合理布局，综合开发，配套建设；建设用地，应当符合乡（镇）土地利用总体规划和土地利用年度计划，并依照该法规定办理审批手续。

　　（3）土地储备制度

　　土地储备是指县级（含）以上自然资源主管部门为调控土地市场、促进土地资源合理利用，依法取得土地，组织前期开发、储存以备供应的行为。土地储备工作统一归口自然资源主管部门管理，土地储备机构承担土地储备的具体实施工作。财政部门负责土地储备资金及形成资产的监管。

　　2007年11月19日，国土资源部、财政部和中国人民银行联合发布《土地储备管理办法》。2018年，国土资源部、财政部、中国人民银行、中国银行业监督管理委员会联合修订了《土地储备管理办法》，并于2018年1月3日印发，自发布之日起实施。

　　土地储备制度的运作包括土地收购、土地储备和土地供应三个阶段。土地收购是指土地储备机构依据土地储备计划，收购集体土地所有权和国有土地使用权的活动。在土地储备阶段，土地储备机构负责理清入库储备土地产权，评估入库储备土地的资产价值，应组织开展对储备土地必要的前期开发，为政府供应土地提供必要保障。储备土地具备供应条件后，应纳入当地市、县土地供应计划，由市、县自然资源主管部门统一组织土地供应。

除了以上土地直接政策工具以外，还有财政税收、金融政策等用于对市场供求进行调控的政策工具。

（二）土地市场价格调控

土地价格作为土地市场运作过程中最重要的经济杠杆手段，在土地市场管理中占据极其重要的地位。因此，土地市场价格的宏观调控是土地市场管理的核心内容。对土地市场价格进行调控的主要目的是，保证土地市场价格的基本稳定和市场交易平稳发展，防止地价极高极地或忽高忽低，避免土地资产流失和土地利用的不合理。

土地价格宏观调控的措施主要有：建立基准地价、标定地价定期公布制度；对国有土地协议出让价采取最低限价；土地交易价格申报制度；政府对地价上涨采取必要的行政手段干预等。

（三）土地市场税收调控

税收政策作为财政收入政策，对土地市场供需的调控作用主要体现在两个方面。一方面，通过对土地市场运行过程中不同环节进行征税，实现对土地市场的调控。例如，通过计征土地取得过程中的契税和土地占有过程中的财产税与土地使用税，来调控土地市场需求量和需求结构；通过课征土地增值税和营业税，调控土地市场的供给量和供给结构。另一方面，通过减免税实现对土地市场的调控。减免税的优越性有二：一是手段灵活，政府有较多的增减自由；二是减免税不一定使财政总收入减少，因为高税率不一定是高效率，超过一定限度的高税率往往会挫伤生产经营者的积极性，削弱经济主体的活力，导致资源不合理配置和浪费，最终使经济停滞倒退。

（四）土地市场金融调控

金融政策对土地市场的调控可分为直接调控和间接调控。

1. 直接调控

直接调控是指政府通过制定土地金融政策，依靠中央银行直接干预土地信用业务的质和量。其中，量的控制主要指中央银行直接规定银行土地开发信贷的最高限额。质的控制主要包括以下几个方面：中央银行直接限制商业银行土地开发信贷的结构；规定商业银行发放土地开发信贷的方针、基本条件；鼓励或限制商业银行对土地进行投资，以及制定和规定其他金融机构（如人寿保险公司）投资土地开发的方针和条件。

2. 间接调控

间接调控是指国家通过利率和贷款成数等金融杠杆来调节货币供应量和需求

量，进而调控土地市场供需。

（1）贷款利率和期限调整。利率反映资金借贷的成本，间接影响土地市场各主体的未来预期。在土地市场有供过于求的迹象时，可适当提高对土地开发贷款的利率，也可适当降低消费信贷利率，从而达到宏观调控的目标。

（2）贷款成数。这有两层含义：一是指土地开发商在申请项目贷款时应具备的自有资金比例；二是指土地购买者在购买时可申请到的最高贷款比例。贷款成数的高低直接影响市场的活跃程度，各国在打击土地投机时，往往以提高土地开发商申请项目贷款的自有资金比例，降低土地购买贷款成数作为操作手段。

（五）土地市场动态监测

2009 年，国土资源部统一整合土地市场动态监测系统和建设用地供应备案系统，建立了土地市场动态监测与监管系统。自 2009 年 1 月 1 日起，全国县级以上各级国土资源管理部门已经全面运行土地市场动态监测与监管系统。依托土地市场动态监测和监管系统，以供地政策的落实和《国有建设用地使用权出让合同》《国有建设用地划拨决定书》的履行为重点。监测监管系统的内容涵盖土地供应、开发利用、市场交易、收购储备、集体建设用地等多项业务。实现了由土地来源到土地供应、开发利用和市场交易等过程的动态跟踪监管。各地要及时、准确、全面地搜集、整理、录入、分析和发布土地市场动态监测与监管信息，确保监测监管系统安全有效运行。供地计划、出让公告、成交公示和供地结果等信息必须按照有关文件要求及时在中国土地市场网公开发布；土地储备信息应在纳入土地储备后 7 个工作日内录入；土地供应信息通过监测监管系统填报国有建设用地使用权出让合同、国有建设用地划拨决定书后，由系统自动提取；对交地、开工、竣工、土地闲置认定及处置、竣工验收等开发利用情况的监管信息，必须根据不同阶段实际监测的结果实时录入；土地转让、出租、抵押等交易信息和集体建设用地信息等应在实际发生后 7 个工作日内录入。通过信息公示、预警提醒、开竣工申报、现场核查、跟踪管理、竣工验收、闲置土地查处、建立诚信档案等手段，实现对建设用地批后开发利用的全过程监管。

（六）土地分割、合并转让政策

《国务院办公厅关于完善建设用地使用权转让、出租、抵押二级市场的指导意见》提出了完善土地二级市场的主要任务，其中包括完善土地分割、合并转让政策。分割、合并后的地块应具备独立分宗条件，涉及公共配套设施建设和使用的，转让双方应在合同中明确有关权利义务。拟分割宗地已预售或存在多个权利主体的，应取得相关权利人同意，不得损害权利人合法权益。

六、建设用地使用权转让

（一）建设用地使用权转让的概念及条件

1. 建设用地使用权转让的概念

建设用地使用权转让是指以出让方式取得的国有土地使用权在民事主体之间再转移的行为，是平等民事主体之间发生的民事法律关系。《民法典》第三百四十四条规定："建设用地使用权人依法对国家所有的土地享有占有、使用和收益的权利，有权利用该土地建造建筑物、构筑物及其附属设施。"因此，"建设用地使用权"所指的是国有建设用地使用权。

2. 建设用地使用权转让的条件

建设用地使用权转让、互换、出资或者赠与的，附着于该土地上的建筑物、构筑物及其附属设施一并处分。建筑物、构筑物及其附属设施转让、互换、出资或者赠与的，该建筑物、构筑物及其附属设施占用范围内的建设用地使用权一并处分。建设用地使用权转让的条件有以下两种情况。

（1）以出让方式取得土地使用权的转让条件

《城市房地产管理法》第三十九条规定了以出让方式取得土地使用权的转让条件：按照出让合同约定已经支付全部土地使用权出让金，并取得土地使用证书；按照出让合同的约定进行投资开发，属于房屋建设工程的，完成开发投资总额的25%以上，属于成片开发土地的，形成工业用地或者其他建设用地条件的。转让房地产时房屋已建成的，还应当持有房屋所有权证书。

《城镇国有土地使用权出让和转让暂行条例》规定，未按土地使用权出让合同规定的期限和条件投资开发、利用土地的，土地使用权不得转让；土地使用权转让应当签订转让合同；土地使用权转让时，土地使用权出让合同和登记文件中所载明的权利、义务随之转移；土地使用者通过转让方式取得的土地使用权，其使用年限为土地使用权出让合同规定的使用年限减去原土地使用者已使用年限后的剩余年限；土地使用权转让时，其地上建筑物、其他附着物所有权随之转让；土地使用者转让地上建筑物、其他附着物所有权时，其使用范围内的土地使用权随之转让，但地上建筑物、其他附着物作为动产转让的除外。

（2）以划拨方式取得的土地使用权转让的条件

以划拨方式取得的建设用地使用权转让，需经依法批准。《城镇国有土地使用权出让和转让暂行条例》第四十五条规定，符合下列条件的，经市、县人民政府土地管理部门和房产管理部门批准，其划拨土地使用权和地上建筑物、其他附着物所有权可以转让、出租、抵押：

1）土地使用者为公司、企业、其他经济组织和个人；

2）领有国有土地使用证；

3）具有地上建筑物、其他附着物合法的产权证明；

4）依照规定签订土地使用权出让合同，向当地市、县人民政府补交土地使用权出让金或者以转让、出租、抵押所获收益抵交土地使用权出让金。

土地用途符合《划拨用地目录》的，可不补缴土地出让价款，按转移登记办理；不符合《划拨用地目录》的，在符合规划的前提下，由受让方依法依规补缴土地出让价款。对未经批准擅自转让、出租、抵押划拨土地使用权的单位和个人，市、县人民政府土地管理部门应当没收其非法收入，并根据情节处以罚款。

（二）建设用地使用权转让的形式

《国务院办公厅关于完善建设用地使用权转让、出租、抵押二级市场的指导意见》将各类导致建设用地使用权转移的行为都视为建设用地使用权转让，包括买卖、交换、赠与、出资以及司法处置、资产处置、法人或其他组织合并或分立等形式涉及的建设用地使用权转移。建设用地使用权转移的，地上建筑物、其他附着物所有权应一并转移。涉及房地产转让的，按照房地产转让相关法律法规规定，办理房地产转让相关手续。

七、建设用地使用权出租

（一）以有偿方式取得的建设用地使用权出租

土地使用权出租是指土地使用者作为出租人将土地使用权随同地上建筑物、其他附着物租赁给承租人使用，由承租人向出租人支付租金的行为。

以有偿方式取得的建设用地使用权出租，出租人首先要按土地使用权出让合同规定的期限和条件完成投资开发、利用土地。未按土地使用权出让合同规定的期限和条件投资开发、利用土地的，土地使用权不得出租。土地使用权出租，出租人与承租人应当签订租赁合同。租赁合同不得违背国家法律、法规和土地使用权出让合同的规定。土地使用权出租后，出租人必须继续履行土地使用权出让合同。土地使用权和地上建筑物、其他附着物出租，出租人应当依照规定办理登记。

（二）以划拨方式取得的建设用地使用权出租

以划拨方式取得的建设用地使用权出租首先应符合《城镇国有土地使用权出让和转让暂行条例》第四十五条规定的条件，并经市、县人民政府土地管理部门和房产管理部门批准。然后有两种处理方式：①签订土地使用权出让合同，向当地市、县人民政府补交土地使用权出让金；②以出租所获收益抵交土地使用权出让金。

《国务院办公厅关于完善建设用地使用权转让、出租、抵押二级市场的指导意见》规定，以划拨方式取得的建设用地使用权出租的，应按照有关规定上缴租金中所含土地收益，纳入土地出让收入管理。宗地长期出租，或部分用于出租且可分割的，应依法补办出让、租赁等有偿使用手续。建立划拨建设用地使用权出租收益年度申报制度，出租人依法申报并缴纳相关收益的，不再另行单独办理划拨建设用地使用权出租的批准手续。

八、建设用地使用权抵押

建设用地使用权抵押是指抵押人以其合法的建设用地使用权以不转移占有的方式向抵押权人提供债务履行担保的行为。债务人不履行债务时，债权人有权依法以抵押的建设用地使用权拍卖所得的价款优先受偿。《民法典》第三百九十五条规定，债务人或者第三人有权处分的建设用地使用权可以抵押。

（一）以划拨方式取得的建设用地使用权设定抵押权

以划拨方式取得的建设用地使用权可以依法依规设定抵押权，划拨土地抵押权实现时应优先缴纳土地出让收入。以划拨方式取得的建设用地使用权设定抵押权应符合《城镇国有土地使用权出让和转让暂行条例》第四十五条规定的条件，并经市、县人民政府土地管理部门和房产管理部门批准。

《城市房地产管理法》第五十一条规定，设定房地产抵押权的土地使用权是以划拨方式取得的，依法拍卖该房地产后，应当从拍卖所得的价款中缴纳相当于应缴纳的土地使用权出让金的款额后，抵押权人方可优先受偿。《城市房地产抵押管理办法》规定，以划拨方式取得的土地使用权连同地上建筑物设定的房地产抵押进行处分时，应当从处分所得的价款中缴纳相当于应当缴纳的土地使用权出让金的款额后，抵押权人方可优先受偿。

（二）以出让、作价出资或入股等方式取得的建设用地使用权设定抵押权

以出让、作价出资或入股等方式取得的建设用地使用权可以设定抵押权。土地使用权抵押时，其地上建筑物、其他附着物随之抵押。地上建筑物、其他附着物抵押时，其使用范围内的土地使用权随之抵押。土地使用权抵押，抵押人与抵押权人应当签订抵押合同。抵押合同不得违背国家法律、法规和土地使用权出让合同的规定。以具有土地使用年限的房地产设定抵押的，所担保债务的履行期限不得超过土地使用权出让合同规定的使用年限减去已经使用年限后的剩余年限。

（三）以租赁方式取得的建设用地使用权设定抵押权

依据《国务院办公厅关于完善建设用地使用权转让、出租、抵押二级市场的指导意见》，以租赁方式取得的建设用地使用权，承租人在按规定支付土地租金并完成开发建设后，根据租赁合同约定，其地上建筑物、其他附着物连同土地可以依法一并抵押。

第五节　地　价　管　理

一、地价管理的概念

地价管理是土地市场价格管理的简称，是指政府为了规范土地市场的交易行为，保持土地市场的稳定和健康发展，保护土地交易各方的合法利益，而采取的以土地价格为核心的各种调控、引导和管理措施。土地价格作为土地市场运作过程中最重要的经济杠杆手段，在土地市场管理中占据极其重要的地位。因此，地价管理是土地市场管理的核心内容。

二、地价管理的目的

（一）稳定土地价格水平

土地价格在一定幅度内发生上下波动等变化是正常现象，但是，如果土地投机严重，造成地价忽高忽低，变动幅度过大，则会带来不利后果，不仅扰乱土地市场正常运行，而且由于土地价格是国民经济的基础价格，还会引起整个经济的震荡。因此，必须对土地价格进行调控和管理，减少地价变动幅度，保持土地市场稳定和繁荣。

（二）促进土地价格合理化

根据马克思主义的土地价格理论，土地是一种特殊商品，其价格是地租的资本化，也可以说是未来若干年土地纯收益贴现值的总和。以此，地租或土地纯收益可以作为判断土地价格是否合理的标准。如果土地价格不合理，则需要对土地价格进行调控，使其重新恢复到合理的水平上。

（三）规范土地市场交易行为

在土地市场中，有的交易者为了逃避国家税费，采取隐瞒不报或少报地价的非法手段来进行交易活动。不仅给国家造成了经济损失，也严重扰乱了正常的土地市场运转。为此，通过制定规范的地价登记管理制度，保证交易者如实申报交易地价和交纳税费，对瞒报、少报行为进行严惩，迫使土地交易双方依法交易，据实申报地价，逐步建立一个公开、公平、公正的市场。

（四）提高土地资源利用效率

通过实行土地有偿使用制度，制定合理的土地价格，促使企业节约用地，以提高土地资源利用效率。与此同时，通过土地价差，引导用地者选择用途与经济效益相适宜的土地，促使地尽其利，合理配置，避免盲目争地、任意多占地、占好地的现象，迫使不能合理使用土地者将土地转让给能够发挥土地最大潜力的使用者使用。

（五）满足多目标土地价格需求

单纯依靠市场机制配置土地资源和调节地价水平往往只能体现短期的、局部的经济效益，生态、环境以及社会效益难以兼顾。为了弥补市场机制的不足，国家从社会效益、环境效益和宏观经济出发制定地价政策，对土地价格进行适当干预和调节。例如，对以营利为目的的用地，其价格主要由市场确定；对公益事业和公共用途用地，其价格可以适当从低。

（六）防止国有土地收益流失

一方面，通过地价管理对国有资产中的土地资产进行评估登记，查清他们的数量和分布，可以有效防止划拨土地使用权的非法转让。另一方面，在对外出让土地时，对土地进行评估，制定合理的出让地价，可以避免国家利益受到损失。

（七）合理分配社会财富

由于地域差异性（地理位置、自然条件等不同），在中国不同城市与地区之间存在级差地租。对于某一地区或城市，国家投资进行各项建设，改善交通条件和经济环境，由此产生级差地租。对于这部分级差地租，国家可以通过地价形式转归国有，进而在全社会、全国范围内进行分配，达到合理分配社会财富的目的。

三、地价管理的措施

地价管理的措施主要包括以下几方面。

（一）提供地价信息

地价信息的及时收集、分析和公布，对于土地市场健康发展具有引导作用。有关部门及时收集和公布地价信息，可以为土地市场交易双方提供参考，有利于交易公平，维护双方利益。我国已经建立了城市地价动态监测年度、季度报告编制与发布制度。依托自然资源报、中国地价网、自然资源部门户网站等多家媒体，定期发布地价动态监测成果。

（二）制定地价标准

《城市房地产管理法》规定，基准地价、标定地价和各类房屋的重置价格应当定期确定并公布。基准地价和标定地价定期公布，不仅为土地交易提供价格参考，也为地价评估行为提供了指导，是规范土地交易行为，加强地价管理的重要措施。

（三）宏观调控地价水平

在中国实现土地有偿使用制度后，土地价格计入企业生产成本，其高低和稳定与否直接影响整个价格体系。当土地价格上涨时，将引起产品生产成本上升，产品价格也随之提高，从而使物价指数上升，通货膨胀压力增大。所以，地价一旦失控，对整个经济市场带来的冲击是不容低估的。对土地价格进行宏观调控的主要目的是，保证土地市场价格的基本稳定和市场交易平稳发展，防止土地投机，防止地价极高极低或忽高忽低，避免土地资产流失和土地利用的不合理，保障国有土地资产保值增值，稳定土地市场经济秩序。依据《城镇国有土地使用权出让和转让暂行条例》，政府对地价不合理上涨可以进行行政干预。

（四）监管土地估价行业

土地估价行业监督检查应坚持依法依规、公开透明、规范简约、稳步推进的原则，以目标和任务为导向，与信用监管、智能监管联动，强化市场主体自律和社会监督，维护社会公平正义。自然资源部已建成全国土地估价监管系统。自然资源部和省级自然资源主管部门对土地估价行业实施监督检查时，随机抽取检查对象、随机抽取检查人员，及时公开抽查情况和查处结果。

四、地价管理制度的主要内容

（一）土地等级和地价的确定、更新和公布

1. 土地等别和土地级别

土地等别和土地级别合称土地等级。土地分等定级是在特定目的下，对土地的自然属性和经济属性及其在社会活动中的地位和作用进行综合鉴定，并使鉴定结果等级化的过程。《土地管理法实施条例》第五条规定，国务院自然资源主管部门会同有关部门制定土地等级评定标准。县级以上人民政府自然资源主管部门应当会同有关部门根据土地等级评定标准，对土地等级进行评定。地方土地等级评定结果经本级人民政府审核，报上一级人民政府自然资源主管部门批准后向社会公布。根据国民经济和社会发展状况，土地等级每 5 年重新评定一次。县级以上人民政府自然资源主管部门会同同级有关部门根据土地调查成果、规划土地用途和国家制定的统一标准，评定土地等级。现行《城镇土地分等定级规程》

GB/T 18507—2014 和《农用地定级规程》GB/T 28405—2012 分别规范城镇土地和农用地的土地等级评定工作。

城镇土地分等定级。城镇土地分等定级是为全面掌握我国城镇土地质量及利用状况，科学管理和合理利用城镇土地，促进城镇土地节约集约利用，为国家和各级政府制定各项土地政策和调控措施，为土地估价、土地税费征收、建设用地经济评价以及城市规划、土地利用规划、计划制定提供科学依据。城镇土地分等定级采用"等"和"级"两个层次的工作体系。城镇土地分等是通过对影响城镇土地质量的经济、社会、自然等各项因素的综合分析，揭示城镇之间土地质量的地域差异，运用定量和定性相结合的方法对城镇土地质量进行分类排队，评定城镇土地等别的活动。城镇土地定级是根据城镇土地的经济、自然两方面属性及其在社会经济活动中的地位、作用，对城镇土地使用价值进行综合分析，揭示城镇内部土地质量的地域差异，评定城镇土地级别的活动。

农用地定级。在行政区内，依据构成土地质量的自然属性、社会经济状况和区位条件，根据地方土地管理和实际情况需要，遵照与委托方要求相一致的原则，即根据一定的农用地定级目的，按照规定的方法和程序进行的农用地质量综合、定量评定，划分出农用地级别。

2. 基准地价和标定地价

基准地价、标定地价是国家建立地价体系的重要内容。按照《城市房地产管理法》，基准地价、标定地价应当定期确定并公布。建立我国的基准地价、标定地价定期公布制度，是规范土地交易行为，加强国家对地价的管理的重要措施。

（二）土地价格评估

《城市房地产管理法》第三十四条规定："国家实行房地产价格评估制度。房地产价格评估，应当遵循公正、公平、公开的原则，按照国家规定的技术标准和评估程序，以基准地价、标定地价和各类房屋的重置价格为基础，参照当地的市场价格进行评估。"实行该制度的目的是：以评估价格作为土地使用权流转和国家征税的依据，维护国家和土地使用权转让者、受让者的利益。

（三）出让国有土地使用权最低限价

《城市房地产管理法》第十三条规定："采取双方协议方式出让土地使用权的出让金不得低于按国家规定所确定的最低价。"该措施要求在土地使用权出让之前，首先对协议出让的地块进行评估，一般应根据当地基准地价确定土地使用权出让的最低价。在此基础上，出让方与受让方达成协议出让的交易地价。上级政府和有关部门有权依据地价最低标准对协议出让行为进行监督。

其意义在于：防止地方政府为了局部利益和短期利益，采取不正当竞争方式故意压低地价，造成国有土地收益的流失；增加土地使用权出让过程中的透明度，既有利于上级对下级政府进行监督，又保证了投资者公平竞争；便于土地使用者了解地价优惠政策，明确合理的投资方向。

（四）工业用地出让最低价

为加强对工业用地的调控和管理，促进土地节约集约利用，国家根据土地等级、区域土地利用政策等，统一制定并公布各地工业用地出让最低价标准。从2007年1月1日起实施的《全国工业用地出让最低价标准》规定，市、县人民政府出让工业用地，确定土地使用权出让价格时必须执行最低控制标准；工业用地必须采用招标拍卖挂牌方式出让，其出让底价和成交价格均不得低于所在地土地等别相对应的最低价标准。为切实保障被征地农民的长远生计，省级国土资源管理部门可根据本地征地补偿费用提高的实际，进一步提高本地的工业用地出让最低价标准；亦可根据本地产业发展政策，在不低于《全国工业用地出让最低价标准》的前提下，制定并公布不同行业、不同区域的工业用地出让最低价标准，及时报自然资源部备案。对违反最低价标准相关实施政策、低于最低价标准出让工业用地，或以各种形式给予补贴或返还的，属非法低价出让国有土地使用权的行为，要依法追究有关人员的法律责任。

（五）城市地价动态监测

城市地价动态监测是通过确定城市监测范围，设立标准宗地（地价监测点），组织土地估价师及时跟踪采集标准宗地的地价信息，定期收集、汇总、整理、分析形成季度和年度地价动态监测成果，按时上报并适时公布。

监测系统由公众端、城市端和中央端构成。公众端是公共信息平台，依托中国城市地价动态监测网（www.landvalue.com.cn）运行；城市端是各城市进行地价动态监测的管理平台，具有对地价数据及相关指标进行采集、整理、初步分析和传送到中央端的功能；中央端是地价动态监测的管理平台，主要任务是对城市端上传的地价信息进行整合与宏观分析，鼓励有条件的省（区、市）按照统一的工作要求和技术规范，开展行政区域全覆盖的地价动态监测工作。监测系统已经为政府部门全面准确把握土地市场运行态势、国土资源管理部门参与宏观调控发挥了重要作用。

（六）出让底价集体决策

《招标拍卖挂牌出让国有建设用地使用权规定》第十条规定："市、县人民政府国土资源行政主管部门应当根据土地估价结果和政府产业政策综合确定标底或者底价。标底或者底价不得低于国家规定的最低标准。确定招标标底，拍卖和挂牌的起叫价、起始价、底价，投标、竞买保证金，应当实行集体决策。招标标底和拍卖挂牌的底价，在招标开标前和拍卖挂牌出让活动结束之前应当保密。"

（七）土地交易价格申报

《城市房地产管理法》第三十五条规定："国家实行房地产成交价格申报制度。房地产权利人转让房地产，应当向县级以上人民政府规定的部门如实申报成交价，不得瞒报或作不实的申报。"该制度使政府及时了解、掌握土地交易情况，监测地价水平的变化，有利于政府对地价实施调控和管理，也有利于加强对土地税费征收工作的管理和监督，克服瞒报、隐报地价带来的不良影响，避免国家税费的流失。

（八）政府行使优先购买权

依据《城镇国有土地使用权出让和转让暂行条例》，土地使用权转让价格明显低于市场价格的，市、县人民政府有优先购买权。政府行使土地优先购买权主要是为了防止土地在转移时，土地交易双方为少缴税费而虚、瞒报地价。因为一旦政府对虚报、瞒报地价的地块按申报的价格优先购买，受损失的将是土地转让者。国家通过行使土地优先购买权，迫使交易双方如实申报地价，避免国家土地收益流失。

五、公示地价制度

基准地价和标定地价是法定公示地价的主要内容，是土地市场建设、土地资产权益保护和土地宏观调控等方面的重要支撑。土地有偿使用制度建立以来，我国依法推进基准地价、标定地价定期确定和更新，各地公示地价体系初步建成。《国土资源部办公厅关于加强公示地价体系建设和管理有关问题的通知》要求，各地要按时完成基准地价的更新、发布，及时完成基准地价电子化备案，按要求开展公共服务项目用地、国有农用地和集体土地基准地价的制定与发布工作，加快标定地价体系建设。

（一）基准地价概念

基准地价反映城镇及农村整体地价水平，是政府管理和调控土地市场的基本手段，是促进土地集约利用的重要杠杆，也是政府制定地价政策的重要依据。基准地价包括城镇土地基准地价、农用地和集体建设用地基准地价、公共服务项目用地基准地价等。

（1）城镇土地基准地价。城镇土地基准地价是指在城镇规划区范围内，对现有利用条件下不同级别的土地或者土地条件相当的地域，按照商业、居住、工业等用途，分别评估确定的某一时点上法定最高年期物权性质的土地使用权区域平均价格。

（2）农用地和集体建设用地基准地价。农用地和集体建设用地基准地价是指县（市）政府根据需要针对农用地和集体建设用地不同级别或不同均质地域，按照不同利用类型，分别评估确定的某一时点的平均价格。

（3）公共服务项目用地基准地价。公共服务项目用地基准地价是对以出让、租赁方式供应的公共服务项目用地，评估确定的某一时点的平均价格。2016年，国土资源部、国家发展改革委等八部门联合印发《关于扩大国有土地有偿使用范围的意见》规定，根据投融资体制改革要求，对可以使用划拨土地的能源、环境保护、保障性安居工程、养老、教育、文化、体育及供水、燃气供应、供热设施等项目，除可按划拨方式供应土地外，鼓励以出让、租赁方式供应土地，支持市、县政府以国有建设用地使用权作价出资或者入股的方式提供土地，与社会资本共同投资建设。市、县政府应依据当地土地取得成本、市场供需、产业政策和其他用途基准地价等，制定公共服务项目用地基准地价，依法评估并合理确定出让底价。《国土资源部办公厅关于加强公示地价体系建设和管理有关问题的通知》要求，自2017年8月1日开始，各地新发布的基准地价体系应包含公共服务项目用地基准地价。

（二）基准地价的作用

基准地价作为反映一定区域内土地价值的量化指标，是城市人民政府制定各项土地管理政策、城市规划政策、土地税收政策的重要依据。以基准地价为指导价，建立城市土地资产的价格政策体系，有利于规范土地市场，量化土地资产价值。基准地价的作用主要有：建立健全地价体系，完善地籍管理制度，为各部门和土地使用者、经营者服务；为制定土地管理的各项政策、法规、措施提供依据；充分发挥政府地价的控制和导向作用，合理引导投资方向和土地利用方式；为确定土地使用权出让价格，加强土地使用权出让和划拨土地使用权管理服务；为政府管理地产市场提供价格数据；在企业清产核资和组建股份制企业中，为核定企事业单位所占有使用的土地资产量提供依据；为征收土地税费提供依据；在城市规划等工作中的应用。

（三）基准地价的常见表现形式

1. 级别基准地价

级别基准地价也称综合基准地价，是依据土地级别的划分区域制定出来的平均地价，它仅能反映同一级别区域的宏观平均地价。

2. 区片基准地价

区片基准地价也称均质区域基准地价，是在级别基准地价的基础上，在空间上将同一级别进一步划分成更小的若干均质区域，然后评估出区片的基准地价。

3. 路线价

通过对面临特定街道、使用价值相等的市街地，设定标准深度，求取在该深度上数宗土地的平均单价并附设于特定街道上，即得到该街道的路线价。

（四）标定地价概念与作用

1. 标定地价概念

标定地价是政府为管理需要确定的，标准宗地在现状开发利用正常市场条件下，某一估价期日法定最高使用年限下的土地权利价格。标定地价是宗地地价的一种，由政府组织或委托评估，并被政府认可，作为土地市场管理的依据。自2018年开始，我国已全面启动城镇标定地价体系建设，有条件的地区，标定地价体系正逐步扩展到农村集体建设用地。

2. 标定地价的作用

标定地价的作主要体现在：是政府出让土地使用权时确定出让金额的最初依据价格；为政府管理土地市场提供依据；为企业清产核资和股份制改造中确定土地资产量提供依据；为国家核定土地增值税和税制改革提供依据。

六、城市地价动态监测

（一）城市地价动态监测概念

城市地价动态监测是指根据城市土地市场的特点，通过设立地价监测点，收集、处理并生成系列的地价指标，对城市地价状况进行观测、描述和评价的过程。地价监测点是指在城市一定土地级别、一定地价区段内设置的具体宗地，其地价水平、宗地形状、面积、临街状况、土地利用状况、土地开发程度等方面能够代表该区域同类用途土地一般水平（或平均水平）。

（二）城市地价动态监测的目的与作用

城市地价动态监测的工作目标是：通过对全国重点地区和主要城市地价水平和变动情况的实时监测，为政府部门把握土地市场运行态势和价格走势，增强市场监管和调控能力提供服务，为国土资源部门运用土地政策参与宏观调控提供决策依据，同时满足社会公众的信息需求。

城市地价动态监测的作用表现在以下三个方面：①通过城市地价动态监测，及时更新城市基准地价；②通过城市地价动态监测，建立地价信息发布及查询系统，提高土地市场地价信息透明度；③城市地价动态监测是编制地价指数的基础。

七、农用地地价

（一）农用地的概念

农用地是指直接用于农业生产的土地，包括耕地、林地、草地、农田水利用地、养殖水面等。按照《农用地估价规程》GB/T 28406—2012，农用地价格是在正常市场条件下，于特定期日，由农用地的自然因素、社会经济因素和特殊因素等决定的价格。按价格表达形式，农用地地价可以分为农用地基准地价和农用地宗地地价；按未来规划用途，农用地地价可以分为农用地农用价格和农用地转用价格；按使用目的，农用地地价可以分农用地征收价格、农用地承包价格、农用地转包价格、农用地租金、农用地拍卖底价、农用地抵押价格、农用地转让价格；按权利类型，农用地地价可以分为所有权价格、使用权价格、承包经营权价格。

（二）农用地估价

农用地估价是估价人员根据特定估价目的，依据农用地估价基本原则，选用合理的估价方法，综合评定特定农用地价格的过程。农用地估价应当遵循的基本原则包括：预期收益原则、替代原则、报酬递增递减原则、贡献原则、合理有效利用原则、变动原则、供需原则和估价时点原则。常用的农用地估价方法有：收益还原法、市场比较法、成本逼近法、剩余法、评分估价法和基准地价修正法。根据不同地类特点农用地估价可以区分为：耕地、园地、林地、草地等用地估价。根据不同目的要求农用地估价可以区分为：承包农用地价格、转包农用地价格、农用地租金价格、荒山拍卖底价、荒地抵押价格等评估。

复 习 思 考 题

1. 建设用地有哪些分类？
2. 什么是国有建设用地使用权出让？出让方式有哪些？
3. 什么是国有建设用地使用权划拨？划拨范围有哪些？
4. 建设用地使用规定主要有哪些？
5. 建设用地供地标准如何确定？
6. 建设用地的使用方式主要有哪些？审批规定主要有哪些？
7. 建设用地使用权转让、出租、抵押的规定主要有哪些？
8. 什么是土地市场？土地市场有哪些特点？
9. 我国土地市场管理的内容主要有哪些？

10. 集体经营性建设用地供应及转让、抵押规定主要有哪些?

11. 公示地价制度的内容主要有哪些?

12. 我国城市土地市场价格管理政策的主要内容有哪些?

13. 城市地价动态监测的概念、目的和作用是什么?

14. 什么是农用地地价?

第五章 建设与房地产开发经营管理

第一节 城市及居住区建设管理

城市居住区、道路等城市建设需要占用土地，国家及相关部门通过立法、编制规划、拟定标准、实施城市体检、推动城市更新等措施手段，集约节约、科学合理地利用好土地资源，处理好"人地"关系，保障城市建设、发展的需要。

一、城市用地分类与管理

（一）城市用地类型

现行国家标准《城市用地分类与规划建设用地标准》GB 50137—2011 确立了覆盖城乡全域的"分层次控制的综合用地分类体系"，包括城乡用地分类、城市建设用地分类两部分。"城乡用地"和"城市建设用地"两个分类的具体划分主要基于两个原则：一是地类无遗漏、无重复，明晰"城市建设用地"与"城乡用地"中"城市建设用地"完全衔接的对应关系；二是清楚界定计入城市建设用地标准核算的用地，仅"城市建设用地"的地类计入"规划人均城市建设用地面积指标"的统计。

城乡用地共分为 2 大类（建设用地和非建设用地）、8 中类、14 小类，对接《土地管理法》规定的农用地、建设用地、未利用地三大类用地。城乡用地分类和代码属于强制性条文，必须严格执行。城乡用地分类中的建设用地，将区域交通设施（铁路、公路、港口、机场）用地、区域公用设施（区域性能源、水工、通信、广播电视、殡葬、环卫、排水设施等）用地，以及军事、安保等特殊用地从城市建设用地中剥离出来，与城乡居民点建设用地并立。将服务区域的设施独立出来不计入城市建设用地，增加了各城市用地指标之间的可比性、科学性和统一性。

城市建设用地共分为 8 大类、35 中类、42 小类。城市建设用地分类和代码属于强制性条文，必须严格执行。城市建设用地分类将公共设施分为"公共管理与公共服务设施用地（A）"和"商业服务业设施用地（B）"，区分公益性设施与营利性设施用地，强调对基础民生需求服务的保障。从公益与营利的角度，规定了公共管理与公共服务设施用地（包括行政办公、文化设施、教育科研、体育、医疗卫生、社会福利、文物古迹、外事、宗教设施用地）占城市建设用地的比例为 5%～8%，并且各类用地的中类应在用地平衡表中列出，以保证对公共服务用地的土地供给，强调了对基础民生需求服务的保障，合理调控市场行为。而将通过市场配置的服务设施，包括纯营利性的商业设施用地，政府独立投资或合资的设施（如剧院、音乐厅等）用地，具有培训、私营性质的设施（如业余学校、民营培训机构、私人诊所等）用地，具有营利性质的设施（如加油、加气、液化石油气换瓶站、电信、邮政、报刊发行、水电热气费用收缴等公用设施经营性网点）用地均作为商业服务业设施用地。

自然资源部为实施全国自然资源统一管理，科学划分国土空间用地用海类型、明确各类型含义，统一国土调查、统计和规划分类标准，合理利用和保护自然资源，建立"多规合一"的国土空间规划体系并监督实施，于 2020 年 11 月 17 日印发《国土空间调查、规划、用途管制用地用海分类指南（试行）》，适用于国土调查、监测、统计、评价，国土空间规划、用途管制、耕地保护、生态修复，土地审批、供应、整治、执法、登记及信息化管理等工作。

（二）城市用地标准

《城市用地分类与规划建设用地标准》GB 50137—2011 规定，规划人均城市建设用地标准属于强制性条文，必须严格执行。规划建设用地标准应包括规划人均城市建设用地面积标准、规划人均单项城市建设用地面积标准和规划城市建设用地结构三部分。新建城市（镇）的规划人均城市建设用地面积指标宜在 85.1～105.0m²/人内确定。首都的规划人均城市建设用地面积指标应在 105.1～115.0m²/人内确定。除首都以外的现有城市的规划人均城市建设用地面积指标，应根据现状人均城市建设用地规模、城市（镇）所在的气候区以及规划人口规模对应的允许调整幅度确定；规划人均城市建设用地面积指标，低限是 65.0m²/人，Ⅰ、Ⅱ、Ⅵ、Ⅶ建筑气候区高限是 115.0m²/人，Ⅲ、Ⅳ、Ⅴ建筑气候区高限是 110.0m²/人。边远地区、少数民族地区城市（镇）以及部分山地城市（镇）、人口较少的工矿业城市（镇）、风景旅游城市（镇）等具有特殊情况的城市，应专门论证确定规划人均城市建设用地面积指标，且上限不得大于 150.0m²/人。Ⅰ、Ⅱ、Ⅵ、Ⅶ建筑气候区的人均居住用地面积为 28.0～38.0m²/人；Ⅲ、Ⅳ、Ⅴ建筑气候区的人均居住用地面积为 23.0～36.0m²/人。规划人均公共管理与公共服务用地面积不应小于 5.5m²/人。规划人均道路与交通设施用地面积不应小于 12.0m²/人。规划人均绿地面积不应小于 10.0m²/人，其中人均公园绿地面积不应小于 8.0m²/人。

二、城市居住区建设管理

城市居住区是指城市中住宅建筑相对集中布局的地区，简称居住区，分为以下四级。①十五分钟生活圈居住区。以居民步行十五分钟可满足其物质与生活文化需求为原则划分的居住区范围；一般由城市干路或用地边界线所围合，居住人口规模为 50000～100000 人（约 17000～32000 套住宅），配套设施完善的地区。②十分钟生活圈居住区。以居民步行十分钟可满足其基本物质与生活文化需求为原则划分的居住区范围；一般由城市干路、支路或用地边界线所围合，居住人口规模为 15000～25000 人（约 5000～8000 套住宅），配套设施齐全的地区。③五分钟生活圈居住区。以居民步行五分钟可满足其基本生活需求为原则划分的居住区范围；一般由支路及以上级城市道路或用地边界线所围合，居住人口规模为 5000～12000 人（约 1500～4000 套住宅），配建社区服务设施的地区。④居住街坊。由支路等城市道路或用地边界线围合的住宅用地，是住宅建筑组合形成的居住基本单元；居住人口规模在 1000～3000 人（约 300～1000 套住宅，用地面积 2～4hm²），并配建有便民服务设施。

针对当前居住社区存在规模不合理、设施不完善、公共活动空间不足、物业管理覆盖面不高、管理机制不健全等突出问题和短板，住房和城乡建设部、教育部等 13 部委于联合印发《关于开展城市居住社区建设补短板行动的意见》，同时发布《完整居住社区建设标准（试行）》。完整居住社区是指为群众日常生活提供基本服务和设施的生活单元，也是社区治理的基本单元。《完整居住社区建设标准（试行）》以 0.5 万～1.2 万人口规模的完整居住社区为基本单元，依据《城市居住区规划设计标准》GB 50180—2018 等有关标准规范和政策文件编制。若干个完整居住社区构成街区，统筹配建中小学、养老院、社区医院、运动场馆、公园等设施，与十五分钟生活圈相衔接，为居民提供更加完善的公共服务。

（一）城市居住区建筑

居住区用地是居住区的住宅用地、配套设施用地、公共绿地以及城市道路用地的总称。各级生活圈居住区用地应合理配置、适度开发，人均居住区用地面积、居住区用地容积率、居住区用地构成等控制指标应符合《城市居住区规划设计标准》GB 50180—2018 的规定。居住街坊的用地与建筑控制指标有住宅用地容积率、建筑密度最大值、绿地率最小值、住宅建筑高度控制最大值和人均住宅用地面积最大值等。《城市居住区规划设计标准》GB 50180—2018 还对住宅建筑采用低层或多层高密度布局形式时的居住街坊用地与建筑控制指标作出了专门的规定，适当降低了对建筑密度和绿地率要求。

居住街坊内集中绿地的规划建设，新区建设不应低于 0.5m²/人，旧区改建不应低于 0.35m²/人；宽度不应小于 8m；在标准的建筑日照阴影线范围之外的绿地面积不应少于 1/3，其中应设置老年人、儿童活动场地。

居住区建筑的最大高度限定为 80m。住宅建筑的间距应符合《城市居住区规划设计标准》GB 50180—2018 规定的以底层窗台面（室内地坪 0.9m 高的外墙位置）为计算起点的日照时数和有效日照时间带。对特定情况，还应符合下列规定：老年人居住建筑日照标准不应低于冬至日日照时数 2h；在原设计建筑外增加任何设施不应使相邻住宅原有日照标准降低，既有住宅建筑进行无障碍改造加装电梯除外；旧区改建项目内新建住宅建筑日照标准不应低于大寒日日照时数 1h。

（二）城市居住区配套设施

为促进公共服务均等化，配套设施配置应对应居住区分级控制规模，以居住人口规模和设施服务范围为基础，分级提供配套服务，配套设施应步行可达，为居住区居民的日常生活提供方便。

十五分钟生活圈居住区应配套满足日常生活需要的完整的服务设施，主要包括中学、大型多功能运动场地、文化活动中心（含青少年、老年活动中心）、卫生服务中心（社区医院）、养老院、老年养护院、街道办事处、社区服务中心（街道级）、商场、餐饮设施、银行、电信、邮政营业网点等。

十分钟生活圈居住区配建设施是对十五分钟生活圈居住区配套设施的必要补充，必须配建的设施主要包括小学、中型多功能运动场地、菜市场或生鲜超市、小型商业金融餐饮、公交车站等设施。

五分钟生活圈居住区必须配建的设施主要包括社区服务站（含社区居委会、治安联防站、残疾人康复室）、文化活动站（含青少年、老年活动站）、小型多功能运动场地、室外综合健身场地（含老年户外活动场地）、幼儿园、老年人日间照料中心、社区商业网点（超市、药店、洗衣店、美发店等）、再生资源回收点、生活垃圾收集站、公共厕所等。五分钟生活圈的配套设施一般与城市社区居委会管理相对应。

居住街坊应配建便民的日常服务设施，为本街坊的居民服务。必须配建的设施包括物业管理与服务、儿童和老年人活动场地、室外健身器械、便利店和生活垃圾收集点、居民机动车和非机动车停车场（库）等。

（三）城市居住区道路

居住区道路是城市道路交通系统的组成部分，主要有机动车道、非机动车道和步行道。居住区内道路担负着分隔地块和联系不同功能用地的双重职能，其布置应有利于居住区内各类用地的划分和有机联系。机动车与行人及非机动车不宜混行，宜人车分流。地面不行走机动车、不停车，机动车进入地下。

居住区内道路的规划设计应遵循安全便捷、尺度适宜、公交优先、步行友好的基本原则，居住区的路网系统应与城市道路交通系统有机衔接，并应符合下列规定：居住区应采取"小街区、密路网"的交通组织方式，路网密度不应小于8km/km²；城市道路间距不应超过300m，宜为150～250m，并应与居住街坊的布局相结合；居住区内的步行系统应连续、安全、符合无障碍要求，并应便捷连接公共交通站点；在适宜自行车骑行的地区，应构建连续的非机动车道；旧区改建，应保留和利用有历史文化价值的街道、延续原有的城市肌理。

居住区内各级城市道路应突出居住使用功能特征与要求，并应符合下列规定：两侧集中布局了配套设施的道路，应形成尺度宜人的生活性街道；道路两侧建筑退线距离，应与街道尺度相协调；支路的红线宽度，宜为14～20m；道路断面形式应满足适宜步行及自行车骑行的要求，人行道宽度不应小于2.5m；支路应采取交通稳静化措施，适当控制机动车行驶速度。

居住街坊内附属道路的规划设计应满足消防、救护、搬家等车辆的通达要求，并应符合下列规定：主要附属道路至少应有两个车行出入口连接城市道路，其路面宽度不应小于4.0m；其他附属道路的路面宽度不宜小于2.5m；人行出入口间距不宜超过200m。

（四）城市居住区环境与绿化

居住区规划设计应尊重气候及地形地貌等自然条件，并应塑造舒适宜人的居住环境。居住区规划设计应统筹庭院、街道、公园及小广场等公共空间形成连续、完整的公共空间系统，并应符合下列规定：宜通过建筑布局形成适度围合、尺度适宜的庭院空间；应结合配套设施的布局塑造连续、宜人、有活力的街道空间；应构建动静分区合理、边界清晰连续的小游园、小广场；宜设置景观小品美化生活环境。居住区建筑的肌理、界面、高度、体量、风格、材质、色彩应与城市整体风貌、居住区周边环境及住宅建筑的使用功能相协调，并应体现地域特征、民族特色和时代风貌。

居住区内绿化与居民关系密切，对改善居住环境具有重要作用，主要是方便居民户外活动，并有美化环境、改善小气候、净化空气、遮阳、隔声、防风、防尘、杀菌、防病等功能。一个优美的居住区内绿化环境，有助于人们消除疲劳、振奋精神，可为居民创造良好的游憩、交往场所。居住区绿地主要有公共绿地、宅旁绿地等。公共绿地是为居住区配套建设、可供居民游憩或开展体育活动的公园绿地。宅旁绿地是指住宅四旁的绿地。衡量居住区内绿化状况的指标主要有绿地率和人均公共绿地面积。居住区绿化应遵循适用、美观、经济、安全的原则，并应符合下列规定：宜保留并利用已有树木和水体；应种植适宜当地气候和土壤条件、对居民无害的植物；应采用乔、灌、草相结合的复层绿化方式；应充分考虑场地及住宅建筑冬季日照和夏季遮阴的需求；适宜绿化的用地均应进行绿化，并可采用立体绿化的方式丰富景观层次、增加环境绿量；有活动设施的绿地应符合无障碍设计要求并与居住区的无障碍系统相衔接；绿地应结合场地雨水排放进行设计，并宜采用雨水花园、下凹式绿地、景观水体、干塘、树池、植草沟等具备调蓄雨水功能的绿化方式。

三、城市体检与城市更新

城市体检是为了推动城市高质量发展，发现问题、整改问题、巩固提升，精准查找城市建设和发展中的短板与不足，及时采取有针对性措施加以解决，努力建设没有"城市病"的城市。城市体检是统筹城市规划建设管理、推进实施城市更新行动、促进城市开发建设方式转型的重要抓手。城市体检为城市更新指明方向，城市更新要通过城市体检，找到城市建设发展中的问题。城市体检是"城市病"诊断，城市更新则是病情治理，两者针对的是同一"对象"，都是以绿色低碳发展为路径，以建设宜居、绿色、韧性、智慧、人文城市为共同目的，是相辅相成的关系。

（一）城市体检

为推动建设没有"城市病"的城市，促进城市人居环境高质量发展，城市体检从国家战略落实到城市高质量发展的具体实践，探索建立"一年一体检、五年一评估"的城市体检工作制度。2011 年，深圳市在《深圳城市发展（建设）评估报告 2011》中提出了"城市体检"的概念与思路框架。2015 年 12 月，中央城市工作会议提出"建立城市体检评估机制"的要求，要求提高城市的承载力和抵御自然灾害、防范风险的韧性，推进城市健康有序高质量发展，建立常态化的城市体检评估机制。2017 年 9 月，住房和城乡建设部提出建立"一年一体检，五年一评估"的规划评估机制，评估结果报审批机关和同级人大常委会，并向社会公开。2019 年 4 月，为全面推动城市高质量发展，在全国范围内选取了 11 个城市开展城市体检试点工作。2020 年选择 36 个样本城市全面推进城市体检工作，到 2021 年我国城市体检样本城市数量扩大至 59 个，有条件的省份在设区城市全面推动城市体检工作。

2021 年，住房和城乡建设部、自然资源部相继发布了《关于开展 2021 年城市体检工作的通知》和《国土空间规划城市体检评估规程》TD/T 1063—2021，要求各相关部门落实中央全面深化改革委员会关于建立城市体检评估机制的改革任务要求。全国多个试点城市也都在开展体检评估相应工作。

城市体检的主要内容是由生态宜居、健康舒适、安全韧性、交通便捷、风貌特色、整洁有序、多元包容、创新活力 8 个方面、65 项指标构成的城市体检指标体系，围绕各项指标采取城市自体检、第三方体检和社会满意度调查相结合的方式开展。城市自体检由样本城市人民政府组织开展，以官方统计数据为主要依据，对城市体检各项指标测算分析，查找城市人居环境质量及存在的问题，提出对策建议。第三方体检和社会满意度调查由住房和城乡建设部组织第三方机构开展，对城市体检各项指标测算分析，综合评价样本城市人居环境质量，全面了解群众对城市人居环境质量的满意度，查找突出问题和短板。城市体检工作包括数据采集、分析论证、问题诊断等环节。在数据采集环节，以公开发布的统计数据为基础，结合现场采集数据和互联网大数据等，建立城市体检基础数据库。在分析论证环节，针对城市体检各项指标，根据采集的各类数据，按照定性与定量、主观与客观相结合的原则分析论证，综合评价城市人居环境质量，查找城市建设发展存在的问题。在问题诊断环节，对于底线指标，不达标的列为严重城市问题；对于导向指标，根据指标测算结果与目标值的差异，确定城市问题的严重程度。住房和城乡建设部要求，各地要根据查找出的城市问题提出有关对策建议和整改措施，作为编制"十四五"城市建设相关规划、城市建设年度计划和建设项目清单的重要依据；加快建设省级和市级城市体检评估信息平台，与国家级城市体检评估信息平台做好对接。各省、自治区住房和城乡建设厅要指导样本城市人民政府做好城市体检工作的综合协调和督促指导，有序推进各项任务落实。各样本城市有关主管部门要为第三方体检和社会满意度调查提供必要的技术和信息支持。

《国土空间规划城市体检评估规程》TD/T 1603—2021 从安全、创新、协调、绿色、开放、共享 6 个维度统一了全国城市体检评估指标及内涵、算法。其中基本指标 33 项，是各个城市进行体检评估时必须要选用的，还有 89 项推荐指标，各城市可以根据自己的发展阶段和重点任务选择使用。围绕这些指标，城市可以与其他城市作横向比较，也可以与自己的过去作纵向比较。很多指标都与日常生活息息相关，如城市内涝严不严重，城市交通拥不拥堵，中小学学位配置均不均衡，医疗、养老设施够不够，人均住房面积达不达标，菜市场分布便不便利，绿化有否改善等。具体指标包括"城区透水表面占比（%）""45 分钟通勤时间内居民占比（%）""社区小学步行 10 分钟覆盖率（%）""公共租赁住房数

（套）"等。为确保城市居民的参与度，要求城市开展"规划实施社会满意度评价"，了解群众对规划实施和城市工作的心声，并通过数据库长期建设，跟踪记录群众满意度变化脉络。同时，鼓励城市探索开发实时感知群众体验的"幸福测量仪"等 App，让群众更加积极主动参与城市体检评估，用群众满意度来衡量城市空间治理水平。

（二）城市更新

城市更新是指将城市中已经不适应现代化城市社会生活的地区作必要的、有计划的提升活动。城市更新不同于城市房屋拆迁。城市更新通过有序实施城市的修补，解决老城区环境品质下降、空间秩序混乱、历史文化遗产损毁等问题，促进建筑物、街道立面、天际线、色彩和环境协调、优美。通过维护加固老建筑、改进利用旧厂房、完善基础设施等措施，恢复老城区的功能和活力，恢复城市自然生态，让城市更自然、更生态、更有特色。

《中华人民共和国国民经济和社会发展第十四个五年规划和 2035 年远景目标纲要》明确提出实施城市更新行动，并将其作为纲要确定的 102 项重大工程项目之一。我国城镇化率已经超过 60%，步入了城镇化发展的中后期。实施城市更新，是推动城市高质量发展、满足人民群众日益增长的美好生活需要、促进经济社会持续健康发展的重大战略举措，其内涵是推动城市结构优化、功能完善和品质提升，转变城市开发建设方式。住房城乡和建设部按照中央决策部署要求，牵头制定指导各地实施城市更新行动的政策文件，从国家战略高度加强城市更新顶层设计，明确总体要求、重点任务和实施策略，设立分阶段工作指标，建立适用于城市更新的体制机制、管理制度和政策措施，为各地因地制宜制定城市更新政策及规划提供前瞻性全局性系统性指引。同时，住房和城乡建设部编制的"十四五"城乡人居环境建设规划，已列入"十四五"国家级专项规划，以创造优良人居环境作为中心目标，系统谋划城市更新。北京等 21 个城市（区）开展第一批城市更新试点工作，重点开展工作主要包括三个方面：探索城市更新统筹谋划机制；探索城市更新可持续模式；探索建立城市更新配套制度政策。

第二节　建设工程勘察设计招标投标与监理

为充分发挥市场在资源配置中的决定性作用，按照国务院深化"放管服"改革部署要求，持续优化营商环境，住房和城乡建设部于 2020 年 11 月 30 日发布《建设工程企业资质管理制度改革方案》，精简企业资质类别，归并等级设置，简化资质标准，优化审批方式，进一步放宽建筑市场准入限制，降低制度性交易成本，破除制约企业发展的不合理束缚，持续激发市场主体活力，促进就业创业，加快推动建筑业转型升级，实现高质量发展。改革方案要求放宽准入限制，激发企业活力；下放审批权限，方便企业办事；优化审批服务，推行告知承诺制；加强事中事后监管，保障工程质量安全。

一、勘察设计管理

为了加强对建设工程勘察、设计活动的管理，保证建设工程勘察、设计质量，保护人民生命和财产安全，《建设工程勘察设计管理条例》对建设工程勘察、设计活动作出了规定。

（一）勘察设计单位的资质管理

建设工程勘察，是指根据建设工程的要求，查明、分析、评价建设场地的地质地理环境特征和岩土工程条件，编制建设工程勘察文件的活动。建设工程设计，是指根据建设工程的要求，对建设工程所需的技术、经济、资源、环境等条件进行综合分析、论证，编制建设工程设计文件的活动。

根据《建设工程企业资质管理制度改革方案》，工程勘察资质分为综合资质和专业资质，将专业资质及劳务资质整合为岩土工程、工程测量、勘探测试等3类专业资质。综合资质不分等级，专业资质等级压减为甲、乙两级。工程设计资质分为综合资质、行业资质、专业和事务所资质。综合资质、事务所资质不分等级；行业资质、专业资质等级原则上压减为甲、乙两级（部分资质只设甲级）。

（二）勘察设计的监督管理

国务院住房城乡建设主管部门对全国的建设工程勘察、设计活动实施统一监督管理。国务院铁路、交通、水利等有关部门按照国务院规定的职责分工，负责对全国的有关专业建设工程勘察、设计活动的监督管理。县级以上地方人民政府建设行政主管部门对本行政区域内的建设工程勘察、设计活动实施监督管理。县级以上地方人民政府交通、水利等有关部门在各自的职责范围内，负责对本行政区域内的有关专业建设工程勘察、设计活动的监督管理。

建设工程勘察、设计单位在建设工程勘察、设计资质证书规定的业务范围内跨部门、跨地区承揽勘察、设计业务的，有关地方人民政府及其所属部门不得设置障碍，不得违反国家规定收取任何费用。

县级以上人民政府建设行政主管部门或者交通、水利等有关部门应当对施工图设计文件中涉及公共利益、公众安全、工程建设强制性标准的内容进行审查。施工图设计文件未经审查批准的，不得使用。

（三）勘察设计的发包与承包

《建筑工程设计招标投标管理办法》对依法必须进行招标的各类房屋建筑工程，其设计招标投标活动作出了规定。建设工程勘察、设计应当依照《招标投标法》的规定，实行招标发包。

（1）建设工程勘察、设计方案评标，应当以投标人的业绩、信誉和勘察、设计人员的能力以及勘察、设计方案的优劣为依据，进行综合评定。

（2）建设工程勘察、设计的招标人应当在评标委员会推荐的候选方案中确定中标方案。但是，建设工程勘察、设计的招标人认为评标委员会推荐的候选方案不能最大限度满足招标文件规定的要求的，应当依法重新招标。

（3）经有关主管部门批准，可以对下列建设工程的勘察、设计直接发包：

1）采用特定的专利或者专有技术的；

2）建筑艺术造型有特殊要求的；

3）国务院规定的其他建设工程的勘察、设计。

（4）发包方可以将整个建设工程的勘察、设计发包给一个勘察、设计单位；也可以将建设工程的勘察、设计分别发包给几个勘察、设计单位。但不得将建设工程勘察、设计业务发包给不具有相应勘察、设计资质等级的建设工程勘察、设计单位。

（5）除建设工程主体部分的勘察、设计外，经发包方书面同意，承包方可以将建设工程其他部分的勘察、设计再分包给其他具有相应资质等级的建设工程勘察、设计单位。建设工程勘察、设计单位不得将所承揽的建设工程勘察、设计转包。承包方必须在建设工程勘察、设计资质证书规定的资质等级和业务范围内承揽建设工程的勘察、设计业务。

为突出建筑设计招标投标特点，繁荣建筑设计创作，《建筑工程设计招标投标管理办法》规定，建筑工程设计招标可以采用设计方案招标或者设计团队招标，招标人可以根据项目特点和实际需要选择。设计方案招标，是指主要通过对投标人提交的设计方案进行评审确定中标人。设计团队招标，是指主要通过对投标人拟派设计团队的综合能力进行评审确定中标人。此外，为创造良好市场环境，激发企业活力，还规定了建筑工程设计招标文件应当明示设计费或者计费方法，以便设计单位可以根据情况决定是否参加投标；招标人确需另行选择其他设计单位承担初步设计、施工图设计的，应当在招标公告或者投标邀请书中明确；鼓励建筑工程实行设计总包，按照合同约定或者经招标人同意，设计单位可以不通过招标方式将建筑工程非主体部分的设计进行分包；招标人、中标人使用未中标方案的，应当征得提交方案的投标人同意并付给使用费，以营造有利于建筑设计创作的市场环境；住房城乡建设主管部门应当公开专家评审意见等信息，接受社会监督，以建立更加公开透明的建筑设计评标制度。

二、工程建设的招标投标管理

为了规范招标投标活动，保护国家利益、社会公众利益和招标投标活动当事人的合法权益，提高经济效益，保证项目质量，《招标投标法》对进行招标投标活动作出了规定。《招标投标法实施条例》《国务院办公厅关于促进建筑业持续健康发展的意见》进一步要求完善招标投标制度，将依法必须招标的工程建设项目纳入统一的公共资源交易平台，遵循公平、公正、公开和诚信的原则，规范招标投标行为。进一步简化招标投标程序，尽快实现招标投标交易全过程电子化，推行网上异地评标。对依法通过竞争性谈判或单一来源方式确定供应商的政府采购工程建设项目，符合相应条件的应当颁发施工许可证。

（一）招标投标的范围

在中华人民共和国境内进行下列工程建设项目包括项目的勘察、设计、施工、监理以及与工程建设有关的重要设备、材料等的采购，必须进行招标：

（1）大型基础设施、公用事业等关系社会公共利益、公众安全的项目；

（2）全部或者部分使用国有资金投资或者国家融资的项目；

（3）使用国际组织或者外国政府贷款、援助资金的项目。

以上所列项目的具体范围和规模标准，由国务院发展计划部门会同国务院有关部门制订，报国务院批准。法律或者国务院对必须进行招标的其他项目的范围有规定的，依照其规定。

（二）招标投标的原则

（1）招标投标活动应当遵循公开、公平、公正和诚实信用的原则。

（2）任何单位和个人不得将依法必须进行招标的项目化整为零或者以其他任何方式规避招标。

（3）依法必须进行招标的项目，其招标活动不受地区或者部门的限制。任何单位和个人不得违法限制或者排斥本地区、本系统以外的法人或者其他组织参加投标，不得以任何方式非法干涉招标投标活动。

（三）招标的管理

1. 公开招标和邀请招标

公开招标，是指招标人以招标公告的方式邀请不特定的法人或者其他组织投标；邀请招标，是指招标人以投标邀请书的方式邀请特定的法人或者其他组织投标。国家和地方重点项目，如不适宜公开招标的，经批准，可以进行邀请招标。

招标人采用公开招标方式的，应当发布招标公告。招标公告应当载明招标人的名称和地址、招标项目的性质、数量、实施地点和时间以及获取招标文件的办法等事项。

招标人采用邀请招标方式的，应当向三个以上具备承担招标项目的能力、资信良好的特定的法人或者其他组织发出投标邀请书。

2. 工程建设项目招标代理机构

招标代理机构是依法设立、从事招标代理业务并提供相关服务的社会中介组织。招标代理机构应当具备下列条件：①有从事招标代理业务的营业场所和相应资金；②有能够编制招标文件和组织评标的相应专业力量。招标代理机构与行政机关和其他国家机关不得存在隶属关系或者其他利益关系。招标人有权自行选择招标代理机构，委托其办理招标事宜。任何单位和个人不得以任何方式为招标人指定招标代理机构。

3. 建设工程的招标文件

招标人应当根据招标项目的特点和需要编制招标文件。招标文件应当包括招标项目的技术要求、对投标人资格审查的标准、投标报价要求和评标标准等所有实质性要求和条件以及拟签订合同的主要条款。

国家对招标项目的技术、标准有规定的，招标人应当按照其规定在招标文件中提出相应的要求。招标项目需要划分标段、确定工期的，招标人应当合理划分标段、确定工期，并在招标文件中载明。

招标文件不得要求或者标明特定的生产供应者以及含有倾向或者排斥潜在投标人的其他内容。

招标人不得向他人透露已获取招标文件的潜在投标人的名称、数量以及可能影响公平竞争的有关招标投标的其他情况。招标人设有标底的，标底必须保密。

（四）投标的管理

投标人是响应招标、参加投标竞争的法人或者其他组织。投标人应当具备承担招标项目的能力。对投标的管理内容主要有以下几个方面。

（1）投标人应当按照招标文件的要求编制投标文件。投标文件应当对招标文件提出的实质性要求和条件作出响应。招标项目属于建设施工的，投标文件的内容应当包括拟派出的项目负责人与主要技术人员的简历、业绩和拟用于完成招标项目的机械设备等。

（2）两个以上法人或者其他组织可以组成一个联合体，以一个投标人的身份共同投标。联合体各方均应当具备承担招标项目的相应能力。由同一专业的单位组成的联合体，按照资质等级较低的单位确定资质等级。

联合体各方应当签订共同投标协议，明确约定各方拟承担的工作和责任，并将共同投标协议连同投标文件一并提交招标人。联合体中标的，联合体各方应当共同与招标人签订合同，就中标项目向招标人承担连带责任。招标人不得强制投标人组成联合体共同投标，不得限制投标人之间的竞争。

（3）投标人不得相互串通投标报价，不得排挤其他投标人的公平竞争，损害招标人或者其他投标人的合法权益。

（4）投标人不得与招标人串通投标，损害国家利益、社会公众利益或者他人的合法权益。

（5）投标人不得以低于成本的报价竞标，也不得以他人名义投标或者以其他方式弄虚作假，骗取中标。

（五）开标、评标和中标的管理

（1）开标由招标人主持，邀请所有投标人参加。开标应当在招标文件确定的提交投标文件截止时间的同一时间公开进行，开标地点应当为招标文件中预先确定的地点。开标时，由投标人或者其推选的代表检查投标文件的密封情况，也可以由招标人委托的公正机构检查并公证；经确认无误后，由工作人员当众拆封，宣读投标人名称、投标价格和投标文件的其他主要内容。

（2）评标由招标人依法组成的评标委员会负责。评标委员会成员的名单在中标结果确定前应当保密。评标委员会应当按照招标文件确定的评标标准和方法，对投标文件进行评审和比较；设有标底的，应当参考标底。评标委员会完成评标后，应当向招标人提出书面评标报告，并推荐合格的中标候选人。

中标人的投标应当符合下列条件之一：①能够最大限度地满足招标文件中规定的各项综合评价标准；②能够满足招标文件的实质性要求，并且经评审的投标价格最低，但是投标价格低于成本的除外。

（3）中标人确定后，招标人应当向中标人发出中标通知书，并同时将中标结果通知所有未中标的投标人。中标人应当按照合同约定履行义务，完成中标项目。中标人不得向他人转让中标项目，也不得将中标项目肢解后分别向他人转让。但中标人按照合同约定或者经招标人同意，可以将中标项目的部分非主体、非关键性工作分包给他人完成。接受分包的人应当具备相应的资格条件，并不得再次分包。

三、建设监理制度

（一）建设监理制度概述

建设工程项目监理简称建设监理，国外统称工程咨询，是建设工程项目实施过程中一种科学的管理方法。它把建设工程项目的管理纳入社会化、法制化的轨道，做到高效、严格、科学、经济。

建设监理是对建设前期的工程咨询，建设实施阶段的招标投标、勘察设计、施工验收，直至建设后期的运转保修在内的各个阶段的管理与监督。建设监理机构，指符合规定条件且经批准成立、取得资格证书和营业执照的监理单位。其受业主委托依据国家法律、法规、规范、批准的设计文件和合同条款，对工程建设实施监理活动。建设监理单位对建设项目的监理来源于业主的委托授权，业主可以委托一个单位监理，也可同时委托几个单位监理；监理范围可以是工程建设的全过程监理，也可以是阶段监理，即项目决策阶段的监理和项目实施阶段的监理。我国目前建设监理主要是项目实施阶段的监理。在业主、承包商和监理单位三方中，以经济为纽带、合同为依据对其进行制约，其中经济手段是达到控制建设工期、造价和质量三个目标的重要因素。

实施建设监理是有条件的。首先是有实施监理的需求，即须有建设工程，有人委托；其次具有相应的技术服务供给，即具有监理组织机构、监理人才；最后还 应有配套的法制和市场环境，即具有监理法规、监理依据和明确的责、权、利保障。

（二）建设监理委托合同的形式与内容

《建设工程质量管理条例》规定，实行监理的建设工程，建设单位应当委托具有相应资质等级的工程监理单位进行监理，也可以委托具有工程监理相应资质等级并与被监理工程的施工承包单位没有隶属关系或者其他利害关系的该工程的设计单位进行监理。

建设工程委托监理合同是一种专业性很强的合同，住房和城乡建设部、国家工商行政管理总局联合制定颁布的《建设工程监理合同（示范文本）》（GF—2012—0202），由协议书、通用条件、专用条件、附录组成。目前国际上较为常见的标准委托合同格式是国际咨询工程师联合会（FIDIC）颁布的《雇主与咨询工程师项目管理协议书国际范本与国际通用规则》，最新版本是《业主/咨询工程师标准服务协议书》。

（三）工程建设监理的主要工作任务和内容

监理的基本方法就是控制，基本工作是"三控""两管""一协调"。"三控"是指监理工程师在工程建设全过程中的工程进度控制、工程质量控制和工程投资控制；"两管"是指监理活动中的合同管理和信息管理；"一协调"是指全面的组织协调。

（1）工程进度控制是指项目实施阶段（包括设计准备、设计、施工、使用前准备各阶段）的进度控制。其控制的目的是通过采用控制措施，确保项目交付使用时间目标的实现。

（2）工程质量控制，实际上是指监理工程师组织参加施工的承包商，按合同标准进行建设，并对决定或影响工程质量的诸因素进行检测、核验，对差异提出调整、纠正措施的监督管理过程，这是监理工程师的一项重要职责。在履行这一职责的过程中，监理工程师不仅代表建设单位的利益，同时也要对国家和社会负责。

（3）工程投资控制不是指投资越省越好，而是指工程项目在投资范围内得到合理控制。项目投资控制的目标是使该项目的实际投资小于或等于该项目的计划投资（业主所确定的投资目标值）。

总之，要在计划投资范围内，通过控制的手段，实现项目的功能、建筑的造型和质量的优化。

（4）合同管理。建设项目监理的合同管理贯穿于合同的签订、履行、变更或终止等活动的全过程，目的是保证合同得到全面认真地履行。

（5）信息管理。建设项目的监理工作是围绕着动态目标控制展开的，而信息则是目标控制的基础。信息管理就是以电子计算机为辅助手段对有关信息的收集、储存、处理等。信息管理的内容是：信息流程结构图（反映各参加单位间的信息关系）；信息目录表（包括信息名称、信息提供者、提供时间、信息接受者、信息的形式）；会议制度（包括会议的名称、主持人、参加人、会议举行的时间）；信息的编码系统；信息的收集、整理及保存制度。

（6）协调是建设监理能否成功的关键。协调的范围可分为内部的协调和外部的协调。内部的协调主要是工程项目系统内部人员、组织关系、各种需求关系的协调。外部的协调包括与业主有合同关系的施工单位、设计单位的协调和与业主没有合同关系的政府有关部门、社会团体及人员的协调。

（四）建设工程的监理

1. 建设工程监理范围

《建设工程质量管理条例》规定，下列建设工程必须实行监理：

（1）国家重点建设工程；

（2）大、中型公用事业工程；

（3）成片开发建设的住宅小区工程；

（4）利用外国政府或者国际组织贷款、援助资金的工程；

（5）国家规定必须实行监理的其他工程。

2. 建设工程监理单位的质量责任和义务

（1）工程监理单位应当依法取得相应等级的资质证书，并在其资质等级许可的范围内承担工程监理业务。禁止工程监理单位超越本单位资质等级许可的范围或者以其他工程监理单位的名义承担工程监理业务。禁止工程监理单位允许其他单位或者个人以本单位的名义承担工程监理业务。工程监理单位不得转让工程监理业务。

（2）工程监理单位与被监理工程的施工承包单位以及建设材料、建筑构配件和设备供应单位有隶属关系或者其他利害关系的，不得承担该项建设工程的监理业务。

（3）工程监理单位应当依照法律、法规以及有关技术标准、设计文件和建设工程承包合同，代表建设单位对施工质量实施监理，并对施工质量承担监理责任。

（4）工程监理单位应当选派具备相应资格的总监理工程师和监理工程师进驻施工现场。未经监理工程师签字，建筑材料、建筑构配件和设备不得在工程上使用或者安装，施工单位不得进行下一道工序的施工，未经总监理工程师签字，建设单位不拨付工程款，不进行竣工验收。

（5）监理工程师应当按照工程监理规范的要求，采取旁站、巡视和平行检验等形式，对建设工程实施监理。

（五）建设监理程序与管理

根据《建设工程企业资质管理制度改革方案》，工程监理资质分为综合资质和专业资质。取消专业资质中的水利水电工程、公路工程、港口与航道工程、农林工程资质，保留其余 10 类专业资质；取消事务所资质。综合资质不分等级，专业资质等级压减为甲、乙两级。

（六）注册监理工程师制度

注册监理工程师是指经考试取得中华人民共和国监理工程师资格证书，并按照《注册监理工程师管理规定》注册，取得中华人民共和国注册监理工程师注册执业证书和执业印章，从事工程监理及相关业务活动的专业技术人员。注册监理工程师依据其所学专业、工作经历、工程业绩，按照《工程监理企业资质管理规定》划分的工程类别，按专业注册。每人最多可以申请两个专业注册。注册监理工程师可以从事工程监理、工程经济与技术咨询、工程招标与采购咨询、工程项目管理服务以及国务院有关部门规定的其他业务。工程监理活动中形成的监理文件由注册监理工程师按照规定签字盖章后方可生效。修改经注册监理工程师签字盖章的工程监理文件，应当由该注册监理工程师进行；因特殊情况，该注册监理工程师不能进行修改的，应当由其他注册监理工程师修改，并签字、加盖执业印章，对修改部分承担责任。

第三节　建设工程施工与质量管理

建设工程施工是一项复杂的生产活动，是房地产开发项目得以顺利实现的重要环节。从开发项目的报建、开工到竣工，有多个工序，牵涉到投资方（甲方）、建设监理方，设计、施工单位，建材、设备的供应单位以及最终使用者；涉及安全生产、施工质量等重大问题。因此，必须有一整套完整的、规范的、科学的管理制度。国务院住房城乡建设主管部门和其他有关部门为规范工程建设实施阶段的管理，保障工程施工的顺利进行，维护各方合法权益，先后颁布了一系列法规、规章，构成了我国现行的建设工程施工和施工企业的管理制度。

一、施工许可管理

为了加强对建筑活动的监督管理，维护建筑市场秩序，保证建筑工程的质量和安全，《建筑工程施工许可管理办法》要求建设单位在开工前应当向工程所在地的县级以上地方人民政府住房城乡建设主管部门申请领取施工许可证。

（一）建筑工程施工许可管理的原则

（1）在中华人民共和国境内从事各类房屋建筑及其附属设施的建造、装修装饰和与其配套的线路、管道、设备的安装，以及城镇市政基础设施工程的施工，建设单位在开工前应当依照《建筑工程施工许可管理办法》的规定，向工程所在地的县级以上地方人民政府住房城乡建设主管部门（以下简称发证机关）申请领取施工许可证。

（2）工程投资额在 30 万元以下或者建筑面积在 $300m^2$ 以下的建筑工程，可以不申请办理施工许可证。省、自治区、直辖市人民政府住房城乡建设主管部门可以根据当地的实际情况，对限额进行调整，并报国务院住房城乡建设主管部门备案。

（3）按照国务院规定的权限和程序批准开工报告的建筑工程，不再领取施工许可证。

（4）《建筑工程施工许可管理办法》规定应当申请领取施工许可证的建筑工程未取得施工许可证的，一律不得开工。任何单位和个人不得将应当申请领取施工许可证的工程项目分解为若干限额以下的工程项目，规避申请领取施工许可证。

（二）申请施工许可证的条件

建设单位申请领取施工许可证，应当具备下列条件，并提交相应的证明文件。

（1）依法应当办理用地批准手续的，已经办理该建筑工程用地批准手续。

（2）依法应当办理建设工程规划许可证的，已经取得建设工程规划许可证。

（3）施工场地已经基本具备施工条件，需要征收房屋的，其进度符合施工要求。

（4）已经确定施工企业。按照规定应当招标的工程没有招标，应当公开招标的工程没有公开招标，或者肢解发包工程，以及将工程发包给不具备相应资质条件的企业的，所确定的施工企业无效。

（5）有满足施工需要的资金安排、施工图纸及技术资料，建设单位应当提供建设资金已经落实承诺书，施工图设计文件已按规定审查合格。

（6）有保证工程质量和安全的具体措施。施工企业编制的施工组织设计中有根据建筑工程特点制定的相应质量、安全技术措施。建立工程质量安全责任制并落实到人。专业性较强的工程项目编制了专项质量、安全施工组织设计，并按照规定办理了工程质量、安全监督手续。

县级以上地方人民政府住房城乡建设主管部门不得违反法律法规规定，增设办理施工许可证的其他条件。

（三）申请施工许可证的程序

发证机关应当将办理施工许可证的依据、条件、程序、期限以及需要提交的全部材料和申请表示范文本等，在办公场所和有关网站予以公示。申请办理施工许可证，应当按照下列程序进行。

（1）建设单位向发证机关领取《建筑工程施工许可证申请表》。

（2）建设单位持加盖单位及法定代表人印鉴的《建筑工程施工许可证申请表》，并附《建筑工程施工许可管理办法》第四条规定的证明文件，向发证机关提出申请。

（3）发证机关在收到建设单位报送的《建筑工程施工许可证申请表》和所附证明文件后，对于符合条件的，应当自收到申请之日起7日内颁发施工许可证；对于证明文件不齐全或者失效的，应当当场或者5日内一次告知建设单位需要补正的全部内容，审批时间可以自证明文件补正齐全后作相应顺延；对于不符合条件的，应当自收到申请之日起7日内书面通知建设单位，并说明理由。

建筑工程在施工过程中，建设单位或者施工单位发生变更的，应当重新申请领取施工许可证。建设单位申请领取施工许可证的工程名称、地点、规模，应当符合依法签订的施工承包合同。

（四）建筑工程施工许可证的管理

发证机关作出的施工许可决定，应当予以公开，公众有权查阅。发证机关应当建立颁发施工许可证后的监督检查制度，对取得施工许可证后条件发生变化、延期开工、中止施工等行为进行监督检查，发现违法违规行为及时处理。

施工许可证分为正本和副本，正本和副本具有同等法律效力。复印的施工许可证无效。施工许可证应当放置在施工现场备查，并按规定在施工现场公开。施工许可证不得伪造和涂改。建设单位应当自领取施工许可证之日起3个月内开工。因故不能按期开工的，应当在期满前向发证机关申请延期，并说明理由；延期以两次为限，每次不超过3个月。既不开工又不申请延期或者超过延期次数、时限的，施工许可证自行废止。在建的建筑工程因故中止施工的，建设单位应当自中止施工之日起1个月内向发证机关报告，报告内容包括中止施工的时间、原因、在施部位、维修管理措施等，并按照规定做好建筑工程的维护管理工作。建筑工程恢复施工时，应当向发证机关报告；中止施工满1年的工程恢复施工前，建设单位应当报发证机关核验施工许可证。

对于未取得施工许可证或者为规避办理施工许可证将工程项目分解后擅自施工的，由有管辖权的发证机关责令停止施工，限期改正。

二、建设工程质量管理

为了加强对建设工程质量的管理，保证建设工程质量，保护人民生命财产安全，《建设工程质量管理条例》对土木工程、建筑工程、线路管道和设备安装工程及装修工程等建设工程质量监督管理作出了规定。

《国务院办公厅关于促进建筑业持续健康发展的意见》要求，严格落实工程质量责任。全面落实各方主体的工程质量责任，特别要强化建设单位的首要责任和勘察、设计、施工单位的主体责任。严格执行工程质量终身责任制，在建筑物明显部位设置永久性标牌，公示质量责任主体和主要责任人。对违反有关规定、造成工程质量事故的，依法给予责任单位停业整顿、降低资质等级、吊销资质证书等行政处罚并通过国家企业信用信息公示系统予以公示，给予注册执业人员暂停执业、吊销资格证书、一定时间直至终身不得进入行业等处罚。对发生工程质量事故造成损失的，要依法追究经济赔偿责任，情节严重的要追究有关单位和人员的法律责任。参与房地产开发的建筑业企业应依法合规经营，提高住宅品质。

（一）建设工程质量管理的原则

（1）县级以上人民政府建设行政主管部门和其他有关部门负责对建设工程质量实行监督管理。

（2）从事建设工程活动，必须严格执行基本建设程序，坚持先勘察、后设计、再施工的原则。

（3）县级以上人民政府及其有关部门不得超越权限审批建设项目或者擅自简化基本建设程序。

（4）国家鼓励采用先进的科学技术和管理方法，提高建设工程质量。

（二）建设单位的质量责任和义务

（1）建设单位应当将工程发包给具有相应资质等级的单位。建设单位不得将建设工程肢解发包。

（2）建设单位应当依法对工程建设项目的勘察、设计、施工，以及与工程建设有关的重要设备、材料等的采购进行招标。

（3）建设工程发包单位不得迫使承包方低于成本竞标，不得任意压缩合理工期。建设单位不得明示或者暗示设计单位或者施工单位违反工程建设强制性标准，降低建设工程质量。

（4）施工图设计文件未经审查批准的，不得使用。根据《国务院办公厅关于全面开展工程建设项目审批制度改革的实施意见》，试点地区要进一步精简审批环节，在加快探索取消施工图审查（或缩小审查范围）、实行告知承诺制和设计人员终身负责制等方面，尽快形成可复制可推广的经验。

（三）施工单位的质量责任和义务

（1）施工单位应当依法取得相应等级的资质证书，并在其资质等级许可的范围内承揽工程。禁止施工单位超越本单位资质等级许可的业务范围或者以其他施工单位的名义承揽工程。禁止施工单位允许其他单位或者个人以本单位的名义承揽工程。施工单位不得转包或者违法分包工程。

（2）施工单位对建设工程的施工质量负责。施工单位应当建立质量责任制，确定工程项目的项目经理、技术负责人和施工管理负责人。建设工程实行总承包的，总承包单位应当对全部建设工程质量负责，建设工程勘察、设计、施工、设备采购的一项或者多项实行总承包的，总承包单位应当对其承包的建设工程或者采购的设备的质量负责。

（3）总承包单位依法将建设工程分包给其他单位的，分包单位应当按照分包合同的约定对其分包工程的质量向总承包单位负责，总承包单位与分包单位对分包工程的质量承担连带责任。

（4）施工单位必须按照工程设计图纸和施工技术标准施工，不得擅自修改工程设计，不得偷工减料。施工单位在施工过程中发现设计文件和图纸有差错的，应当及时提出意见和建议。

（5）施工单位必须按照工程设计要求、施工技术标准和合同约定，对建筑材料、建筑构配件、设备和商品混凝土进行检验，检验应当有书面记录和专人签字；未经检验或者检验不合格的，不得使用。

（6）施工单位必须建立、健全施工质量的检验制度，严格工序管理，做好隐蔽工程的质量检查和记录。隐蔽工程在隐蔽前，施工单位应当通知建设单位和建设工程质量监督机构。

（7）施工人员对涉及结构安全的试块、试件以及有关材料，应当在建设单位或者工程监理单位监督下现场取样，并送具有相应资质等级的单位检测。

（8）施工单位对施工中出现质量问题的建设工程或者竣工验收不合格的建设工程，应当负责返修。

（9）施工单位应当建立、健全教育培训制度，加强对职工的教育培训；未经教育培训或者考核不合格的人员，不得上岗作业。

（四）建设工程质量监督管理制度

1. 建设工程质量监督管理机构

（1）国务院住房城乡建设主管部门对全国的建设工程质量实施统一监督管理。国务院铁路、交通、水利等有关部门按照国务院规定的职责分工，负责对全国的有关专业建设工程质量的监督管理。县级以上地方人民政府建设行政主管部门对本行政区域内的建设工程质量实施监督管理。县级以上地方人民政府交通、水利等有关部门在各自的职责范围内，负责对本行政区域内的专业建设工程质量的监督管理。

（2）国务院住房城乡建设主管部门和国务院铁路、交通、水利等有关部门加强对有关建设工程质量的法律、法规和强制性标准执行情况的监督检查。

（3）国务院发展和改革部门按照国务院规定的职责，组织稽察特派员，对国家出资的重大建设项目实施监督检查。国务院经贸主管部门按照国务院规定的职责，对国家重大技术改造项目实施监督检查。

2. 建设工程质量监督管理的实施

（1）建设工程质量监督管理，可以由住房城乡建设主管部门或者其他有关部门委托的建设工程质量监督机构具体实施。

从事房屋建筑工程和市政基础设施工程质量监督的机构，必须按照国家有关规定经国务院住房城乡建设主管部门或者省、自治区、直辖市人民政府住房城乡建设主管部门考核；从事专业建设工程质量监督的机构，必须按照国家有关规定经国务院有关部门或者省、自治区、直辖市人民政府有关部门考核。经考核合格后，方可实施质量监督。

（2）县级以上地方人民政府建设行政主管部门和其他有关部门应当加强对有关建设工程质量的法律、法规和强制性标准执行情况的监督检查。在履行监督检查职责时，有权采取下列措施：要求被检查的单位提供有关工程质量的文件和资料；进入被检查单位的施工现场进行检查；发现有影响工程质量的问题时，责令改正。

（3）有关单位和个人对县级以上人民政府建设行政主管部门和其他有关部门进行的监督检查应当支持与配合，不得拒绝或者阻碍建设工程质量监督检查人员依法执行公务。

（4）供水、供电、供气、公安消防等部门或者单位，不得明示或者暗示建设单位、施工单位购买其指定的生产供应单位的建筑材料、建筑构配件和设备。

（5）建设工程发生质量事故，有关单位应当在 24 小时内向当地建设行政主管部门和其他有关部门报告。对重大质量事故，事故发生地的建设行政主管部门和其他有关部门应当按照事故类别和等级向当地人民政府和上级建设行政主管部门和其他有关部门报告。任何单位和个人对建设工程的质量事故、质量缺陷都有权检举、控告、投诉。

（五）建设工程抗震管理

为了提高建设工程抗震防灾能力，降低地震灾害风险，强化监管，确保工程质量，《建设工程抗震管理条例》明确了新建、扩建、改建建设工程抗震设防达标要求及措施，对已建成建设工程的抗震鉴定、加固和维护也进行了规范。

1. 新建、扩建、改建建设工程的抗震设防

建设工程应当避开抗震防灾专项规划确定的危险地段。确实无法避开的，应当采取符合建设工程使用功能要求和适应地震效应的抗震设防措施。新建、扩建、改建建设工程，应当符合抗震设防强制性标准。建设单位应当对建设工程勘察、设计和施工全过程负责，在勘察、设计和施工合同中明确拟采用的抗震设防强制性标准，按照合同要求对勘察设计成果文件进行核验，组织工程验收，确保建设工程符合抗震设防强制性标准。建设单位不得明示或者暗示勘察、设计、施工等单位和从业人员违反抗震设防强制性标准，降低工程抗震性能。建设工程勘察文件中应当说明抗震场地类别，对场地地震效应进行分析，并提出工程选址、不良地质处置等建议。建设工程设计文件中应当说明抗震设防烈度、抗震设防类别以及拟采用的抗震设防措施。采用隔震减震技术的建设工程，设计文件中应当

对隔震减震装置技术性能、检验检测、施工安装和使用维护等提出明确要求。对超限高层建筑工程，设计单位应当在设计文件中予以说明，建设单位应当在初步设计阶段将设计文件等材料报送省、自治区、直辖市人民政府住房城乡建设主管部门进行抗震设防审批。住房城乡建设主管部门应当组织专家审查，对采取的抗震设防措施合理可行的，予以批准。超限高层建筑工程抗震设防审批意见应当作为施工图设计和审查的依据。工程总承包单位、施工单位及工程监理单位应当建立建设工程质量责任制度，加强对建设工程抗震设防措施施工质量的管理。国家鼓励工程总承包单位、施工单位采用信息化手段采集、留存隐蔽工程施工质量信息。施工单位应当按照抗震设防强制性标准进行施工。

建设单位应当将建筑的设计使用年限、结构体系、抗震设防烈度、抗震设防类别等具体情况和使用维护要求记入使用说明书，并将使用说明书交付使用人或者买受人。建设单位应当组织勘察、设计、施工、工程监理单位建立隔震减震工程质量可追溯制度，利用信息化手段对隔震减震装置采购、勘察、设计、进场检测、安装施工、竣工验收等全过程的信息资料进行采集和存储，并纳入建设项目档案。

2. 已建成建设工程的抗震鉴定、加固和维护

国家实行建设工程抗震性能鉴定制度。抗震性能鉴定结果应当对建设工程是否存在严重抗震安全隐患以及是否需要进行抗震加固作出判定。抗震性能鉴定结果应当真实、客观、准确。建设工程所有权人应当对存在严重抗震安全隐患的建设工程进行安全监测，并在加固前采取停止或者限制使用等措施。抗震加固竣工验收合格后，应当公示抗震加固时间、后续使用年限等信息，对建设工程抗震构件、隔震沟、隔震缝、隔震减震装置及隔震标识进行检查、修缮和维护，任何单位和个人不得擅自变动、损坏或者拆除。

三、建设工程的竣工验收管理制度

竣工验收是建设工程施工和施工管理的最后环节，是把好工程质量的最后一关，意义十分重大。任何建设工程竣工后，都必须进行竣工验收。建设工程经验收合格的，方可交付使用。为贯彻《建设工程质量管理条例》，规范房屋建筑和市政基础设施工程的竣工验收，保证工程质量，《房屋建筑和市政基础设施工程竣工验收规定》对新建、扩建、改建的各类房屋建筑和市政基础设施工程的竣工验收作出了规定。为了加强房屋建筑和市政基础设施工程质量的管理，《房屋建筑和市政基础设施工程竣工验收备案管理办法》对上述工程竣工验收的备案作出了规定。

（一）建设工程竣工验收的监督管理机构

国务院住房城乡建设主管部门负责全国房屋建筑工程和市政基础设施（以下统称工程）的竣工验收备案管理工作。县级以上地方人民政府建设行政主管部门负责本行政区域内工程的竣工验收备案管理工作。

建设单位收到建设工程竣工报告后，应当组织设计、施工、工程监理等有关单位进行竣工验收。建设单位应当自工程竣工验收合格之日起 15 日内，依照《房屋建筑和市政基础设施工程竣工验收备案管理办法》规定，向工程所在地的县级以上地方人民政府建设行政主管部门（以下简称备案机关）备案。

（二）建设工程竣工验收的条件

根据《建设工程质量管理条例》和《房屋建筑和市政基础设施工程竣工验收规定》，建设工程竣工验收应当具备下列条件。

（1）完成工程设计和合同约定的各项内容。

（2）施工单位在工程完工后对工程质量进行了检查，确认工程质量符合有关法律、法规和工程建设强制性标准，符合设计文件及合同要求，并提出工程竣工报告。工程竣工报告应经项目经理和施工单位有关负责人审核签字。

（3）对于委托监理的工程项目，监理单位对工程进行了质量评估，具有完整的监理资料，并提出工程质量评估报告。工程质量评估报告应经总监理工程师和监理单位有关负责人审核签字。

（4）勘察、设计单位对勘察、设计文件及施工过程中由设计单位签署的设计变更通知书进行了检查，并提出质量检查报告。质量检查报告应经该项目勘察、设计负责人和勘察、设计单位有关负责人审核签字。

（5）有完整的技术档案和施工管理资料。

（6）有工程使用的主要建筑材料、建筑构配件和设备的进场试验报告，以及工程质量检测和功能性试验资料。

（7）建设单位已按合同约定支付工程款。

（8）有施工单位签署的工程质量保修书。

（9）对于住宅工程，进行分户验收并验收合格，建设单位按户出具《住宅工程质量分户验收表》。

（10）建设行政主管部门及工程质量监督机构责令整改的问题全部整改完毕。

（11）法律、法规规定的其他条件。

建设工程经验收合格的，方可交付使用。

（三）工程竣工验收备案

根据《房屋建筑和市政基础设施工程竣工验收备案管理办法》，建设单位办理工程竣工验收备案应当提交下列文件。

（1）工程竣工验收备案表。

（2）工程竣工验收报告。竣工验收报告应当包括工程报建日期，施工许可证号，施工图设计文件审查意见，勘察、设计、施工、工程监理等单位分别签署的质量合格文件及验收人员签署的竣工验收原始文件，市政基础设施的有关质量检测和功能性试验资料以及备案机关认为需要提供的有关资料。

（3）法律、行政法规规定应当由规划、环保等部门出具的认可文件或者准许使用文件。

（4）法律规定应当由公安消防部门出具的对大型的人员密集场所和其他特殊建设工程验收合格的证明文件。

（5）施工单位签署的工程质量保修书。

（6）法规、规章规定必须提供的其他文件。

住宅工程还应当提交《住宅质量保证书》和《住宅使用说明书》。建设单位在工程竣工验收合格之日起 15 日内未办理工程竣工验收备案的，备案机关责令限期改正，处 20 万元以上 50 万元以下罚款。

四、建设工程质量保修

为保护建设单位、施工单位、房屋建筑所有人和使用人的合法权益，维护公共安全和公众利益，根据《建筑法》和《建设工程质量管理条例》，建设部于 2000 年 6 月发布了《房屋建筑工程质量保修办法》，适用于在中华人民共和国境内各类房屋建筑工程（包括装修工程）的质量保修。

房屋建筑工程质量保修，是指对房屋建筑工程竣工验收后在保修期限内出现的质量缺陷，予以修复。质量缺陷，是指房屋建筑工程的质量不符合工程建设强制性标准以及合同的约定。房屋建筑工程在保修范围和保修期限内出现质量缺陷，施工单位应当履行保修义务。

（一）房屋建筑工程质量保修期限

建设单位和施工单位应当在工程质量保修书中约定保修范围、保修期限和保修责任等，双方约定的保修范围、保修期限必须符合国家有关规定。

在正常使用下，房屋建筑工程的最低保修期限为：

（1）地基基础和主体结构工程，为设计文件规定的该工程的合理使用年限；

（2）屋面防水工程、有防水要求的卫生间、房间和外墙面的防渗漏，为 5 年；

（3）供热与供冷系统，为 2 个采暖期、供冷期；

（4）电气系统、给水排水管道、设备安装为 2 年；

（5）装修工程为 2 年。

其他项目的保修期限由建设单位和施工单位约定。

房屋建筑工程保修期从工程竣工验收合格之日起计算。

（二）房屋建筑工程质量保修责任

（1）房屋建筑工程在保修期限内出现质量缺陷，建设单位或者房屋建筑所有人应当向施工单位发出保修通知。施工单位接到保修通知后，应当到现场核查情况，在保修书约定的时间内予以保修。发生涉及结构安全或者严重影响使用功能的紧急抢修事故，施工单位接到保修通知后，应当立即到达现场抢修。

（2）发生涉及结构安全的质量缺陷，建设单位或者房屋建筑所有人应当立即向当地建设行政主管部门报告，采取安全防范措施；由原设计单位或者具有相应资质等级的设计单位提出保修方案，施工单位实施保修，原工程质量监督机构负责监督。

（3）保修完成后，由建设单位或者房屋建筑所有人组织验收。涉及结构安全的，应当报当地建设行政主管部门备案。

（4）施工单位不按工程质量保修书约定保修的，建设单位可以另行委托其他单位保修，由原施工单位承担相应责任。

（5）保修费用由质量缺陷的责任方承担。

（6）在保修期内，因房屋建筑工程质量缺陷造成房屋所有人、使用人或者第三方人身、财产损害的，房屋所有人、使用人或者第三方可以向建设单位提出赔偿要求。建设单位向造成房屋建筑工程质量缺陷的责任方追偿。因保修不及时造成新的人身、财产损害，由造成拖延的责任方承担赔偿责任。

房地产开发企业售出的商品房保修，还应当执行《城市房地产开发经营管理条例》和其他有关规定。

五、建筑施工企业的资质管理

根据《建设工程企业资质管理制度改革方案》，施工资质分为综合资质、施工总承包资质、专业承包资质和专业作业资质。将 10 类施工总承包企业特级资质调整为施工综合资质，可承担各行业、各等级施工总承包业务；保留 12 类施工总承包资质，将民航工程的专业承包资质整合为施工总承包资质；将 36 类专业承包资质整合为 18 类；将施工劳务企业资质改为专业作业资质，由审批制改为备案制。综合资质和专业作业资质不分等级；施工总承包资质、专业承包资质等级原则上压减为甲、乙两级（部分专业承包资质不分等级），其中，施工总承包甲级资质在本行业内承揽业务规模不受限制。

为深化建筑业"放管服"改革，《住房和城乡建设部办公厅关于做好建筑业"证照分离"改革衔接有关工作的通知》要求，自 2021 年 7 月 1 日起，住房城乡建设主管部门停止受理施工总承包资质 12 个类别、专业承包资质 20 个类别的三级资质，以及建设工程勘察设计、工程监理企业相应资质等级的首次、延续、增项和重新核定的申请。2021 年 7 月 1 日前已受理的，按照原资质标准进行审批。自 2021 年 7 月 1 日起，建筑业企业施工劳务资质由审批制改为备案制。企业完成备案手续并取得资质证书后，即可承接施工劳务作业。对于通过告知承诺方式取得资质证书的企业，经住房城乡建设主管部门核查发现承诺不实的，依法撤销其相应资质，并按照有关规定进行处罚。对于按照优化审批服务方式改革的许可事项，实行全程电子化申报和审批的，企业不再需要提供人员身份证明和社保证明、企业资质证书、注册执业人员资格证书等证明材料。《住房和城乡建设部办公厅关于开展建设工程企业资质审批权限下放试点的通知》和《住房和城乡建设部办公厅关于扩大建设工程企业资质审批权限下放试点范围的通知》明确的试点时间统一延长至新的建设工程企业资质管理规定实施之日。

六、注册建造师制度

为了加强对注册建造师的管理，规范注册建造师的执业行为，提高工程项目管理水平，保证工程质量和安全，《注册建造师管理规定》对注册建造师的注册、执业、继续教育和监督管理作出了规定。

（1）注册建造师是指通过考核认定或考试合格取得中华人民共和国建造师资格证书，并按照《注册建造师管理规定》注册，取得中华人民共和国建造师注册证书和执业印章，担任施工单位项目负责人及从事相关活动的专业技术人员。

（2）国务院住房城乡建设主管部门对全国注册建造师的注册、执业活动实施统一监督管理；国务院铁路、交通、水利、信息产业、民航等有关部门按照国务院规定的职责分工，对全国有关专业工程注册建造师的执业活动实施监督管理。注册建造师分为一级注册建造师和二级注册建造师。一级注册建造师由国务院住房城乡建设主管部门核发一级建造师注册证书，并核定执业印章编号。二级注册建造师由省、自治区、直辖市人民政府住房城乡建设主管部门负责受理和审批。

注册建造师的具体执业范围按照建设部印发的《注册建造师执业工程规模标准》执行。

（3）取得一级建造师资格证书并受聘于一个建设工程勘察、设计、施工、监理、招标代理、造价咨询等单位的人员，应当通过聘用单位提出注册申请，并可以向单位工商注册所在地的省、自治区、直辖市人民政府住房城乡建设主管部门提交申请材料。省、自治区、直辖市人民政府住房城乡建设主管部门收到申请材料后，应当在 5 日内将全部申请材料报国务院住房城乡建设主管部门审批。国务院住房城乡建设主管部门在收到申请材料后，应当依法作出是否受理的决定，并出具凭证；申请材料不齐全或者不符合法定形式的，应当在 5 日内一次性告知申请人需要补正的全部内容。逾期不告知的，自收到申请材料之日起即为受理。

（4）注册建造师可以从事建设工程项目总承包管理或施工管理，建设工程项目管理服务，建设工程技术经济咨询，以及法律、行政法规和国务院住房城乡建设主管部门规定的其他业务。建设工程施工活动中形成的有关工程施工管理文件，应当由注册建造师签字并加盖执业印章。施工单位签署质量合格的文件上，必须有注册建造师的签字盖章。

第四节   房地产开发企业及开发项目管理

为了加强对城市房地产开发企业管理，促进和保障房地产业的健康发展，《城市房地产管理法》《城市房地产开发经营管理条例》《房地产开发企业资质管理规定》对房地产开发企业设立、企业资质及项目管理等都作出了规定。

一、房地产开发企业的设立

（一）房地产开发企业设立的程序

《城市房地产开发经营管理条例》第八条规定，房地产开发企业应当自领取营业执照之日起 30 日内，提交下列纸质或者电子材料，向登记机关所在地的房地产开发主管部门备案：

（1）营业执照复印件；

（2）企业章程；

（3）专业技术人员的资格证书和聘用合同。

（二）房地产开发企业资质等级

国家对房地产开发企业实行资质管理。国务院住房城乡建设主管部门负责全国房地产开发企业的资质管理工作；县级以上地方人民政府房地产开发主管部门负责本行政区域内房地产开发企业的资质管理工作。为贯彻落实《国务院关于深化"证照分离"改革进一步激发市场主体发展活力的通知》有关要求，2022 年 3

月2日，住房和城乡建设部令第54号对《房地产开发企业资质管理规定》进行了修改，自公布之日起施行。

房地产开发企业按照企业条件分为一、二两个资质等级。各资质等级企业的条件如下。

1. 一级资质

（1）从事房地产开发经营5年以上；

（2）近3年房屋建筑面积累计竣工30万 m² 以上，或者累计完成与此相当的房地产开发投资额；

（3）连续5年建筑工程质量合格率达100%；

（4）上一年房屋建筑施工面积15万 m² 以上，或者完成与此相当的房地产开发投资额；

（5）有职称的建筑、结构、财务、房地产及有关经济类的专业管理人员不少于40人，其中具有中级以上职称的管理人员不少于20人，专职会计人员不少于4人；

（6）工程技术、财务、统计等业务负责人具有相应专业中级以上职称；

（7）具有完善的质量保证体系，商品住宅销售中实行了《住宅质量保证书》和《住宅使用说明书》制度；

（8）未发生过重大工程质量事故。

2. 二级资质

（1）有职称的建筑、结构、财务、房地产及有关经济类的专业管理人员不少于5人，其中专职会计人员不少于2人；

（2）工程技术负责人具有相应专业中级以上职称，财务负责人具有相应专业初级以上职称，配有统计人员；

（3）具有完善的质量保证体系。

（三）资质申请和审批

申请核定资质等级的房地产开发企业，应当通过相应的政务服务平台提出申请，提交下列材料。

1. 一级资质

（1）企业资质等级申报表；

（2）专业管理、技术人员的职称证件；

（3）已开发经营项目的有关材料；

（4）《住宅质量保证书》《住宅使用说明书》执行情况报告，建立质量管理制度、具有质量管理部门及相应质量管理人员等质量保证体系情况说明。

2. 二级资质

（1）企业资质等级申报表；

（2）专业管理、技术人员的职称证件；

（3）建立质量管理制度、具有质量管理部门及相应质量管理人员等质量保证体系情况说明。

房地产开发企业资质等级实行分级审批。一级资质由省、自治区、直辖市人民政府建设行政主管部门初审，报国务院住房城乡建设主管部门审批。二级资质由省、自治区、直辖市人民政府住房城乡建设主管部门或者其确定的设区的市级人民政府房地产开发主管部门审批。经资质审查合格的企业，由资质审批部门发给相应等级的资质证书。资质证书有效期为 3 年。临时聘用或者兼职的管理、技术人员不得计入企业管理、技术人员总数。

（四）资质管理

资质证书由国务院住房城乡建设主管部门统一制作。资质证书分为正本和副本，资质审批部门可以根据需要核发资质证书副本若干份。任何单位和个人不得涂改、出租、出借、转让、出卖资质证书。企业遗失资质证书，必须在新闻媒体上声明作废后，方可补领。企业有下列行为之一的，由原资质审批部门按照《行政许可法》等法律法规规定予以处理，并可处 1 万元以上 3 万元以下的罚款：①隐瞒真实情况、弄虚作假骗取资质证书的；②涂改、出租、出借、转让、出卖资质证书的。

企业发生分立、合并的，应当在向市场监督管理部门办理变更手续后的 30 日内，到原资质审批部门申请办理资质证书注销手续，并重新申请资质等级。企业变更名称、法定代表人和主要管理、技术负责人，应当在变更 30 日内，向原资质审批部门办理变更手续。企业破产、歇业或者因其他原因终止业务时，应当在向市场监督管理部门办理注销营业执照后的 15 日内，到原资质审批部门注销资质证书。

县级以上人民政府房地产开发主管部门应当开展"双随机、一公开"监管，依法查处房地产开发企业的违法违规行为。县级以上人民政府房地产开发主管部门应当加强对房地产开发企业信用监管，不断提升信用监管水平。

一级资质的房地产开发企业承担房地产项目的建筑规模不受限制。二级资质的房地产开发企业可以承担建筑面积 25 万 m^2 以下的开发建设项目。各资质等级企业应当在规定的业务范围内从事房地产开发经营业务，不得越级承担任务。企业超越资质等级从事房地产开发经营的，由县级以上地方人民政府房地产开发主管部门责令限期改正，处 5 万元以上 10 万元以下的罚款；逾期不改正的，由原资质审批部门提请市场监督管理部门吊销营业执照，并依法注销资质证书。

企业开发经营活动中有违法行为的，按照《行政处罚法》《城市房地产管理法》《城市房地产开发经营管理条例》《建设工程质量管理条例》《建设工程安全生产管理条例》《民用建筑节能条例》等有关法律法规规定予以处罚。企业未取得资质证书从事房地产开发经营的，由县级以上地方人民政府房地产开发主管部门责令限期改正，处 5 万元以上 10 万元以下的罚款；逾期不改正的，由房地产开发主管部门提请市场监督管理部门吊销营业执照。

各级住房城乡建设主管部门工作人员在资质审批和管理中玩忽职守、滥用职权、徇私舞弊的，由其所在单位或者上级主管部门给予行政处分；构成犯罪的，由司法机关依法追究刑事责任。

二、房地产开发项目管理

(一) 确定房地产开发项目的原则

房地产开发项目是指在依法取得土地使用权的国有土地上进行基础设施、房屋建设的项目。确定房地产开发项目，应当符合土地利用总体规划、年度建设用地计划和城市规划、房地产开发年度计划的要求；应当坚持旧区改建和新区建设相结合的原则，注重开发基础设施薄弱、交通拥挤、环境污染严重以及危旧房集中的区域，保护和改善城市生态环境，保护历史文化遗产。

(二) 房地产开发项目实行资本金制度

1. 投资项目资本金

投资项目资本金是指在投资项目总投资中，由投资者认缴的出资额，对投资项目来说是非债务性资金，项目法人不承担这部分资金的任何利息和债务；投资者可按其出资的比例依法享有所有者权益，也可转让其出资，但不得以任何方式抽出。

《国务院关于固定资产投资项目试行资本金制度的通知》要求，从 1996 年开始，对各种经营性投资项目，包括国有单位的基本建设、技术改造、房地产开发项目和集体投资项目，试行资本金制度，投资的项目必须首先落实资本金才能进行建设。项目投资资本金可以用货币出资，也可以用实物、工业产权、非专利技术、土地使用权作价出资，但必须经过有资格的资产评估机构依照法律、法规评估其价值，且不得高估或低估。以工业产权、非专利技术作价出资的比例不得超过投资项目资本金总额的 20％，国家对采用高新技术成果有特别规定的除外。

2. 房地产开发项目资本金

房地产开发项目资本金制度要求房地产开发企业开发建设房地产项目必须有一定比例的资本金。《城市房地产开发经营管理条例》规定："房地产开发项目应当建立资本金制度，资本金占项目总投资的比例不得低于 20％。"2004 年 4 月，为加强宏观调控，调整和优化经济结构，《国务院关于调整部分行业固定资产投资项目资本金比例的通知》将房地产开发项目（不含经济适用住房项目）资本金最低比例由 20％提高到 35％。2009 年 5 月 25 日，国务院常务会议决定调整固定资产投资项目资本金比例，调整后，保障性住房和普通商品住房项目的最低资本金比例为 20％，其他房地产开发项目的最低资本金比例为 30％。2015 年 9 月 9 日，《国务院关于调整和完善固定资产投资项目资本金制度的通知》将保障性住房和普通商品住房项目资本金比例维持 20％不变，其他项目由 30％调整为 25％。房地产开发项目实行资本金制度可以有效地防止部分企业的不规范行为，减少楼盘"烂尾"等现象的发生。

（三）房地产开发项目手册制度

房地产开发企业应当将房地产开发项目建设过程中的主要事项记录在房地产开发项目手册中，并定期送房地产开发主管部门备案。

房地产开发项目实行项目手册制度是政府行业管理部门对房地产开发企业是否按照有关法律、法规规定，是否按照合同的约定进行开发建设而建立的一项动态管理制度。主要是为了在项目实施过程中对房地产开发企业的开发活动进行监控，保护消费者的合法权益。政府行业管理部门的监控主要针对是否按申请预售许可证时承诺的时间表进行开发建设，预售款项是否按期投入，安置是否按要求进行，工程项目是否发生变化等内容。

项目手册制度的实施，可以加强对房地产市场的监测，及时了解和掌握房地产开发项目的进展情况，督促开发企业按城市规划实施开发，按要求分期投入开发所需资金、进行配套建设、完成搬迁安置；可以对工程进度、质量是否符合预售条件等进行审核，有效防止楼盘"烂尾"等现象的发生。

三、房地产开发项目建设用地使用权的取得

（一）建设用地使用权的取得方式

《城市房地产开发经营管理条例》第十二条规定："房地产开发用地应当以出让的方式取得，但法律和国务院规定可以采用划拨方式的除外。"目前，可以采用划拨方式取得建设用地使用权有以下几种情形。

（1）《城市房地产管理法》规定，国家机关用地和军事用地，城市基础设施用地和公益事业用地，国家重点扶持的能源、交通、水利等项目用地，法律、行政法规规定的其他用地确属必需的，可以由县级以上人民政府依法批准划拨。

（2）《国务院关于进一步深化城镇住房制度改革加快住房建设的通知》规定，

经济适用住房建设应符合土地利用总体规划和城市总体规划，坚持合理利用土地、节约用地的原则。经济适用住房建设用地应在建设用地年度计划中统筹安排，并采取行政划拨方式供应。

（3）《国务院办公厅关于加快发展保障性租赁住房的意见》规定了两种划拨供应保障性租赁住房的方式：第一种，人口净流入的大城市和省级人民政府确定的城市，对企事业单位依法取得使用权的土地，经城市人民政府同意，在符合规划、权属不变、满足安全要求、尊重群众意愿的前提下，允许用于建设保障性租赁住房，并变更土地用途，不补缴土地价款，原划拨的土地可继续保留划拨方式；第二种，人口净流入的大城市和省级人民政府确定的城市，应按照职住平衡原则，提高住宅用地中保障性租赁住房用地供应比例，在编制年度住宅用地供应计划时，单列租赁住房用地计划、优先安排、应保尽保，主要安排在产业园区及周边、轨道交通站点附近和城市建设重点片区等区域，引导"产城人"融合、"人地房"联动；保障性租赁住房用地可采取出让、租赁或划拨等方式供应。第一种方式是原划拨用地通过变更土地用途的方式供给保障性租赁住房，第二种方式是新供地供给保障性租赁住房时，也可以采取划拨地方式。

（二）建设条件书面意见的内容

《城市房地产开发经营管理条例》规定，土地使用权出让或划拨前，县级以上地方人民政府城市规划行政主管部门和房地产开发主管部门应当对下列事项提出书面意见，作为土地使用权出让或者划拨的依据之一：

（1）房地产开发项目的性质、规模和开发期限；

（2）城市规划设计的条件；

（3）基础设施和公共设施的建设要求；

（4）基础设施建成后的产权界定；

（5）项目征收补偿、安置要求。

（三）住房建设项目用地管理

为贯彻落实《国务院关于坚决遏制部分城市房价过快上涨的通知》精神，《国土资源部住房和城乡建设部关于进一步加强房地产用地和建设管理调控的通知》要求，积极促进房地产市场继续向好发展，严格住房建设用地出让管理。

（1）规范编制拟供地块出让方案。市、县国土资源主管部门要会同住房城乡建设（房地产、规划、住房保障）主管部门，依据土地利用规划和城镇控制性详细规划协调拟定住房用地出让方案。对具备供地条件的地块，规划、房地产主管部门要在接到国土资源主管部门书面函件后30日内分别提出规划和建设条件。拟出让宗地规划条件出具的时间逾期1年的，国土资源主管部门应当重新征求相关部门意见，并完善出让方案。土地出让必须以宗地为单位提供规划条件、建设条件和土地使用标准，严格执行商品住房用地单宗出让面积规定，不得将两宗以上地块捆绑出让，不得"毛地"出让。拟出让地块要依法进行土地调查和确权登记，确保地类清楚、面积准确、权属合法，没有纠纷。

（2）严格制定土地出让的规划和建设条件。市、县规划主管部门应当会同国土资源主管部门，严格依据经批准的控制性详细规划和节约集约用地要求，确定拟出让地块的位置、使用性质、开发强度、住宅建筑套数、套型建筑面积等套型结构比例条件，作为土地出让的规划条件，列入出让合同。对于中小套型普通商品住房建设项目，要明确提出平均套型建筑面积的控制标准，并制定相应的套型结构比例条件。要严格限制低密度大户型住宅项目的开发建设，住宅用地的容积率指标必须大于1。市、县住房城乡建设（房地产、住房保障）主管部门要提出限价商品住房的控制性销售价位，商品住房建设项目中保障性住房的配建比例、配建套数、套型面积、设施条件和项目开竣工时间及建设周期等建设条件，作为土地出让的依据，并纳入出让合同。土地出让后，任何单位和个人无权擅自更改规划和建设条件。因非企业原因确需调整的，必须依据《城乡规划法》规定的公开程序进行。由开发建设单位提出申请调整规划建设条件而不按期开工的，必须收回土地使用权，重新按招标拍卖挂牌方式出让土地。

（3）严格土地竞买人资格审查。国土资源主管部门对竞买人参加招拍挂出让土地时，除应要求提供有效身份证明文件、缴纳竞买（投标）保证金外，还应提交竞买（投标）保证金不属于银行贷款、股东借款、转贷和募集资金的承诺书及商业金融机构的资信证明。

（4）严格划拨决定书和出让合同管理。各类住房建设项目应当在划拨决定书和出让合同中约定土地交付之日起1年内开工建设，自开工之日起3年内竣工。综合用地的，必须在合同中分别载明商业、住房等规划、建设及各相关条件。市、县国土资源主管部门要会同住房城乡建设（房地产、规划、住房保障）主管部门，研究制定违反土地划拨决定书和出让合同应约定的条件、规定和要求的违约责任及处罚条款，连同土地受让人对上述内容的承诺一并写入土地划拨决定书和出让合同，确保以保障性为重点的各类住房用地、建设和销售等按照国家政策落实到位。

四、房地产开发项目的建设

（一）配套基础设施建设

房地产开发项目的开发建设应当统筹安排配套基础设施，并根据先地下、后地上的原则实施。

《国务院关于加强城市基础设施建设的意见》强调了基础设施建设的基本原则。

（1）规划引领。坚持先规划、后建设，切实加强规划的科学性、权威性和严肃性。发挥规划的控制和引领作用，严格依据城市总体规划和土地利用总体规划，充分考虑资源环境影响和文物保护的要求，有序推进城市基础设施建设工作。

（2）民生优先。坚持先地下、后地上，优先加强供水、供气、供热、电力、通信、公共交通、物流配送、防灾避险等与民生密切相关的基础设施建设，加强老旧基础设施改造。保障城市基础设施和公共服务设施供给，提高设施水平和服务质量，满足居民基本生活需求。

（3）安全为重。提高城市管网、排水防涝、消防、交通、污水和垃圾处理等基础设施的建设质量、运营标准和管理水平，消除安全隐患，增强城市防灾减灾能力，保障城市运行安全。

（4）机制创新。在保障政府投入的基础上，充分发挥市场机制作用，进一步完善城市公用事业服务价格形成、调整和补偿机制。加大金融机构支持力度，鼓励社会资金参与城市基础设施建设。

（5）绿色优质。全面落实集约、智能、绿色、低碳等生态文明理念，提高城市基础设施建设工业化水平，优化节能建筑、绿色建筑发展环境，建立相关标准体系和规范，促进节能减排和污染防治，提升城市生态环境质量。

（二）对未按期开发的处理原则

《城市房地产开发经营管理条例》规定，房地产开发企业应当按照土地的使用权出让合同约定的土地用途、动工开发期限进行项目开发建设。出让合同约定的动工开发期限满1年未动工开发的，可以征收相当于土地使用权出让金20%以下的土地闲置费；满2年未动工开发的，可以无偿收回土地使用权。这样规定的目的是防止利用土地进行非法炒作，激励尽快将土地投入使用，促进土地的合理利用。

这里所指的动工开发日期是指开发建设单位进行实质性投入的日期。动工开发必须进行实质性投入，开工后必须不间断地进行基础设施、房屋建设。一经启动，无特殊原因则不应当停工，如稍作启动即无限期停工，不应算作开工。

《城市房地产开发经营管理条例》规定以下三种情况造成动工迟延的，不征收土地闲置费。

（1）因不可抗力造成开工延期。不可抗力是指依靠人的能力不能抗拒的因素，如地震、洪涝等自然灾害。

（2）因政府或者政府有关部门的行为而不能如期开工的或中断建设 1 年以上的。

（3）因动工开发必需的前期工作出现不可预见的情况而延期动工开发的。如发现地下文物、拆迁中发现不是开发商努力能解决的问题等。

五、房地产开发项目质量责任制度

（一）房地产开发企业的质量责任

《城市房地产开发经营管理条例》规定，房地产开发企业开发建设的房地产开发项目，应当符合有关法律、法规的规定和建筑工程质量、安全标准、建筑工程勘察、设计、施工的技术规范以及合同的约定。房地产开发企业应当对其开发建设的房地产开发项目的质量承担责任。勘察、设计、施工、监理等单位应当依照有关法律、法规的规定或者合同的约定，承担相应的责任。

房地产开发企业必须对其开发的房地产项目承担质量责任。房地产开发企业作为房地产项目建设的主体，是整个活动的组织者。尽管在建设环节许多工作都由勘察、设计、施工等单位承担，出现质量责任可能是由于勘察、设计、施工单位或者材料供应商的行为导致的，但开发商是组织者，其他所有参与部门都是由开发商选择的，都和开发商发生合同关系，出现问题也理应由开发商与责任单位协调解决。此外，消费者是从开发商手里购房，就如同在商店购物，出现问题应由商店对消费者承担质量责任一样，购买的房屋出现质量问题，理应由开发企业对购房者承担责任。

房地产开发企业开发建设的房地产项目，必须要经过工程建设环节，必须符合《建筑法》及建筑方面的有关法律规定，符合工程勘察、设计、施工等方面的技术规范，符合工程质量、工程安全方面的有关规定和技术标准，这是对房地产开发项目在建设过程中的基本要求，同时还要严格遵守合同的约定。

（二）对质量不合格房地产项目的处理方式

房屋主体结构质量涉及房地产开发企业、勘察单位、设计单位、施工单位、监理单位、材料供应部门等，房屋主体结构质量的好坏直接影响房屋的合理使用和购买者的生命财产安全。房屋竣工后，必须经验收合格后方可交付使用。商品房交付使用后，购买人认为主体结构质量不合格的，可以向工程质量监督单位申请重新核验。经核验，确属主体结构质量不合格的，购买人有权退房，给购买人造成损失的，房地产开发企业应当依法承担赔偿责任。这样规定主要是为了保护购买商品房的消费者的合法权益。

应当注意以下几个问题。一是购买人在商品房交付使用之后发现质量问题。这里的交付使用之后，是指办理了交付使用手续之后，可以是房屋所有权证办理之前，也可以是房屋所有权证办理完备之后。主体结构质量问题与使用时间关系不大，主要是设计和施工原因造成的，因而，只要在合理的使用年限内，只要属于主体结构的问题，都可以申请质量部门认定，房屋主体结构不合格的，均可申请退房。二是确属主体结构质量不合格，而不是一般性的质量问题。房屋质量问题有很多种，一般性的质量问题主要通过质量保修解决，而不是退房。三是必须向工程质量监督部门申请重新核验，以质量监督部门核验的结论为依据。这里的质量监督部门是指专门进行质量验收的质量监督站，其他单位的核验结果不能作为退房的依据。四是对给购买人造成损失应当有合理的界定，应只包含直接损失，不应含精神损失等间接损失。

对于经工程质量监督部门核验，确属房屋主体结构质量不合格的，消费者有权要求退房，终止房屋买卖关系。也有权采取其他办法，如双方协商换房等。选择退房还是换房，权利在消费者。

第五节　房地产开发项目经营管理

房地产经营主要是指房地产开发建设、销售过程中的项目转让、项目宣传推广、商品房交付等经营活动。《城市房地产管理法》《城市房地产开发经营管理条例》等对房地产开发项目转让、商品房交付等经营活动作出了明确规定。

一、房地产开发项目转让

（一）转让条件

1. 以出让方式取得的土地使用权

《城市房地产管理法》第三十九条规定了以出让方式取得的土地使用权，转让房地产开发项目时必须具备的条件。

（1）按照出让合同约定已经支付全部土地使用权出让金，并取得土地使用权证书，才允许转让。

（2）按照出让合同约定进行投资开发，完成一定开发规模后才允许转让，这里又分为两种情形：一是属于房屋建设的，开发单位除土地使用权出让金外，实际投入房屋建设工程的资金额应占全部开发投资总额的25%以上；二是属于成片开发土地的，应形成工业或其他建设的用地条件，方可转让。这样规定，其目的在于严格限制炒买炒卖地皮，牟取暴利，以保证开发建设的顺利实施。

2. 以划拨方式取得的土地使用权

《城市房地产管理法》第四十条规定了以划拨方式取得的土地使用权,转让房地产开发项目的条件:以划拨方式取得土地使用权的,转让房地产时,应当按照国务院规定,报有批准权的人民政府审批;有批准权的人民政府准予转让的,应当由受让方办理土地使用权出让手续,并依照国家有关规定缴纳土地使用权出让金。《城市房地产转让管理规定》规定,以划拨方式取得土地使用权的,转让房地产时,按照国务院规定报有批准权的人民政府审批。有批准权的人民政府准予转让且批准可以不办理土地使用权出让手续的,转让方应当按照国务院规定将转让房地产所获收益中的土地收益上缴国家或者作其他处理。

对于以划拨方式取得土地使用权的房地产项目,要转让的前提是必须经有批准权的人民政府审批。经审查除不允许转让外,对准予转让的有两种处理方式。

(1)由受让方先补办土地使用权出让手续,并依照国家有关规定缴纳土地使用权出让金后,才能进行转让。

(2)可以不办理土地使用权出让手续而转让房地产,但转让方应将转让房地产所获收益中的土地收益上缴国家或作其他处理。对以划拨方式取得土地使用权的,转让房地产时,属于下列情形之一的,经有批准权的人民政府批准,可以不办理土地使用权出让手续。

1)经城市规划行政主管部门批准,转让的土地用于《城市房地产管理法》第二十四条规定的项目,即用于国家机关用地和军事用地,城市基础设施用地和公益事业用地,国家重点扶持的能源、交通、水利等项目用地以及法律、行政法规规定的其他用地。经济适用住房采取行政划拨的方式进行。因此,经济适用住房项目转让后仍用于经济适用住房的,经有批准权限的人民政府批准,也可以不补办出让手续。

2)私有住宅转让后仍用于居住的。

3)按照国务院住房制度改革有关规定出售公有住宅的。

4)同一宗土地上部分房屋转让而土地使用权不可分割转让的。

5)转让的房地产暂时难以确定土地使用权出让用途、年限和其他条件的。

6)根据城市规划土地使用权不宜出让的。

7)县级以上人民政府规定暂时无法或不需要采取土地使用权出让方式的其他情形。

(二)转让程序

《城市房地产开发经营管理条例》第二十条规定:"转让房地产开发项目,转让人和受让人应当自土地使用权变更登记手续办理完毕之日起 30 日内,持房地产开发项目转让合同到房地产开发主管部门备案。"

为了保护已经与房地产开发项目转让人签订合同的当事人的权利，要求房地产项目转让的双方当事人在办完土地使用权变更登记后 30 日内，到房地产开发主管部门办理备案手续。在办理备案手续时，房地产开发主管部门要审核项目转让是否符合有关法律、法规的规定；房地产开发项目转让人已经签订的拆迁、设计、施工、监理、材料采购等合同是否作了变更，相关的权利、义务是否已经转移；新的项目开发建设单位是否具备开发受让项目的条件；开发建设单位的名称，是否已经变更。上述各项均满足规定条件，转让行为有效。如有违反规定或不符合条件的，房地产开发主管部门有权责令其补办有关手续或者认定该转让行为无效，并可对违规的房地产开发企业进行处罚。

备案应当提供的文件，在《城市房地产开发经营管理条例》中只提到了房地产开发项目转让合同，各地在制定具体办法时应当进一步明确应当提供的证明材料。如受让房地产开发企业的资质条件、土地使用权的变更手续以及其他的证明材料。房地产开发企业应当在办理完土地使用权变更登记手续后 30 日内，到市、县人民政府的房地产行政主管部门办理项目转让备案手续。

房地产开发企业转让房地产开发项目时，尚未完成安置补偿的，原安置补偿合同中有关的权利、义务随之转移给受让人。项目转让人应当书面通知被征收人。

二、商品房交付使用

（一）履约按期交房，协助办理权属登记

房地产开发企业应当按照合同约定，将符合交付使用条件的商品房按期交付给买受人。未能按期交付的，房地产开发企业应当承担违约责任。因不可抗力或者当事人在合同中约定的其他原因，需延期交付的，房地产开发企业应当及时告知买受人。房地产开发企业应当在商品房交付使用前按项目委托具有房产测绘资格的单位实施测绘，测绘成果报房地产行政主管部门审核后用于房屋权属登记。对于期房，《商品房买卖合同》约定的商品房面积是根据设计图纸测出来的。商品房建成后的测绘结果与合同中约定的面积数据有差异，商品房交付时，开发商与购房人应根据合同约定对面积差异进行结算。

商品房竣工验收后，房地产开发企业应及时申请商品房房屋所有权首次登记，并按照规定与商品房买受人共同申请办理国有建设用地使用权和房屋所有权转移登记。

（二）《住宅质量保证书》和《住宅使用说明书》制度

根据《城市房地产开发经营管理条例》的规定，房地产开发企业应当在商品房交付使用时，向购买人提供《住宅质量保证书》和《住宅使用说明书》。为了保障住房消费者的权益，加强商品住宅售后服务管理，促进住宅销售，《建设部关于印发〈商品住宅实行住宅质量保证书和住宅使用说明书制度的规定〉的通知》要求，在房地产开发企业的商品房销售中实行《住宅质量保证书》和《住宅使用说明书》制度。

1. 《住宅质量保证书》

《商品住宅实行住宅质量保证书和住宅使用说明书制度的规定》规定，《住宅质量保证书》应当列明工程质量监督部门核验的质量等级、保修范围、保修期和保修单位等内容。房地产开发企业应当按照《住宅质量保证书》的约定，承担商品房保修责任。保修期内，因房地产开发企业对商品房住房进行维修，致使房屋使用功能受到影响，给购买人造成损失的，房地产开发企业应当承担赔偿责任。在保修期限内发生的属于保修范围的质量问题，房地产开发企业应当履行保修义务，并对造成的损失承担赔偿责任。因不可抗力或使用不当造成的损坏，房地产开发企业不承担责任。房地产开发企业对商品住宅的保修期从商品住宅交付之日起计算。

房地产开发企业应当保修的项目和最低保修期限如下：

（1）地基基础和主体结构在合理使用寿命年限内承担保修；

（2）屋面防水 3 年；

（3）墙面、厨房和卫生间地面、地下室、管道渗漏 1 年；

（4）墙面、顶棚抹灰层脱落 1 年；

（5）地面空鼓开裂、大面积起砂 1 年；

（6）门窗翘裂、五金件损坏 1 年；

（7）管道堵塞 2 个月；

（8）供热、供冷系统和设备 1 个采暖期或供冷期；

（9）卫生洁具 1 年；

（10）灯具、电器开关 6 个月。

其他部位、部件的保修期限，由房地产开发企业与用户自行约定。

房地产开发企业对商品住宅的保修期限不得低于建设工程承包单位向建设单位出具的质量保修书约定保修期的存续期；存续期少于《商品住宅实行住宅质量保证书和住宅使用说明书制度的规定》中确定的最低保修期限的，保修期不得低于《商品住宅实行住宅质量保证书和住宅使用说明书制度的规定》中确定的最低保修期限。非住宅商品房的保修期限不得低于建设工程承包单位向建设单位出具的质量保修书约定保修期的存续期。在保修期限内发生的属于保修范围的质量问题，房地产开发企业应当履行保修义务，并对造成的损失承担赔偿责任。因不可抗力或者使用不当造成的损坏，房地产开发企业不承担责任。

2.《住宅使用说明书》

《商品住宅实行住宅质量保证书和住宅使用说明书制度的规定》要求，《住宅使用说明书》应当对住宅的结构、性能和各部位（部件）的类型、性能、标准等作出说明，并提出使用注意事项，一般应当包含以下内容：

（1）开发单位、设计单位、施工单位，委托监理的应注明监理单位；

（2）结构类型；

（3）装修、装饰注意事项；

（4）上水、下水、电、燃气、热力、通信、消防等设施配置的说明；

（5）有关设备、设施安装预留位置的说明和安装注意事项；

（6）门、窗类型，使用注意事项；

（7）配电负荷；

（8）承重墙、保温墙、防水层、阳台等部位注意事项的说明；

（9）其他需说明的问题。

住宅中配置的设备、设施，生产厂家另有使用说明书的，应附于《住宅使用说明书》中。

三、房地产广告

为了规范广告活动，保护消费者的合法权益，促进广告业的健康发展，维护社会经济秩序，《广告法》对房地产广告内容准则及其法律责任作出了规定。《城市房地产管理法》《土地管理法》和《城市房地产开发经营管理条例》等法律法规也对房地产广告宣传作出了相应的规定。《房地产广告发布规定》对房地产开发企业、房地产权利人、房地产中介服务机构发布的房地产项目预售、预租、出售、出租、项目转让以及其他房地产项目介绍的广告行为作出了规定，但不适用于居民私人及非经营性售房、租房、换房广告。

（一）房地产广告应当遵守的原则

房地产广告必须真实、合法、科学、准确，不得欺骗和误导公众。房地产广告不得含有风水、占卜等封建迷信内容，对项目情况进行的说明、渲染，不得有悖社会良好风尚。

（二）发布房地产广告应当提供的文件

（1）房地产开发企业、房地产权利人、房地产中介服务机构的营业执照或者其他主体资格证明。

（2）房地产主管部门颁发的房地产开发企业资质证书。

（3）自然资源主管部门颁发的项目土地使用权证明。

（4）工程竣工验收合格证明。

（5）发布房地产项目预售、出售广告，应当具有地方政府住房城乡建设主管部门颁发的预售、销售许可证证明；出租、项目转让广告，应当具有相应的产权证明。

（6）中介机构发布所代理的房地产项目广告，应当提供业主委托证明。

（7）确认广告内容真实性的其他证明文件。

（三）房地产广告的内容

房地产预售、销售广告，必须载明以下事项：

（1）开发企业名称；

（2）中介服务机构代理销售的，载明该机构名称；

（3）预售或者销售许可证书号。

广告中仅介绍房地产项目名称的，可以不必载明上述事项。

（四）发布房地产广告的具体要求

（1）房地产广告中涉及所有权或者使用权的，所有或者使用的基本单位应当是有实际意义的完整的生产、生活空间。

（2）房地产广告中对价格有表示的，应当清楚表示为实际的销售价格，明示价格的有效期限。

（3）房地产广告中的项目位置示意图，应当准确、清楚，比例恰当。

（4）房地产广告中涉及的交通、商业、文化教育设施及其他市政条件等，如在规划或者建设中，应当在广告中注明。

（5）房地产广告涉及内部结构、装修装饰的，应当真实、准确。

（6）房地产广告中不得利用其他项目的形象、环境作为本项目的效果。

（7）房地产广告中使用建筑设计效果图或者模型照片的，应当在广告中注明。

（8）房地产广告中不得出现融资或者变相融资的内容。

（9）房地产广告中涉及贷款服务的，应当载明提供贷款的银行名称及贷款额度、年期。

（10）房地产广告中不得含有广告主能够为入住者办理户口、就业、升学等事项的承诺。

（11）房地产广告中涉及物业管理内容的，应当符合国家有关规定；涉及尚未实现的物业管理内容，应当在广告中注明。

（12）房地产广告中涉及房地产价格评估的，应当表明评估单位、估价师和评估时间；使用其他数据、统计资料、文摘、引用语的，应当真实、准确，表明出处。

（五）禁止发布房地产广告的几种情形

1. 禁止发布房地产虚假广告

《广告法》规定，广告应当真实、合法，广告不得含有虚假或者引人误解的内容，不得欺骗、误导消费者。《广告法》第二十八条对虚假广告作出了界定。广告以虚假或者引人误解的内容欺骗、误导消费者的，构成虚假广告。广告有下列情形之一的，为虚假广告：

（1）商品或者服务不存在的；

（2）商品的性能、功能、产地、用途、质量、规格、成分、价格、生产者、有效期限、销售状况、曾获荣誉等信息，或者服务的内容、提供者、形式、质量、价格、销售状况、曾获荣誉等信息，以及与商品或者服务有关的允诺等信息与实际情况不符，对购买行为有实质性影响的；

（3）使用虚构、伪造或者无法验证的科研成果、统计资料、调查结果、文摘、引用语等信息作证明材料的；

（4）虚构使用商品或者接受服务的效果的；

（5）以虚假或者引人误解的内容欺骗、误导消费者的其他情形。

《城市房地产开发经营管理条例》第二十五条规定："房地产开发企业不得进行虚假广告宣传。"虚假内容主要是指：向购房者承诺与实际情况不符或根本无法兑现的各种价格优惠、服务标准、环境及配套设施、物业管理等。

2. 不得发布房地产广告的情形

根据《房地产广告发布规定》，不得发布房地产广告的情形有：

（1）在未经依法取得国有土地使用权的土地上开发建设的；

（2）在未经国家征收的集体所有的土地上建设的；

（3）司法机关和行政机关依法裁定、决定查封或者以其他形式限制房地产权利的；

（4）预售房地产，但未取得该项目预售许可证的；

（5）权属有争议的；

（6）违反国家有关规定建设的；

（7）不符合工程质量标准，经验收不合格的；

（8）法律、行政法规规定禁止的其他情形。

3. 房地产广告不得包含的内容

《广告法》第二十六条规定，房地产广告，房源信息应当真实，面积应当表明为建筑面积或者套内建筑面积，并不得含有下列内容：

（1）升值或者投资回报的承诺；

（2）以项目到达某一具体参照物的所需时间表示项目位置；

（3）违反国家有关价格管理的规定；

（4）对规划或者建设中的交通、商业、文化教育设施以及其他市政条件作误导宣传。

（六）违规行为的处罚

违反《广告法》规定，发布虚假广告的，由市场监督管理部门责令停止发布广告，责令广告主在相应范围内消除影响，处广告费用3倍以上5倍以下的罚款，广告费用无法计算或者明显偏低的，处20万元以上100万元以下的罚款；两年内有3次以上违法行为或者有其他严重情节的，处广告费用5倍以上10倍以下的罚款，广告费用无法计算或者明显偏低的，处100万元以上200万元以下的罚款，可以吊销营业执照，并由广告审查机关撤销广告审查批准文件、1年内不受理其广告审查申请。

违反《广告法》第二十六条规定发布房地产广告，由市场监督管理部门责令停止发布广告，责令广告主在相应范围内消除影响，处广告费用1倍以上3倍以下的罚款，广告费用无法计算或者明显偏低的，处10万元以上20万元以下的罚款；情节严重的，处广告费用3倍以上5倍以下的罚款，广告费用无法计算或者明显偏低的，处20万元以上100万元以下的罚款，可以吊销营业执照，并由广告审查机关撤销广告审查批准文件、1年内不受理其广告审查申请。

违反《房地产广告发布规定》发布广告，法律法规有规定的，依照有关法律法规规定予以处罚。法律法规没有规定的，对负有责任的广告主、广告经营者、广告发布者，处违法所得3倍以下但不超过3万元的罚款；没有违法所得的，处1万元以下的罚款。

《广告法》规定，因发布虚假广告，或者有其他该法规定的违法行为，被吊销营业执照的公司、企业的法定代表人，对违法行为负有个人责任的，自该公司、企业被吊销营业执照之日起3年内不得担任公司、企业的董事、监事、高级管理人员。

四、房地产经营活动的法律责任

一些房地产开发企业为了追求不正当利益，在房地产开发经营活动中，存在违法违规等行为，主要包括：

（1）发布虚假房源信息和广告；

（2）通过捏造或者散布涨价信息等方式恶意炒作、哄抬房价；

（3）未取得预售许可证销售商品房；

（4）不符合商品房销售条件，以认购、预订、排号、发卡等方式向买受人收取或者变相收取定金、预订款等费用，借机抬高价格；

（5）捂盘惜售或者变相囤积房源；

（6）商品房销售不予明码标价，在标价之外加价出售房屋或者收取未标明的费用；

（7）以捆绑搭售或者附加条件等限定方式，迫使购房人接受商品或者服务价格；

（8）将已作为商品房销售合同标的物的商品房再销售给他人，即通常所说的"一房二卖"等。

各级住房城乡建设、市场监督管理等部门应当按照《城市房地产管理法》《广告法》《城市房地产开发经营管理条例》《城市商品房预售管理办法》等法律、行政法规和规章要求，加强对房地产开发经营活动的监管，查处违法违规行为。

第六节　物　业　管　理

物业管理是业主通过订立物业服务合同，将物业的管理权利和义务委托给物业服务人，物业服务人按照约定，维修养护共用设施设备、清洁共用部位、绿化美好共用场所，维护物业服务区域内的基本秩序，采取合理措施保护业主的人身及财产安全等活动。

一、物业管理的基本概念

（一）物业与物业管理

"物业"一般理解为单元性房地产。该称谓源自香港地区的俚语，在港澳地区及东南亚一些国家，"物业"一词往往作为房地产或不动产的别称或同义词，常用来表示已建成并投入使用的房地产。无论从节约社会资源还是维护业主利益的角度，为了投入使用的房地产（物业）能够延长寿命、保值增值，对其进行有效的运行管理十分必要。社会分工导致物业管理逐步从业主一家一户家务式管理分化为一个专业和行业。

《物业管理条例》规定，物业管理是指业主通过选聘物业服务企业，由业主和物业服务企业按照物业服务合同约定，对房屋及配套的设施设备和相关场地进行维修、养护、管理，维护物业管理区域内的环境卫生和相关秩序的活动。《民法典》对基于业主物权而应由业主实施的广义的物业管理作出了规定，并对业主通过合同委托物业服务企业提供物业服务的狭义物业管理活动作了进一步确认。因此，物业管理在一般意义上可以理解为：根据国家相关制度约束，在业主的建筑物区分所有权基础上，通过订立物业服务合同，业主将物业的管理权利和义务委托给物业服务人，物业服务人按照约定和物业的使用性质，对物业服务区域内的业主共有部分进行的妥善维修、养护、清洁、绿化和经营管理，维护物业服务区域内的基本秩序，采取合理措施保护业主的人身、财产安全的活动。

近年来，物业管理体制不断创新。物业管理体制创新发展是提高和完善社会治理能力和治理体系的重要一环，物业管理正加速与互联网、物联网行业的融合，利用云计算、大数据、人工智能等先进信息技术创新服务模式和改善服务体验。

（二）物业管理的基本特征

物业管理是集社会化管理、专业性服务、市场化经营为一体的管理体制，通过业主和物业服务人建立合同关系，业主作为物业的权利人，共同参与维护物业的完好。因此，社会化、专业化、市场化是物业管理的三个基本特性。

（1）社会化。物业管理的社会化有两层基本含义：一是物业的权利人要到社会上去选聘物业服务人；二是物业服务人要到社会上去寻找可以代管的物业。

（2）专业化。物业管理的专业化是指由物业服务人通过签订合同，按照物业权利人的要求去实施专业化管理。随着经济的发展和科技的进步，建设领域不断涌现新技术、新产品，物业的智能化程度越来越高，只有那些拥有掌握管理技术和硬件技术的专业人员，具有先进的管理工具及设备，建立科学、规范的管理措施及工作程序的物业服务人，才有能力提供相应的物业管理服务。

（3）市场化。市场化是物业管理重要的特性。在市场经济条件下，物业管理的属性是经营，所提供的商品是服务。物业服务人一般是按照现代企业制度组建并运作的，向业主和使用人提供服务，业主和使用人购买并消费这种服务。这种通过市场竞争机制和商品经营的方式所实现的商业行为就是市场化。

（三）物业管理的基本内容

物业管理的基本内容主要有：

（1）物业服务区域的承接查验；

（2）物业共用部位的维护与管理；

（3）物业共用设备设施的运行、维护和管理；

（4）环境卫生、绿化管理服务；

（5）机动车和非机动车的秩序维护和停放管理；

（6）物业服务区域内公共秩序、消防、交通等协助管理事项的服务；

（7）物业入住和装饰装修管理服务；

（8）物业档案资料的管理。

另外，针对不同类型、不同档次物业的具体特点，业主与物业服务人可以通过物业服务合同约定其他服务内容。

二、业主的建筑物区分所有权

理论上讲，一个物业管理区域无论是由一个业主单独拥有完全所有权，还是由众多业主拥有建筑物区分所有权，都需要也都会实施物业管理。但众多业主基于建筑物区分所有权而结合在一起，共同对某一物业管理区域进行物业管理的情况是我国现阶段比较普遍的物业利用和管理方式，这种方式常因业主众多，容易出现协商低效、合意困难的情形。因此，基于业主的建筑物区分所有权，制定物业管理的制度法规政策，是市场经济、社会治理、生产生活正常运行的客观现实需要。

（一）业主的建筑物区分所有权的含义

业主的建筑物区分所有权是指业主对建筑物内的住宅、经营性用房等专有部分享有所有权，对专有部分以外的共有部分享有共有和共同管理的权利。《民法典》规定的业主的建筑物区分所有权，与有些国家规定的建筑物区分所有权是同一概念，加上"业主的"三个字，是因为"业主""物业"的含义已经为人们所熟悉，为了便于人们理解，故将建筑物区分所有权之前加了"业主的"三个字。业主的建筑物区分所有权三个方面的内容是一个不可分离的整体。在这三个方面的权利中，专有部分的所有权占主导地位，是业主对共有部分享有共有权以及对共有部分享有共同管理权的基础。如果业主转让建筑物内的住宅、非住宅用房，其对共有部分享有共有和共同管理的权利则也一并转让。业主享有建筑物区分所有权的同时，也必须履行相应的义务。如行使专有部分所有权时，不得危及建筑物的安全，不得损害其他业主的合法权益。例如，装修房子时不能破坏建筑物的整体结构，在住宅里面不得存放易燃易爆等危险物品，对公共部分行使共有权时，要遵守法律的规定和业主委员会的约定，认缴建筑物共有部分的维护资金等。

1. 专有部分的所有权

业主对其建筑物专有部分享有占有、使用、收益和处分的权利。建筑区划内，符合下列条件的房屋，以及车位、摊位等特定空间，应当认定为建筑物专有部分：①具有构造上的独立性，能够明确区分；②具有利用上的独立性，可以排他使用；③能够登记为特定业主所有权的客体。

专有部分可以直接占有、使用，实现居住或者营业的目的；也可以依法出租，获取收益；还可以在自己的专有部分上依法设定负担，例如，为保证债务的履行将属于自己所有的住宅或者经营性用房抵押给债权人。但业主行使专有部分所有权时，不得危及建筑物的安全，不得损害其他业主的合法权利。由于建筑物专有部分与共有部分具有一体性、不可分离性，所以业主对专有部分行使专有所有权应受到一定限制。例如，业主在对专有部分装修时，不得拆除房屋内的承重墙，不得损害其他业主的合法权益。

业主转让建筑内专有部分，其对共有部分享有的共有和共同管理的权利一并转让。业主的建筑物区分所有权是一个权利束，包括对专有部分享有的所有权、对建筑区划内共有部分享有的共有权和共同管理的权利，这三种权利具有不可分离性。在这三种权利中，业主对专有部分的所有权占主导地位，是业主对专有部分以外的共有部分享有共有权以及对共有部分享有共同管理权的前提与基础。没有业主对专有部分的所有权，就无法产生业主对专有部分以外共有部分的共有权，以及对共有部分的共同管理的权利。如果业主丧失了对专有部分的所有权，也就丧失了对共有部分的共有权及对共有部分的共同管理的权利。

《民法典》第二百七十九条规定："业主不得违反法律、法规以及管理规约，将住宅改变为经营性用房。业主将住宅改变为经营性用房的，除遵守法律、法规以及管理规约外，应当经有利害关系的业主一致同意。"业主不得随意改变住宅的居住用途，是业主应当遵守的一个最基本的准则，也是业主必须承担的一项基本义务。如果业主将住宅改变为经营性用房的，必须遵守法律、法规以及管理规约的规定，例如要办理相应的审批手续，要符合国家卫生、环境保护要求等。在遵守法律、法规以及管理规约的前提下，还必须征得有利害关系的业主一致同意。这两个条件必须同时具备，才可以将住宅改变为经营性用房，二者缺一不可。作为业主自我管理、自我约束、自我规范的建筑区划内有关建筑物及其附属设施的管理规约也可以依法对此问题作出规定。

2. 共有部分的共有权

业主对专有部分以外的共有部分享有权利、承担义务，不得以放弃权利为由不履行义务。《民法典》第二百七十四条规定："建筑区划内的道路，属于业主共有，但是属于城镇公共道路的除外。建筑区划内的绿地，属于业主共有，但是属于城镇公共绿地或者明示属于个人的除外。建筑区划内的其他公共场所、公用设施和物业服务用房，属于业主共有。"

建筑区划内的以下部分，应当认定为建筑物的共有部分：

（1）建筑物的基础、承重结构、外墙、屋顶等基本结构部分，通道、楼梯、大堂等公共通行部分，消防、公共照明等附属设施、设备，避难层、设备层或者设备层间等结构部分；

（2）其他不属于业主专有部分，也不属于市政公用部分或者其他权利人所有的场所及设施等。

建筑区划内的土地，依法由业主共同享有建设用地使用权，但属于业主专有的整栋建筑物的规划占地或者城镇公共道路、绿地占地除外。

每个业主在法律对所有权未作特殊规定的情形下，对专有部分以外的走廊、楼梯、外墙面等共有部分，及对物业管理用房、公用设施、绿地、道路等共有部分享有占有、使用、收益或者处分的权利。但是，行使占有、使用、收益或者处分的权利，还要遵守《民法典》等相关法律、法规和管理规约的规定。业主对专有部分以外的共有部分享有共有权的同时，还应当对共有部分共负义务。同样，业主对共有部分如何承担义务，也要依据《民法典》及相关法律、法规和建筑区划管理规约的规定。

《民法典》第二百七十五条、第二百七十六条对建筑区划内车位、车库的所有权归属进行了规定。建筑区划内，规划用于停放汽车的车位、车库的归属，由当事人通过出售、附赠或者出租等方式约定。占用业主共有的道路或者其他场地用于停放汽车的车位，属于业主共有。建筑区划内，规划用于停放汽车的车位、车库应当首先满足业主的需要。

此外，《最高人民法院关于审理建筑物区分所有权纠纷案件适用法律若干问题的解释》规定："建设单位按照配置比例将车位、车库，以出售、附赠或者出租等方式处分给业主的，应当认定其行为符合民法典第二百七十六条有关'应当首先满足业主的需要'的规定。前款所称配置比例是指规划确定的建筑区划内规划用于停放汽车的车位、车库与房屋套数的比例。"建筑区划内在规划用于停放汽车的车位之外，占用业主共有道路或者其他场地增设的车位，应当认定为《民法典》第二百七十五条第二款所称的车位，同样属于业主共有。

3. 共有部分的共同管理权

业主对专有部分以外的共有部分享有共同管理的权利。《民法典》第二百七十八条对共同管理的事项范围和共同决定事项的方式作出了规定。首先是明确了参加表决的标准，要求业主共同决定事项，应当由专有部分面积占比 2/3 以上的业主且人数占比 2/3 以上的业主参与表决。其次考虑事项的重要程度、需要表决常规程度等，对共同决定的重大事项分为一般常规性事项和重大特殊性事项。最后，以参加表决的业主为基数，要求一般常规性事项需半数以上多数同意通过，重大特殊事项需 3/4 以上多数同意通过。①应当经参与表决专有部分面积过半数的业主且参与表决人数过半数的业主同意方可决定的事项的包括：制定和修改业主大会议事规则；制定和修改管理规约；选举业主委员会或者更换业主委员会成员；选聘和解聘物业服务企业或者其他管理人；使用建筑物及其附属设施的维修资金；有关共有和共同管理权利的其他重大事项。例如，如何对物业公司的工作予以监督，如何与居民委员会协作等。②应当经参与表决专有部分面积 3/4 以上的业主且参与表决人数 3/4 以上的业主同意方可决定的事项的包括：筹集建筑物及其附属设施的维修资金；改建、重建建筑物及其附属设施；改变共有部分的用途或者利用共有部分从事经营活动。

（二）业主大会行使共同管理权

1. 业主大会和业主委员会并存设计

为了保证众多业主及时有效地对所拥有的物业行使管理权利承担管理义务，《物业管理条例》确立了业主大会和业主委员会并存、业主大会决策、业主委员会执行的制度。物业服务区域内全体业主组成业主大会，业主大会代表和维护物业服务区域内全体业主的合法权益。业主委员会作为业主大会的执行机构，可以在业主大会的授权范围内就某些物业管理事项作出决定，但重大的物业管理事项的决定只能由业主大会作出。为了规范业主大会、业主委员会的运作，加强监督管理，《物业管理条例》规定，一个物业管理区域成立一个业主大会。业主大会和业主委员会应当依法履行职责，不得作出与物业管理无关的决定，不得从事与物业管理无关的活动。

业主大会或者业主委员会的决定，对业主具有约束力。业主大会或者业主委员会作出的决定侵害业主合法权益的，受侵害的业主可以请求人民法院予以撤销。

2.《业主大会和业主委员会指导规则》指导具体操作

为了规范业主大会和业主委员会的活动，维护业主的合法权益，根据有关法律和《物业管理条例》等法律法规的规定，住房和城乡建设部制定的《业主大会和业主委员会指导规则》，对拒不履行义务的业主的共同管理权提出了限制性措施，规定业主拒付物业服务费，不缴存专项维修资金以及实施其他损害业主共同权益行为的，业主大会可以在管理规约和业主大会议事规则中对其共同管理权的行使予以限制。

对业主大会和业主委员会的工作经费进行了安排，为其行使职权创造了条件。《业主大会和业主委员会指导规则》第四十二条规定，业主大会、业主委员会工作经费由全体业主承担。工作经费可以由业主分摊，也可以从物业共有部分经营所得收益中列支。工作经费的收支情况，应当定期在物业管理区域内公告，接受业主监督。

《业主大会和业主委员会指导规则》提出了将物业管理与社区管理结合的工作方式，赋予地方人民政府有关主管部门和基层政权组织在业主大会、业主委员会工作运行和物业管理活动中更多的指导、参与和监督权利。第五十八条规定，因客观原因未能选举产生业主委员会或者业主委员会委员人数不足总数的 1/2 的，新一届业主委员会产生之前，可以由物业所在地的居民委员会在街道办事处、乡镇人民政府的指导和监督下，代行业主委员会的职责。第六十一条规定，物业管理区域内，可以召开物业管理联席会议。物业管理联席会议由街道办事处、乡镇人民政府负责召集，由区、县房地产行政主管部门、公安派出所、居民委员会、业主委员会和物业服务企业等方面的代表参加，共同协调解决物业管理中遇到的问题。

（三）管理规约的自治自律

物业管理往往涉及多个业主，业主之间既有个体利益，也有共同利益。在单个业主的个体利益与业主之间的共同利益发生冲突时，个体利益应当服从共同利益，单个业主应当遵守物业管理区域内涉及公共秩序和公共利益的有关规定。鉴于业主之间在物业管理过程中发生的关系属于民事关系，不宜采取行政手段进行管理，而应当主要通过业主自治、自律的方式加以调整。管理规约就是业主实现业主自治、自律的重要基础，是体现全体业主为集体维护和管理物业共同协商制定的重要文件。根据制定主体和物业所处阶段的不同，管理规约分为临时管理规约和管理规约。

1. 临时管理规约

《物业管理条例》规定，建设单位应当在销售物业之前，制定临时管理规约，对有关物业的使用、维护、管理，业主的公共利益，业主应当履行的义务，违反规约应当承担的责任等依法作出约定。建设单位制定的临时管理规约，不得侵害买受人的合法权益。建设单位应当在物业销售前将临时管理规约向买受人明示，并予以说明。买受人在与建设单位签订物业买卖合同时，应当对遵守临时管理规约予以书面承诺。根据住房和城乡建设部、国家工商行政管理总局 2014 年印发的《商品房买卖合同示范文本》，临时管理规约一般应作为商品房买卖合同的附件，由买受人签字确认。实践中，临时管理规约一般自物业项目第一买受人签字时发生效力，对此后的物业的买受人及物业使用人均有约束力。业主大会制定的管理规约生效时临时管理规约终止。此外，临时管理规约还是实施物业承接查验的主要依据文件。

2. 管理规约

管理规约是由全体业主共同制定的规范业主在物业管理区域内的权利、义务和责任的法律文件。《物业管理条例》规定管理规约对全体业主具有约束力。管理规约还是标志业主大会成立的前提条件之一，因此在首次业主大会会议召开前应由筹备组完成草拟并公示。《业主大会和业主委员会指导规则》中要求：管理规约的内容应当在首次业主大会会议召开 15 日前以书面形式在物业管理区域内公告。业主大会自首次业主大会会议表决通过管理规约、业主大会议事规则，并选举产生业主委员会之日起成立。管理规约应当规定主要事项包括：

（1）物业的使用、维护、管理；

（2）专项维修资金的筹集、管理和使用；

（3）物业共用部分的经营与收益分配；

（4）业主共同利益的维护；

（5）业主共同管理权的行使；

（6）业主应尽的义务；

（7）违反管理规约应当承担的责任。

管理规约是多个业主之间形成的共同意志，是业主共同订立并遵守的行为准则。实行管理规约制度，有利于提高业主的自律意识，预防和减少物业管理纠纷。

三、专项维修资金制度

为了解决住房产权结构多元化情形下，住房共用部位、共用设施设备发生的维修及更新、改造在多个业主之间筹集所需费用的问题，《国务院关于进一步深化城镇住房制度改革加快住房建设的通知》规定，加强住房售后的维修管理，建立住房共用部位、设备和小区公共设施专项维修资金，并健全业主对专项维修资金管理和使用的监督制度。建设部、财政部联合签署发布的《住宅专项维修资金管理办法》，对维修资金的交存、使用、监督管理等作了具体规定。《物业管理条例》规定，住宅物业、住宅小区内的非住宅物业或者与单幢住宅楼结构相连的非住宅物业的业主，应当按照国家有关规定交纳专项维修资金。专项维修资金属业主所有，专项用于物业保修期满后物业共用部位、共用设施设备的维修和更新、改造，不得挪作他用。

《民法典》规定，建筑物及其附属设施的维修资金，属于业主共有。经业主共同决定，可以用于电梯、屋顶、外墙、无障碍设施等共有部分的维修、更新和改造。建筑物及其附属设施的维修资金的筹集、使用情况应当定期公布。为了保护人民生命财产安全，提高维修资金的使用效率，还特别规定紧急情况下需要维修建筑物及其附属设施的，业主大会或者业主委员会可以依法申请使用建筑物及其附属设施的维修资金。

（一）维修资金的交存

1. 交存主体。《住宅专项维修资金管理办法》规定下列物业的业主应当按照规定交存住宅专项维修资金：①住宅，但一个业主所有且与其他物业不具有共用部位、共用设施设备的除外；②住宅小区内的非住宅或者住宅小区外与单幢住宅结构相连的非住宅。

上述物业属于出售公有住房的，售房单位应当按照《住宅专项维修资金管理办法》的规定交存住宅专项维修资金。

2. 交存标准。商品住宅的业主、非住宅的业主按照所拥有物业的建筑面积交存住宅专项维修资金，每平方米建筑面积交存首期住宅专项维修资金的数额为当地住宅建筑安装工程每平方米造价的 5%～8%。直辖市、市、县人民政府建设（房地产）主管部门应当根据本地区情况，合理确定、公布每平方米建筑面积交存首期住宅专项维修资金的数额，并适时调整。出售公有住房的，按照下列规定交存住宅专项维修资金：

（1）业主按照所拥有物业的建筑面积交存住宅专项维修资金，每平方米建筑面积交存首期住宅专项维修资金的数额为当地房改成本价的 2%；

（2）售房单位按照多层住宅不低于售房款的 20%、高层住宅不低于售房款的 30%，从售房款中一次性提取住宅专项维修资金。

业主交存的住宅专项维修资金属于业主所有。从公有住房售房款中提取的住宅专项维修资金属于公有住房售房单位所有。业主分户账面住宅专项维修资金余额不足首期交存额 30% 的，应当及时续交。

（二）维修资金的使用

住宅专项维修资金应当专项用于住宅共用部位、共用设施设备保修期满后的维修和更新、改造，不得挪作他用。住宅共用部位、共用设施设备的维修和更新、改造费用，按照下列规定分摊：商品住宅之间或者商品住宅与非住宅之间共用部位、共用设施设备的维修和更新、改造费用，由相关业主按照各自拥有物业建筑面积的比例分摊；售后公有住房之间共用部位、共用设施设备的维修和更新、改造费用，由相关业主和公有住房售房单位按照所交存住宅专项维修资金的比例分摊；其中，应由业主承担的，再由相关业主按照各自拥有物业建筑面积的比例分摊；售后公有住房与商品住宅或者非住宅之间共用部位、共用设施设备的维修和更新、改造费用，先按照建筑面积比例分摊到各相关物业；其中，售后公有住房应分摊的费用，再由相关业主和公有住房售房单位按照所交存住宅专项维修资金的比例分摊；住宅共用部位、共用设施设备维修和更新、改造，涉及尚未售出的商品住宅、非住宅或者公有住房的，开发建设单位或者公有住房单位应当按照尚未售出商品住宅或者公有住房的建筑面积，分摊维修和更新、改造费用。

需要特别注意的是，应由其他责任人承担的维修、更新、改造和养护费用不得从住宅专项维修资金中列支。这些费用主要是：

（1）依法应当由建设单位或者施工单位承担的住宅共用部位、共用设施设备维修、更新和改造费用；

（2）依法应当由相关单位承担的供水、供电、供气、供热、通信、有线电视等管线和设施设备的维修、养护费用；

（3）应当由当事人承担的因人为损坏住宅共用部位、共用设施设备所需的修复费用；

（4）根据物业服务合同约定，应当由物业服务企业承担的住宅共用部位、共用设施设备的维修和养护费用。

在保证住宅专项维修资金正常使用的前提下，可以按照国家有关规定将住宅专项维修资金用于购买国债。利用住宅专项维修资金购买国债，应当在银行间债券市场或者商业银行柜台市场购买一级市场新发行的国债，并持有到期。利用业主交存的住宅专项维修资金购买国债的，应当经业主大会同意；未成立业主大会的，应当由专有部分面积占比 2/3 以上的业主且人数占比 2/3 以上的业主同意。利用从公有住房售房款中提取的住宅专项维修资金购买国债的，应当根据售房单位的财政隶属关系，报经同级财政部门同意。禁止利用住宅专项维修资金从事国债回购、委托理财业务或者将购买的国债用于质押、抵押等担保行为。

（三）维修资金的管理创新

为规范住宅专项维修资金管理信息化建设，实现信息系统的整合与数据共享，提高住宅专项维修资金的监督管理水平；规范住宅专项维修资金基础数据采集、处理、分析和发布，统一住宅专项维修资金基础数据编码，住房和城乡建设部组织制定并发布了《住宅专项维修资金管理信息系统技术规范》CJJ/T 258—

2017 和《住宅专项维修资金管理基础信息数据标准》CJJ/T 257—2017 共 2 个行业标准，均已于 2017 年 7 月 1 日起实施。

2020 年，《国务院办公厅关于全面推进城镇老旧小区改造工作的指导意见》提出，为了多方筹集老旧小区改造资金，完善长效管理机制，遵循政府引导和谁受益、谁出资原则，提出要建立健全城镇老旧小区住宅专项维修资金归集、使用、续筹机制，促进小区改造后维护更新进入良性轨道。积极推动居民出资参与改造，可使用（补建、续筹）住宅专项维修资金等方式落实。研究住宅专项维修资金用于城镇老旧小区改造的办法。

四、物业管理的费用

物业管理的费用通常称为"物业费"，即业主根据物业服务合同约定向物业服务人支付的物业服务费。此外，与物业管理活动和物业服务人关系密切的还有专项维修资金。专项维修资金主要指住宅专项维修资金，也是保障物业正常运转的重要资金。

为规范物业服务收费行为，保障业主和物业服务企业的合法权益，建设部会同国家发展改革委印发了《物业服务收费管理办法》，国家发展改革委印发了《关于放开部分服务价格意见的通知》，对物业服务费的价格机制进行了规定。

（一）物业服务收费原则

物业服务收费应当遵循合理、公开以及费用与服务水平相适应的原则。国家鼓励物业服务企业开展正当的价格竞争，禁止价格垄断和牟取暴利行为。

从长远发展方向看，随着市场经济体制的建立和人民经济收入水平及生活水平的提高，物业服务收费应在市场竞争机制下，由物业委托者和物业服务企业双方协商，按质论价、质价相符。

（二）物业服务收费的价格管理方式

物业服务收费应当区分不同物业的性质和特点分别实行政府指导价和市场调节价。具体定价形式由省、自治区、直辖市人民政府价格主管部门会同房地产行政主管部门确定。

国家发展改革委印发的《关于放开部分服务价格意见的通知》指出，各省、自治区、直辖市在根据《关于放开部分服务价格意见的通知》放开服务价格时，应要求各经营者严格遵守《价格法》等法律法规，合法经营，为消费者等提供质量合格、价格合理的服务；严格落实明码标价制度，在经营场所醒目位置公示价目表和投诉举报电话等信息；不得利用优势地位，强制服务、强制收费，或只收费不服务、少服务多收费；不得在标价之外收取任何未予标明的费用。各有关行业主管部门要按照要求，加强对本行业相关经营主体服务行为监管。要建立健全服务标准规范，完善行业准入和退出机制，为市场主体创造公开、公平的市场环境，引导行业健康发展。要严格遵守《反垄断法》等法律法规，不得以任何理由限制服务、指定服务，或截留定价权。

非保障性住房物业服务的收费实行市场调节价。物业服务企业接受业主的委托，按照物业服务合同约定，就对非保障性住房及配套的设施设备和相关场地进行维修、养护和管理，维护物业管理区域内的环境卫生和相关秩序的活动等向业主收取费用。保障性住房、房改房、老旧住宅小区和前期物业管理服务收费，由各省级价格主管部门会同住房城乡建设主管部门根据实际情况决定实行政府指导价。放开保障性住房物业服务收费实行市场调节价的，应考虑保障对象的经济承受能力，同时建立补贴机制。

住宅小区停车服务的收费实行市场调节价。物业服务企业或停车服务企业接受业主的委托，按照停车服务合同约定，向住宅小区业主或使用人提供停车场地、设施以及停车秩序管理服务并收取费用。

（三）物业服务收费的计费方式

物业服务收费的计费方式主要包括包干制和酬金制两种方式。包干制是指由业主向物业服务企业支付固定物业服务费用，盈余或者亏损均由物业服务企业享有或者承担的物业服务计费方式。酬金制是指在预收的物业服务资金中按约定比例或者约定数额提取酬金支付给物业服务企业，其余全部用于物业服务合同约定的支出，结余或者不足均由业主享有或者承担的物业服务计费方式。

建设单位与物业买受人签订的买卖合同，应当约定物业管理服务内容、服务标准、收费标准、计费方式及计费起始时间等内容，涉及物业买受人共同利益的约定应当一致。

（四）物业服务收费的费用构成

实行物业服务费用包干制的，物业服务费用的构成包括物业服务成本、法定税费和物业服务企业的利润。实行物业服务费用酬金制的，预收的物业服务资金包括物业服务支出和物业服务企业的酬金。

物业服务成本或者物业服务支出构成一般包括以下部分：①管理服务人员的工资、社会保险和按规定提取的福利费等；②物业共用部位、共用设施设备的日常运行、维护费用；③物业管理区域清洁卫生费用；④物业管理区域绿化养护费用；⑤物业管理区域秩序维护费用；⑥办公费用；⑦物业服务企业固定资产折旧费用；⑧物业共用部位、共用设施设备及公众责任保险费用；⑨经业主同意的其他费用。

　　物业共用部位、共用设施设备的大修、中修和更新、改造费用，应当通过专项维修资金予以列支，不得计入物业服务支出或者物业服务成本。

　　实行物业服务费用酬金制的，预收的物业服务资金属于代管性质，为所交纳的业主所有，物业服务企业不得将其用于物业服务合同约定以外的支出。物业服务企业应当向业主大会或者全体业主公布物业服务资金年度预决算并每年不少于一次公布物业服务资金的收支情况。业主或者业主大会对公布的物业服务资金年度预决算和物业服务资金的收支情况提出质询时，物业服务企业应当及时答复。物业服务收费采取酬金制方式，物业服务企业或者业主大会可以按照物业服务合同约定聘请专业机构对物业服务资金年度预决算和物业服务资金的收支情况进行审计。

复 习 思 考 题

1. 《城市用地分类与规划建设用地标准》GB 50137—2011 有何规定？

2. 居住区规划的基本规定有哪些？

3. 城市体检与城市更新的关系是什么？

4. 建设工程项目招标范围和原则是什么？

5. 建设工程招标方式有哪几种？

6. 建设监理工作的"三控""两管""一协调"主要内容是什么？

7. 工程建设监理的范围是什么？

8. 办理施工许可证应具备哪些条件？

9. 建设工程质量管理的原则是什么？

10. 简述工程竣工验收的条件和程序。

11. 对房屋建筑工程的质量保修期限有哪些具体规定？

12. 房地产开发企业设立的条件和程序是什么？

13. 简述房地产开发项目资本金制度的主要内容。

14. 简述房地产开发项目质量责任的主要内容。

15. 房地产项目转让的条件是什么？

16. 发布房地产广告应当提供哪些文件？禁止发布房地产广告的情形有哪些？

17. 什么是物业管理？

18. 业主建筑物区分所有权的主要内容有哪些？

19. 住宅专项维修资金的性质、交存、管理和使用要求有哪些？

20. 物业服务费用的计费方式有哪些？是如何构成的？

第六章　房地产交易管理

第一节　房地产交易管理概述

根据《城市房地产管理法》，房地产交易包括房地产转让、房地产抵押和房屋租赁三种形式。《城市房地产管理法》确定了房地产成交价格申报制度、房地产价格评估制度、房地产价格评估人员资格认证制度等房地产交易基本制度。

一、房地产交易管理的概念和原则

房地产交易管理是指政府房地产管理部门采取法律、行政、经济等手段，为维护房地产市场秩序和保障房地产权利人的合法权益，对房地产交易活动履行指导和监督职能的活动。

房地产交易行为是平等民事主体之间的民事法律行为，应当遵循自愿、公平、诚实、信用等原则。

二、房地产交易的基本制度

《城市房地产管理法》规定了三项房地产交易基本制度，即房地产成交价格申报制度、房地产价格评估制度、房地产价格评估人员资格认证制度。

（一）房地产成交价格申报制度

房地产成交价格不仅关系当事人之间的财产权益，而且也关系着房地产市场调控和国家税费收益。因此，加强房地产交易价格管理对于保护当事人合法权益和保障国家的税费收益，分析房地产市场情况，建立房地产市场监测体系，落实房地产市场调控工作提供支撑，促进房地产市场健康有序发展，有着极其重要的作用。

《城市房地产管理法》规定："国家实行房地产成交价格申报制度。房地产权利人转让房地产，应当向县级以上地方人民政府规定的部门如实申报成交价，不得瞒报或者作不实的申报。"《城市房地产转让管理规定》规定，房地产转让当事人在房地产转让合同签订后向房地产所在地的房地产管理部门提出申请，并申报成交价格；房地产转让应当以申报的成交价格作为缴纳税费的依据。成交价格明显低于正常市场价格的，以评估价格作为缴纳税费的依据。这些规定为房地产成交价格申报制度提供了法律依据，如实申报房地产成交价格是交易当事人的法定义务，是房地产交易受法律保护的必要条件之一。

房地产权利人转让房地产，应当向房屋所在地县级以上地方人民政府房地产管理部门如实申报成交价格。如果交易双方申报的成交价格明显低于市场正常价格，交易双方应当按不低于税务部门确认的评估价格缴纳有关税费。如果交易双方对确认的评估价格有异议，可以要求重新评估。交易双方对重新评估的价格仍有异议，可以按照法律程序，向人民法院提起诉讼。

（二）房地产价格评估制度

《城市房地产管理法》规定："国家实行房地产价格评估制度。房地产价格评估，应当遵循公正、公平、公开的原则，按照国家规定的技术标准和评估程序，以基准地价、标定地价和各类房屋的重置价格为基础，参照当地的市场价格进行评估。""基准地价、标定地价和各类房屋重置价格应当定期确定并公布。具体办法由国务院规定。"

（三）房地产价格评估人员资格认证制度

《城市房地产管理法》规定："国家实行房地产价格评估人员资格认证制度。"以房地产估价师的名义从事房地产估价活动的人员，必须是经国家统一考试、资格认证，取得房地产估价师资格证书，并经注册登记取得房地产估价师注册证书的人员。未取得房地产估价师注册证书的人员，不得以房地产估价师的名义从事房地产估价业务。

三、房地产交易管理和房屋网签备案制度

（一）房地产交易管理机构及其职责

房地产交易管理机构主要是指由国家设立的从事房地产交易管理的职能部门及其授权的机构，包括国务院建设行政主管部门即住房和城乡建设部，省级建设行政主管部门即各省、自治区住房和城乡建设厅和直辖市住房城乡建设局，各市、县房地产管理部门以及房地产管理部门授权的房地产交易管理所（房地产市场管理处、房地产交易中心等）。房地产交易管理机构主要职责是：执行国家有关房地产交易管理的法规政策，并制定具体实施办法，查处房地产交易违法行为，维护当事人的合法权益。具体管理职责包括：①楼盘表管理；②新建商品房销售管理，包括商品房预售许可、商品房项目现售管理、购房资格审查与房源信息核验、商品房买卖合同网签备案、商品房预售资金监管等；③存量房转让管理，包括购房资格审核与房源信息核验、存量房转让合同网签备案、存量房交易资金监管等；④房屋抵押管理；⑤房屋租赁管理；⑥房屋面积管理；⑦房屋交易与产权档案管理、服务窗口建设、管理信息平台建设；⑧政策性住房产权与上市交易管理；⑨其他房屋交易与产权管理工作。

（二）房屋网签备案制度

1. 房屋网签备案的概念和范围

房屋网签备案是房屋交易合同网上签约备案的简称，是指房屋交易当事人通过政府建立的房屋交易系统，在线签订房屋交易合同、申报成交价格并完成合同备案的过程。房屋网签备案包括新建商品房买卖合同、存量房买卖合同、房屋抵押合同、房屋租赁合同等房地产交易合同的网签备案。通过房屋网签备案，使得房地产交易更加透明化，买卖双方都可以通过房屋交易系统在线查询到自己的交易情况，也便于第三方了解房屋交易等情况，也有利于防止"一房多卖"，保护房地产交易各方当事人的合法权益。实施房屋网签备案制度，也是各级政府推进房地产领域"放管服"改革，提高房屋交易管理服务效能，向各类房地产市场主体提供规范化、标准化、便捷化的服务，营造稳定、透明、安全、可预期的良好市场环境的重要措施。

2. 房屋网签备案的政策要求

《城市房地产管理法》第三十五条规定："国家实行房地产成交价格申报制度。"房屋网签备案就是落实房地产成交价格申报制度的具体举措。设定房地产成交价格申报制度的目的，就是政府部门要通过价格申报及时准确掌握市场情况，更好地监管市场，促进市场健康发展。《城市房地产管理法》还对预售商品房合同备案作出了特别规定，要求由商品房预售人（房地产开发企业即出卖人）应当按照国家有关规定将预售合同报县级以上人民政府房产管理部门和土地管理部门登记备案，由房地产开发企业统一负责向政府部门申报价格、登记备案。《城市房地产开发经营管理条例》规定，房地产开发企业应当自商品房预售合同签订之日起30日内，到商品房所在地的县级以上人民政府房地产开发主管部门和负责土地管理工作的部门备案。《城市商品房预售管理办法》规定，房地产管理部门应当应用网络信息技术，逐步推行商品房预售合同网上登记备案。

《国务院办公厅关于促进房地产市场平稳健康发展的通知》要求，进一步建立健全新建商品房、存量房交易合同网上备案制度，加大交易资金监管力度。经国务院同意，住房和城乡建设部印发的《关于进一步规范和加强房屋网签备案工作的指导意见》要求，在全国城市规划区国有土地范围内全面实行房屋交易合同网签备案，加快推进房屋网签备案系统全国联网工作。全国人大常委会 2019 年 4 月 23 日通过了修正后的《电子签名法》，允许电子签名可依法在房屋交易活动中使用，网签备案因此变得更加便捷、高效。2020 年 3 月 26 日，为全面贯彻《优化营商环境条例》，进一步落实《住房和城乡建设部关于进一步规范和加强房屋网签备案工作的指导意见》，住房和城乡建设部印发《关于提升房屋网签备案服务效能的意见》，并将《房屋网签备案业务操作规范》作为附件。2020 年 7 月 2 日，为进一步加强房屋网签备案信息共享，提升公共服务水平，促进房地产市场平稳健康发展，住房和城乡建设部、最高人民法院、公安部、中国人民银行、国家税务总局和中国银行保险监督管理委员会联合发布《关于加强房屋网签备案信息共享提升公共服务水平的通知》，要求加强部门间信息共享，要求已经接入全国房地产市场监测系统的城市，要按照"及时、准确、全覆盖"的要求上传房屋交易数据，实现新建商品房、存量房交易网签备案全覆盖。

3. 房屋网签备案信息共享

《关于加强房屋网签备案信息共享提升公共服务水平的通知》提出了以下八个方面的要求：①加快推进系统对接信息共享；②优化住房商业贷款办理服务；③完善住房公积金贷款和提取服务；④优化房屋交易纳税申报服务；⑤提升流动人口管理服务水平；⑥提高司法案件执行效率；⑦全面提高房屋交易网签数据质量；⑧抓好信息共享组织落实。住房城乡建设主管部门通过城市政府"一体化"政务服务平台，共享楼盘表、网签备案等相关数据，加强部门间数据交换和使用管理，落实便民利企政策，提升服务水平。

信息服务领域主要包括以下几个方面。①政务服务。与税务、金融、住房公积金、自然资源、公安、民政、教育、财政、人力资源社会保障、市场监管、统计、法院等部门共享数据，为当事人办理税务、贷款、住房公积金、不动产登记、积分落户、子女入学、市场主体登记、强制执行等业务和公共服务提供便捷服务。②房屋交易服务。通过开放网签备案系统，为房屋买卖当事人提供房屋交易主体、房源信息自动核验服务。③金融服务。向住房公积金管理、金融机构等部门开放数据，为当事人办理购房贷款等业务提供便捷服务。④公用事业服务。向供水、供电、供气、供热等公用企事业单位开放数据，为当事人办理水电气热等业务提供便捷服务。⑤企业服务。向房地产开发企业、房地产经纪机构、住房租赁企业、物业管理企业等开放数据，提升企业办事效率。

第二节　房地产转让管理

房地产转让是一种常见的房地产交易方式。《城市房地产管理法》《城市房地产转让管理规定》对房地产转让的条件、程序等都作出了明确的规定。

一、房地产转让概述

（一）房地产转让的概念

《城市房地产管理法》规定："房地产转让，是指房地产权利人通过买卖、赠与或者其他合法方式将其房地产转移给他人的行为。"《城市房地产转让管理规定》对房地产转让的"其他合法方式"作了进一步细化和列举，其他合法方式主要包括：以房地产作价入股与他人成立企业法人而使房地产权属发生变更；一方提供土地使用权，另一方或者多方提供资金，合资、合作开发经营房地产而使房地产权属发生变更；因企业被收购、兼并或合并导致房地产权属的转移；以房地产抵债等原因导致房地产权属发生的转移。房地产转让的实质，是房地产权属发生转移，房地产权利主体发生变化。《城市房地产管理法》规定，房地产转让时，房屋所有权和该房屋所占用范围内的土地使用权同时转让，也就是说，房地产转让时要遵循"房地一体"转让原则，房屋所有权和该房屋所占用范围内的土地使用权不得分割转让，不能只转让房屋所有权不转让房屋占有范围内的土地使用权，也不能只转让土地使用权不转让土地上已经建成房屋的所有权。

（二）房地产转让的分类

根据转让的客体，房地产转让可分为地面上有建筑物的房地产转让和地面上无建筑物的房地产转让。地面上无建筑物的房地产转让，习惯上又被称为土地使用权转让。《城市房地产管理法》将土地使用权转让与房屋所有权转移，统称为房地产转让，对于规范房地产市场行为，加强市场统一管理，具有积极作用。

根据土地使用权取得方式，房地产转让可分为以出让方式取得土地使用权的房地产转让和以划拨方式取得土地使用权的房地产转让。

根据受让人是否需要支付对价，房地产转让可分为有偿和无偿两种方式，有偿转让主要包括房地产买卖、房地产作价入股、以房抵债、房屋互换等行为，无偿转让主要包括房地产赠与、继承等行为。房地产买卖是指房屋所有权人或土地使用权人将其合法拥有的房地产以一定价格转让给他人的行为。房地产赠与是指房屋所有权人或土地使用权人将其合法拥有的房地产无偿赠送给他人，不要求受赠人支付任何对价或为此承担任何义务的行为。房地产买卖属于双务法律行为，即买卖双方均享有一定的权利，并需承担一定的义务；房地产赠与属于单务法律行为，受让人不需承担任何义务。

二、房地产转让的条件

（一）房地产不得转让的情形

房地产转让最主要的特征是权利主体发生变化，即土地使用权或房屋所有权连同房屋所占用的土地使用权一并转移至他人。《城市房地产管理法》及《城市房地产转让管理规定》都明确规定了房地产转让应当符合的条件，并规定房地产有下列情形的不得转让。

（1）不符合《城市房地产管理法》规定转让条件的房地产。以出让方式取得土地使用权的，转让房地产时，应当符合以下条件：按照出让合同约定已经支付全部土地使用权出让金，并取得土地使用权证书；按照出让合同约定进行投资开发，属于房屋建设工程的，完成开发投资总额的25％以上，属于成片开发土地的，形成工业用地或者其他建设用地条件；转让房地产时房屋已经建成的，还应当持有房屋所有权证书；不符合规定条件的不得转让。

（2）司法机关或行政机关依法裁定、决定查封或以其他形式限制权利的房地产。司法机关、行政机关可以根据合法申请人的申请或社会公共利益的需要，依法裁定、决定限制房地产权利，如查封、限制转移等。在权利受到限制期间，房地产权利人不得转让该房地产。

（3）依法收回土地使用权的房地产。根据国家利益或社会公共利益的需要，国家有权决定收回出让或划拨给他人使用的土地，任何单位和个人应当服从国家的决定，在国家依法作出收回土地使用权决定之后，原房地产权利人不得转让该房地产。

（4）未经其他共有人书面同意的共有房地产。共有房地产是指房屋的所有权、国有土地使用权为两个或两个以上权利人所共同拥有，包括共同共有和按份共有。转让共同共有的房地产，需经全体共同共有人同意，不能因某一个共同共有人的单独请求而转让，但是共有人另有约定的除外。转让按份共有的房地产，应当经占份额2/3以上的按份共有人同意，但是共有人之间另有约定的除外。

（5）权属有争议的房地产。权属有争议的房地产，是指有关当事人对房屋所有权和土地使用权的归属发生争议，致使房地产权属难以确定。转让该类房地产，可能影响交易的合法性，可能损害真正权利人的合法权益，因此在权属争议解决之前不得转让。

（6）未依法登记领取权属证书的房地产。该项规定源自《城市房地产管理法》，《民法典》也有相应的规定，即不动产权利人处分不动产物权时，依照法律规定需要办理登记的，未经登记，不发生物权效力。

（7）法律和行政法规规定禁止转让的其他情形。

（二）不同方式取得土地使用权的房地产转让

1. 以出让方式取得建设用地使用权的房地产转让

以出让方式取得建设用地使用权的房地产转让时，受让人取得的土地使用权的权利、义务范围应当与转让人原来享有的权利和承担的义务范围相一致。转让人的权利、义务是由土地使用权出让合同载明的，因此，该出让合同载明的权利、义务随土地使用权的转让而转移给新的受让人。以出让方式取得建设用地使用权，可以在不同土地使用者之间多次转让，但土地使用权出让合同约定的使用年限不变。以房地产转让方式取得出让土地使用权的权利人，其实际使用年限不是出让合同约定的年限，而是出让合同约定的年限减去原土地使用权已经使用年限后的剩余年限。例如土地使用权出让合同约定的使用年限为 50 年，原土地使用者使用 10 年后转让，受让人的使用年限只有 40 年。

以出让方式取得建设用地使用权的，转让房地产后，受让人改变原建设用地使用权出让合同约定的土地用途的，必须取得原土地出让方和市、县人民政府城乡规划行政主管部门同意，签订建设用地使用权出让合同变更协议或者重新签订建设用地使用权出让合同，相应调整土地使用权出让金。

2. 以划拨方式取得建设用地使用权的房地产转让

以划拨方式取得建设用地使用权的房地产转让时，在转让的价款或其他形式收益中，包含着土地使用权转让的收益，这部分收益不应完全由转让人获得，国家应参与分配。由于所转让土地的开发投入情况比较复杂，转让主体、受让主体和转让用途情况也不相同，因此处理土地使用权收益不能简单化和"一刀切"。《城市房地产管理法》作了明确规定，对划拨土地使用权的转让管理规定了两种不同的处理方式：一种是需办理出让手续，将划拨土地使用权转变为出让土地使用权，由受让方缴纳土地使用权出让金；另一种是不改变原有土地的划拨性质，由转让方上缴土地收益。《城市房地产转让管理规定》第十二条规定可以不办出让手续情形见第五章第五节，这里不赘述。对于暂不办理土地使用权出让手续的，应当将土地收益上缴国家或作其他处理，并在合同中注明。对于转让的房地产再转让，需要办理出让手续、补交土地使用权出让金的，应当扣除已缴纳的土地收益。

三、房地产转让的程序

根据《城市房地产转让管理规定》和《房屋交易与产权管理工作导则》等规定，房地产转让的程序一般包括以下几点。

（1）房源核验与购房资格审核。房源核验内容主要包括：新建商品房是否取得预售许可或办理现售备案；是否属于政策限制转让的房屋；是否满足政策性住房上市交易条件；是否存在查封等限制交易情形；是否存在其他法律法规规定的限制转让情形等。购房资格审核内容主要包括：购房人是否属于失信被执行人；是否属于限制购买房屋的保障对象；是否属于限购政策规定的限购对象；是否属于不具备购房资格的境外机构或个人；其他法律法规规定的限制购买情形等。

（2）签订转让合同、办理合同网签备案并申报成交价格。完成网上签约备案，赋予合同备案编码，网签备案信息载入楼盘表。

（3）交易资金监管。签订交易资金监管协议（合同），并按照约定将交易资金存入监管账户。

（4）依法缴纳税费。将房屋交易信息推送、共享至税务等相关部门，交易当事人依法缴纳交易税费。

（5）办理不动产转移登记。

（6）拨付监管的交易资金。

存量房转让通过房地产经纪机构成交的，转让当事人可以委托房地产经纪机构申请办理存量房转让合同网签备案。转让当事人自行成交的，由当事人办理存量房转让合同网签备案。

四、房地产转让合同的主要内容

房地产转让合同是指房地产转让当事人之间签订的用于明确各方权利、义务关系的协议。房地产转让时，应当签订书面转让合同。合同的内容由当事人协商拟定，也可以选用各级政府有关部门发布的合同示范文本。一般来说，房地产转让合同的内容应包括：

（1）双方当事人的姓名或者名称、住所；

（2）不动产权（房地产权属）证书的名称和编号；

（3）房地产坐落位置、面积、四至界限；

（4）土地宗地号、土地使用权取得的方式及年限；

（5）房地产的用途或使用性质；

（6）成交价格及支付方式；

（7）房地产交付使用的时间；

（8）违约责任；

（9）双方约定的其他事项。

五、共有房屋的转让

按份共有的各所有权人，按照各自的所有权份额对房屋享有权利和承担义务。共同共有的所有权人，对于房屋享有平等的所有权。通常情况下，按份共有关系是按约定或者根据出资额形成的，共同共有一般是基于共同生活、共同劳动而产生，如夫妻共同共有、家庭共同共有等，个别情况下也可以通过合同约定。如果共有人之间没有约定是"按份共有"还是"共同共有"，或者约定不明确，除非共有人之间具有家庭关系，否则默认为"按份共有"。

（一）按份共有房屋的转让

按份共有人处分共有房屋，须经占份额2/3以上的按份共有人同意。按份共有房屋的份额转让较为灵活，也无须其他按份共有人一致同意，但其他共有人在同等条件下享有优先购买的权利。根据《最高人民法院关于适用〈中华人民共和国民法典〉物权编的解释（一）》，"同等条件"应当综合共有份额的转让价格、价款履行方式及期限等因素确定。优先购买权的行使期间，按份共有人之间有约定的，按照约定处理；没有约定或者约定不明的，按照下列情形确定：①转让人向其他按份共有人发出的包含同等条件内容的通知中载明行使期间的，以该期间为准；②通知中未载明行使期间，或者载明的期间短于通知送达之日起15日的，为15日；③转让人未通知的，为其他按份共有人知道或者应当知道最终确定的同等条件之日起15日；④转让人未通知，且无法确定其他按份共有人知道或者应当知道最终确定的同等条件的，为共有份额权属转移之日起6个月。按份共有人向共有人之外的人转让其份额，其他按份共有人根据法律、司法解释规定，请求按照同等条件优先购买该共有份额的，应予支持。其他按份共有人的请求具有下列情形之一的，不予支持：①未在以上规定的期间内主张优先购买，或者虽主张优先购买，但提出减少转让价款、增加转让人负担等实质性变更要求；②以其优先购买权受到侵害为由，仅请求撤销共有份额转让合同或者认定该合同无效。按份共有人之间转让共有份额，其他按份共有人主张依据《民法典》第三百零五条规定优先购买的，不予支持，但按份共有人之间另有约定的除外。共有份额的权利主体因继承、遗赠等原因发生变化时，其他按份共有人主张优先购买的，不予支持，但按份共有人之间另有约定的除外。

（二）共同共有房屋的转让

共同共有房地产的处分，应当由全体共同共有人协商一致。共同共有最重要的特征之一，就是各共有人平等地对共有物享有权利和承担义务。因此，除另有约定外，共同共有人处分共有房屋，须经全体共同共有人一致同意。例如，甲乙二人为夫妻关系，共同共有一套住宅。如出售该住宅，必须在甲乙二人一致同意转让的前提下，才能出售。在共同共有关系存续期间，部分共有人擅自处分共有财产的，一般认定无效。

六、已购公有住房和经济适用住房上市的有关规定

经济适用住房的土地使用权是通过划拨供给的，已购公有住房的土地使用权绝大部分也是划拨供给的，此前对这两类住房的上市有较严格的限制性规定。1999年4月，住房和城乡建设部制定了《已购公有住房和经济适用住房上市出售管理暂行办法》，取消了对已购公有住房和经济适用住房上市交易的限制。为鼓励住房消费，国家又进一步对已购公有住房和经济适用住房的上市从营业税（增值税）、土地增值税、契税、个人所得税、土地收益等方面给予减免政策，并继续放宽上市交易条件。在此基础上，各地又出台了一些地方优惠政策，大大活跃了存量房市场。

为改进和规范经济适用住房制度，保护当事人合法权益，建设部会同国家发展改革委、监察部、财政部、国土资源部、中国人民银行、国家税务总局等七部门联合发布《经济适用住房管理办法》，对经济适用住房的建设、供应、使用及监督管理作出了规定。经济适用住房购房人拥有有限产权，购买经济适用住房不满5年，不得直接上市交易。购房人因特殊原因确需转让经济适用住房的，由政府按照原价格并考虑折旧和物价水平等因素进行回购。购买经济适用住房满5年，购房人上市转让经济适用住房的，应按照届时同地段普通商品住房与经济适用住房差价的一定比例向政府交纳土地收益等相关价款，具体交纳比例由市、县人民政府确定，政府可优先回购；购房人也可以按照政府所定的标准向政府交纳土地收益等相关价款后，取得完全产权。

《住房和城乡建设部关于加强经济适用住房管理有关问题的通知》规定，经济适用住房上市交易，必须符合有关政策规定并取得完全产权。住房保障部门应当对个人是否已缴纳相应土地收益等价款取得完全产权、成交价格是否符合正常交易、政府是否行使优先购买权等情况出具书面意见。房屋登记、租赁管理机构办理房屋权属登记、租赁备案登记时，要比对住房保障部门提供的有关信息。对已购经济适用住房的家庭，不能提供住房保障部门出具的书面意见的，任何中介

机构不得代理买卖、出租其经济适用住房；房屋租赁备案管理机构应当暂停办理其经济适用住房的租赁备案，房屋登记机构应当暂停办理该家庭购买其他房屋的权属登记，并及时通报住房保障部门。各地要结合实际情况完善经济适用住房上市交易分配机制，健全上市交易管理办法。要按照配售经济适用住房时承购人与政府的出资比例，确定上市所得价款的分配比例、政府优先购买权等管理事项。其中，政府出资额为土地出让金减让、税费减免等政策优惠额之和。

七、对失信被执行人房地产交易的限制

国家发展改革委、最高人民法院、中国人民银行、国土资源部、住房和城乡建设部等44家单位联合签署的《关于对失信被执行人实施联合惩戒的合作备忘录》，以及《中共中央办公厅 国务院办公厅关于加快推进失信被执行人信用监督、警示和惩戒机制建设的意见》《国务院关于建立完善守信联合激励和失信联合惩戒制度加快推进社会诚信建设的指导意见》《最高人民法院关于限制被执行人高消费及有关消费的若干规定》《最高人民法院关于公布失信被执行人名单信息的若干规定》《关于对房地产领域相关失信责任主体实施联合惩戒的合作备忘录》《住房城乡建设部办公厅关于印发失信被执行人信用监督、警示和惩戒机制建设分工方案的通知》《关于对失信被执行人实施限制不动产交易惩戒措施的通知》等有关文件对人民法院失信被执行人规定了限制领域和惩戒措施，形成"一处失信、处处受限"的联合惩戒局面，促使被执行人主动履行生效法律文书确定的义务。

（一）惩戒对象

对最高人民法院公布的失信被执行人，依法限制其购买房地产。根据《最高人民法院关于公布失信被执行人名单信息的若干规定》，失信被执行人具体是指未履行生效法律文书确定的义务，并具有下列情形之一的被执行人：①有履行能力而拒不履行生效法律文书确定义务的；②以伪造证据、暴力、威胁等方法妨碍、抗拒执行的；③以虚假诉讼、虚假仲裁或者以隐匿、转移财产等方法规避执行的；④违反财产报告制度的；⑤违反限制消费令的；⑥无正当理由拒不履行执行和解协议的。《关于对房地产领域相关失信责任主体实施联合惩戒的合作备忘录》规定，在房地产领域开发经营活动中存在失信行为的相关机构及人员等责任主体，包括：①房地产开发企业、房地产中介机构、物业管理企业（以下统称失信房地产企业）；②失信房地产企业的法定代表人、主要负责人和对失信行为负有直接责任的从业人员。

（二）惩戒措施

对失信被执行人高消费及其他消费行为的限制措施，包括限制购买不动产。被执行人违反限制高消费令进行消费的行为，属于拒不履行人民法院已经发生法律效力的判决、裁定的行为。

根据《最高人民法院关于限制被执行人高消费及有关消费的若干规定》，被执行人违反限制消费令进行消费的行为，经查证属实的，依照《民事诉讼法》规定，予以拘留、罚款；情节严重、构成犯罪的，追究其刑事责任。

根据《关于对失信被执行人实施限制不动产交易惩戒措施的通知》规定，各级人民法院限制失信被执行人及失信被执行人的法定代表人、主要负责人、实际控制人、影响债务履行的直接责任人员参与房屋司法拍卖。市、县国土资源部门限制失信被执行人及失信被执行人的法定代表人、主要负责人、实际控制人、影响债务履行的直接责任人员取得政府供应土地。各地国土资源部门与人民法院要积极推进建立同级不动产登记信息和失信被执行人名单信息互通共享机制，有条件的地区，国土资源部门在为失信被执行人及失信被执行人的法定代表人、主要负责人、实际控制人、影响债务履行的直接责任人员办理转移、抵押、变更等涉及不动产产权变化的不动产登记时，应将相关信息通报给人民法院，便于人民法院依法采取执行措施。根据《住房城乡建设部办公厅关于印发失信被执行人信用监督、警示和惩戒机制建设分工方案的通知》规定，各级住房城乡建设主管部门要及时查询各级人民法院失信被执行人名单信息库，对失信被执行主体就商品房开发、施工许可、商品房预售许可、房屋买卖合同备案、房屋交易资金监管、楼盘表建立、购房资格审核、房源验核、存量房和政策房交易上市、住房公积金贷款等提出的申请，不予受理或从严审核有关材料。完善住房开发、租赁企业、中介机构和从业人员信用管理制度，对于协助失信被执行人购买房产或获得住房公积金贷款的，一经查实，记入市场主体信用档案，并视情节轻重予以惩戒。

第三节　商品房销售管理

商品房销售是指房地产开发企业将符合条件的商品房出售给购房人的活动。按照销售商品房是否竣工验收，商品房销售分为商品房预售、商品房现售。《城市房地产管理法》《城市房地产开发经营管理条例》《商品房销售管理办法》《城市商品房预售管理办法》等法律、行政法规、部门规章，对商品房预售、商品房现售的条件、销售合同等均作出了规定。

一、商品房预售

（一）商品房预售的概念

商品房预售是指房地产开发企业将正在建设、尚未竣工验收的商品房出售给购房人，由购房人支付定金或房价款的行为。在商品房买卖活动中，房地产开发企业是卖房人，在买卖活动中通常称之为出卖人；购房人是买房人，在买卖活动中通常称之为买受人。

商品房从预售到竣工交付间隔时间较长，商品房能否按时竣工验收并交付购房人，具有较大的风险性和不确定性。为规范商品房预售行为，加强商品房预售管理，保障买受人的合法权益，《城市房地产管理法》从商品房预售许可、商品房预售合同登记备案、商品房预售资金监管等方面加强商品房预售监管。

（二）商品房预售许可

房地产开发企业取得商品房预售许可证方能预售商品房，未取得商品房预售许可证的，不得进行商品房预售。房地产开发企业进行商品房预售，应当向承购人出示商品房预售许可证，售楼广告和说明书中应载明商品房预售许可证的批准文号。未取得商品房预售许可证的，不得进行商品房销售或发布广告。未取得预售许可的项目，房地产开发企业不得以认购、预订、排号、发放 VIP 卡等方式向买受人收取或变相收取定金、预定款等性质的费用，不得参加任何展销活动。

1. 商品房预售许可条件

根据《城市房地产管理法》《城市商品房预售管理办法》及《住房和城乡建设部关于进一步加强房地产市场监管完善商品住房预售制度有关问题的通知》等规范性文件，商品房预售应当符合以下条件：

（1）已交付全部土地使用权出让金，取得土地使用权证书；

（2）持有建设工程规划许可证和施工许可证；

（3）按提供预售的商品房计算，投入开发建设的资金达到工程建设总投资的 25％以上，并已经确定施工进度和竣工交付日期；

（4）商品房预售实行许可制度，开发企业进行商品房预售，应当向房地产管理部门申请预售许可，取得商品房预售许可证。

预售许可的最低规模不得小于栋，不得分层、分单元办理预售许可。

2. 商品房预售许可申请

房地产开发企业申请商品房预售许可证，应当向市、县人民政府房地产管理部门提交下列证件（复印件）及资料：

（1）商品房预售许可申请表。

（2）开发企业的营业执照和资质证书。

（3）土地使用权证、建设工程规划许可证、施工许可证。

（4）投入开发建设的资金占工程建设总投资 25％以上的证明。

（5）工程施工合同及关于施工进度的说明。

（6）商品房预售方案。预售方案应当包括项目基本情况、建设进度安排、预售房屋套数、面积预测及分摊情况、公共部位和公共设施的具体范围、预售价格及变动幅度、预售资金监管落实情况、住房质量责任承担主体和承担方式、住房能源消耗指标和节能措施等。预售方案中主要内容发生变更的，应当报主管部门备案并公示。质量责任承担主体必须具备独立的法人资格和相应的赔偿能力。

3. 商品房预售许可程序

（1）受理。房地产开发企业申请材料齐全的，房地产管理部门应当当场出具受理通知书；材料不齐的，应当当场或者 5 日内一次性书面告知需要补充的材料。

（2）审核。房地产管理部门对房地产开发企业提供的有关材料是否符合法定条件进行审核。房地产开发企业对所提交材料实质内容的真实性负责。

（3）许可。经审查，房地产开发企业的申请符合法定条件的，房地产管理部门应当在受理之日起 10 日内，依法作出准予预售的行政许可书面决定，发送房地产开发企业，并自作出决定之日起 10 日内向房地产开发企业颁发、送达商品房预售许可证。取得预售许可的商品住房项目，房地产开发企业要在 10 日内一次性公开全部准售房源及每套房屋价格，并严格按照申报价格，明码标价对外销售。经审查，房地产开发企业的申请不符合法定条件的，房地产管理部门应当在受理之日起 10 日内，依法作出不予许可的书面决定。书面决定应当说明理由，告知房地产开发企业享有依法申请行政复议或者提起行政诉讼的权利，并送达房地产开发企业。商品房预售许可决定书、不予商品房预售许可决定书应当加盖房地产管理部门的行政许可专用印章，商品房预售许可证应当加盖房地产管理部门的印章。

（4）公示。房地产管理部门作出的准予商品房预售许可的决定，应当予以公开，公众有权查阅。市、县房地产主管部门要及时将批准的预售信息、可售楼盘及房源信息、违法违规行为查处情况等向社会公开。房地产开发企业应将预售许可情况、商品住房预售方案、开发建设单位资质、代理销售的房地产经纪机构备案情况等信息，在销售现场主动公开。

（三）商品房预售合同登记备案

《城市房地产管理法》规定，商品房预售人应当按照国家有关规定将预售合同报县级以上人民政府房产管理部门和土地管理部门登记备案。《城市房地产开发经营管理条例》规定，房地产开发企业应当自商品房预售合同签订之日起 30

日内，到商品房所在地的县级以上人民政府房地产开发主管部门和负责土地管理工作的部门备案。《城市商品房预售管理办法》规定，商品房预售，房地产开发企业应当与承购人签订书面商品房预售合同。房地产开发企业应当自签约之日起30日内，向房地产管理部门和市、县人民政府土地管理部门办理商品房预售合同登记备案手续。房地产管理部门应当积极应用网络信息技术，逐步推行商品房预售合同网上登记备案。商品房预售合同登记备案手续可以委托代理人办理。委托代理人办理的，应当有书面委托书。

（四）商品房预售资金监管

《城市房地产管理法》规定："商品房预售所得款项，必须用于有关的工程建设。"《城市商品房预售管理办法》第十一条规定："开发企业预售商品房所得款项应当用于有关的工程建设。商品房预售款监管的具体办法，由房地产管理部门制定。"商品房预售所得款项即房地产开发企业收取的商品房预售资金。对商品房预售资金纳入监管账户进行监管，可有效保障预售资金专款用于本项目建设，防止挪作他用；保证项目开发进度，防止项目烂尾。

为进一步确保商品房预售资金用于项目建设，2022年1月11日《最高人民法院 住房和城乡建设部 中国人民银行关于规范人民法院保全执行措施确保商品房预售资金用于项目建设的通知》印发，要求人民法院对预售资金监管账户采取保全、执行措施时要强化善意文明执行理念，坚持比例原则，切实避免因人民法院保全、执行预售资金监管账户内的款项导致施工单位工程进度款无法拨付到位，商品房项目建设停止，影响项目竣工交付，损害广大买受人合法权益。除当事人申请执行因建设该商品房项目而产生的工程建设进度款、材料款、设备款等债权案件之外，在商品房项目完成房屋所有权首次登记前，对于预售资金监管账户中监管额度内的款项，人民法院不得采取扣划措施。商品房预售资金监管账户被人民法院冻结后，房地产开发企业、商品房建设工程款债权人、材料款债权人、租赁设备款债权人等请求以预售资金监管账户资金支付工程建设进度款、材料款、设备款等项目建设所需资金，或者买受人因购房合同解除申请退还购房款，经项目所在地住房和城乡建设主管部门审核同意的，商业银行应当及时支付，并将付款情况及时向人民法院报告。

二、商品房现售

（一）商品房现售的概念

商品房现售是指房地产开发企业将已竣工验收的商品房出售给买受人，由买受人支付房价款的行为。

（二）商品房现售的条件

根据《商品房销售管理办法》，商品房现售必须符合以下条件：

（1）出售商品房的房地产开发企业应当具有企业法人营业执照和房地产开发企业资质证书；

（2）取得土地使用权证书或使用土地的批准文件；

（3）持有建设工程规划许可证和施工许可证；

（4）已通过竣工验收；

（5）拆迁安置已经落实；

（6）供水、供电、供热、燃气、通讯等配套设施具备交付使用条件，其他配套基础设施和公共设备具备交付使用条件或已确定施工进度和交付日期；

（7）物业管理方案已经落实。

房地产开发企业应当在商品房现售前将房地产开发项目手册及符合商品房现售条件的有关证明文件报送房地产开发主管部门备案。

三、商品房买卖合同

《商品房销售管理办法》规定，商品房销售时，房地产开发企业和买受人应当订立书面商品房买卖合同。《民法典》合同编对合同的订立、履行和违约责任等内容作出了规定。《最高人民法院关于审理商品房买卖合同纠纷案件适用法律若干问题的解释》对审理商品房买卖合同纠纷案件作出了司法解释。

（一）商品房买卖合同的内容

《商品房销售管理办法》第十六条规定了商品房买卖合同的主要内容。2014年，住房和城乡建设部、国家工商行政管理总局印发了《商品房买卖合同示范文本》。《商品房买卖合同示范文本》内容采用章节体例，并对商品房预售、现售、返本销售、售后包租等专业术语进行了解释，同时增加了预售资金监管条款、商品房权属和抵押状况条款、验房内容、买受人信息保护等条款；要求对共有部分进行明确约定、区分了违约责任、明确了利息和违约金的计算基数等；对示范合同中未约定或约定不明的内容，双方可以根据具体情况签订书面补充协议，但同时规定，补充协议中如含有不合理减轻或免除示范合同中约定应当由出卖人承担的责任或不合理加重买受人责任、排除买受人主要权利内容的，仍以示范合同为准。商品房买卖合同示范文本分为《商品房买卖合同（预售）示范文本》（GF-2014—0171）和《商品房买卖合同（现售）示范文本》（GF-2014—0172）两个文本。

1. 商品房预售合同主要内容

（1）合同当事人；

（2）商品房基本状况；

（3）商品房价款；

（4）商品房交付条件与交付手续；

（5）面积差异处理方式；

（6）规划设计变更；

（7）商品房质量及保修责任；

（8）合同备案与房屋登记；

（9）前期物业管理；

（10）其他事项，业主共有部分约定、配套设施约定、争议解决方式等。

2. 商品房现售合同主要内容

（1）合同当事人；

（2）商品房基本状况；

（3）商品房价款；

（4）商品房交付条件与交付手续；

（5）商品房质量及保修责任；

（6）房屋登记；

（7）物业管理；

（8）其他事项。

《最高人民法院关于审理商品房买卖合同纠纷案件适用法律若干问题的解释》规定，商品房的销售广告和宣传资料为要约邀请，但是出卖人就商品房开发规划范围内的房屋及相关设施所作的说明和允诺具体确定，并对商品房买卖合同的订立以及房屋价格的确定有重大影响的，构成要约。该说明和允诺即使未载入商品房买卖合同，亦应当为合同内容，当事人违反的，应当承担违约责任。

（二）计价方式

房地产开发企业与买受人应当在商品房买卖合同中约定商品房的计价方式。商品房销售有按套（单元）计价、按套内建筑面积计价、按建筑面积计价三种计价方式。按套（单元）计价、套内建筑面积计价，并不影响以建筑面积进行产权登记。

商品房建筑面积由套内建筑面积和分摊的共有建筑面积组成。按套（单元）计价或者按套内建筑面积计价的，商品房买卖合同也应当注明建筑面积和分摊的共有建筑面积。

（三）预约合同

在商品房销售中，房地产开发企业与买受人除签署正式的商品房买卖合同外，还可能在签订正式合同前，先签订认购书或者认购协议，约定将来在一定期限内订立正式合同。这种认购书、协议构成预约合同。根据《民法典》第四百九十五条规定，当事人约定在将来一定期限内订立合同的认购书、订购书、预订书等，构成预约合同。当事人一方不履行预约合同约定的订立合同义务的，对方可以请求其承担预约合同的违约责任。

房地产开发企业可能会向买受人收受定金，作为订立和履行商品房买卖合同担保。根据《民法典》第五百八十六条规定，当事人可以约定一方向对方给付定金作为债权的担保。定金合同自实际交付定金时成立。定金的数额由当事人约定；但是，不得超过主合同标的额的 20%，超过部分不产生定金的效力。实际交付的定金数额多于或者少于约定数额的，视为变更约定的定金数额。如果因买受人或者房地产开发企业一方原因未能订立商品房买卖合同，根据《民法典》第五百八十七条规定，债务人履行债务的，定金应当抵作价款或者收回。给付定金的一方（买受人）不履行债务或者履行债务不符合约定，致使不能实现合同目的的，无权请求返还定金；收受定金的一方（房地产开发企业即出卖人）不履行债务或者履行债务不符合约定，致使不能实现合同目的的，应当双倍返还定金。《最高人民法院关于审理商品房买卖合同纠纷案件适用法律若干问题的解释》规定，因不可归责于当事人双方的事由，导致商品房买卖合同未能订立的，出卖人应当将定金返还买受人；如果商品房的认购、订购、预订等协议具备《商品房销售管理办法》第十六条规定的商品房买卖合同的主要内容，并且出卖人已经按照约定收受购房款的，该协议应当认定为商品房买卖合同。

（四）格式条款

在商品房销售中，常采用格式条款订立合同。格式条款是当事人为了重复使用而预先拟定，并在订立合同时未与对方协商的条款。根据《民法典》第四百九十六条的规定，房地产开发企业作为商品房出卖人、提供格式条款的一方，应当遵循公平原则确定当事人之间的权利和义务，并采取合理的方式提示买受人注意免除或者减轻其责任等与对方有重大利害关系的条款，按照买受人的要求，对该条款予以说明。商品房出卖人未履行提示或者说明义务，致使买受人没有注意或者理解与其有重大利害关系的条款的，买受人可以主张该条款不成为合同的内容。

商品房出卖人提供的格式条款不合理地免除或者减轻其责任、加重买受人责任、限制买受人主要权利、排除买受人主要权利的，该格式条款无效。

对格式条款的理解发生争议的，应当按照通常理解予以解释。对格式条款有两种以上解释的，应当作出不利于提供格式条款一方的解释。格式条款和非格式条款不一致的，应当采用非格式条款。

四、规划、设计变更

房地产开发企业应当按照城乡规划主管部门核发的建设工程规划许可证规定的条件建设商品房，不得擅自变更。经规划部门批准的规划变更、设计单位同意的设计变更导致商品房的结构形式、户型、空间尺寸、朝向变化，以及出现合同当事人约定的其他影响商品房质量或使用功能情形的，房地产开发企业应当在变更确立之日起 10 日内，书面通知买受人。

买受人有权在通知到达之日起 15 日内作出是否退房的书面答复。买受人在通知到达之日起 15 日内未作出书面答复的，视同接受规划、设计变更以及由此引起的房价款的变更。房地产开发企业未在规定时限内通知买受人的，买受人有权解除合同。买受人解除合同的，应当书面通知房地产开发企业。房地产开发企业应当自解除合同通知送达之日起 15 日内退还买受人已付全部房价款（含已付贷款部分），并自买受人付款之日起，按照不低于中国人民银行公布的同期贷款基准利率计付利息；同时，以全部房价款为基数，按照合同中约定比例向买受人支付违约金。

五、面积误差的处理方式

在商品房预售中，一般先按设计图纸的预测面积或预估面积作为合同约定的面积，结算房价款及办理房屋所有权产权时，按实测面积结算、登记。按套内建筑面积或者建筑面积计价的，当事人应当在合同中约定预测面积与实测面积发生误差的处理方式，约定实测面积与预测面积的误差比范围。面积误差比是实测面积与预测面积之差与预测面积之比，公式为：

$$面积误差比 = \frac{实测面积 - 预测面积}{预测面积} \times 100\%$$

根据《商品房销售管理办法》，合同中没有约定面积误差比的，按以下原则处理：

（1）按套内建筑面积计价的，面积误差比绝对值在 3％以内（含 3％，下同）的，据实结算房价款。按建筑面积计价的，建筑面积或套内建筑面积误差比绝对值均在 3％以内的，根据实测建筑面积结算房价款。

（2）按套内建筑面积计价，面积误差比绝对值超过 3％时，买受人有权解除合同。按建筑面积计价的，建筑面积或套内建筑面积任何一个的误差比绝对值超过3％的，买受人就有权解除合同。买受人解除合同的，房地产开发企业应当自解除合同通知送达之日起15日内退还买受人已付全部房价款（含已付贷款部分），并自买受人付款之日起，按照不低于中国人民银行公布的同期贷款基准利率计付利息。

买受人选择不退房的，实测面积大于预测面积时，面积误差比在3％之内的房价款由买受人补足；超出3％部分的房价款由房地产企业承担，产权归买受人。实测面积小于预测约定面积时，面积误差比绝对值在3％以内部分的房价款由房地产开发企业返还买受人；绝对值超过3％的房价款由房地产开发企业双倍返还买受人。

六、商品房交付的责任

（一）违约责任

房地产开发企业是商品房的出卖人，应当将符合交付使用条件的房屋按期交付给商品房买受人。《民法典》第五百八十九条规定，出卖人按照约定向买受人交付商品房，买受人无正当理由拒绝受领的，出卖人可以请求买受人赔偿合同履行增加的费用。在商品房买受人受领迟延期间，出卖人无须支付买受人违约之后的利息。

《最高人民法院关于审理商品房买卖合同纠纷案件适用法律若干问题的解释》规定，出卖人迟延交付房屋或者买受人迟延支付购房款，经催告后在3个月的合理期限内仍未履行，解除权人请求解除合同的，人民法院应予支持，但当事人另有约定的除外。法律没有规定或者当事人没有约定，经对方当事人催告后，解除权行使的合理期限为三个月。对方当事人没有催告的，解除权人自知道或者应当知道解除事由之日起一年内行使。逾期不行使的，解除权消灭。

（二）房屋风险

《最高人民法院关于审理商品房买卖合同纠纷案件适用法律若干问题的解释》规定，房屋的转移占有，视为房屋的交付使用，但当事人另有约定的除外。房屋毁损、灭失的风险，在交付使用前由出卖人承担，交付使用后由买受人承担；买受人接到出卖人的书面交房通知，无正当理由拒绝接收的，房屋毁损、灭失的风险自书面交房通知确定的交付使用之日起由买受人承担，但法律另有规定或者当事人另有约定的除外。

（三）保修责任

《商品房销售管理办法》规定，当事人应当在合同中就保修范围、保修期限、保修责任等内容作出约定。房地产开发企业承担的保修期从房地产开发企业将商品房交付给买受人之日起计算。在保修期限内发生的属于保修范围的质量问题，房地产开发企业应当履行保修义务，并对造成的损失承担赔偿责任。因不可抗力或者使用不当造成的损坏，房地产开发企业不承担责任。

需要注意的是，商品住宅的保修期限不得低于建设工程承包单位向建设单位出具的质量保修书约定保修责任的存续期，存续期少于《商品住宅实行质量保证书和住宅使用说明书制度的规定》中确定的最低保修期限的，保修期不得低于《商品住宅实行质量保证书和住宅使用说明书制度的规定》中确定的最低保修期限。非住宅商品房的保修期限不得低于建设工程承包单位向建设单位出具的质量保修书约定保修期的存续期。

七、商品房销售的其他限制性规定

《商品房销售管理办法》规定，房地产开发企业的禁止性行为包括：

（1）在未解除商品房买卖合同前，将作为合同标的物的商品房再行销售给他人；

（2）采取返本销售或变相返本销售的方式销售商品房；

（3）不符合商品房销售条件的，房地产开发企业销售商品房，向买受人收取任何预订款性质费用；

（4）分割拆零销售商品住宅；

（5）采取售后包租或者变相售后包租方式销售未竣工商品房。

此外，为加强商品房销售管理，国务院办公厅印发的《国务院办公厅转发建设部等部门关于做好稳定住房价格工作意见的通知》规定，禁止商品房预购人将购买的未竣工的预售商品房再行转让。在预售商品房竣工交付、预购人取得房屋所有权证之前，房地产主管部门不得为其办理转让等手续；房屋所有权申请人与登记备案的预售合同载明的预购人不一致的，不动产登记机构不得为其办理登记手续。实行实名制购房，推行商品房预售合同网上及时备案，防范私下交易行为。国务院办公厅《关于进一步做好房地产市场调控工作有关问题的通知》要求，各直辖市、计划单列市、省会城市和房价过高、上涨过快的城市，在一定时期内，要从严制定和执行住房限购措施。

八、商品房销售代理

房地产销售代理是指房地产开发企业或其他房地产所有者将商品房销售业务委托专门的房地产中介服务机构代为销售的一种经营方式。房地产开发企业委托中介服务机构销售商品房的，受托机构应当是依法设立并取得营业执照的房地产中介服务机构。

（1）销售代理必须签订委托合同。房地产开发企业应当与受托房地产中介服务机构订立书面委托合同，委托合同应当载明委托期限、委托权限以及委托人和被委托人的权利、义务。受托房地产中介服务机构销售商品房时，应当向商品房购买人出示商品房的有关证明文件和商品房销售委托书。

（2）商品房销售代理佣金规定。受托房地产中介服务机构在代理销售商品房时，不得收取佣金以外的其他费用。

（3）房地产销售人员的职业能力要求。房地产销售专业性强、涉及的法律法规多、价值量大，对房地产销售人员要求较高。因此，房地产销售人员一般都需经过专业培训，达到一定的水平，如取得房地产经纪专业人员职业资格，才能胜任商品房销售工作。

第四节　房屋租赁管理

房屋租赁是指房屋所有权人作为出租人将其房屋出租给承租人使用，由承租人向出租人支付租金的行为。通常来说，房屋租赁属于平等主体之间的民事活动，属于《民法典》调整的范畴，应当遵循平等、自愿、合法和诚实信用原则。房屋租赁也是《城市房地产管理法》规定的一种房屋交易行为。《民法典》《城市房地产管理法》《商品房屋租赁管理办法》等法律、部门规章对房屋租赁的条件、租赁合同及合同备案等均作出了具体规定。

一、房屋租赁的分类

房屋租赁按照不同的标准，可划分为不同的类型。

按照房屋出租主体，可分为自然人租赁与非自然人（机构）租赁；按照房屋用途，可分为住宅租赁与非住宅租赁；按照房屋出租性质，可分为商品房屋租赁与非商品房屋租赁，其中，保障性租赁住房属于非商品房屋租赁。本章中除有明确说明的外，房屋租赁通常是指商品房屋租赁。

二、商品房屋租赁条件

自然人、法人或非法人组织自有房屋或者以合法方式取得的他人房屋，均可依法出租。《商品房屋租赁管理办法》规定，出租住房的，应当以原设计的房间为最小出租单位，人均租住建筑面积不得低于当地人民政府规定的最低标准。厨房、卫生间、阳台和地下储藏室不得出租供人员居住。有下列情形之一的房屋不得出租：

（1）属于违法建筑的房屋。违法建筑是指未经规划主管部门批准，未办理建设工程规划许可，或未按照规划许可擅自建造的建筑。常见的违法建筑有：①占用已规划为公共场所、公共设施用地或公共绿化用地的建筑；②不按批准的设计图纸施工的建筑；③擅自改建、加建的建筑；④农村经济组织的非农业用地或村民自用宅基地非法转让兴建的建筑；⑤农村经济组织的非农业用地或村民自用宅基地违反城市规划或超过规定标准的建筑；⑥逾期未拆除的临时建筑等。

（2）不符合安全、防灾等工程建设强制性标准的房屋。国家对房屋的安全、防灾都有强制性规定。出租房屋的建筑结构和设备设施，应当符合建筑、消防、治安、卫生等方面的安全条件，不得危及人身安全。不符合工程建设强制性标准要求的房屋，不得出租。

（3）违反规定改变房屋使用性质的房屋。房屋建造完成后，在使用过程中也应遵循建造时依法确定的规划、设计用途，除经特别允许，不得擅自改变、调整。如住宅不能作为商业用房出租，非住宅也不得擅自作为住宅出租。

（4）法律、法规规定禁止出租的其他房屋。除了上述情形的房屋不得出租外，还有一些特殊性质或特殊情况的房屋也属于法律、法规规定禁止出租的。如《经济适用住房管理办法》规定，个人购买的经济适用住房在取得完全产权以前不得用于出租经营。《公共租赁住房管理办法》规定，承租人转借、转租或者擅自调换所承租公共租赁住房的，应当退回公共租赁住房。即承租人不得转租所承租的公共租赁住房。

三、商品房屋租赁合同

（一）房屋租赁合同的概念

房屋租赁合同是出租人与承租人签订的，用于明确租赁双方权利义务关系的协议。租赁关系是一种民事法律关系，在租赁关系中出租人与承租人之间的权利义务主要是通过租赁合同确定。租赁合同是出租人将租赁物交给承租人使用、收益，承租人支付租金的合同。房屋租赁的标的物为房屋，房屋租赁合同需符合《民法典》合同编通则分编和典型合同分编中关于租赁合同的有关规定。同时，房屋租赁也是房屋交易的活动，房屋租赁合同也需符合《城市房地产管理法》有关规定。《城市房地产管理法》第五十四条规定，房屋租赁，出租人和承租人应当签订书面租赁合同。《民法典》第七百零七条规定，租赁期限6个月以上的，应当采用书面形式。当事人未采用书面形式，无法确定租赁期限的，视为不定期租赁。因此，在房屋租赁活动中，出租人与承租人应当对双方的权利与义务作出明确的规定，并且以文字形式形成书面记录，成为出租人与承租人关于租赁问题双方共同遵守的准则。

（二）房屋租赁合同的主要内容

《城市房地产管理法》规定，出租人和承租人签订的房屋租赁合同应当约定租赁期限、租赁用途、租赁价格、修缮责任等条款，以及双方的其他权利和义务。《商品房屋租赁管理办法》对商品房屋租赁合同的内容作了进一步明确。根据有关法律法规要求，商品房屋租赁合同一般应当包括以下内容：

（1）房屋租赁当事人的姓名（名称）和住所。

（2）房屋的坐落、面积、结构、附属设施，家具和家电等室内设施状况。

（3）租金和押金数额、支付方式。房屋租金，是承租人为取得一定期限内房屋使用权而付给房屋所有权人的交易对价。租金标准是租赁合同的核心之一。《城市房地产管理法》第五十六条规定："以营利为目的，房屋所有权人将以划拨方式取得土地使用权的国有土地上建成的房屋出租的，应当将租金中所含土地收益上缴国家。具体办法由国务院规定。"《商品房屋租赁管理办法》规定："房屋租赁合同期内，出租人不得单方面随意提高租金水平。"

《民法典》第七百二十一条规定，承租人应当按照约定的期限支付租金。承租人和出租人对支付租金的期限没有约定或者约定不明确，可以协议补充；不能达成补充协议，且不能按照合同相关条款或者交易习惯确定的，租赁期限不满1年的，应当在租赁期限届满时支付；租赁期限1年以上的，应当在每届满1年时支付，剩余期限不满1年的，应当在租赁期限届满时支付。第七百二十二条规定，承租人无正当理由未支付或者迟延支付租金的，出租人可以请求承租人在合理期限内支付；承租人逾期不支付的，出租人可以解除合同。

（4）租赁用途和房屋使用要求。《民法典》第七百零九条规定，承租人应当按照约定的方法使用租赁物，承租人和出租人对租赁物的使用方法没有约定或者约定不明确，且根据《民法典》第五百一十条的规定仍不能确定的，应当根据租赁物的性质使用。承租人应当按照合同约定的租赁用途和使用要求合理使用房屋。

（5）房屋和室内设施的安全性能。承租人不得擅自改动房屋承重结构和拆改室内设施，不得损害其他业主和使用人的合法权益。承租人因使用不当等原因造成承租房屋和设施损坏的，承租人应当负责修复或者承担赔偿责任。

（6）租赁期限。《民法典》第七百零五条规定，租赁期限不得超过20年，超过20年的，超过部分无效。承租人有义务在租赁期限届满后返还所承租的房屋。

如需继续承租原租赁的房屋，应当在租赁期满前，征得出租人的同意，可以续订租赁合同；但约定的租赁期限自续订之日起不得超过 20 年。出租人应当按照租赁合同约定的期限将房屋交给承租人使用，并保证租赁合同期限内承租人的正常使用。租赁期限 6 个月以上的，房屋租赁当事人未采用书面形式订立租赁合同，无法确定租赁期限的，或者租赁合同对租赁期限没有约定、约定不明的，且根据《民法典》第五百一十条的规定也不能确定的，视为不定期租赁，当事人可以随时解除合同，但是应当在合理期限之前通知对方。

（7）房屋维修责任。出租人应当按照合同约定履行房屋的维修义务并确保房屋和室内设施安全。承租人在租赁物需要维修时，可以请求出租人在合理期限内维修。出租人未履行维修义务的，承租人可以自行维修，维修费用由出租人负担。因维修租赁物影响承租人使用的，应当相应减少租金或者延长租期。因承租人的过错致使租赁物需要维修的，出租人不承担维修义务。未及时修复损坏的房屋，影响承租人正常使用的，应当按照约定承担赔偿责任或者减少租金。

（8）物业服务、水、电、燃气等相关费用的缴纳。这些费用在物业服务企业等相关单位登记的缴纳人是房屋所有权人。但是在租赁期限内，享受物业服务的是承租人，消耗水、电、燃气的也是承租人，因此，为避免缴费争议，需在房屋租赁合同中明确约定这些费用的承担主体。

（9）争议解决办法。争议又称纠纷，是指合同当事人之间对合同履行的情况和不履行或不完全履行合同的后果产生的各种纠纷。发生合同争议时，当事人可以通过协商或者调解解决；当事人不愿协商、调解或者协商、调解不成的，可以根据仲裁协议向仲裁机构申请仲裁；当事人没有订立仲裁协议或者仲裁协议无效的，可以向人民法院起诉。房屋租赁双方当事人可以在房屋租赁合同中将选择仲裁作为合同的条款之一，也可以在争议发生后签订相应的仲裁协议。如果房屋租赁双方当事人没有达成仲裁协议，在房屋租赁合同中也没有约定产生纠纷可以选择仲裁方式解决，一方当事人申请仲裁的，仲裁委员会不予受理。

（10）其他约定。比如，房屋租赁当事人还可在房屋租赁合同中约定房屋被征收或者拆迁时的处理办法，约定出租人和承租人违约时应承担的违约责任，承租人提前退租的处理办法等。

在上述内容中，租赁期限、租赁用途、租金价格、修缮责任是《城市房地产管理法》规定的房屋租赁合同必备条款。根据《商品房屋租赁管理办法》，房地产管理部门可以会同市场监督管理部门制定房屋租赁合同示范文本，供当事人选用。

（三）房屋租赁合同的效力

房屋租赁合同一经签订，租赁双方必须严格遵守。《民法典》第七百零六条规定，当事人未依照法律、行政法规规定办理租赁合同登记备案手续的，不影响合同的效力；第七百三十八条规定，依照法律、行政法规的规定，对于租赁物的经营使用应当取得行政许可的，出租人未取得行政许可不影响融资租赁合同的效力。根据《民法典》规定，房屋租赁合同存在以下情形的，为无效合同：

（1）无民事行为能力人签订的房屋租赁合同无效；

（2）出租人和承租人以虚假的意思表示签订的房屋租赁合同无效；

（3）违反法律、行政法规的强制性规定的房屋租赁合同无效；

（4）违背公序良俗的房屋租赁合同无效；

（5）出租人和承租人恶意串通，损害他人合法权益的房屋租赁合同无效。

房屋租赁合同无效，当事人可以请求人民法院参照合同约定的租金标准支付房屋占有使用费，或请求赔偿因合同无效受到的损失。根据《民法典》第一百五十七条规定，民事法律行为无效、被撤销或者确定不发生效力后，行为人因该行为取得的财产，应当予以返还；不能返还或者没有必要返还的，应当折价补偿。有过错的一方应当赔偿对方由此所受到的损失；各方都有过错的，应当各自承担相应的责任。法律另有规定的，依照其规定。

四、商品房屋租赁登记备案

《城市房地产管理法》规定，房屋租赁，出租人和承租人应当签订书面租赁合同，约定租赁期限、租赁用途、租赁价格、修缮责任等条款，以及双方的其他权利和义务，并向房产管理部门登记备案。《商品房屋租赁管理办法》规定，房屋租赁合同订立后 30 日内，房屋租赁当事人应当到租赁房屋所在地直辖市、市、县人民政府建设（房地产）主管部门办理房屋租赁登记备案。

（一）房屋租赁合同登记备案的意义和作用

实行房屋租赁合同登记备案既可以保护租赁双方的合法权益，又可以较好地防止非法出租房屋，减少纠纷，促进社会稳定。同时，通过商品房屋租赁备案制度，直辖市、市、县人民政府房地产主管部门可定期分区域公布不同类型房屋的市场租金水平等信息，引导房屋租赁市场健康有序发展。虽然《民法典》第七百零六条规定，当事人未依照法律、行政法规规定办理租赁合同登记备案手续的，不影响合同的效力，但房屋租赁合同登记备案可优先保护已登记备案的租赁合同。根据《最高人民法院关于审理城镇房屋租赁合同纠纷案件具体应用法律若干问题的解释》的规定，出租人就同一房屋订立数份租赁合同，在合同均有效的情况下，承租人均主张履行合同的，人民法院按照下列顺序确定履行合同的承租人：①已经合法占有租赁房屋的；②已经办理登记备案手续的；③合同成立在先的。对于其他不能取得租赁房屋的承租人，可以请求解除合同、赔偿损失。

（二）房屋租赁登记备案材料

《商品房屋租赁管理办法》规定，商品房屋租赁当事人办理房屋租赁登记备案，应当提交下列材料：

（1）房屋租赁合同；

（2）房屋租赁当事人身份证明；

（3）房屋所有权证书或者其他合法权属证明；

（4）直辖市、市、县人民政府建设（房地产）主管部门规定的其他材料。

商品房屋租赁当事人提交的材料应当真实、合法、有效，不得隐瞒真实情况或者提供虚假材料。房屋租赁当事人可以书面委托他人办理房屋租赁登记备案。

（三）房屋租赁登记备案办理

对商品房屋租赁当事人提交的材料齐全并且符合法定形式、出租人与房屋所有权证书或者其他合法权属证明记载的主体一致、不属于《商品房屋租赁管理办法》规定不得出租的房屋的，直辖市、市、县人民政府建设（房地产）主管部门应当在3个工作日内办理房屋租赁登记备案，向租赁当事人开具房屋租赁登记备案证明。

申请人提交的申请材料不齐全或者不符合法定形式的，直辖市、市、县人民政府建设（房地产）主管部门应当告知房屋租赁当事人需要补正的内容。

（四）房屋租赁登记备案证明

商品房屋租赁登记备案证明载明内容包括：出租人姓名（名称），承租人姓名（名称），有效身份证件种类和号码，出租房屋的坐落、租赁用途、租金数额、租赁期限等。房屋租赁登记备案证明遗失的，应当向原登记备案的部门补领。

商品房屋租赁登记备案内容发生变化、续租或者租赁终止的，当事人应当在30日内，到原租赁登记备案的部门办理房屋租赁登记备案的变更、延续或者注销手续。

（五）房屋租赁登记备案系统

按照《商品房屋租赁管理办法》要求，直辖市、市、县房地产主管部门应当建立房屋租赁登记备案信息系统，逐步实行房屋租赁合同网上登记备案，并纳入房地产市场信息系统。房屋租赁登记备案记载的信息内容应当包括：出租人的姓名（名称）、住所，承租人的姓名（名称）、身份证件种类和号码，出租房屋的坐落、租赁用途、租金数额、租赁期限等。

五、商品房屋转租

（一）房屋转租概念

房屋转租是指房屋承租人将承租的商品房屋再出租的行为。《民法典》规定，承租人经出租人同意，可以将租赁房屋转租给第三人。

（二）房屋转租的条件

《商品房屋租赁管理办法》规定，承租人转租房屋的，应当经出租人书面同意。房屋转租，应当订立转租合同。转租合同除符合房屋租赁合同的有关部门规定外，还必须具备出租人同意转租证明。转租合同也必须按照《城市房地产管理法》《商品房屋租赁管理办法》的规定办理登记备案手续。

承租人转租的，承租人与出租人之间的租赁合同继续有效；第三人造成租赁房屋损失的，承租人应当赔偿损失。承租人经出租人同意将租赁房屋转租给第三人，转租期限超过承租人剩余租赁期限的，超过部分的约定对出租人不具有法律约束力，但是出租人与承租人另有约定的除外。出租人知道或者应当知道承租人转租，但是在6个月内未提出异议的，视为出租人同意转租。承租人拖欠租金的，次承租人可以代承租人支付其欠付的租金和违约金，但是转租合同对出租人不具有法律约束力的除外。次承租人代为支付的租金和违约金，可以充抵次承租人应当向承租人支付的租金；超出其应付的租金数额的，可以向承租人追偿。房屋租赁合同无效、履行期限届满或者解除，出租人请求负有腾房义务的次承租人支付逾期腾房占有使用费的，人民法院应予以支持。

（三）转租住房的特殊要求

企业及自然人转租住房超过一定数量的需办理市场主体登记。为规范住房租赁行为，2021年4月15日，住房和城乡建设部等六部门印发的《关于加强轻资产住房租赁企业监管的意见》规定，从事转租经营的住房租赁企业以及转租住房10套（间）以上的自然人，都要依法办理市场主体登记，取得营业执照，其名称和经营范围均应当包含"住房租赁"相关字样。由于这类企业主要通过承租他人的住房后再转租获利，与通过自己所拥有的住房出租获利相比，其拥有资产负担相对较轻，因此被称为轻资产住房租赁企业。轻资产住房租赁企业应当具有专门经营场所；开展经营前，通过住房租赁管理服务平台向所在城市住房城乡建设主管部门推送开业信息，由所在城市住房城乡建设主管部门通过住房租赁管理服务平台向社会公示。跨区域经营的，应当在开展经营活动的城市设立独立核算法人实体。

　　轻资产住房租赁企业应当在商业银行设立1个住房租赁资金监管账户，向所在城市住房城乡建设主管部门备案，并通过住房租赁管理服务平台向社会公示；发布房源信息时，应当同时发布住房租赁资金监管账户信息；单次收取租金的周期原则上不超过3个月；除市场变动导致的正常经营行为外，支付房屋权利人的租金原则上不高于收取承租人的租金；单次收取租金超过3个月的，或单次收取押金超过1个月的，应当将收取的租金、押金纳入监管账户，并通过监管账户向房屋权利人支付租金、向承租人退还押金。

六、房屋租赁的其他相关权利义务

　　（一）出租人对权利瑕疵的担保责任

　　出租人的权利瑕疵担保责任是指出租人负有担保所出租的房屋不存在承租人不能依法使用、收益等权利瑕疵的责任。《民法典》第七百二十三条规定："因第三人主张权利，致使承租人不能对租赁物使用、收益的，承租人可以请求减少租金或者不支付租金。第三人主张权利的，承租人应当及时通知出租人。"需要注意的是，发生第三人主张权利时，除出租人已经知道第三人主张权利外，承租人应当及时通知出租人。如果承租人怠于通知致使出租人未能及时采取救济措施的，则出租人对承租人的损失不负赔偿责任。

　　（二）所有权变动不破租赁和承租人的优先购买权

　　1. 所有权变动不破租赁。《民法典》第七百二十五条规定："租赁物在承租人按照租赁合同占有期限内发生所有权变动的，不影响租赁合同的效力。"所有权变动不破租赁，即通常所称的"买卖不破租赁"。"买卖不破租赁"是指出租人在租赁合同有效期内将租赁物所有权转让给第三人时，租赁合同对新所有权人仍然有效。"买卖不破租赁"并不仅限于出租人出售房屋，还包括房屋赠与、析产、继承、遗赠、互换、变卖拍卖等导致房屋所有权变动情形。需要注意的是，根据《最高人民法院关于审理城镇房屋租赁合同纠纷案件具体应用法律若干问题的解释》规定，所有权变动不破租赁有三种情形除外：一是当事人对所有权变动是否继续履行租赁合同另有约定的；二是房屋在出租前已设立抵押权，因抵押权人实现抵押权发生所有权变动的；三是房屋在出租前已被人民法院依法查封的。

　　2. 承租人的优先购买权。承租人的优先购买权是指出租人出卖租赁房屋时，承租人享有以同等条件优先购买所承租房屋的权利。《民法典》第七百二十六条规定："出租人出卖租赁房屋的，应当在出卖之前的合理期限内通知承租人，承租人享有以同等条件优先购买的权利；但是，房屋按份共有人行使优先购买权或者出租人将房屋出卖给近亲属的除外。出租人履行通知义务后，承租人在十五日内未明确表示购买的，视为承租人放弃优先购买权。"《最高人民法院关于审理城镇房屋租赁合同纠纷案件具体应用法律若干问题的解释》进一步明确，出租人与抵押权人协议折价、变卖租赁房屋偿还债务，应当在合理期限内通知承租人。承租人请求以同等条件优先购买房屋的，人民法院应予支持。因此，出租人无论是主动出卖或是被动出卖租赁房屋，都应当在出卖前的合理期限内通知承租人，以保护承租人同等条件下的优先购买权。需要注意的是，承租人享有优先权有三种情形除外，一是房屋按份共有人行使优先购买权或者出租人将房屋出卖给近亲属的；二是出租人履行通知义务后，承租人在 15 日内未明确表示购买的；三是出租人委托拍卖人拍卖租赁房屋并在拍卖 5 日前通知承租人，但承租人未参加拍卖的。

（三）承租人的优先承租权

租赁期限届满，房屋承租人享有以同等条件优先承租的权利。《民法典》第七百三十四条规定："租赁期限届满，承租人继续使用租赁物，出租人没有提出异议的，原租赁合同继续有效，但是租赁期限为不定期。租赁期限届满，房屋承租人享有以同等条件优先承租的权利。"优先承租权的实质是优先缔约权，即当出租人继续出租房屋时，承租人享有以同等条件下优先缔结租赁合同以实现续约的权利。通过确定优先承租权对承租人的权益进行了进一步的保护。此外，为保持租赁关系的稳定，《民法典》第七百三十二条规定："承租人在房屋租赁期限内死亡的，与其生前共同居住的人或者共同经营人可以按照原租赁合同租赁该房屋。"

（四）租赁合同的单方解除权

1. 承租人可单方解除租赁合同的情形

《民法典》规定承租人可单方解除合同的情形有：

（1）非因承租人原因致使租赁房屋无法使用的，具体包括租赁房屋被司法机关或者行政机关依法查封、扣押的，租赁房屋权属有争议的，具有违反法律、行政法规关于使用条件的强制性规定情形的。

（2）因租赁物部分或者全部毁损、灭失，致使不能实现合同目的的。

（3）租赁物危及承租人的安全或者健康的，即使承租人订立合同时明知该租赁物质量不合格，承租人仍然可以随时解除合同。

2. 出租人可单方解除租赁合同的情形

《民法典》规定，出租人可单方解除合同的情形有：

（1）承租人未按照约定的方法或者未根据租赁房屋的性质使用租赁房屋，致使租赁房屋受到损失的，出租人可以解除合同并请求赔偿损失。

（2）承租人无正当理由未支付或者迟延支付租金的，出租人可以请求承租人在合理期限内支付；承租人逾期不支付的，出租人可以解除合同。

（3）承租人未经出租人同意转租的，出租人可以解除合同。

（五）承租人对租赁房屋的装饰装修

承租人应当妥善保管租赁房屋，因保管不善造成租赁房屋毁损、灭失的，应当承担赔偿责任。承租人经出租人同意，可以对租赁房屋进行改善或者增设他物。承租人未经出租人同意，对租赁房屋进行改善或者增设他物的，出租人可以请求承租人恢复原状或者赔偿损失。

承租人擅自变动房屋建筑主体和承重结构或者扩建，在出租人要求的合理期限内仍不予恢复原状，出租人有权解除合同并要求赔偿损失。承租人经出租人同意装饰装修，租赁合同无效时，未形成附合的装饰装修物，出租人同意利用的，可折价归出租人所有；不同意利用的，可由承租人拆除。因拆除造成房屋毁损的，承租人应当恢复原状。已形成附合的装饰装修物，出租人同意利用的，可折价归出租人所有；不同意利用的，由双方各自按照导致合同无效的过错分担现值损失。

承租人经出租人同意装饰装修，租赁期间届满或者合同解除时，除当事人另有约定外，未形成附合的装饰装修物，可由承租人拆除。因拆除造成房屋毁损的，承租人应当恢复原状。承租人经出租人同意装饰装修，合同解除时，双方对已形成附合的装饰装修物的处理没有约定的，人民法院按照下列情形分别处理：①因出租人违约导致合同解除，承租人请求出租人赔偿剩余租赁期内装饰装修残值损失的，应予支持；②因承租人违约导致合同解除，承租人请求出租人赔偿剩余租赁期内装饰装修残值损失的，不予支持，但出租人同意利用的，应在利用价值范围内予以适当补偿；③因双方违约导致合同解除，剩余租赁期内的装饰装修残值损失，由双方根据各自的过错承担相应的责任；④因不可归责于双方的事由导致合同解除的，剩余租赁期内的装饰装修残值损失，由双方按照公平原则分担。法律另有规定的，适用其规定。

承租人经出租人同意装饰装修，租赁期间届满时，承租人请求出租人补偿附合装饰装修费用的，不予支持。但当事人另有约定的除外。承租人未经出租人同意装饰装修或者扩建发生的费用，由承租人负担。出租人请求承租人恢复原状或者赔偿损失的，人民法院应予支持。承租人经出租人同意扩建，但双方对扩建费用的处理没有约定的，人民法院按照下列情形分别处理：①办理合法建设手续的，扩建造价费用由出租人负担；②未办理合法建设手续的，扩建造价费用由双方按照过错分担。

七、住房租赁市场管理有关政策规定

(一)培育和发展住房租赁市场

我国住房租赁市场不断发展,对加快改善城镇居民住房条件、推动新型城镇化进程等发挥了重要作用,但还存在着市场供应主体发育不充分、市场秩序不规范、法规制度不完善等问题。为加快培育和发展住房租赁市场,《国务院办公厅关于加快培育和发展住房租赁市场的若干意见》要求,以建立购租并举的住房制度为主要方向,健全以市场配置为主、政府提供基本保障的住房租赁体系;支持住房租赁消费,促进住房租赁市场健康发展。

(1)培育市场供应主体。发展住房租赁企业。充分发挥市场作用,调动企业积极性,通过租赁、购买等方式多渠道筹集房源,提高住房租赁企业规模化、集约化、专业化水平,形成大、中、小住房租赁企业协同发展的格局,满足不断增长的住房租赁需求。根据《国务院办公厅关于加快发展生活性服务业促进消费结构升级的指导意见》,住房租赁企业享受生活性服务业的相关支持政策。鼓励房地产开发企业开展住房租赁业务。支持房地产开发企业拓展业务范围,利用已建成住房或新建住房开展租赁业务;鼓励房地产开发企业出租库存商品住房;引导房地产开发企业与住房租赁企业合作,发展租赁地产。规范住房租赁中介机构。充分发挥中介机构作用,提供规范的居间服务。努力提高中介服务质量,不断提升从业人员素质,促进中介机构依法经营、诚实守信、公平交易。支持和规范个人出租住房。落实鼓励个人出租住房的优惠政策,鼓励个人依法出租自有住房。规范个人出租住房行为,支持个人委托住房租赁企业和中介机构出租住房。

(2)鼓励住房租赁消费。完善住房租赁支持政策。各地要制定支持住房租赁消费的优惠政策措施,引导城镇居民通过租房解决居住问题。落实提取住房公积金支付房租政策,简化办理手续。非本地户籍承租人可按照《居住证暂行条例》等有关规定申领居住证,享受义务教育、医疗等国家规定的基本公共服务。明确各方权利义务。出租人应当按照相关法律法规和合同约定履行义务,保证住房和室内设施符合要求。住房租赁合同期限内,出租人无正当理由不得解除合同,不得单方面提高租金,不得随意克扣押金;承租人应当按照合同约定使用住房和室内设施,并按时缴纳租金。

(3)完善公共租赁住房。推进公租房货币化。转变公租房保障方式,实物保障与租赁补贴并举。支持公租房保障对象通过市场租房,政府对符合条件的家庭给予租赁补贴。完善租赁补贴制度,结合市场租金水平和保障对象实际情况,合理确定租赁补贴标准。提高公租房运营保障能力。鼓励地方政府采取购买服务或政府和社会资本合作（PPP）模式，将现有政府投资和管理的公租房交由专业化、社会化企业运营管理，不断提高管理和服务水平。在城镇稳定就业的外来务工人员、新就业大学生和青年医生、青年教师等专业技术人员，凡符合当地城镇居民公租房准入条件的，应纳入公租房保障范围。

（4）支持租赁住房建设。鼓励新建租赁住房。各地应结合住房供需状况等因素，将新建租赁住房纳入住房发展规划，合理确定租赁住房建设规模，并在年度住房建设计划和住房用地供应计划中予以安排，引导土地、资金等资源合理配置，有序开展租赁住房建设。允许改建房屋用于租赁。允许将商业用房等按规定改建为租赁住房，土地使用年限和容积率不变，土地用途调整为居住用地，调整后用水、用电、用气价格应当按照居民标准执行。允许将现有住房按照国家和地方的住宅设计规范改造后出租，改造中不得改变原有防火分区、安全疏散和防火分隔设施，必须确保消防设施完好有效。

（5）加大政策支持力度。给予税收优惠和金融支持。对依法登记备案的住房租赁企业、机构和个人，给予税收优惠政策支持。鼓励金融机构按照依法合规、风险可控、商业可持续的原则，向住房租赁企业提供金融支持。支持符合条件的住房租赁企业发行债券、不动产证券化产品。稳步推进房地产投资信托基金（REITs）试点。完善供地方式。鼓励地方政府盘活城区存量土地，采用多种方式增加租赁住房用地有效供应。新建租赁住房项目用地以招标、拍卖、挂牌方式出让的，出让方案和合同中应明确规定持有出租的年限。

（6）加强住房租赁监管。健全法规制度。完善住房租赁法律法规，明确当事人的权利义务，规范市场行为，稳定租赁关系。推行住房租赁合同示范文本和合同网上签约，落实住房租赁合同登记备案制度。落实地方责任。省级人民政府要加强本地区住房租赁市场管理，加强工作指导，研究解决重点难点问题。城市人民政府对本行政区域内的住房租赁市场管理负总责，要建立多部门联合监管体制，明确职责分工，充分发挥街道、乡镇等基层组织作用，推行住房租赁网格化管理。加快建设住房租赁信息服务与监管平台，推进部门间信息共享。加强行业管理。住房城乡建设主管部门负责住房租赁市场管理和相关协调工作，要会同有关部门加强住房租赁市场监管，完善住房租赁企业、中介机构和从业人员信用管理制度，全面建立相关市场主体信用记录，纳入全国信用信息共享平台，对严重失信主体实施联合惩戒。公安部门要加强出租住房治安管理和住房租赁当事人居住登记，督促指导居民委员会、村民委员会、物业服务企业以及其他管理单位排查安全隐患。各有关部门要按照职责分工，依法查处利用出租住房从事违法经营活动。

(二) 加快发展住房租赁市场

人口净流入的大中城市住房租赁市场需求旺盛、发展潜力大，但租赁房源总量不足、市场秩序不规范、政策支持体系不完善，租赁住房解决城镇居民特别是新市民住房问题的作用没有充分发挥。为加快推进租赁住房建设，培育和发展住房租赁市场，住房和城乡建设部、国家发展改革委、公安部等九部门联合发布《关于在人口净流入的大中城市加快发展住房租赁市场的通知》要求多措并举，加快发展住房租赁市场。

(1) 培育机构化、规模化住房租赁企业。鼓励国有、民营的机构化、规模化住房租赁企业发展，鼓励房地产开发企业、经纪机构、物业服务企业设立子公司拓展住房租赁业务。人口净流入的大中城市要充分发挥国有企业的引领和带动作用，支持相关国有企业转型为住房租赁企业。住房租赁企业申请工商登记时，经营范围统一规范为住房租赁经营。公安部门要比照酒店业管理方式，将住房租赁企业登记的非本地户籍租住人员信息接入暂住人口管理信息系统，实现对租客信息的有效对接。加大对住房租赁企业的金融支持力度，拓宽直接融资渠道，支持发行企业债券、公司债券、非金融企业债务融资工具等公司信用类债券及资产支持证券，专门用于发展住房租赁业务。鼓励地方政府出台优惠政策，积极支持并推动发展房地产投资信托基金（REITs）。

(2) 建设政府住房租赁交易服务平台。城市住房城乡建设主管部门要会同有关部门共同搭建政府住房租赁交易服务平台，提供便捷的租赁信息发布服务，推行统一的住房租赁合同示范文本，实现住房租赁合同网上备案；建立住房租赁信息发布标准，确保信息真实准确，规范住房租赁交易流程，保障租赁双方特别是承租人的权益；建立健全住房租赁企业和房地产经纪机构备案制度，强化住房租赁信用管理，建立多部门守信联合激励和失信联合惩戒机制；加强住房租赁市场监测，为政府决策提供数据基础。

(3) 增加租赁住房有效供应。鼓励各地通过新增用地建设租赁住房，在新建商品住房项目中配建租赁住房等方式，多渠道增加新建租赁住房供应，优先面向公租房保障对象和新市民供应。按照国土资源部、住房和城乡建设部的统一工作部署，超大城市、特大城市可开展利用集体建设用地建设租赁住房试点工作。鼓励开发性金融等银行业金融机构在风险可控、商业可持续的前提下，加大对租赁住房项目的信贷支持力度，通过合理测算未来租赁收入现金流，向住房租赁企业提供分期还本等符合经营特点的长期贷款和金融解决方案。支持金融机构创新针对住房租赁项目的金融产品和服务。鼓励住房租赁企业和金融机构运用利率衍生工具对冲利率风险。

积极盘活存量房屋用于租赁。鼓励住房租赁国有企业将闲置和低效利用的国有厂房、商业办公用房等，按规定改建为租赁住房；改建后的租赁住房，水电气执行民用价格，并应具备消防安全条件。探索采取购买服务模式，将公租房、人才公寓等政府或国有企业的房源，委托给住房租赁企业运营管理。

要落实"放管服"改革的总体要求，梳理新建、改建租赁住房项目立项、规划、建设、竣工验收、运营管理等规范性程序，建立快速审批通道，探索实施并联审批。

（4）创新住房租赁管理和服务体制。各地要建立部门相互协作配合的工作机制，明确住房城乡建设、发展改革、公安、财政、自然资源、金融、税务、工商等部门在规范发展住房租赁市场工作中的职责分工，整顿规范市场秩序，严厉打击住房租赁违法违规行为。推进部门间信息共享，承租人可按照国家有关规定凭登记备案的住房租赁合同等有关证明材料申领居住证，享受相关公共服务。充分发挥街道、乡镇，尤其是居民委员会和村民委员会等基层组织的作用，将住房租赁管理和服务的重心下移，实行住房租赁的网格化管理；建立纠纷调处机制，及时化解租赁矛盾纠纷。

（三）整顿规范住房租赁市场秩序

租赁住房是解决进城务工人员、新就业大学生等新市民住房问题的重要途径。近年来，我国住房租赁市场快速发展，为解决新市民住房问题发挥了重要作用。但住房租赁市场秩序混乱，房地产经纪机构、住房租赁企业和网络信息平台发布虚假房源信息、恶意克扣押金租金、违规使用住房租金贷款、强制驱逐承租人等违法违规问题突出，侵害租房群众合法权益，影响社会和谐稳定。2019 年 12 月，住房和城乡建设部会同国家发展改革委、公安部、国家市场监管总局、中国银行保险监督管理委员会、国家互联网信息办联合发布了《关于整顿规范住房租赁市场秩序的意见》，进一步加强对住房租赁的管理。

（1）严格登记备案管理。从事住房租赁活动的房地产经纪机构、住房租赁企业和网络信息平台，以及转租住房 10 套（间）以上的单位或个人，应当依法办理市场主体登记。从事住房租赁经纪服务的机构经营范围应当注明"房地产经纪"，从事住房租赁经营的企业经营范围应当注明"住房租赁"。住房城乡建设、市场监管部门要加强协作，及时通过相关政务信息共享交换平台共享登记注册信息。房地产经纪机构开展业务前，应当向所在直辖市、市、县住房城乡建设主管部门备案。住房租赁企业开展业务前，通过住房租赁管理服务平台向所在城市住房城乡建设主管部门推送开业信息。直辖市、市、县住房城乡建设主管部门应当通过门户网站等渠道公开已备案或者开业报告的房地产经纪机构、住房租赁企业及其从业人员名单并实时更新。

（2）真实发布房源信息。已备案的房地产经纪机构和已开业报告的住房租赁企业及从业人员对外发布房源信息的，应当对房源信息真实性、有效性负责。所发布的房源信息应当实名并注明所在机构及门店信息，并应当包含房源位置、用途、面积、图片、价格等内容，满足真实委托、真实状况、真实价格的要求。同一机构的同一房源在同一网络信息平台仅可发布一次，在不同渠道发布的房源信息应当一致，已成交或撤销委托的房源信息应在 5 个工作日内从各种渠道上撤销。

（3）落实网络平台责任。网络信息平台应当核验房源信息发布主体资格和房源必要信息。对机构及从业人员发布房源信息的，应当对机构身份和人员真实从业信息进行核验，不得允许不具备发布主体资格、被列入经营异常名录或严重违法失信名单等机构及从业人员发布房源信息。对房屋权利人自行发布房源信息的，应对发布者身份和房源真实性进行核验。对发布 10 套（间）以上转租房源信息的单位或个人，应当核实发布主体经营资格。网络信息平台要加快实现对同一房源信息合并展示，及时撤销超过 30 个工作日未维护的房源信息。住房城乡建设、市场监管等部门要求网络信息平台提供有关住房租赁数据的，网络信息平台应当配合。

（4）动态监管房源发布。对违规发布房源信息的机构及从业人员，住房城乡建设、网信等部门应当要求发布主体和网络信息平台删除相关房源信息，网络信息平台应当限制或取消其发布权限。网络信息平台未履行核验发布主体和房源信息责任的，网信部门可根据住房城乡建设等部门的意见，对其依法采取暂停相关业务、停业整顿等措施。网络信息平台发现违规发布房源信息的，应当立即处置并保存相关记录。住房城乡建设主管部门应当建立机构及从业人员数据库，有条件的可建立房源核验基础数据库，通过提供数据接口、房源核验码等方式，向房地产经纪机构、住房租赁企业、网络信息平台提供核验服务。

（5）规范住房租赁合同。经由房地产经纪机构、住房租赁企业成交的住房租赁合同，应当即时办理网签备案。网签备案应当使用住房城乡建设、市场监管部门制定的住房租赁合同示范文本。尚未出台合同示范文本的城市，应当加快制定住房租赁合同示范文本。合同示范文本应当遵循公平原则确定双方权利义务。住房城乡建设主管部门应当提供住房租赁管理服务平台数据接口，推进与相关企业业务系统联网，实现住房租赁合同即时网签备案。

（6）规范租赁服务收费。房地产经纪机构、住房租赁企业应当实行明码标价。收费前应当出具收费清单，列明全部服务项目、收费标准、收费金额等内容，并由当事人签字确认。房地产经纪机构不得赚取住房出租差价，住房租赁合同期满承租人和出租人续约的，不得再次收取佣金。住房租赁合同期限届满时，除冲抵合同约定的费用外，剩余租金、押金等应当及时退还承租人。

（7）保障租赁房屋安全。住房城乡建设主管部门应当制定闲置商业办公用房、工业厂房等非住宅依法依规改造为租赁住房的政策。改造房屋用于租赁住房的，应当符合建筑、消防等方面的要求。住房租赁企业应当编制房屋使用说明书，告知承租人房屋及配套设施的使用方式，提示消防、用电、燃气等使用事项。住房租赁企业对出租房屋进行改造或者装修的，应当取得产权人书面同意，使用的材料和设备符合国家和地方标准，装修后空气质量应当符合国家有关标准，不得危及承租人安全和健康。

（8）管控租赁金融业务。住房租赁企业可依据相关法律法规以应收账款为质押申请银行贷款。金融监管部门应当加强住房租赁金融业务的监管。开展住房租金贷款业务，应当以经网签备案的住房租赁合同为依据，按照住房租赁合同期限、租金趸交期限与住房租金贷款期限相匹配的原则，贷款期限不得超过住房租赁合同期限，发放贷款的频率应与借款人支付租金的频率匹配。做好贷前调查，认真评估借款人的还款能力，确定融资额度。加强贷后管理，严格审查贷款用途，防止住房租赁企业形成资金池、加杠杆。住房租赁企业不得以隐瞒、欺骗、强迫等方式要求承租人使用住房租金消费贷款，不得以租金分期、租金优惠等名义诱导承租人使用住房租金消费贷款。住房城乡建设主管部门应当通过提供数据接口等方式，向金融机构提供住房租赁合同网签备案信息查询服务。加强住房城乡建设主管部门与金融监管部门有关住房租赁合同网签备案、住房租金贷款的信息共享。

（9）加强租赁企业监管。住房城乡建设等部门加强对采取"高进低出"（支付房屋权利人的租金高于收取承租人的租金）、"长收短付"（收取承租人租金周期长于给付房屋权利人租金周期）经营模式的住房租赁企业的监管，指导住房租赁企业在银行设立租赁资金监管账户，将租金、押金等纳入监管账户。住房租赁企业租金收入中，住房租金贷款金额占比不得超过30％，超过比例的应当于2022年底前调整到位。对不具备持续经营能力、扩张规模过快的住房租赁企业，可采取约谈告诫、暂停网签备案、发布风险提示、依法依规查处等方式，防范化解风险。涉及违规建立资金池等影响金融秩序的，各相关监管部门按照职责，加强日常监测和违法违规行为查处；涉及无照经营、实施价格违法行为、实施垄断协议和滥用市场支配地位行为的，由市场监管部门依法查处；涉及违反治安管理和犯罪的，由公安机关依法查处。

（10）建设租赁服务平台。直辖市、省会城市、计划单列市以及其他租赁需求旺盛的城市应当于 2020 年底前建设完成住房租赁管理服务平台。平台应当具备机构备案和开业报告、房源核验、信息发布、网签备案等功能。建立房地产经纪机构、住房租赁企业及从业人员和租赁房源数据库，加强市场监测。逐步实现住房租赁管理服务平台与综合治理等系统对接。

（11）建立纠纷调处机制。房地产经纪机构、住房租赁企业、网络信息平台要建立投诉处理机制，对租赁纠纷承担首要调处职责。相关行业组织要积极受理住房租赁投诉，引导当事人妥善化解纠纷。住房城乡建设等部门应当畅通投诉举报渠道，通过门户网站开设专栏，并加强与 12345 市长热线协同，及时调查处理投诉举报。各地要将住房租赁管理纳入社会综合治理的范围，实行住房租赁网格化管理，发挥街道、社区等基层组织作用，化解租赁矛盾纠纷。

（12）加强部门协同联动。城市政府对整顿规范住房租赁市场秩序负主体责任。住房城乡建设、发展改革、公安、市场监管、金融监管、网信等部门要建立协同联动机制，定期分析研判租赁市场发展态势，推动部门信息共享，形成监管合力。按照职责分工，加大整治规范租赁市场工作力度。建立部、省、市联动机制，按年定期报送整顿规范住房租赁市场工作进展情况。

（13）强化行业自律管理。各地住房城乡建设主管部门要充分发挥住房租赁、房地产经纪行业协会（学会）作用，支持行业协会（学会）制定执业规范、职业道德准则和争议处理规则，定期开展职业培训和继续教育，加强风险提示。房地产经纪机构、住房租赁企业及从业人员要自觉接受行业自律管理。

（14）发挥舆论引导作用。各地要充分运用网络、电视、报刊、新媒体等渠道，加强宣传报道，营造遵纪守法、诚信经营的市场环境。发挥正反典型的导向作用，及时总结推广经验，定期曝光典型案例，发布风险提示，营造住房租赁市场良好舆论环境。

第五节　房地产抵押管理

抵押权是不转移财产占有的物权，是《民法典》确定的一种担保物权。房地产抵押也属于《城市房地产管理法》规定的一种交易行为，是指抵押人以其合法的房地产以不转移占有的方式向抵押权人提供债务履行担保的行为。《民法典》《城市房地产管理法》《城市房地产抵押管理办法》等法律、部门规章对房地产抵押的条件、抵押租赁合同等均作出了明确规定。

一、房地产抵押的概念及条件

（一）房地产抵押的概念

房地产抵押是指抵押人以其合法的房地产以不转移占有的方式向抵押权人提供债务履行担保的行为。债务人不履行债务时，债权人有权就该抵押的房地产优先受偿。

抵押人是指将依法取得的房地产提供给抵押权人，作为本人或者第三人履行债务担保的公民、法人或者其他组织。抵押权人是指接受房地产抵押作为债务人履行债务担保的公民、法人或者其他组织。

（二）房地产抵押的条件

《民法典》第三百八十七条规定，债权人在借贷、买卖等民事活动中，为保障实现其债权，需要担保的，可以依法设立担保物权。第三百八十九条规定，担保物权的担保范围包括主债权及其利息、违约金、损害赔偿金、保管担保财产和实现担保物权的费用。当事人另有约定的，按照其约定。《民法典》对包括房地产在内的各类财产是否可以抵押，作出了明确的规定。

（1）可以抵押的财产。《民法典》第三百九十五条规定，债务人或者第三人有权处分的可以抵押的财产有：建筑物和其他土地附着物；建设用地使用权；海域使用权；生产设备、原材料、半成品、产品；正在建造的建筑物、船舶、航空器；交通运输工具；法律、行政法规未禁止抵押的其他财产。抵押人可以将以上财产一并抵押。《城市房地产管理法》规定："依法取得的房屋所有权连同该房屋占用范围内的土地使用权，可以设定抵押权。以出让方式取得的土地使用权，可以设定抵押。"从上述规定可以看出，房地产抵押随土地使用权的取得方式不同，对抵押物要求也不同。房地产抵押中可以作为抵押物的有两种情形。一是依法取得的房屋所有权连同该房屋占用范围内的土地使用权同时设定抵押权。对于这类抵押，无论土地使用权来源于出让还是划拨，只要房地产权属合法，即可将房地产作为统一的抵押物同时设定抵押权。二是以单纯的土地使用权抵押的，也就是在地面上尚未建成建筑物或其他地上定着物时，以取得的土地使用权设定抵押权。对于这类抵押，设定抵押的前提条件是，土地必须是以出让方式取得的。

（2）不得抵押的财产。《民法典》第三百九十九条规定，不得抵押的财产有：土地所有权；宅基地、自留地、自留山等集体所有土地的使用权，但是法律规定可以抵押的除外；学校、幼儿园、医疗机构等为公益目的成立的非营利法人的教育设施、医疗卫生设施和其他公益设施；所有权、使用权不明或者有争议的财产；依法被查封、扣押、监管的财产；法律、行政法规规定不得抵押的其他财产。

二、房地产抵押合同

（一）合同的内容

《民法典》第四百条规定，设立抵押权，当事人应当采用书面形式订立抵押合同。抵押合同一般包括下列条款：①被担保债权的种类和数额；②债务人履行债务的期限；③抵押财产的名称、数量等情况；④担保的范围。《城市房地产抵押管理办法》规定，房地产抵押合同的主要内容有：①抵押人、抵押权人的名称或者个人姓名、住所；②主债权的种类、数额；③抵押房地产的处所、名称、状况、建筑面积、用地面积以及四至等；④抵押房地产的价值；⑤抵押房地产的占用管理人、占用管理方式、占用管理责任以及意外损毁、灭失的责任；⑥债务人履行债务的期限；⑦抵押权灭失的条件；⑧违约责任；⑨争议解决方式；⑩抵押合同订立的时间与地点；⑪双方约定的其他事项。需要注意的是，债务人履行债务的期限是指债务人履行债务的最终日期。超过该日期债务人未履行债务的，债权人有权就抵押财产实现抵押权。债务人履行债务的期限不是抵押解除期限。

（二）合同的效力

1. 主合同与从合同效力关系

抵押合同是主债权债务合同的从合同。主债权债务合同无效的，抵押合同无效，但是法律另有规定的除外。当事人在抵押合同中约定抵押合同的效力独立于主合同，或者约定抵押人对主合同无效的法律后果承担担保责任，该有关抵押独立性的约定无效。主合同有效的，有关抵押独立性的约定无效不影响抵押合同的效力；主合同无效的，人民法院应当认定抵押合同无效，但是法律另有规定的除外。

抵押合同被确认无效后，债务人、担保人、债权人有过错的，应当根据其过错各自承担相应的民事责任。主合同有效而第三人提供的抵押合同无效，人民法院应当区分不同情形确定抵押人的赔偿责任：①债权人与抵押人均有过错的，抵押人承担的赔偿责任不应超过债务人不能清偿部分的1/2；②抵押人有过错而债权人无过错的，抵押人对债务人不能清偿的部分承担赔偿责任；③债权人有过错而抵押人无过错的，抵押人不承担赔偿责任。主合同无效导致第三人提供的抵押合同无效，抵押人无过错的，不承担赔偿责任；抵押人有过错的，其承担的赔偿责任不应超过债务人不能清偿部分的1/3。

2. 违法建筑物抵押

以违法建筑物抵押的，抵押合同无效，但是一审法庭辩论终结前已经办理合法手续的除外。抵押权人在债务履行期限届满前，与抵押人约定债务人不履行到期债务时抵押财产归债权人所有的，只能依法就抵押财产优先受偿。当事人约定禁止或者限制转让抵押财产但是未将约定登记，抵押人违反约定转让抵押财产，抵押权人请求确认转让合同无效的，人民法院不予支持；抵押财产已经交付或者登记，抵押权人请求确认转让不发生物权效力的，人民法院不予支持，但是抵押权人有证据证明受让人知道的除外；抵押权人请求抵押人承担违约责任的，人民法院依法予以支持。当事人约定禁止或者限制转让抵押财产且已经将约定登记，抵押人违反约定转让抵押财产，抵押权人请求确认转让合同无效的，人民法院不予支持；抵押财产已经交付或者登记，抵押权人主张转让不发生物权效力的，人民法院应予支持，但是因受让人代替债务人清偿债务导致抵押权消灭的除外。

3. 学校等公益非营利性组织提供的抵押担保

以公益为目的的非营利性学校、幼儿园、医疗机构、养老机构等提供抵押担保的，人民法院应当认定抵押合同无效，但以教育设施、医疗卫生设施、养老服务设施和其他公益设施以外的不动产设立抵押权的除外。登记为营利法人的学校、幼儿园、医疗机构、养老机构等提供抵押担保，当事人以其不具有抵押担保资格为由主张抵押合同无效的，人民法院不予支持。

4. 机关法人等相关组织提供的抵押担保

机关法人提供担保的，人民法院应当认定担保合同无效，但是经国务院批准为使用外国政府或者国际经济组织贷款进行转贷的除外。居民委员会、村民委员会提供担保的，人民法院应当认定担保合同无效，但是依法代行村集体经济组织职能的村民委员会，依照村民委员会组织法规定的讨论决定程序对外提供担保的除外。

三、房地产抵押权的设立及其相关规定

（一）抵押权的设立

1. 设立时间及办理

房地产抵押权自登记时设立。抵押合同订立并不意味着抵押权已设立。抵押合同的订立是发生物权变动的原因行为，属于债权关系范畴，其成立、生效应当依据《民法典》中合同的有关规定。抵押权登记属于物权公示范畴，通过办理抵押登记，便于当事人了解抵押物的权利状况，抵押权的顺序清楚、明确，不能将抵押合同的效力与抵押权的效力混为一谈。不动产登记簿就抵押财产、被担保的债权范围等所作的记载与抵押合同约定不一致的，人民法院应当根据登记簿的记载确定抵押财产、被担保的债权范围等事项。当事人申请办理抵押登记手续时，因登记机构的过错致使其不能办理抵押登记，当事人请求登记机构承担赔偿责任的，人民法院依法予以支持。不动产抵押合同生效后未办理抵押登记手续，债权人请求抵押人办理抵押登记手续的，人民法院应予支持。

抵押房地产因不可归责于抵押人自身的原因灭失或者被征收等导致不能办理抵押登记，债权人请求抵押人在约定的担保范围内承担责任的，人民法院不予支持；但是抵押人已经获得保险金、赔偿金或者补偿金等，债权人请求抵押人在其所获金额范围内承担赔偿责任的，人民法院依法予以支持。因抵押人转让抵押房地产或者其他可归责于抵押人自身的原因导致不能办理抵押登记，债权人请求抵押人在约定的担保范围内承担责任的，人民法院依法予以支持，但是不得超过抵押权能够设立时抵押人应当承担的责任范围。

2. 正在建造的建筑物抵押

当事人以正在建造的建筑物抵押，抵押权的效力范围限于已办理抵押登记的部分。当事人按照抵押合同的约定，主张抵押权的效力及于续建部分、新增建筑物以及规划中尚未建造的建筑物的，人民法院不予支持。

3. 建筑物及建设用地使用权抵押

以建筑物抵押的，该建筑物占用范围内的建设用地使用权一并抵押。以建设用地使用权抵押的，该土地上的建筑物一并抵押。抵押人未依法一并抵押的，未抵押的财产视为一并抵押。建设用地使用权抵押后，该土地上新增的建筑物不属于抵押财产。乡镇、村企业的建设用地使用权不得单独抵押。以乡镇、村企业的厂房等建筑物抵押的，其占用范围内的建设用地使用权一并抵押。当事人以建设用地使用权依法设立抵押，抵押人以土地上存在违法的建筑物为由主张抵押合同无效的，人民法院不予支持。抵押人以划拨建设用地上的建筑物抵押，当事人以该建设用地使用权不能抵押或者未办理批准手续为由主张抵押合同无效或者不生效的，人民法院不予支持。抵押权依法实现时，拍卖、变卖建筑物所得的价款，应当优先用于补缴建设用地使用权出让金。当事人以划拨方式取得的建设用地使用权抵押，抵押人以未办理批准手续为由主张抵押合同无效或者不生效的，人民法院不予支持。已经依法办理抵押登记，抵押权人主张行使抵押权的，人民法院应予支持。当事人仅以建设用地使用权抵押，债权人主张抵押权的效力及于土地上已有的建筑物以及正在建造的建筑物已完成部分的，人民法院应予支持。债权人主张抵押权的效力及于正在建造的建筑物的续建部分以及新增建筑物的，人民法院不予支持。抵押人将建设用地使用权、土地上的建筑物或者正在建造的建筑物分别抵押给不同债权人的，人民法院应当根据抵押登记的时间先后确定清偿顺序。

4. 权利不明或者有争议的财产抵押

当事人以所有权、使用权不明或者有争议的财产抵押，经审查构成无权处分的，人民法院应当依照《民法典》第三百一十一条关于善意取得的规定处理。当事人以依法被查封或者扣押的财产抵押，抵押权人请求行使抵押权，经审查查封或者扣押措施已经解除的，人民法院应予支持。抵押人以抵押权设立时财产被查封或者扣押为由主张抵押合同无效的，人民法院不予支持。以依法被监管的财产抵押的，适用以上规定。

（二）抵押房地产的转让

《民法典》第四百零六条规定，抵押期间，抵押人可以转让抵押财产。当事人另有约定的，按照其约定。抵押财产转让的，抵押权不受影响。抵押人转让抵押财产的，应当及时通知抵押权人。抵押权人能够证明抵押财产转让可能损害抵押权的，可以请求抵押人将转让所得的价款向抵押权人提前清偿债务或者提存。转让的价款超过债权数额的部分归抵押人所有，不足部分由债务人清偿。根据《民法典》第四百零五条的规定，抵押权设立前，抵押房地产已经出租并转移占有的，原租赁关系不受该抵押权的影响。

（三）抵押权的变化

抵押权不得与债权分离而单独转让或者作为其他债权的担保。债权转让的，担保该债权的抵押权一并转让，但是法律另有规定或者当事人另有约定的除外。

抵押人的行为足以使抵押财产价值减少的，抵押权人有权请求抵押人停止其行为；抵押财产价值减少的，抵押权人有权请求恢复抵押财产的价值，或者提供与减少的价值相应的担保。抵押人不恢复抵押财产的价值，也不提供担保的，抵押权人有权请求债务人提前清偿债务。

抵押权人可以放弃抵押权或者抵押权顺位。抵押权人与抵押人可以协议变更抵押权顺位以及被担保的债权数额等内容。但是，抵押权的变更未经其他抵押权人书面同意的，不得对其他抵押权人产生不利影响。债务人以自己的财产设定抵押，抵押权人放弃该抵押权、抵押权顺位或者变更抵押权的，其他担保人在抵押权人丧失优先受偿权益的范围内免除担保责任，但是其他担保人承诺仍然提供担保的除外。

主合同当事人协议以新贷偿还旧贷，债权人请求旧贷的担保人承担担保责任的，人民法院不予支持；债权人请求新贷的担保人承担担保责任的，按照下列情形处理：①新贷与旧贷的担保人相同的，人民法院应予支持；②新贷与旧贷的担保人不同，或者旧贷无担保新贷有担保的，人民法院不予支持，但是债权人有证据证明新贷的担保人提供担保时对以新贷偿还旧贷的事实知道或者应当知道的除外。主合同当事人协议以新贷偿还旧贷，旧贷的物的担保人在登记尚未注销的情形下同意继续为新贷提供担保，在订立新的贷款合同前又以该担保财产为其他债权人设立担保物权，其他债权人主张其担保物权顺位优先于新贷债权人的，人民法院不予支持。

（四）最高额抵押权

1. 最高额抵押权的概念

最高额抵押权是指为担保债务的履行，债务人或者第三人对一定期间内将要连续发生的债权提供担保财产的，债务人不履行到期债务或者发生当事人约定的实现抵押权的情形，抵押权人有在最高债权额限度内就该担保财产优先受偿的权利。最高额担保中的最高债权额是指包括主债权及其利息、违约金、损害赔偿金、保管担保财产的费用、实现债权或者实现担保物权的费用等在内的全部债权，但是当事人另有约定的除外。登记的最高债权额与当事人约定的最高债权额不一致的，人民法院应当依据登记的最高债权额确定债权人优先受偿的范围。

2. 最高额抵押权所担保的债权变动

最高额抵押权设立前已经存在的债权，经当事人同意，可以转入最高额抵押担保的债权范围。最高额抵押担保的债权确定前，部分债权转让的，最高额抵押权不得转让，但是当事人另有约定的除外。最高额抵押担保的债权确定前，抵押权人与抵押人可以通过协议变更债权确定的期间、债权范围以及最高债权额。但是，变更的内容不得对其他抵押权人产生不利影响。

3. 最高额抵押权所担保的债权确定

《民法典》第四百二十三条规定，有下列情形之一的，抵押权人的债权确定：①约定的债权确定期间届满；②没有约定债权确定期间或者约定不明确，抵押权人或者抵押人自最高额抵押权设立之日起满2年后请求确定债权；③新的债权不可能发生；④抵押权人知道或者应当知道抵押财产被查封、扣押；⑤债务人、抵押人被宣告破产或者解散；⑥法律规定债权确定的其他情形。

四、房地产抵押权的实现

（一）实现情形及方式

抵押权实现是指债务履行期限届满债务人未履行债务时，抵押权人通过依法处理抵押财产而使债权获得清偿。履行期限届满，抵押权应当及时积极主张权利，否则，就有可能丧失抵押权受到人民法院保护的权利。《民法典》第四百一十九条规定，抵押权人应当在主债权诉讼时效期间行使抵押权；未行使的，人民法院不予保护。第四百一十条规定，债务人不履行到期债务或者发生当事人约定的实现抵押权的情形，抵押权人可以与抵押人协议以抵押财产折价或者以拍卖、变卖该抵押财产所得的价款优先受偿。协议损害其他债权人利益的，其他债权人可以请求人民法院撤销该协议。抵押权人与抵押人未就抵押权实现方式达成协议的，抵押权人可以请求人民法院拍卖、变卖抵押财产。抵押财产折价或者变卖的，应当参照市场价格。第四百一十三条规定，抵押财产折价或者拍卖、变卖后，其价款超过债权数额的部分归抵押人所有，不足部分由债务人清偿。

债务人不履行到期债务或者发生当事人约定的实现抵押权的情形，致使抵押财产被人民法院依法扣押的，自扣押之日起，抵押权人有权收取该抵押财产的天然孳息或者法定孳息，但是抵押权人未通知应当清偿法定孳息义务人的除外。上述规定的孳息应当先充抵收取孳息的费用。

（二）清偿顺序

《民法典》第四百一十四条规定，同一财产向两个以上债权人抵押的，拍卖、变卖抵押财产所得的价款依照下列规定清偿：①抵押权已经登记的，按照登记的时间先后确定清偿顺序；②抵押权已经登记的先于未登记的受偿；③抵押权未登记的，按照债权比例清偿。

（三）其他规定

（1）抵押后新增的建筑物。建设用地使用权抵押后，虽然该土地上新增的建筑物不属于抵押财产，但该建设用地使用权实现抵押权时，应当将该土地上新增的建筑物与建设用地使用权一并处分。但是，新增建筑物所得的价款，抵押权人无权优先受偿。以集体所有土地的使用权依法抵押的，实现抵押权后，未经法定程序，不得改变土地所有权的性质和土地用途。抵押权人应当在主债权诉讼时效期间行使抵押权；未行使的，人民法院不予保护。

（2）已办理抵押预告登记。当事人办理抵押预告登记后，预告登记权利人请求就抵押财产优先受偿，经审查存在尚未办理建筑物所有权首次登记、预告登记的财产与办理建筑物所有权首次登记时的财产不一致、抵押预告登记已经失效等情形，导致不具备办理抵押登记条件的，人民法院不予支持；经审查已经办理建筑物所有权首次登记，且不存在预告登记失效等情形的，人民法院应予支持，并应当认定抵押权自预告登记之日起设立。当事人办理了抵押预告登记，抵押人破产，经审查抵押财产属于破产财产，预告登记权利人主张就抵押财产优先受偿的，人民法院应当在受理破产申请时抵押财产的价值范围内予以支持，但是在人民法院受理破产申请前1年内，债务人对没有财产担保的债务设立抵押预告登记的除外。

（3）抵押财产灭失。担保期间，担保财产毁损、灭失或者被征收等，担保物权人可以就获得的保险金、赔偿金或者补偿金等优先受偿。被担保债权的履行期限未届满的，也可以提存该保险金、赔偿金或者补偿金等。第三人提供担保，未经其书面同意，债权人允许债务人转移全部或者部分债务的，担保人不再承担相应的担保责任。被担保的债权既有物的担保又有人的担保的，债务人不履行到期债务或者发生当事人约定的实现担保物权的情形，债权人应当按照约定实现债权；没有约定或者约定不明确，债务人自己提供物的担保的，债权人应当先就该物的担保实现债权；第三人提供物的担保的，债权人可以就物的担保实现债权，也可以请求保证人承担保证责任。提供担保的第三人承担担保责任后，有权向债务人追偿。

需要注意的是，抵押权实现与抵押权消灭不同。抵押权实现是抵押权消灭的情形之一。《民法典》第三百九十三条规定的担保物权消灭有四种情形，一是主债权消灭。债务人自己或者第三人代债务人清偿债务导致主债权消灭，担保物权也随之消灭。二是担保物权实现。债务人到期不履行债务时，债权人通过拍卖、变卖抵押物，实现担保物权。担保物权实现，意味着担保物权权利人权利的实现，目的到达，担保物权自然就消灭。三是债权人放弃担保物权。四是法律规定担保物权消灭的其他情形。

五、房地产抵押估价的要求

（一）房地产抵押价值确定

房地产抵押无论是在抵押权设定时，还是在拍卖、变卖等实现抵押权时，都需要确定房地产抵押价值。为规范房地产抵押估价活动，原建设部、中国人民银行和中国银行业监督管理委员会联合印发的《关于规范与银行信贷业务相关的房地产抵押估价管理有关问题的通知》规定，商业银行在发放房地产抵押贷款前，可以与抵押人协商确定房地产的抵押价值，也可以委托房地产估价机构评估房地产抵押价值，为确定房地产抵押贷款额度提供参考依据。

（二）房地产抵押估价基本要求

通过委托估价方式确定房地产抵押价值的，原则上由商业银行委托房地产估价机构进行评估，但商业银行与借款人另有约定的，也可以按照约定，由约定方委托房地产估价机构进行评估。房地产抵押价值为抵押房地产在估价时点假定未设立法定优先受偿权利下的市场价值减去房地产估价师知悉的法定优先受偿款。扣除的法定优先受偿款一般是指在抵押的房地产上债权人依法拥有的优先受偿款，即假定在估价时点实现抵押权时，法律规定的优先于本次抵押贷款受偿的款额，包括发包人拖欠承包人的建筑工程价款、已抵押担保的债权数额以及其他法定优先受偿款。

（三）房地产抵押估价对估价师的要求

在房地产抵押估价活动中，房地产估价师应当勤勉尽责，包括了解抵押房地产的法定优先受偿权利等情况；必要时对委托人提供的有关情况和资料进行核查；全面、细致地了解估价对象，对估价对象进行实地查勘，将估价对象现状与相关权属证明材料上记载的内容逐一进行对照，作好实地查勘记录，拍摄能够反映估价对象外观、内部状况和周围环境、景观的照片；处置房地产时，除评估房地产的公开市场价值，同时给出快速变现价值的意见及其理由等。

（四）房地产抵押估价报告要求

房地产抵押估价报告要全面、详细地界定估价对象的范围和在估价时点的法定用途、实际用途以及区位、实物、权益状况；披露估价对象已设定的抵押权；分析估价对象的变现能力；披露已作为假设和限制条件，对估价结果有重大影响的因素，并说明其对估价结果可能产生的影响；将法定优先受偿权利等情况的书面查询资料和调查记录、内外部状况照片作为估价报告的附件。对由于各种原因不能拍摄内外部状况照片的，应当在估价报告中予以披露。房地产抵押估价报告应用有效期从估价报告出具之日起计，不得超过1年。

房地产估价师预计估价对象的市场价格将有较大变化的，应当缩短估价报告应用有效期。此外，按照《关于规范与银行信贷业务相关的房地产抵押估价管理有关问题的通知》要求，商业银行要加强对已抵押房地产市场价格变化的监测。为及时掌握抵押价值变化情况，商业银行可以定期委托或者在市场价格变化较快时委托房地产估价机构评估房地产抵押价值。处置抵押房地产前，商业银行还应当委托房地产估价机构进行评估，了解房地产的市场价值。中国银行业监督管理委员会要求，信托投资公司以贷款、投资等方式办理自营和信托业务，涉及房地产抵押估价的，也要按照上述规定执行。

复 习 思 考 题

1. 房地产交易包括哪几种形式？

2. 房地产交易中的基本制度有哪几个？

3. 简述房地产价格申报制度的内容及作用。

4. 什么是房地产转让？房地产转让的程序是什么？

5. 房地产不得转让的情形有哪些？

6. 房地产转让的形式有哪些？

7. 以划拨方式取得的土地使用权转让时，房地产转让可以不办理出让手续的情形有哪些？

8. 共有房屋如何转让？

9. 对失信被执行人购买房地产的限制有哪些?

10. 商品房预售的条件有哪些?

11. 什么是房屋租赁? 房屋租赁登记备案如何办理?

12. 什么是房地产抵押? 作为抵押物的房地产应具备什么条件?

13. 房地产抵押登记审查的内容有哪些?

14. 房地产抵押权实现有哪些规定?

15. 房地产抵押估价的要求有哪些?

16. 房地产交易中的合同主要有哪几种?

17. 房地产买卖、抵押和房屋租赁中，房屋所有权、使用权，土地使用权分别发生什么变化?

第七章　房地产中介服务管理制度法规政策

第一节　房地产中介服务行业管理概述

根据《城市房地产管理法》，房地产中介服务机构包括房地产咨询机构、房地产价格评估机构、房地产经纪机构等；房地产中介服务机构应当有足够数量的专业人员。其中，"房地产价格评估"通常又被称为"房地产估价"，"房地产价格评估机构"通常被称为"房地产估价机构"。住房和城乡建设部制定了《房地产估价机构管理办法》《注册房地产估价师管理办法》《房地产经纪管理办法》等部门规章，加强管理、规范中介行为。

一、房地产中介服务的概念、特点

（一）房地产中介服务的概念

1. 房地产中介服务

房地产中介服务是指专业人员在房地产投资、开发、销售、交易等各个环节中，为当事人提供专业服务的经营活动，是房地产咨询、房地产估价、房地产经纪等活动的总称。

2. 房地产咨询

房地产咨询是指为从事房地产活动的当事人提供法律、法规、政策、信息、技术等方面服务的经营活动。

3. 房地产估价

房地产估价是指房地产估价机构及其房地产估价人员根据特定的估价目的，遵循公认的估价原则，按照严谨的估价程序，运用科学的估价方法，在对影响房地产价值的因素进行综合分析的基础上，对房地产在特定时点的价值进行测算和判定的活动。

4. 房地产经纪

房地产经纪是指房地产经纪机构及其房地产经纪人员为促成他人房地产交易

而向委托人报告订立房地产交易合同的机会、提供订立房地产交易合同的媒介服务、代理服务等专业服务并收取佣金的活动。

5. 中介服务合同

中介服务合同属于《民法典》中规定的一种典型合同。《民法典》第九百六十一条规定，中介合同是中介人向委托人报告订立合同的机会或者提供订立合同的媒介服务，委托人支付报酬的合同。需要注意的是，《城市房地产管理法》与《民法典》中的"中介"含义有所不同。《城市房地产管理法》中所称的"中介"服务机构包括了房地产咨询、房地产估价、房地产经纪等机构。《民法典》中的"中介服务合同"是传统上的居间合同，该合同主要是在房地产经纪服务中使用。

（二）房地产中介服务的主要特点

中介服务行业是社会经济和生产力发展到一定程度出现的一种特殊行业。我国房地产中介服务行业自古就有。改革开放以后，伴随着我国房地产市场快速发展而逐渐壮大，房地产中介服务发挥了越来越重要的作用。由于房地产具有价值量大、位置固定、使用期长和交易复杂等特点，相关当事人在房地产交易活动过程中需要专门的知识和可靠的信息相助，房地产中介服务行业成为房地产活动中最活跃的环节。《城市房地产管理法》明确了设立房地产中介机构的条件，确认了房地产中介服务行业的法律地位。《国务院关于促进房地产市场持续健康发展的通知》要求健全房地产中介服务市场规则，严格执行房地产经纪人、房地产估价师执（职）业资格制度，为居民提供准确的信息和便捷的服务。房地产估价师、房地产经纪专业人员均被确定为国家职业资格。随着我国房地产中介服务管理法律法规体系的不断完善，房地产中介服务对促进我国房地产市场的健康发展，培育和发展房地产交易和资本要素市场体系起到不可替代的作用。我国房地产中介服务主要有三个特点：

（1）人员特定。从事房地产中介服务的人员需是具有特定资格的专业人员。这些特定资格的专业人员都有一定的学历和专业经历，并通过了专业资格考试，掌握了一定的专业技能。在中介活动过程中，能够充分发挥了解市场、熟悉各类房地产特点的优势，节约流通时间和费用，刺激房地产商品的生产和流通。从事房地产估价业务的人员需取得房地产估价师资格并经注册后执业，未取得房地产估价师资格的人员不能从事房地产估价活动；从事房地产经纪活动的人员实行实名登记制度和职业资格制度。

（2）委托服务。房地产中介服务是受当事人委托进行的，房地产中介服务人员在当事人委托的范围内从事房地产中介服务活动，提供当事人所要求的服务。

比如，在房地产买卖过程中，房地产经纪人利用自己的经验和掌握的房地产专业知识和信息，为交易双方相互传递信息，促成交易并代办相关事务。由房地产经纪专业人员代理房地产交易，按照规定的程序去代办各种手续，不仅给交易双方带来便捷，而且也规范了交易行为。

（3）服务有偿。房地产中介服务是一种服务性的经营活动，房地产中介服务机构应对其提供的各类服务明码标价，并在合同中与委托人约定服务内容和服务标准。委托人应按照约定的标准向房地产中介服务机构支付报酬或者佣金。

二、房地产中介服务行业管理的内容

房地产中介服务是房地产经营活动中重要的组成部分。房地产行政主管部门作为房地产中介服务的行业主管部门，主要依据《城市房地产管理法》《房地产估价机构管理办法》《注册房地产估价师管理办法》《房地产经纪管理办法》等对房地产中介服务实施行业监督管理，使房地产中介服务行业真正成为与社会主义市场经济相适应，自主经营、自担风险、自我约束、自我发展、平等竞争的经济组织，促进中介服务机构独立、客观、公正地执业。

（一）房地产中介服务人员的资格管理

1. 房地产估价师职业资格

《城市房地产管理法》第五十九条规定："国家实行房地产价格评估人员资格认证制度"。2021年，根据国务院推进简政放权、放管结合、优化服务改革要求，人力资源社会保障部会同国务院有关部门对《国家职业资格目录》进行优化调整，经国务院同意公布了《国家职业资格目录（2021年版）》，房地产估价师职业资格继续作为国家准入类职业资格，由住房和城乡建设部、自然资源部负责实施。

2. 房地产经纪专业人员职业资格

国家实行房地产经纪人员职业资格制度。根据《国家职业资格目录（2021年版）》，房地产经纪专业人员职业资格继续作为国家水平评价类职业资格，分高级房地产经纪人、房地产经纪人和房地产经纪人协理三个层级，由人力资源社会保障部、住房和城乡建设部共同负责房地产经纪专业人员职业资格制度的政策制定，并按职责分工对房地产经纪专业人员职业资格制度的实施进行指导、监督和检查。中国房地产估价师与房地产经纪人学会具体承担房地产经纪专业人员职业资格的评价与管理工作。

（二）房地产中介服务机构管理

对中介服务机构的管理主要采取机构备案、资信评价与日常监督相结合的管理模式。从事房地产中介服务活动应设立相应的房地产中介服务机构。

根据《城市房地产管理法》，设立房地产中介服务机构应当具备下列条件：

（1）有自己的名称和组织机构。

（2）有固定的服务场所。

（3）有规定数量的财产和经费。

（4）有足够数量的专业人员。从事房地产估价业务的，须有规定数量的房地产估价师；从事房地产经纪业务的，须有规定数量的房地产经纪人。

（5）法律、法规规定的其他条件。

房地产中介服务机构未经依法登记和备案，擅自从事房地产中介服务活动的，需要承担相应的法律责任。《资产评估法》规定，评估机构未经工商登记以评估机构名义从事评估业务的，由市场监督管理部门责令停止违法活动；有违法所得的，没收违法所得，并处违法所得 1 倍以上 5 倍以下罚款。《城市房地产管理法》规定，未取得营业执照擅自从事房地产中介服务业务的，由县级以上人民政府工商行政管理部门责令停止房地产中介服务业务活动，没收违法所得，可以并处罚款。《商品房销售管理办法》规定，房地产开发企业委托没有资格的机构代理销售商品房的，处警告、责令改正，并可处 1 万至 3 万的罚款。

三、房地产中介服务收费

（一）房地产估价服务收费

房地产估价服务一般按照评估总额的一定比例收取费用。根据《国家发展改革委关于放开部分服务价格的通知》要求，自 2015 年 1 月 1 日起，对已具备竞争条件的房地产估价收费，不再实行定价管理。

放开房地产估价收费后，房地产价格评估机构要遵守《价格法》等法律法规要求，合法经营，为委托人等提供质量合格、价格合理的服务；要严格落实明码标价制度，在经营场所醒目位置公示价目表和投诉举报电话等信息；不得利用优势地位，强制服务、强制收费，或只收费不服务、少服务多收费；不得在标价之外收取任何未予标明的费用。房地产价格评估主管部门要严格遵守《反垄断法》等法律法规，不得以任何理由限制服务、指定服务或截留定价权。

（二）房地产咨询、经纪收费

1. 房地产咨询收费

根据《国家发展改革委 住房城乡建设部关于放开房地产咨询收费和下放房地产经纪收费管理的通知》要求，自 2014 年 7 月 1 日起，放开房地产咨询服务收费。房地产中介服务机构接受委托，提供有关房地产政策法规、技术及相关信息等咨询的服务收费，实行市场调节价。

2. 房地产经纪服务收费

根据《国家发展改革委 住房城乡建设部关于放开房地产咨询收费和下放房地产经纪收费管理的通知》要求，自 2014 年 7 月 1 日起，下放房地产经纪服务收费定价权限，由省级人民政府价格、住房城乡建设主管部门管理，各地可根据当地市场发育实际情况，决定实行政府指导价管理或市场调节价。2014 年 12 月，国家发展改革委《关于放开部分服务价格的通知》要求，不再实行房地产经纪服务收费的地方定价管理，实行市场调节价，完全放开房地产经纪服务收费。

据此，房地产经纪服务收费标准由委托和受托双方，依据服务内容、服务成本、服务质量和市场供求状况协商确定。各房地产经纪服务机构应按照《价格法》《房地产经纪管理办法》等法律法规要求，公平竞争、合法经营，诚实守信，为委托人提供价格合理、优质高效服务；严格执行明码标价制度，在其经营场所的醒目位置公示价目表，价目表应包括服务项目、服务内容及完成标准、收费标准、收费对象及支付方式等基本标价要素；一项服务包含多个项目和标准的，应当明确标示每一个项目名称和收费标准，不得混合标价、捆绑标价；代收代付的税、费也应予以标明。房地产中介服务机构不得收取任何未标明的费用。

需要注意的是，《民法典》第九百六十三条规定，中介人促成合同成立的，委托人应当按照约定支付报酬。对中介人的报酬没有约定或者约定不明确，依据《民法典》第五百一十条的规定仍不能确定的，根据中介人的劳务合理确定。该法所称的"中介"包括房地产经纪，即房地产经纪机构促成的买卖、租赁等合同对报酬没有约定或者约定不明确，双方可通过签订补充协议约定；如不能达成补充协议的，按照合同相关条款或者交易习惯确定。因中介人提供订立合同的媒介服务而促成合同成立的，由该合同的当事人平均负担中介人的报酬。中介人未促成合同成立的，不得请求支付报酬；但是，可以按照约定请求委托人支付从事中介活动支出的必要费用。委托人在接受中介人的服务后，利用中介人提供的交易机会或者媒介服务，绕开中介人直接订立合同的，应当向中介人支付报酬。

第二节　房地产估价机构管理

为加强对房地产估价机构的管理，规范房地产估价行为，依据《城市房地产管理法》和《资产评估法》等法律，住房和城乡建设部制定了《房地产估价机构管理办法》等规定，加强对房地产估价机构的管理和服务。

一、房地产估价机构的概念及组织形式

（一）房地产估价机构的概念

房地产估价机构是指依法设立并取得房地产估价机构备案证明，从事房地产估价活动的中介服务机构。

房地产估价机构为公众提供专业服务，直接关系着公共利益、市场交易安全、金融安全，因此，房地产估计机构需要具备特殊信誉、特殊条件、特殊技能。依据《资产评估法》，国务院有关评估行政管理部门按照各自职责分工，对评估行业进行监督管理。设区的市级以上地方人民政府有关评估行政管理部门按照各自职责分工，对本行政区域内的评估行业进行监督管理。根据国务院职责分工，住房和城乡建设部负责房地产估价行业管理工作。

（二）房地产估价机构组织形式

《资产评估法》规定，评估机构可以采取合伙制，也可以采取公司制。目前，房地产估价机构组织形式主要是公司制中的有限责任制和合伙制。

有限责任制的房地产估价机构，是指由发起人共同出资设立，出资人以其出资额为限承担法律责任，房地产估价机构以其全部财产对其债务承担责任的有限责任公司。

合伙制的房地产估价机构，是指由发起人共同出资设立，共同经营，对房地产估价机构的债务承担无限连带责任的合伙企业。

二、房地产估价机构设立和备案

（一）房地产估价机构设立要求

1. 公司形式的评估机构

《资产评估法》第十五条规定，采取公司形式的评估机构，应当有 8 名以上评估师和 2 名以上股东，其中 2/3 以上股东应当是具有 3 年以上从业经历且最近 3 年内未受停止从业处罚的评估师。评估机构的合伙人或者股东为 2 名的，2 名合伙人或者股东都应当是具有 3 年以上从业经历且最近 3 年内未受停止从业处罚的评估师。

房地产估计机构采取公司制形式的，还应当遵循《公司法》关于有限责任公司的一般规定：一是股东符合法定人数，即 50 个以下股东；二是有符合公司章程规定的全体股东认缴的出资额；三是股东共同制定公司章程；四是有公司名称，建立符合有限责任公司要求的组织机构；五是有公司住所。

2. 合伙形式的评估机构

依据《资产评估法》第十五条，合伙形式的评估机构，应当有 2 名以上评估师；其合伙人 2/3 以上应当是具有 3 年以上从业经历且最近 3 年内未受停止从业处罚的评估师。

房地产估价机构采取合伙制形式的，还应当遵循《合伙企业法》的一般性规定：一是有 2 个以上的合伙人，合伙人为自然人的，应当具有完全民事行为能力；二是有书面合伙协议；三是有合伙人认缴或者实际出资；四是有合伙企业的名称和生产经营场所；五是要符合法律、行政法规规定的其他条件。

（二）房地产估价机构备案要求

《资产评估法》规定，设立评估机构，应当向市场监督管理部门申请办理登记。评估机构应当自领取营业执照之日起 30 日内向有关评估行政管理部门备案。评估行政管理部门应当及时将备案情况向社会公示。为贯彻落实《资产评估法》，住房和城乡建设部印发了《住房城乡建设部关于贯彻落实资产评估法规范房地产估价行业管理有关问题的通知》，自 2016 年 12 月 1 日起，对房地产估价机构实行备案管理制度，不再实行资质核准。设立房地产评估机构，应当符合《资产评估法》的规定。从事房地产估价的机构应当自领取营业执照后 30 日内向所在地省级住房城乡建设（房地产）主管部门备案。对符合规定的，省级住房城乡建设（房地产）主管部门应当予以备案，核发统一格式的备案证明；符合《房地产估价机构管理办法》中相应等级标准的，在备案证明中予以标注。

三、房地产估价机构等级

（一）房地产估价机构分级

房地产估价机构等级分为一、二、三级。新设立房地产估价机构等级核定为三级，设 1 年的暂定期。

（二）房地产估价机构等级标准

1. 一级房地产估价机构标准

（1）机构名称有房地产估价或者房地产评估字样；

（2）从事房地产估价活动连续 6 年以上，且取得二级房地产估价机构 3 年以上；

（3）有 15 名以上专职注册房地产估价师；

（4）在申请核定等级之日前 3 年平均每年完成估价标的物建筑面积 50 万 m^2 以上或者土地面积 25 万 m^2 以上；

（5）法定代表人或者执行合伙人是注册后从事房地产估价工作 3 年以上的专

职注册房地产估价师；

（6）有限责任公司的股东中有 3 名以上、合伙企业的合伙人中有 2 名以上专职注册房地产估价师，股东或者合伙人中有一半以上是注册后从事房地产估价工作 3 年以上的专职注册房地产估价师；

（7）有限责任公司的股份或者合伙企业的出资额中专职注册房地产估价师的股份或者出资额合计不低于 60%；

（8）有固定的经营服务场所；

（9）估价质量管理、估价档案管理、财务管理等各项企业内部管理制度健全；

（10）随机抽查的 1 份房地产估价报告符合《房地产估价规范》的要求；

（11）在申请核定等级之日前 3 年内无《房地产估价机构管理办法》第三十三条禁止的行为。

2. 二级房地产估价机构标准

（1）机构名称有房地产估价或者房地产评估字样；

（2）取得三级房地产估价机构后从事房地产估价活动连续 4 年以上；

（3）有 8 名以上专职注册房地产估价师；

（4）在申请核定等级之日前 3 年平均每年完成估价标的物建筑面积 30 万 m² 以上或者土地面积 15 万 m² 以上；

（5）法定代表人或者执行合伙人是注册后从事房地产估价工作 3 年以上的专职注册房地产估价师；

（6）有限责任公司的股东中有 3 名以上、合伙企业的合伙人中有 2 名以上专职注册房地产估价师，股东或者合伙人中有一半以上是注册后从事房地产估价工作 3 年以上的专职注册房地产估价师；

（7）有限责任公司的股份或者合伙企业的出资额中专职注册房地产估价师的股份或者出资额合计不低于 60%；

（8）有固定的经营服务场所；

（9）估价质量管理、估价档案管理、财务管理等各项企业内部管理制度健全；

（10）随机抽查的 1 份房地产估价报告符合《房地产估价规范》的要求；

（11）在申请核定等级之日前 3 年内无《房地产估价机构管理办法》第三十三条禁止的行为。

3. 三级房地产估价机构标准

（1）机构名称有房地产估价或者房地产评估字样；

（2）有 3 名以上专职注册房地产估价师；

（3）在暂定期内完成估价标的物建筑面积8万 m² 以上或者土地面积3万 m² 以上；

（4）法定代表人或者执行合伙人是注册后从事房地产估价工作3年以上的专职注册房地产估价师；

（5）有限责任公司的股东中有2名以上、合伙企业的合伙人中有2名以上专职注册房地产估价师，股东或者合伙人中有一半以上是注册后从事房地产估价工作3年以上的专职注册房地产估价师；

（6）有限责任公司的股份或者合伙企业的出资额中专职注册房地产估价师的股份或者出资额合计不低于60%；

（7）有固定的经营服务场所；

（8）估价质量管理、估价档案管理、财务管理等各项企业内部管理制度健全；

（9）随机抽查的1份房地产估价报告符合《房地产估价规范》的要求；

（10）在申请核定等级之日前3年内无《房地产估价机构管理办法》第三十三条禁止的行为。

四、房地产估价机构监管

（一）房地产估价机构业务范围

《资产评估法》规定，自然人、法人或者非法人组织需要确定评估对象价值的，可以自愿委托评估机构评估；涉及国有资产或者公共利益等事项，法律、行政法规规定需要评估的，即法定评估的，应当依法委托评估机构评估。

房地产估价机构依法从事房地产估价活动，不受行政区域、行业限制。房地产估价活动，包括土地、建筑物、构筑物、在建工程、以房地产为主的企业整体资产、企业整体资产中的房地产等各类房地产评估，以及因转让、抵押、房屋征收补偿、司法鉴定、课税、公司上市、企业改制、企业清算、资产重组、资产处置等需要进行的房地产评估。《房地产估价机构管理办法》规定，一级房地产估价机构可以从事各类房地产估价业务。二级房地产估价机构可以从事除公司上市、企业清算以外的房地产估价业务。三级房地产估价机构可以从事除公司上市、企业清算、司法鉴定以外的房地产估价业务。暂定期内的三级房地产估价机构可以从事除公司上市、企业清算、司法鉴定、房屋征收、在建工程抵押以外的房地产估价业务。

（二）房地产估价机构分支机构监管

房地产估价机构的分支机构，是指房地产估价机构所属的不具有独立的法人地位的派出机构，与房地产估价机构属于同一法人实体，其经营、财务、人事等方面受房地产估价机构支配和控制。《房地产估价机构管理办法》规定，一级房地产估价机构可以设立分支机构。二、三级房地产估价机构不得设立分支机构。各等级的房地产估价机构不得通过设立类似分支机构性质的"办事处""联络点（站）"等机构来规避国家对房地产估价机构设立分支机构的监管。分支机构应当以设立该分支机构的房地产估价机构的名义出具估价报告，并加盖该房地产估价机构公章。一级房地产估价机构设立分支机构应当符合下列条件：

（1）名称采用"房地产估价机构名称＋分支机构所在地行政区划名＋分公司（分所）"的形式；

（2）分支机构负责人应当是注册后从事房地产估价工作 3 年以上并无不良执业记录的专职注册房地产估价师；

（3）在分支机构所在地有 3 名以上专职注册房地产估价师；

（4）固定的经营服务场所；

（5）估价质量管理、估价档案管理、财务管理等各项内部管理制度健全。

注册于分支机构的专职注册房地产估价师，不计入设立分支机构的房地产估价机构的专职注册房地产估价师人数。新设立的分支机构，应当自领取分支机构营业执照之日起 30 日内，提交分支机构的营业执照复印件、房地产估价机构资质证书正本复印件、分支机构及设立该分支机构的房地产估价机构负责人的身份证明、拟在分支机构执业的专职注册房地产估价师注册证书复印件，到分支机构登记注册所在地的省、自治区人民政府住房城乡建设主管部门、直辖市人民政府房地产主管部门备案。省、自治区人民政府住房城乡建设主管部门、直辖市人民政府房地产主管部门在接受备案后 10 日内，告知分支机构登记注册所在地的市、县人民政府房地产主管部门，并报国务院住房城乡建设主管部门备案。分支机构变更名称、负责人、住所等事项或房地产估价机构撤销分支机构，应当在市场监督管理部门办理变更或者注销登记手续后 30 日内，报原备案机关备案。

（三）房地产估价机构合并、分立

房地产估价机构合并的，合并后存续或者新设立的房地产估价机构可以承继合并前各方中较高的等级，但应当符合相应的等级条件。

房地产估价机构分立的，只能由分立后的一方房地产估价机构承继原房地产估价机构等级，且应当符合原房地产估价机构等级条件。由分立后的何方来承继原房地产估价机构的一方，由各方协商一致确定，其他各方按照新设立的中介服务机构申请房地产估价机构等级。

（四）开展房地产估价活动的基本要求

1. 委托人自主依法选择评估机构

委托人有权自主依法选择评估机构进行评估，任何组织或者个人不得非法限制或者干预。对评估事项涉及两个以上当事人的，由全体当事人协商委托评估机构。委托开展法定评估业务，应当依法选择评估机构。委托人应当与评估机构订立委托合同，约定双方的权利和义务。房地产估价机构未经委托人书面同意，不得转让受托的估价业务。委托人应当按照合同约定向评估机构支付费用，不得索要、收受或者变相索要、收受回扣。委托人应当对其提供的权属证明、财务会计信息和其他资料的真实性、完整性和合法性负责。根据《资产评估法》的规定，应当委托房地产估价机构进行法定评估而未委托的，由有关部门责令改正；拒不改正的，处 10 万元以上 50 万元以下罚款；情节严重的，对直接负责的主管人员和其他直接责任人员依法给予处分；造成损失的，依法承担赔偿责任；构成犯罪的，依法追究刑事责任。

2. 评估机构和人员依法评估

委托人有权要求与相关当事人及评估对象有利害关系的评估专业人员回避。对受理的评估业务，评估机构应当指定至少两名评估专业人员承办。评估专业人员应当根据评估业务具体情况，对评估对象进行现场调查，收集权属证明、财务会计信息和其他资料并进行核查验证、分析整理，作为评估的依据。评估专业人员应当恰当选择评估方法，除依据评估执业准则只能选择一种评估方法的外，应当选择两种以上评估方法，经综合分析，形成评估结论，编制评估报告。评估机构应当对评估报告进行内部审核。

评估报告应当由至少两名承办该项业务的评估专业人员签名并加盖评估机构印章。评估机构及其评估专业人员对其出具的评估报告依法承担责任。委托人不得串通、唆使评估机构或者评估专业人员出具虚假评估报告。

3. 开展法定评估业务要求

《资产评估法》第三条规定，涉及国有资产或者公共利益等事项，法律、行政法规规定需要评估的，属于法定评估；法定评估应当依法委托评估机构评估。评估机构开展法定评估业务，应当指定至少两名相应专业类别的评估师承办，评估报告应当由至少两名承办该项业务的评估师签名并加盖评估机构印章。

4. 评估报告使用及异议处理

委托人对评估报告有异议的，可以要求评估机构解释。委托人认为评估机构或者评估专业人员违法开展业务的，可以向有关评估行政管理部门或者行业协会投诉、举报，有关评估行政管理部门或者行业协会应当及时调查处理，并答复委托人。委托人或者评估报告使用人应当按照法律规定和评估报告载明的使用范围使用评估报告。委托人或者评估报告使用人违反上述规定使用评估报告的，评估机构和评估专业人员不承担责任。

（五）房地产估价机构业务监管

1. 行政监管及内控管理

房地产估价机构应当依法独立、客观、公正开展业务，建立健全质量控制制度，保证估价报告的客观、真实、合理。房地产估价机构应当建立健全内部管理制度，对本机构的估价专业人员遵守法律、行政法规和估价准则的情况进行监督，并对其从业行为负责。房地产估价机构应当依法接受监督检查，如实提供估价档案以及相关情况。房地估价机构在其登记注册所在地行政区域外从事房地产估价业务的，完成估价业务后，房地产估价机构应向业务发生地县级以上地方人民政府住房城乡建设（房地产）主管部门留存房地产估价报告备查。

（1）业务承揽。房地产估价机构及执行房地产估价业务的估价人员与委托人或者估价业务相对人有利害关系的，应当回避。房地产估价业务由房地产估价机构统一接受委托，统一收取费用。分支机构应当以设立该分支机构的房地产估价机构名义承揽估价业务。承揽房地产估价业务时，房地产估价机构应当与委托人签订书面估价委托合同，内容包括：委托人的名称或者姓名和住所、估价机构的名称和住所、估价对象、估价目的、价值时点、委托人的协助义务、估价服务费及其支付方式、估价报告交付的日期和方式、违约责任、解决争议的方法。房地产估价师不得以个人名义承揽估价业务。委托人拒绝提供或者不如实提供执行估价业务所需的权属证明、财务会计信息和其他资料的，房地产估价机构有权依法拒绝其履行合同的要求。委托人要求出具虚假估价报告或者有其他非法干预估价结果情形的，房地产估价机构有权解除合同。房地产估价机构根据业务需要建立职业风险基金，或者自愿办理职业责任保险，完善风险防范机制。

（2）估价所需资料获取。委托人及相关当事人应当协助房地产估价机构进行实地查勘，如实向房地产估价机构提供估价所必需的资料，并对其所提供资料的真实性负责。除法律法规另有规定外，未经委托人书面同意，房地产估价机构不得对外提供估价过程中获知的当事人的商业秘密和业务资料。因估价需要，房地产估价机构和注册房地产估价师可以向房地产主管部门查询房地产交易、登记信息。除涉及国家秘密、商业秘密和个人隐私的内容除外，房地产主管部门应当提供查询服务。

（3）业务转让。经委托人书面同意，房地产估价机构可以与其他房地产估价机构合作完成估价业务，以合作双方的名义共同出具估价报告。

（4）报告出具。房地产估价报告由房地产估价机构出具，加盖房地产估价机构公章，并有至少2名专职注册房地产估价师签字，不得以印章代替签字。分支机构以设立该分支机构的房地产估价机构的名义出具估价报告，加盖该房地产估价机构公章，并有至少2名专职注册房地产估价师签字。

（5）估价档案保管。根据《资产评估法》，估价档案的保存期限不得少于15年，属于法定评估业务的，保存期限不得少于30年。《房地产估价机构管理办法》还规定，房地产估价报告的保管期限届满而估价服务的行为尚未结束的，应当保管到估价服务的行为结束为止。房地产估价机构破产、解散时，其房地产估价报告及相关资料应当移交当地住房城乡建设（房地产）主管部门或其指定的机构。

2. 行业自律管理

发挥行业组织作用、加强估价行业自律管理是加强监管的重要途径。行业组织是由行业机构、人员自愿组成，实行行业自律、自我管理的社团组织。其主要职责是实施行业自律监督，为行业服务、为会员服务的同时担当政府与行业间的桥梁纽带，反映行业诉求，并协助政府开展行业调查，为政府制定行业发展规划、产业政策、政策法规等提供建议。行业组织主要是通过制定行规行约，监督行规行约的执行，进行行业自律性服务管理，维护行业内部的公平竞争，规范行业行为，促进行业地位的提高，树立良好的行业形象。

《资产评估法》规定，评估行业按照专业领域设立全国性评估行业协会，根据需要设立地方性评估行业协会。评估机构、评估专业人员加入有关评估行业协会，平等享有章程规定的权利，履行章程规定的义务。有关评估行业协会公布加入本协会的评估机构、评估专业人员名单。评估行业协会应当履行的法定职责有：制定会员自律管理办法，对会员实行自律管理；依据评估基本准则制定评估执业准则和职业道德准则；组织开展会员继续教育；建立会员信用档案，将会员遵守法律、行政法规和评估准则的情况记入信用档案，并向社会公开；检查会员建立风险防范机制的情况；受理对会员的投诉、举报，受理会员的申诉，调解会员执业纠纷；规范会员从业行为，定期对会员出具的评估报告进行检查，按照章程规定对会员给予奖惩，并将奖惩情况及时报告有关评估行政管理部门；保障会员依法开展业务，维护会员合法权益；法律、行政法规和章程规定的其他职责。

五、房地产估价机构的禁止行为和法律责任

（一）房地产估价机构的禁止行为

根据《资产评估法》，房地产估价机构不得有下列行为：

（1）利用开展业务之便，谋取不正当利益；

（2）允许其他机构以本机构名义开展业务，或者冒用其他机构名义开展业务；

（3）以恶性压价、支付回扣、虚假宣传，或者贬损、诋毁其他评估机构等不正当手段招揽业务；

（4）受理与自身有利害关系的业务；

（5）分别接受利益冲突双方的委托，对同一评估对象进行评估；

（6）出具虚假评估报告或者有重大遗漏的评估报告；

（7）聘用或者指定不符合《资产评估法》规定的人员从事评估业务；

（8）违反法律、行政法规的其他行为。

（二）房地产估价机构的法律责任

房地产估价机构违反《资产评估法》规定，有下列情形之一的，由住房城乡建设主管部门予以警告，可以责令停业 1 个月以上 6 个月以下；有违法所得的，没收违法所得，并处违法所得 1 倍以上 5 倍以下罚款；情节严重的，由市场监督管理部门吊销营业执照；构成犯罪的，依法追究刑事责任：

（1）利用开展业务之便，谋取不正当利益的；

（2）允许其他机构以本机构名义开展业务，或者冒用其他机构名义开展业务的；

（3）以恶性压价、支付回扣、虚假宣传，或者贬损、诋毁其他评估机构等不正当手段招揽业务的；

（4）受理与自身有利害关系的业务的；

（5）分别接受利益冲突双方的委托，对同一评估对象进行评估的；

（6）出具有重大遗漏的评估报告的；

（7）未按《资产评估法》规定的期限保存评估档案的；

（8）聘用或者指定不符合《资产评估法》规定的人员从事评估业务的；

（9）对本机构的评估专业人员疏于管理，造成不良后果的。

房地产估价机构未按规定备案或者不符合《资产评估法》第十五条规定的条件的，由住房城乡建设主管部门责令改正；拒不改正的，责令停业，可以并处 1 万元以上 5 万元以下罚款。房地产估价机构违法出具虚假评估报告的，由住房城乡建设主管部门责令停业 6 个月以上 1 年以下；有违法所得的，没收违法所得，并处违法所得 1 倍以上 5 倍以下罚款；情节严重的，由市场监督管理部门吊销营业执照；构成犯罪的，依法追究刑事责任。房地产估价机构、房地产估价师在一年内累计三次因违反《资产评估法》规定受到责令停业、责令停止从业以外处罚的，住房城乡建设主管部门可以责令其停业或者停止从业 1 年以上 5 年以下。房地产估价师因违法行为给委托人或者其他相关当事人造成损失的，由其所在的房地产估价机构依法承担赔偿责任。房地产估价机构履行赔偿责任后，可以向有故意或者重大过失行为的房地产估价师追偿。

第三节　房地产估价师职业资格制度

房地产价格评估人员资格认证制度是《城市房地产管理法》确定的一项法定制度。国家实行房地产价格评估人员资格认证制度，即从事房地产估价业务，均应通过资格认证。资格认证的主要方式，是通过职业资格考试并注册执业。

一、房地产估价师职业资格概述

（一）改革开放以来房地产估价师职业资格制度发展

20 世纪 80 年代中期，为了学习、借鉴发达国家和地区房地产估价方面的先进经验，建设部与香港测量师学会共同举办了房地产估价人员培训班，同时组织专家开展了"房地产估价理论及其在中国的应用""中国房地产估价制度的建设"等重点课题的研究。1988 年，我国开始实行房地产估价从业人员持证上岗，颁发房地产估价员证。1993 年、1994 年，建设部、人事部共同组织认定了两批共346 名房地产估价师。1995 年《城市房地产管理法》颁布实施后，"房地产价格评估人员资格认证制度"成为一项法定制度。从 1995 年开始，房地产估价师执业资格实行全国统一考试制度。2004 年，内地房地产估价师与香港测量师（产业）实现了资格互认，成为在《内地与香港关于建立更紧密贸易关系的安排》（CEPA）下，首个完成的专业人员资格互认。2011 年，内地房地产估价师与香港测量师（产业）又进行了第二次互认。《行政许可法》实施后，房地产估价师注册属国家法定行政许可项目，具有中国特色的房地产估价师资格制度已基本形成。

为进一步推进简政放权、放管结合、优化服务改革，加强职业资格设置实施的监管和服务，国家对职业资格实行清单式管理，建立职业资格目录。目录之外一律不得许可和认定职业资格。国家职业资格目录中将职业资格分为两类：一类是专业技术人员职业资格，另一类是技能人员职业资格。专业技术人员职业资格又分为两种：一种是准入类职业资格，另一种是水平评价类职业资格。准入类职业资格所涉职业必须关系公共利益或涉及国家安全、公共安全、人身健康、生命财产安全，且必须有法律法规或国务院决定作为依据。经国务院同意，人力资源社会保障部公布的《国家职业资格目录（2021年版）》，房地产估价师继续被列为准入类专业技术人员职业资格，由住房和城乡建设部、自然资源部实施。2021年，住房和城乡建设部、自然资源部联合印发了《房地产估价师职业资格制度规定》和《房地产估价师职业资格考试实施办法》。住房和城乡建设部会同自然资源部制定房地产估价师职业资格制度，并按照该规定确定的职责分工负责房地产估价师职业资格制度的实施与监管。办法实施后，取得房地产估价师职业资格的人员经注册后，可出具房地产估价报告、土地估价报告。

需要注意的是，国家实行职业资格目录管理后，房地产估价师"执业资格"统一规范为房地产估价师"职业资格"。

（二）《资产评估法》关于评估专业人员的规定

1. 一般规定

根据《资产评估法》的规定，评估专业人员依法开展业务，受法律保护。评估专业人员包括评估师和其他具有评估专业知识及实践经验的评估从业人员。评估师是指通过评估师资格考试的评估专业人员。国家根据经济社会发展需要确定评估师专业类别。根据《国家职业资格目录（2021年版）》，准入类评估师仅一项，为房地产估价师，水平评价类有两项分别，是资产评估师、矿业权评估师。

有关全国性评估行业协会按照国家规定组织实施评估师资格全国统一考试。具有高等院校专科以上学历的公民，可以参加评估师资格全国统一考试。有关全国性评估行业协会应当在其网站上公布评估师名单，并实时更新。评估专业人员从事评估业务，应当加入评估机构，并且只能在一个评估机构从事业务。因故意犯罪或者在从事评估、财务、会计、审计活动中因过失犯罪而受刑事处罚，自刑罚执行完毕之日起不满5年的人员，不得从事评估业务。

2. 评估专业人员的权利和义务

《资产评估法》规定，评估专业人员享有下列权利：

（1）要求委托人提供相关的权属证明、财务会计信息和其他资料，以及为执行公允的评估程序所需的必要协助；

（2）依法向有关国家机关或者其他组织查阅从事业务所需的文件、证明和资料；

（3）拒绝委托人或者其他组织、个人对评估行为和评估结果的非法干预；

（4）依法签署评估报告；

（5）法律、行政法规规定的其他权利。

《资产评估法》规定，评估专业人员应当履行下列义务：

（1）诚实守信，依法独立、客观、公正从事业务；

（2）遵守评估准则，履行调查职责，独立分析估算，勤勉谨慎从事业务；

（3）完成规定的继续教育，保持和提高专业能力；

（4）对评估活动中使用的有关文件、证明和资料的真实性、准确性、完整性进行核查和验证；

（5）对评估活动中知悉的国家秘密、商业秘密和个人隐私予以保密；

（6）与委托人或者其他相关当事人及评估对象有利害关系的，应当回避；

（7）接受行业协会的自律管理，履行行业协会章程规定的义务；

（8）法律、行政法规规定的其他义务。

3. 评估专业人员的禁止行为

《资产评估法》规定，评估专业人员不得有下列行为：

（1）私自接受委托从事业务、收取费用；

（2）同时在两个以上评估机构从事业务；

（3）采用欺骗、利诱、胁迫，或者贬损、诋毁其他评估专业人员等不正当手段招揽业务；

（4）允许他人以本人名义从事业务，或者冒用他人名义从事业务；

（5）签署本人未承办业务的评估报告；

（6）索要、收受或者变相索要、收受合同约定以外的酬金、财物，或者谋取其他不正当利益；

（7）签署虚假评估报告或者有重大遗漏的评估报告；

（8）违反法律、行政法规的其他行为。

4. 评估专业人员的法律责任

评估专业人员违反《资产评估法》规定，有下列情形之一的，由有关评估行政管理部门予以警告，可以责令停止从业6个月以上1年以下；有违法所得的，没收违法所得；情节严重的，责令停止从业1年以上5年以下；构成犯罪的，依法追究刑事责任：

（1）私自接受委托从事业务、收取费用的；

（2）同时在两个以上评估机构从事业务的；

（3）采用欺骗、利诱、胁迫，或者贬损、诋毁其他评估专业人员等不正当手段招揽业务的；

（4）允许他人以本人名义从事业务，或者冒用他人名义从事业务的；

（5）签署本人未承办业务的评估报告或者有重大遗漏的评估报告的；

（6）索要、收受或者变相索要、收受合同约定以外的酬金、财物，或者谋取其他不正当利益的。

评估专业人员违反《资产评估法》规定，签署虚假评估报告的，由有关评估行政管理部门责令停止从业 2 年以上 5 年以下；有违法所得的，没收违法所得；情节严重的，责令停止从业 5 年以上 10 年以下；构成犯罪的，依法追究刑事责任，终身不得从事评估业务。违反《资产评估法》规定，未经市场主体设立登记以评估机构名义从事评估业务的，由市场监督管理部门责令停止违法活动；有违法所得的，没收违法所得，并处违法所得 1 倍以上 5 倍以下罚款。

需要注意的是，《资产评估法》虽然取消其他领域评估从业人员的准入门槛，但根据《城市房地产管理法》第五十九条规定，国家实行房地产价格评估人员资格认证制度。《城市房地产管理法》属于特别法，按照特别法优于一般法适用的原则，根据《城市房地产管理法》《国家职业资格目录（2021 年版）》，房地产估价师继续实行准入类职业资格管理，取得房地产估价师职业资格并经注册后方可从事房地产估价、土地估价业务。对于违反上述规定的，住房城乡建设（房地产）主管部门等部门依据《城市房地产管理法》《资产评估法》和《注册房地产估价师管理办法》进行处罚。

二、房地产估价师职业资格考试

（一）考试报名条件

根据《房地产估价师职业资格制度规定》，具备下列考试报名条件的公民，可以申请参加房地产估价师职业资格考试：

（1）拥护中国共产党领导和社会主义制度；

（2）遵守中华人民共和国宪法、法律、法规，具有良好的业务素质和道德品行；

（3）具有高等院校专科以上学历。

（二）考试组织

根据《房地产估价师职业资格制度规定》和《房地产估价师职业资格考试实施办法》，房地产估价师职业资格考试实行全国统一大纲、统一试题、统一组织，原则上每年举行 1 次。住房和城乡建设部、自然资源部成立全国房地产估价师考试办公室，负责房地产估价师职业资格考试的组织实施和日常管理工作，考试办公室设在住房和城乡建设部房地产市场监管司。

（三）考试内容

1. 考试科目

房地产估价师职业资格考试内容可分为基础理论和估价实务两部分。重点考查应考人员对基础理论知识及相关知识的掌握程度、估价技术与技巧的熟练程度、综合而灵活地应用基础理论和估价技术解决实际问题的能力。房地产估价师职业资格考试设置 4 个科目，分别为：

（1）房地产制度法规政策，内容主要是房地产管理的基本制度、相关法规、主要政策，其中以《民法典》《城市房地产管理法》《土地管理法》《资产评估法》《国有土地上房屋征收与补偿条例》《城市房地产抵押管理办法》《房地产估价机构管理办法》《注册房地产估价师管理办法》等法律、法规、规章为重点。

（2）房地产估价原理与方法，内容主要包括房地产估价的基本理论、房地产估价中应用的基本方法等。

（3）房地产估价基础与实务，内容主要包括房地产投资分析、房地产市场分析、房地产开发等方面的知识；不同估价目的和不同类型房地产估价的特点与估价技术路线，通过对不同估价目的和不同类型房地产估价案例的分析，考查其实际工作能力与业务水平。

（4）土地估价基础与实务，内容主要包括土地投资分析等方面的知识；不同估价目的和不同类型土地的特点与估价技术路线，通过对不同估价目的和不同类型土地估价案例的分析，考查其实际工作能力与业务水平。

2. 免试条件

《房地产估价师职业资格考试实施办法》，具备下列条件之一的，参加房地产估价师职业资格考试可免予部分科目的考试：

（1）《房地产估价师职业资格考试实施办法》实施之前取得房地产估价师资格证书的人员，可免试房地产估价基础与实务科目，只参加房地产制度法规政策、房地产估价原理与方法、土地估价基础与实务 3 个科目的考试；

（2）《房地产估价师职业资格考试实施办法》实施之前取得土地估价师资格证书的人员，可免试土地估价基础与实务科目，只参加房地产制度法规政策、房地产估价原理与方法、房地产估价基础与实务 3 个科目的考试。

3. 考试主要工作分工

住房和城乡建设部会同自然资源部，委托中国房地产估价师与房地产经纪人学会会同中国土地估价师与土地登记代理人协会承担房地产制度法规政策、房地产估价原理与方法科目的考试大纲编写、命审题、阅卷等工作。住房和城乡建设部委托中国房地产估价师与房地产经纪人学会承担房地产估价基础与实务科目的考试大纲编写、命审题、阅卷等工作。自然资源部委托中国土地估价师与土地登记代理人协会承担土地估价基础与实务科目的考试大纲编写、命审题、阅卷等工作。

4. 成绩管理

房地产估价师职业资格考试成绩实行 4 年为一个周期的滚动管理办法，在连续的 4 个考试年度内通过全部 4 个考试科目，方可取得中华人民共和国房地产估价师职业资格证书。符合免试条件，参加 3 个科目考试的人员，须在连续的 3 个考试年度内通过应试科目的考试，方可换领房地产估价师职业资格证书。

（四）资格证书

房地产估价师资格证书有两种：一类是在《房地产估价师职业资格制度规定》实施前，房地产估价师资格考试由住房和城乡建设部（建设部）、人力资源和社会保障部（人事部）实施，房地产估价师执业资格证书由住房和城乡建设部（建设部）、人力资源和社会保障部（人事部）共同用印，其效力不变；另一类是《房地产估价师职业资格制度规定》实施后，房地产估价师资格考试由住房和城乡建设部会同自然资源部实施，房地产估价师职业资格证书由住房和城乡建设部统一印制，住房和城乡建设部、自然资源部共同用印，在全国范围内有效。

三、房地产估价师注册

（一）房地产估价师注册规定

房地产估价师属于准入类职业资格，从事房地产估价业务，应当加入房地产估价机构并经注册后，方可执业。

《房地产估价师职业资格制度规定》实施后，取得房地产估价资格的人员，以及按照《房地产估价师职业资格制度规定》已换领由住房和城乡建设部、自然资源部用印的房地产估价师资格证书的人员，拟从事房地产估价或者土地估价，申请房地产估价师注册的应当向住房和城乡建设部申请注册。住房和城乡建设部会同自然资源部负责审核，自然资源部在规定时限内对注册申请提出不予注册的意见并说明理由的，住房和城乡建设部不予注册。经审核通过的，颁发住房和城乡建设部用印的执业注册证书。该类注册房地产估价师既可以出具房地产估价报告，也可以出具土地估价报告。

《房地产估价师职业资格制度规定》实施前取得房地产估价资格，且未按照或者不符合《房地产估价师职业资格制度规定》换领房地产估价师资格证书条件的人员，申请房地产估价师注册的，应当向住房和城乡建设部申请注册。住房和城乡建设部负责审核。

（二）房地产估价师注册管理部门

为了完善房地产价格评估制度和房地产价格评估人员资格认证制度，1998年建设部出台了《房地产估价师注册管理办法》，对房地产估价师的注册管理作出了规定。2006 年 12 月 25 日，建设部发布了《注册房地产估价师管理办法》并于 2007 年 3 月 1 日起施行，《房地产估价师注册管理办法》同时废止。2016

年，住房和城乡建设部对《注册房地产估价师管理办法》进行了修改并自 2016
年 10 月 20 日起施行。根据《资产评估法》确定的评估分类监管的原则，以及
《房地产估价师职业资格制度规定》，房地产估价师注册管理部门为住房和城乡建
设部。

（三）房地产估价师注册种类

《注册房地产估价师管理办法》规定，房地产估价师注册分为初始注册、变
更注册、延续注册、注销注册和撤销注册。其中：初始注册、变更注册、延续注
册需由当事人申请；注销注册可由当事人申请，也可由国务院住房城乡建设主管
部门依职权直接作出；撤销注册由国务院住房城乡建设主管部门依据职权或者根
据利害关系人的请求直接作出。

（四）房地产估价师注册条件

《注册房地产估价师管理办法》规定，房地产估价师注册的条件为：取得房
地产估价师资格；达到房地产估价师继续教育合格标准；受聘于具有资质的房地
产估价机构；无《注册房地产估价师管理办法》第十四条规定不予注册的情形。

《注册房地产估价师管理办法》第十四条规定不予注册的情形有：不具有完
全民事行为能力的；刑事处罚尚未执行完毕的；因房地产估价及相关业务活动受
刑事处罚，自刑事处罚执行完毕之日起至申请注册之日止不满 5 年的；因房地产
估价及相关业务活动受刑事处罚以外原因受刑事处罚，自刑事处罚执行完毕之日
起至申请注册之日止不满 3 年的；被吊销注册证书，自被处罚之日起至申请注册
之日止不满 3 年的；以欺骗、贿赂等不正当手段获准的房地产估价师注册被撤
销，自被撤销注册之日起至申请注册之日止不满 3 年的；申请在 2 个或者 2 个以
上房地产估价机构执业的；为现职公务员的；年龄超过 65 周岁的；法律、行政
法规规定不予注册的其他情形。

（五）房地产估价师注册申请

根据《注册房地产估价师管理办法》和《住房城乡建设部办公厅关于试行网
上办理房地产估价师执业资格注册的通知》，自 2016 年 10 月 20 日起，房地产估
价师执业资格注册试行网上申报、受理和审批。房地产估价师申请初始注册、变
更注册、延续注册、注销注册的，应通过"房地产估价师注册系统"（以下简称
系统）向住房和城乡建设部提出注册申请。申请人使用姓名、身份证件号码登录
系统，填写申请信息，并按系统提示要求上传申请材料电子影印件，住房和城乡
建设部将根据申请人提交的申请材料进行审批。注册完成后，住房和城乡建设部
向申请人邮寄注册证书。在此期间，申请人可通过系统查询本人的注册申请受理
状态、办理进度和审批结果。取得房地产估价资格的人员，申请在新设立房地产

估价机构、分支机构执业的，应在申报房地产估价机构资质或者分支机构备案的同时，办理注册手续。

（六）房地产估价师注册提交的材料

申请人应对提交的申请材料真实性负责，上传的申请材料电子影印件应当与原件一致，采用 JPG 格式，并确保图像清晰完整。申请人不得通过伪造、更改等手段提供虚假申请材料。申请人应当妥善保管申请材料原件，以备检查。

（1）初始注册需提交：初始注册申请表、房地产估价师资格证件和身份证件、与聘用单位签订的劳动合同和社会保险缴纳凭证的影印件，取得房地产估价师资格超过 3 年申请初始注册的，还要提供达到继续教育合格标准的证明材料。

（2）延续注册需提交：延续注册申请表、与聘用单位签订的劳动合同的影印件、申请人注册有效期内达到继续教育合格标准的证明材料。

（3）变更注册需提交：变更注册申请表、与新聘用单位签订的劳动合同、与原聘用单位解除劳动合同的证明文件和社会保险缴纳凭证的影印件。

离退休人员，大专院校、科研院所从事房地产教学、研究的人员，外国人和台港澳人员，在房地产估价师注册中不需要提供聘用单位委托人才服务中心托管人事档案的证明和社会保险缴纳凭证，但应分别提供劳动、人事部门颁发的离退休证的影印件，所在大专院校、科研院所同意其在房地产估价机构注册的书面意见，外国人就业证书、中国台港澳人员就业证书的影印件。

（七）房地产估价师注册决定

对申请初始注册、变更注册、延续注册和注销注册的，住房和城乡建设部应当自受理之日起 15 日内作出决定。

（八）房地产估价师注册有效期

房地产估价师注册有效期为 3 年。注册有效期满需继续执业的，应在注册有效期满 30 日前，申请办理延续注册。准予延续注册的，注册有效期延续 3 年。

注册房地产估价师变更执业单位，应与原聘用单位解除劳动合同，并申请办理变更注册手续。变更注册后的注册有效期，仍为原注册有效期。

（九）房地产估价师注册证书

注册证书是注册房地产估价师的执业凭证。注册房地产估价师遗失注册证书的，应在公众媒体上声明后，申请补发。注册房地产估价师有下列情形之一的，其注册证书失效：

（1）聘用单位破产的；

（2）聘用单位被吊销营业执照的；

（3）聘用单位被吊销或者撤回房地产估价机构资质证书的；

（4）已与聘用单位解除劳动合同且未被其他房地产估价机构聘用的；

（5）注册有效期满且未延续注册的；

（6）年龄超过 65 周岁的；

（7）死亡或者不具有完全民事行为能力的；

（8）其他导致注册失效的情形。

（十）房地产估价师注销注册

有下列情形之一的，注册房地产估价师应当及时向国务院住房城乡建设主管部门提出注销注册的申请，交回注册证书，国务院住房城乡建设主管部门应当办理注销手续，公告其注册证书作废：

（1）注册证书失效的；

（2）依法被撤销注册的；

（3）依法被吊销注册证书的；

（4）受到刑事处罚的；

（5）法律、法规规定应当注销注册的其他情形。

注册房地产估价师有上述情形之一的，有关单位和个人有权向国务院住房城乡建设主管部门举报；县级以上地方人民政府房地产主管部门应当及时报告国务院住房城乡建设主管部门。

（十一）房地产估价师撤销注册

申请人以欺骗、贿赂等不正当手段获准房地产估价师注册许可的，予以撤销注册。注册房地产估价师有下列情形之一的，国务院住房城乡建设主管部门依据职权或者根据利害关系人的请求，可以撤销房地产估价师注册：

（1）注册机关工作人员滥用职权、玩忽职守作出准予房地产估价师注册行政许可的；

（2）超越法定职权作出准予房地产估价师注册许可的；

（3）违反法定程序作出准予房地产估价师注册许可的；

（4）对不符合法定条件的申请人作出准予房地产估价师注册许可的；

（5）依法可以撤销房地产估价师注册的其他情形。

四、注册房地产估价师执业监管

（一）注册房地产估价师职业监管体制

根据《资产评估法》《注册房地产估价师管理办法》以及《房地产估价师职业资格制度规定》，从事房地产估价活动的，由住房城乡建设（房地产）主管部门负责监管。县级以上人民政府住房城乡建设（房地产）主管部门，依照有关法律、法规和《注册房地产估价师管理办法》的规定，对房地产估价师的执业和继续教育情况实施监督检查。具体分工为：国务院住房城乡建设主管部门对全国注册房地产估价师注册、执业活动实施统一监督管理；省、自治区、直辖市人民政府住房城乡建设（房地产）主管部门对本行政区域内注册房地产估价师的执业活动实施监督管理；市、县、市辖区人民政府房地产主管部门对本行政区域内注册房地产估价师的执业活动实施监督管理。

省级住房城乡建设（房地产）主管部门要按照《住房城乡建设部办公厅关于试行网上办理房地产估价师执业资格注册的通知》要求，通过房地产估价师注册系统查看、申请材料电子影印件与原件比对等方式，加强对房地产估价师注册申请行为的指导、监督和检查。对提供或者出具虚假申请材料的房地产估价师和房地产估价机构，依法予以处罚，记入信用档案并向社会公示；构成犯罪的，依法追究刑事责任。

（二）注册房地产估价师权利和义务

注册房地产估价师享有的权利：使用注册房地产估价师名称；在规定范围内执行房地产估价及相关业务；签署房地产估价报告；发起设立房地产估价机构；保管和使用本人的注册证书；对本人执业活动进行解释和辩护；参加继续教育；获得相应的劳动报酬；对侵犯本人权利的行为进行申诉。

注册房地产估价师应当履行的义务：遵守法律、法规、行业管理规定和职业道德规范；执行房地产估价技术规范和标准；保证估价结果的客观公正，并承担相应责任；保守在执业中知悉的国家秘密和他人的商业、技术秘密；与当事人有利害关系的，应当主动回避；接受继续教育，努力提高执业水准；协助注册管理机构完成相关工作。

（三）注册房地产估价师执业

取得房地产估价师资格的人员，应受聘于一个具有房地产估价机构资质的单位，经国务院住房城乡建设主管部门准予房地产估价师注册后，方能以注册房地产估价师的名义执业。

注册房地产估价师可以在全国范围内开展与其聘用单位业务范围相符的房地产估价活动。注册房地产估价师从事执业活动，由聘用单位接受委托并统一收费。房地产估价师在房地产估价过程中给当事人造成经济损失，聘用单位依法应当承担赔偿责任的，可依法向负有过错的注册房地产估价师追偿。

（四）注册房地产估价师继续教育

注册房地产估价师继续教育，由中国房地产估价师与房地产经纪人学会负责组织。注册房地产估价师在每一注册有效期内即3年内，接受继续教育的时间为

120学时，其中，必修课和选修课每一注册有效期各为60学时。注册房地产估价师经继续教育，达到合格标准的，由中国房地产估价师与房地产经纪人学会颁发继续教育合格证书。

此外，取得资格超过3年申请初始注册的房地产估价师，也需经继续教育达到合格后，方准予初始注册。

（五）注册房地产估价师禁止行为

注册房地产估价师不得有下列行为：

（1）不履行注册房地产估价师义务；

（2）在执业过程中，索贿、受贿或者谋取合同约定费用外的其他利益；

（3）在执业过程中实施商业贿赂；

（4）签署有虚假记载、误导性陈述或者重大遗漏的估价报告；

（5）在估价报告中隐瞒或者歪曲事实；

（6）允许他人以自己的名义从事房地产估价业务；

（7）同时在2个或者2个以上房地产估价机构执业；

（8）以个人名义承揽房地产估价业务；

（9）涂改、出租、出借或者以其他形式非法转让注册证书；

（10）超出聘用单位业务范围从事房地产估价活动；

（11）严重损害他人利益、名誉的行为；

（12）法律、法规禁止的其他行为。

（六）建立信用档案注册

注册房地产估价师及其聘用单位应当按照要求，提供真实、准确、完整的注册房地产估价师信用档案信息。注册房地产估价师信用档案包括注册房地产估价师的基本情况、业绩、良好行为、不良行为等内容。违法违规行为、被投诉举报处理、行政处罚等情况应当作为注册房地产估价师的不良行为记入其信用档案。注册房地产估价师信用档案信息按照有关规定向社会公示。

（七）监督管理

（1）履行监督检查职责。县级以上人民政府房地产主管部门履行监督检查职责，并有权采取下列措施：

1）要求被检查人员出示注册证书；

2）要求被检查人员所在聘用单位提供有关人员签署的估价报告及相关业务文档；

3）就有关问题询问签署估价报告的人员；

4）纠正违反有关法律、法规和《注册房地产估价师管理办法》及房地产估价规范和标准的行为。

（2）违法行为地依法查处。注册房地产估价师违法从事房地产估价活动的，违法行为发生地直辖市、市、县、市辖区人民政府房地产主管部门应当依法查处，并将违法事实、处理结果告知注册房地产估价师注册所在地的省、自治区、直辖市房地产主管部门；依法需撤销注册的，应当将违法事实、处理建议及有关材料报国务院住房城乡建设主管部门。

（八）违规处罚

（1）违反《注册房地产估价师管理办法》规定，未经注册，擅自以注册房地产估价师名义从事房地产估价活动的，所签署的估价报告无效，由县级以上地方人民政府房地产主管部门给予警告，责令停止违法活动，并可处以 1 万元以上 3 万元以下的罚款；造成损失的，依法承担赔偿责任。

（2）隐瞒有关情况或者提供虚假材料申请房地产估价师注册的，房地产主管部门不予受理或者不予行政许可，并予以警告，在 1 年内不得再次申请房地产估价师注册。

以欺骗、贿赂等不正当手段取得注册证书的，由国务院住房城乡建设主管部门撤销其注册，3 年内不得再次申请注册，并由县级以上地方人民政府房地产主管部门处以罚款，其中没有违法所得的，处以 1 万元以下罚款，有违法所得的，处以违法所得 3 倍以下且不超过 3 万元的罚款；构成犯罪的，依法追究刑事责任。

（3）注册房地产估价师违反《注册房地产估价师管理办法》规定，未办理变更注册仍执业的，由县级以上地方人民政府房地产主管部门责令限期改正；逾期不改正的，可处以 5000 元以下的罚款。

（4）注册房地产估价师有禁止行为之一的，由县级以上地方人民政府房地产主管部门给予警告，责令其改正，没有违法所得的，处以 1 万元以下罚款，有违法所得的，处以违法所得 3 倍以下且不超过 3 万元的罚款；造成损失的，依法承担赔偿责任；构成犯罪的，依法追究刑事责任。

（5）聘用单位为申请人提供虚假注册材料的，由省、自治区、直辖市人民政府房地产主管部门给予警告，并可处以 1 万元以上 3 万元以下的罚款。

（6）注册房地产估价师或者其聘用单位违反《注册房地产估价师管理办法》规定，未按照要求提供房地产估价师信用档案信息的，由县级以上地方人民政府房地产主管部门责令限期改正；逾期未改正的，可处以 1000 元以上 1 万元以下的罚款。

（7）县级以上人民政府房地产主管部门，在房地产估价师注册管理工作中，有下列情形之一的，由其上级行政机关或者监察机关责令改正，对直接负责的主管人员和其他直接责任人员依法给予处分；构成犯罪的，依法追究刑事责任：

1）对不符合《注册房地产估价师管理办法》规定条件的申请人准予房地产估价师注册的；

2）对符合《注册房地产估价师管理办法》规定条件的申请人不予房地产估价师注册或者不在法定期限内作出准予注册决定的；

3）对符合法定条件的申请不予受理或者未在法定期限内初审完毕的；

4）利用职务上的便利，收受他人财物或者其他好处的；

5）不依法履行监督管理职责或者监督不力，造成严重后果的。

县级以上地方人民政府房地产主管部门依法给予注册房地产估价师或其聘用单位行政处罚的，应当将行政处罚决定以及给予行政处罚的事实、理由和依据，报国务院住房城乡建设主管部门备案。

复 习 思 考 题

1. 什么是房地产中介服务？房地产中介服务包括哪些内容？

2. 房地产中介服务有哪些特点？

3. 根据《城市房地产管理法》，设立房地产中介服务机构应当具备什么条件？

4. 关于房地产中介服务收费有何规定？

5. 房地产估价机构的组织形式有哪些？

6. 房地产估价机构备案要求有哪些？

7. 房地产估价机构的业务范围包括哪些内容？

8. 简述对房地产估价机构及其分支机构的监管内容及措施。

9.《资产评估法》对评估行业组织有哪些规定？

10. 注册房地产估价师有什么权利和义务？

11. 房地产估价师注册分为哪几类？各有什么要求？

第八章 房 地 产 税 收

第一节 税收征管制度概述

税收制度是政府税务机关向纳税人征税的法律依据，也是纳税人履行纳税义务的法律规范。《立法法》规定，税种的设立、税率的确定和税收征收管理等税收基本制度，应由法律确定。根据税收相关法律，本节主要介绍税收的概念及特征、税收制度及构成要素和税收的征管。

一、税收的概念和特征

税收是国家参与社会剩余产品分配的一种规范形式，其本质是国家凭借政治权力，按照法律规定程序和标准，无偿地取得财政收入的一种手段。税收的本质决定了它具有强制性、无偿性和固定性的特征。

（1）强制性。根据法律的规定，国家以社会管理者的身份，对所有的纳税义务人（以下简称纳税人）强制性征税，纳税人不得以任何理由抗拒国家税收。

（2）无偿性。国家取得税收，对具体纳税人既不需要直接偿还，也不支付任何形式的直接报酬。所谓税收，就是向纳税人无偿索取。无偿性是税收的关键特征。

（3）固定性，也称确定性。国家征税必须通过法律形式，事先规定纳税人、课税对象和课税额度。这是税收区别于其他财政收入形式的重要特征。

二、税收制度及构成要素

税收制度简称税制，是国家各项税收法律、法规、规章和税收管理体制等的总称，是国家处理税收分配关系的总规范。税收法律、法规及规章是税收制度的主体。

税收制度由纳税人、课税对象、计税依据、税率或税额标准、附加、加成和减免、违章处理等要素构成。

（一）纳税人（课税主体）

纳税人是国家行使课税权所指向的单位和个人，即税法规定的直接负有纳税义务的单位和个人。

纳税人和负税人不同。纳税人是直接向国家交纳税款的单位和个人，负税人是实际负担税款的单位和个人。

（二）课税对象（课税客体）

课税对象又称征税对象，是税法规定的课税目的物，即国家对什么事物征税。

课税对象决定税收的课税范围，是区别征税与不征税的主要界限，也是区别不同税种的主要标志。根据课税对象性质的不同，全部税种分为五大类：流转税、收益税、财产税、资源税和行为目的税。

（三）计税依据

计税依据也称"课税依据""课税基数"，是计算应纳税额的依据。计税依据按照计量单位划分，有两种情况：一是从价计征，二是从量计征。市场经济条件下，绝大多数的税种都采取从价计征。

（四）税率或税额标准

税率是据以计算应纳税额的比率，即对课税对象的征收比例。税率和税额标准体现征税的深度。在课税对象和税目（即具体的征税项目，复杂的税种需设税目）不变的情况下，课税额与税率成正比。税率是税收制度和政策的中心环节，直接关系到国家财政收入和纳税人的负担。按税率和税基的关系划分，税率主要有比例税率、累进税率和定额税率三类。

（五）附加、加成和减免

纳税人负担的轻重，主要通过税率的高低来调节，但还可以通过附加、加成和减免措施来调节。

1. 附加、加成以及规定

附加是地方附加的简称，是地方政府在正税之外附加征收的一部分税款。通常把按国家税法规定的税率征收的税款称为正税，把正税以外征收的附加称为副税。

加成是加成征收的简称。对特定的纳税人实行加成征收，加一成等于加正税的10%，加二成等于加正税的20%，依此类推。

加成与附加不同，加成只对特定的纳税人加征，附加对所有纳税人加征。加成一般是在收益课税中采用，以便有效地调节某些纳税人的收入，附加则不一定。

2. 减税、免税以及规定

减税就是减征部分税款。免税就是免交全部税款。减免税减轻纳税人负担的措施，是国家根据一定时期的政治、经济、社会政策的要求而对某些特定的生产经营活动或某些特定的纳税人给予的优惠。

税收具有严肃性，而税收制度中关于附加、加成和减免税的有关规定，则把税收法律制度的严肃性和必要的灵活性密切地结合起来，使税收法律制度能够因地制宜，更好地发挥税收的调节作用。

（六）违法违章处理

违法违章处理是对纳税人违反税法行为的处置。纳税人的违法违章行为通常包括偷税、抗税、漏税、欠税等不同情况。

偷税是指纳税人有意识地采取非法手段不交或少交税款的违法行为。抗税是指纳税人对抗国家税法拒绝纳税的违法行为。漏税、欠税即拖欠税款，是指纳税人不按规定期限交纳税款的行为。对纳税人的违章行为，可以根据情节轻重，分别采取以下方式进行处理：批评教育、强行扣款、加收滞纳金、罚款、追究刑事责任等。

三、税收的征管

为了加强税收征收管理，规范税收征收和缴纳行为，保障国家税收收入，保护纳税人的合法权益，促进经济和社会发展，国家制定了《税收征收管理法》。主要规定有：

（1）税收的开征、停征以及减税、免税、退税、补税，依照法律的规定执行；法律授权国务院规定的，依照国务院制定的行政法规的规定执行。任何机关、单位和个人不得违反法律、行政法规的规定，擅自作出税收开征、停征以及减税、免税、退税、补税和其他同税收法律、行政法规相抵触的决定。

（2）法律、行政法规规定的纳税人和扣缴义务人必须依照法律、行政法规的规定缴纳税款、代扣代缴、代收代缴税款。

（3）税务机关应当广泛宣传税收法律、行政法规，普及纳税知识，无偿地为纳税人提供纳税咨询服务。纳税人、扣缴义务人有权向税务机关了解国家税收法律、行政法规的规定以及与纳税程序有关的情况。

（4）纳税人、扣缴义务人有权要求税务机关为纳税人、扣缴义务人的情况保密。税务机关应当依法为纳税人、扣缴义务人的情况保密。

（5）纳税人依法享有申请减税、免税、退税的权利。纳税人、扣缴义务人对税务机关所作出的决定，享有陈述权、申辩权，依法享有申请行政复议、提起行政诉讼、请求国家赔偿等权利，同时还依法享有控告和检举税务机关、税务人员的违法违纪行为的权利。

四、现行房地产税种

我国现行房地产税收有房产税、城镇土地使用税、耕地占用税、土地增值税、契税。其他与房地产紧密相关的税种主要有增值税、城市维护建设税、企业所得税、个人所得税、印花税等。

第二节　房　产　税

根据《房产税暂行条例》，房产税是以房产为课税对象，向产权所有人征收的一种税。现行房产税征收的基本规范是由国务院于 1986 年 9 月 15 日发布的《房产税暂行条例》。为积极稳妥推进房地产税立法与改革，引导住房合理消费和土地资源节约集约利用，促进房地产市场平稳健康发展，2021 年 10 月 23 日第十三届全国人民代表大会常务委员会第三十一次会议通过《关于授权国务院在部分地区开展房地产税改革试点工作的决定》，授权的试点期限为 5 年，自国务院试点办法印发之日起算，试点实施启动时间由国务院确定。该决定要求，试点过程中，国务院应当及时总结试点经验，在授权期限届满的 6 个月以前，向全国人民代表大会常务委员会报告试点情况，需要继续授权的，可以提出相关意见，由全国人民代表大会常务委员会决定。条件成熟时，及时制定法律。

一、纳税人

房产税由产权所有人缴纳。凡是中国境内拥有房屋产权的单位和个人都是房产税的纳税人。产权属于全民所有的，以经营管理的单位为纳税人；产权出典的，以承典人为纳税人；产权所有人、承典人均不在房产所在地的，或者产权未确定以及租典纠纷未解决的，由房产代管人或者使用人缴纳。产权所有人、经营管理单位、承典人、房产代管人或者使用人，统称为纳税人。

二、课税对象和征税范围

房产税的课税对象是房产。房产税在城市、县城、建制镇和工矿区范围内征收。开征房产税的工矿区须经省、自治区、直辖市人民政府批准。房产税的征税范围不包括农村，这主要是为了减轻农民的负担，农村房屋不纳入房产税征税范围，有利于农业发展，繁荣农村经济，促进社会稳定。

三、税率和计税依据

（一）税率

房产税采用比例税率。按房产余值计算缴纳的，税率为 1.2%；按房产租金收入计算缴纳的，税率为 12%。

（二）计税依据

对于非出租的房产，以房产原值一次减除 10%～30% 后的余值为计税依据。具体减除幅度由省、自治区、直辖市人民政府确定。对于出租的房产，以房产租金收入为计税依据。租金收入是房屋所有权人出租房产使用权所得的报酬，包括货币收入和实物收入。

（三）具备房屋功能的地下建筑的房产税计征

（1）凡在房产税征收范围内的具备房屋功能的地下建筑，包括与地上房屋相连的地下建筑以及完全建在地面以下的建筑、地下人防设施等，均应当依照有关规定征收房产税。

上述具备房屋功能的地下建筑，是指有屋面和维护结构，能够遮风避雨，可供人们在其中生产、经营、工作、学习、娱乐、居住或储藏物资的场所。

（2）自用的地下建筑，按以下方式计税：

1）工业用途房产，以房屋原价的 50%～60% 作为应税房产原值。应纳房产税的税额＝应税房产原值×[1−(10%～30%)]×1.2%。

2）商业和其他用途房产，以房屋原价的 70%～80% 作为应税房产原值。应纳房产税的税额＝应税房产原值×[1−(10%～30%)]×1.2%。房屋原价折算为应税房产原值的具体比例，由各省、自治区、直辖市和计划单列市财政和地方税务部门在上述幅度内自行确定。

3）对于与地上房屋相连的地下建筑，如房屋的地下室、地下停车场、商场的地下部分等，应将地下部分与地上房屋视为一个整体，按照地上房屋建筑的有关规定计算征收房产税。

（3）出租的地下建筑，按照出租地上房屋建筑的有关规定计算征收房产税。

四、纳税地点和纳税期限

房产税在房产所在地缴纳。房产不在同一地方的纳税人，应按房产的坐落地点，分别向房产所在地的税务机关纳税。

房产税按年征收，分期缴纳。纳税期限由省、自治区、直辖市人民政府规定。

五、减税、免税

房产税属于地方税，国家给予地方一定的减免权限，有利于地方因地制宜地处理问题。目前，房产税的免税、减税范围主要有：

（1）国家机关、人民团体、军队自用的房产。但是，上述单位出租的房产以及非自身业务使用的生产、营业用房，不属于免税范围。

（2）由国家财政部门拨付事业经费的单位自用的房产。企业办的各类学校、医院、托儿所、幼儿园自用的房产，可以比照由国家财政部门拨付事业经费的单位自用的房产，免征房产税。

（3）宗教寺庙、公园、名胜古迹自用的房产。但其附设的营业用房及出租的房产，不属于免税范围。

（4）个人所有非营业用的房产。房地产开发企业开发的商品房在出售前，对房地产开发企业而言是一种产品，因此，对房地产开发企业建造的商品房，在售出前，不征收房产税；但对售出前房地产开发企业已使用或出租、出借的商品房应按规定征收房产税。

（5）经财政部批准免税的其他房产，主要有：

1）对非营利性医疗机构、疾病控制机构和妇幼保健机构等卫生机构自用的房产，免征房产税。

2）从 2001 年 1 月 1 日起，对按政府规定价格出租的公有住房，包括企业和自收自支事业单位向职工出租的单位自有住房，房管部门向居民出租的公有住房，落实私房政策中带户发还产权并以政府规定租金标准向居民出租的私有住房等，暂免征收房产税。

3）对公共租赁住房免征房产税。公共租赁住房经营管理单位应单独核算公共租赁住房租金收入，未单独核算的，不得享受免征房产税优惠政策。

4）经有关部门鉴定，对毁损不堪居住的房屋和危险房屋，在停止使用后，可免征房产税。

5）房屋大修停用在半年以上的，经纳税人申请，在大修期间可免征房产税。

6）凡是在基建工地为基建工地服务的各种工棚、材料棚、休息棚和办公室、食堂、茶炉房、汽车房等临时性房屋，不论是施工企业自行建造还是由基建单位出资建造交施工企业使用的，在施工期间，一律免征房产税。但是，如果在基建工程结束以后，施工企业将这种临时性房屋交还或者估价转让给基建单位的，应当从基建单位接收的次月起，依照规定征收房产税。

（6）自 2000 年 10 月 1 日起，对老年服务机构自用的房产暂免征收房产税，包括对政府部门和企事业单位、社会团体以及个人等社会力量投资兴办的福利性、非营利性的老年服务机构自用房产。以上所称老年服务机构是指专门为老年人提供生活照料、文化、护理、健身等多方面服务的福利性、非营利性的机构，主要包括：老年社会福利院、敬老院（养老院）、老年服务中心、老年公寓（含老年护理院、康复中心、托老所）等。

（7）自 2016 年 1 月 1 日起，国家机关、军队、人民团体、财政补助事业单位、居民委员会、村民委员会拥有的体育场馆，用于体育活动的房产，免征房产税。经费自理事业单位，以及除当年新设立或者登记外，前一年度登记年检合格的体育社会团体、体育基金会、体育类民办非企业单位拥有并运营管理的体育场馆，同时符合向社会开放，用于满足公众体育活动需要，体育场馆取得的收入主要用于场馆的维护、管理和事业发展等条件的，其用于体育活动的房产，免征房产税。企业拥有并运营管理的大型体育场馆，其用于体育活动的房产，减半征收房产税。

（8）自 2019 年 1 月 1 日至 2023 年 12 月 31 日，对国家级、省级科技企业孵化器、大学科技园和国家备案众创空间自用以及无偿或通过出租等方式提供给在孵对象使用的房产免征房产税。

（9）自 2019 年 1 月 1 日至 2023 年 12 月 31 日，对高校学生公寓免征房产税。

（10）自 2019 年 1 月 1 日至 2023 年 12 月 31 日，对农产品批发市场、农贸市场（包括自有和承租，下同）专门用于经营农产品的房产，暂免征收房产税。对同时经营其他产品的农产品批发市场和农贸市场使用的房产，按其他产品与农产品交易场地面积的比例确定征免房产税。

（11）自 2019 年 6 月 1 日至 2025 年 12 月 31 日，为社区提供养老、托育、家政等服务的机构自用或其通过承租、无偿使用等方式取得并用于提供社区养老、托育、家政服务的房产免征房产税。

（12）自 2019 年 1 月 1 日至 2023 年供暖期结束，对向居民供热收取采暖费的供热企业，为居民供热所使用的厂房免征房产税。

第三节　城镇土地使用税和耕地占用税

城镇土地使用税是以城镇土地为课税对象，向拥有土地使用权的单位和个人征收的一种税。耕地占用税是对占用耕地建设建筑物、构筑物或者从事非农业建设的单位和个人，就其实际占用的耕地面积征收的一种税。征收这两种税的主要依据分别是《城镇土地使用税暂行条例》《耕地占用税法》。

一、城镇土地使用税

（一）纳税人

城镇土地使用税的纳税人是拥有土地使用权的单位和个人。拥有土地使用权的纳税人不在土地所在地的，由代管人或实际使用人缴纳；土地使用权未确定或权属纠纷未解决的，由实际使用人纳税；土地使用权共有的，由共有各方划分使用比例分别纳税。

（二）课税对象和计税依据

城镇土地使用税在城市、县城、建制镇和工矿区征收。课税对象是上述范围内的土地。

城镇土地使用税的计税依据是纳税人实际占用的土地面积。纳税人实际占用的土地面积由省、自治区、直辖市人民政府组织测定。

（三）适用税额和应纳税额的计算

城镇土地使用税是采用分类分级的幅度定额税率。每平方米的年幅度税额按城市大小分 4 个档次：①大城市 1.5～30 元；②中等城市 1.2～24 元；③小城市 0.9～18 元；④县城、建制镇、工矿区 0.6～12 元。

城市、县城、建制镇和工矿区中的不同地方，其市政建设状况和经济繁荣程度各不相同，情况复杂。据此，国家规定：城市、县城、建制镇和工矿区的具体适用税额幅度，由各省、自治区、直辖市人民政府确定。

考虑到一些地区经济较为落后，可以适当降低税额，但降低额不得超过最低税额的 30%；经济发达地区可以适当提高适用税额标准，但必须报经财政部批准。

（四）纳税地点和纳税期限

城镇土地使用税由土地所在地的税务机关征收。土地管理机关应当向土地所在地的税务机关提供土地使用权属资料。纳税人使用的土地不属于同一省（自治区、直辖市）管辖范围的，应由纳税人分别向土地所在地的税务机关缴纳；在同一省（自治区、直辖市）管辖范围内，纳税人跨地区使用的土地，其纳税地点由省、自治区、直辖市税务机关确定。

城镇土地使用税按年计算，分期缴纳。各省、自治区、直辖市人民政府可结合当地情况，分别确定按月、季或半年等不同的期限缴纳。

（五）减税、免税

1. 政策性免税

对下列土地免征城镇土地使用税：

（1）国家机关、人民团体、军队自用的土地；

（2）由国家财政部门拨付事业经费的单位自用的土地；

（3）宗教寺庙、公园、名胜古迹自用的土地；

（4）市政街道、广场、绿化地带等公共用地；

（5）直接用于农、林、牧、渔业的生产用地；

（6）经批准开山填海整治的土地和改造的废弃土地，从使用的月份起免缴城镇土地使用税5～10年；

（7）由财政部另行规定的能源、交通、水利等设施用地和其他用地。

除上述规定外，纳税人缴纳城镇土地使用税确有困难，需要定期减免的，由县级以上税务机关批准。

2. 由地方确定的免税

下列几项用地是否免税，由省、自治区、直辖市税务机关确定：

（1）个人所有的居住房屋及院落用地；

（2）房产管理部门在房租调整改革前经租的居民住房用地；

（3）免税单位职工家属的宿舍用地；

（4）民政部门举办的安置残疾人占一定比例的福利工厂用地；

（5）集体和个人举办的学校、医院、托儿所、幼儿园用地。

3. 下列土地暂免征收城镇土地使用税

（1）自2019年1月1日至2023年12月31日，对国家级、省级科技企业孵化器、大学科技园和国家备案众创空间自用以及无偿或通过出租等方式提供给在孵对象使用的土地免征城镇土地使用税。

（2）自2019年1月1日至2023年12月31日，对农产品批发市场、农贸市场（包括自有和承租，下同）专门用于经营农产品的土地，暂免征收城镇土地使用税。对同时经营其他产品的农产品批发市场和农贸市场使用的土地，按其他产品与农产品交易场地面积的比例确定征免城镇土地使用税。

（3）自2019年6月1日至2025年12月31日，为社区提供养老、托育、家政等服务的机构自用或其通过承租、无偿使用等方式取得并用于提供社区养老、托育、家政服务的土地免征城镇土地使用税。

（4）自2019年1月1日至2023年供暖期结束，对向居民供热收取采暖费的供热企业，为居民供热所使用的土地免征城镇土地使用税。

二、耕地占用税

（一）纳税人

耕地是土地资源中最重要的组成部分，是农业生产最基本的生产资料。但我国人口众多，耕地资源相对较少，人多地少的矛盾十分突出。凡占用耕地建设建筑物、构筑物或从事非农业建设的单位和个人，都是耕地占用税的纳税人。

（二）课税对象和计税依据

课税对象即占用耕地建房或从事其他非农业建设的行为。占用耕地建设农田水利设施的，不缴纳耕地占用税。占用园地、林地、草地、农田水利用地、养殖水面、渔业水域滩涂以及其他农用地建设建筑物、构筑物或者从事非农业建设的，依照《耕地占用税法》的规定缴纳耕地占用税。

耕地占用税以纳税人实际占用的耕地面积为计税依据，按照规定的适用税额一次性征收。应纳税额为纳税人实际占用的耕地面积（平方米）乘以适用税额。

（三）适用税额和应纳税额的计算

耕地占用税实行定额税率，具体分 4 个档次：

（1）人均耕地不超过 1 亩的地区（以县、自治县、不设区的市、市辖区为单位，下同），每平方米为 10～50 元；

（2）人均耕地超过 1 亩但不超过 2 亩的地区，每平方米为 8～40 元；

（3）人均耕地超过 2 亩但不超过 3 亩的地区，每平方米为 6～30 元；

（4）人均耕地超过 3 亩的地区，每平方米为 5～25 元。

各地区耕地占用税的适用税额，由省、自治区、直辖市人民政府根据人均耕地面积和经济发展等情况，在以上规定的税额幅度内提出，报同级人民代表大会常务委员会决定，并报全国人民代表大会常务委员会和国务院备案。各省、自治区、直辖市耕地占用税适用税额的平均水平，不得低于《耕地占用税法》所附《各省、自治区、直辖市耕地占用税平均税额表》规定的平均税额。

应纳税额为纳税人应税土地面积乘以适用税额。应税土地面积为实际占用的耕地面积，包括经批准占用面积和未经批准占用面积，以平方米为单位。适用税额是指省、自治区、直辖市人民代表大会常务委员会决定的应税土地所在地县级行政区的现行适用税额。

（四）加成征税

（1）在人均耕地低于 0.5 亩的地区，省、自治区、直辖市可以根据当地经济发展情况，适当提高耕地占用税的适用税额，但提高的部分不得超过本地区确定的适用税额的 50%。具体适用税额按照规定程序确定。

（2）占用基本农田的，应当按照适用税额加按 150% 征收。

（五）减税、免税

1. 减税规定

（1）铁路线路、公路线路、飞机场跑道、停机坪、港口、航道、水利工程占用耕地，减按每平方米 2 元的税额征收耕地占用税。

（2）农村居民在规定用地标准以内占用耕地新建自用住宅，按照当地适用税额减半征收耕地占用税。

2. 免税范围

（1）军事设施、学校、幼儿园、社会福利机构、医疗机构占用耕地，免征耕地占用税。

（2）农村居民经批准搬迁，新建自用住宅占用耕地不超过原宅基地面积的部分，免征耕地占用税。

（3）农村烈士遗属、因公牺牲军人遗属、残疾军人以及符合农村最低生活保障条件的农村居民，在规定用地标准以内新建自用住宅，免征耕地占用税。

（4）根据国民经济和社会发展的需要，国务院可以规定免征或者减征耕地占用税的其他情形，报全国人民代表大会常务委员会备案。

（六）纳税环节和纳税期限

耕地占用税由税务机关负责征收。耕地占用税的纳税义务发生时间为纳税人收到自然资源主管部门办理占用耕地手续的书面通知的当日。纳税人应当自纳税义务发生之日起 30 日内申报缴纳耕地占用税。自然资源主管部门凭耕地占用税完税凭证或者免税凭证和其他有关文件发放建设用地批准书。

第四节　土地增值税

土地增值税是对有偿转让国有土地使用权及地上建筑物和其他附着物的单位和个人征收的一种税。征收土地增值税的主要依据是《土地增值税暂行条例》及其实施细则、《关于土地增值税若干问题的通知》等。

一、纳税人和征税范围

凡有偿转让国有土地使用权、地上建筑物及其他附着物（以下简称转让房地产）并取得收入的单位和个人为土地增值税的纳税人。土地增值税的征税范围包括国有土地使用权、地上建筑物及其他附着物。转让房地产是指以出售或者其他方式有偿转让房地产的行为。不包括通过继承、赠与等方式无偿转让房地产的行为。

二、课税对象和计税依据

土地增值税的课税对象是有偿转让房地产所取得的增值额。

土地增值税以纳税人转让房地产所取得的增值额为计税依据，增值额为纳税人转让房地产所取得的收入减除规定扣除项目金额后的余额。纳税人转让房地产所取得的收入，包括转让房地产的全部价款及相关的经济利益。具体包括货币收入、实物收入和其他收入。

三、税率和应纳税额的计算

土地增值税实行四级超率累进税率：

（1）增值额未超过扣除项目金额 50% 的部分，税率为 30%；

（2）增值额超过扣除项目金额 50%，未超过 100% 的部分，税率为 40%；

（3）增值额超过扣除项目金额 100%，未超过 200% 的部分，税率为 50%；

（4）增值额超过扣除项目金额 200% 以上部分，税率为 60%。

每级"增值额未超过扣除项目金额"的比例均包括本比例数。

为简化计算，应纳税额可按增值额乘以适用税率减去扣除项目金额乘以速算扣除系数的简便方法计算，速算公式如下：

增值额未超过扣除项目金额 50% 的，应纳税额＝增值额×30%；

增值额超过扣除项目金额 50%，未超过 100% 的，应纳税额＝增值额×40%－扣除项目×5%；

增值额超过扣除项目金额 100%，未超过 200% 的，应纳税额＝增值额×50%－扣除项目×15%；

增值额超过扣除项目金额 200% 的，应纳税额＝增值额×60%－扣除项目金额×35%。

四、扣除项目

土地增值税的扣除项目为：

（1）取得土地使用权时所支付的金额；

（2）土地开发成本、费用；

（3）新建房及配套设施的成本、费用，或者旧房及建筑物的评估价格；

（4）与转让房地产有关的税金；

（5）财政部规定的其他扣除项目。

上述扣除项目的具体内容为：

（1）取得土地使用权所支付的金额，是指纳税人为取得土地使用权所支付的地价款和按国家统一规定交纳的有关费用。凡通过行政划拨方式无偿取得土地使用权的企业和单位，则以转让土地使用权时按规定补交的出让金，作为取得土地使用权所支付的金额。

（2）开发土地和新建房及配套设施（也简称房地产开发）的成本，是指纳税人在房地产开发项目实际发生的成本（也简称房地产开发成本）。包括土地征用及拆迁补偿费、前期工程费、建筑安装工程费、基础设施费、公共配套设施费、开发间接费用。其中：①土地征用及拆迁补偿费，包括土地征用费、耕地占用税、劳动力安置费及有关地上、地下附着物拆迁补偿的净支出、安置动迁用房支出等；②前期工程费，包括规划、设计、项目可行性研究、水文、地质、勘察、测绘、"三通一平"等支出；③建筑安装工程费，是指以出包方式支付给承包单位的建筑安装工程费和以自营方式发生的建筑安装工程费；④基础设施费，包括开发小区内道路、供水、供电、供气、排污、排洪、通讯、照明、环卫、绿化等工程发生的支出；⑤公共配套设施费，包括不能有偿转让的开发小区内公共配套设施发生的支出；⑥开发间接费用，是指直接组织、管理开发项目发生的费用，包括工资、职工福利费、折旧费、修建费、办公费、水电费、劳动保护费、周转房摊销等。

（3）开发土地和新建房及配套设施的费用（也简称房地产开发费用），是指与房地产开发项目有关的销售费用、管理费用和财务费用。财务费用中的利息支出，凡能够按转让房地产项目计算分摊并提供金融机构证明的，允许据实扣除，但最高不能超过商业银行同类同期贷款利率计算的金额。其他房地产开发费用，按取得土地使用权所支付的金额、开发土地和新建房及配套设施的成本（以下简称房增开发成本）两项规定计算的金额之和的5%以内计算扣除。凡不能按转让房地产项目计算分摊利息支出或不能提供金融机构证明的，房地产开发费用按取得土地使用权所付的金额和房地产开发成本两项规定计算的金额之和的10%以内计算扣除。上述计算扣除的具体比例，由省、自治区、直辖市人民政府规定。

（4）旧房及建筑物的评估价格，是指在转让已使用的房屋及建筑物时，由政府批准设立的房地产评估机构评定的重置成本价乘以成新度折扣率后的价格。评估价格须经当地税务机关确认。纳税人转让旧房及建筑物，凡不能取得评估价格，但能提供购房发票的，经当地税务部门确认为取得土地使用权所支付的金额，或新建房及配套设施的成本、费用，可按发票所载金额并从购买年度起至转让年度止每年加计5%计算扣除项目的金额。对纳税人购房时缴纳的契税，凡能提供契税完税凭证的，准予作为"与转让房地产有关的税金"予以扣除，但不作为加计5%的基数。对于转让旧房及建筑物，既没有评估价格，又不能提供购房发票的，地方税务机关可以根据《税收征收管理法》第三十五条的规定，实行核定征收。

（5）与转让房地产有关的税金，是指在转让房地产时已缴纳的城市维护建设税、印花税。土地增值税扣除项目涉及的增值税进项税额，允许在销项税额中计算抵扣的，不计入扣除项目，不允许在销项税额中计算抵扣的，可以计入扣除项目。因转让房地产缴纳的教育费附加也可视同税金予以扣除。

（6）对从事房地产开发的纳税人可按取得土地使用权所支付的金额和房增开发成本两项规定计算的金额之和，加计 20% 扣除。

另外，对纳税人成片受让土地使用权后，分期分批开发、分块转让的，其扣除项目金额的确定，可按转让土地使用权的面积占总面积的比例计算分摊，或按建筑面积计算分摊，也可按税务机关确认的其他方式计算分摊。

纳税人有下列情形之一者，按照房地产评估价格计算征收土地增值税：

（1）隐瞒、虚报房地产价格的；

（2）提供扣除项目金额不实的；

（3）转让房地产的成交价格低于房地产评估价，又无正当理由的。

五、纳税地点和义务发生时间

土地增值税的纳税人应于转让房地产合同签订之日起 7 日内，到房地产所在地的主管税务机关办理纳税申报，并向税务机关提交房屋及建筑物产权、土地使用权证书，土地转让、房产买卖合同，房地产评估报告及其他与转让房地产有关的资料。纳税人因经常发生房地产转让而难以在每次转让后申报的，经税务机关审核同意后，可以定期进行纳税申报，具体期限由税务机关根据情况确定。

六、减税、免税

下列情况免征土地增值税：

（1）纳税人建造普通标准住宅出售，其土地增值额未超过扣除金额 20% 的。其中，"普通住宅"的认定，按各省、自治区、直辖市人民政府根据《国务院办公厅转发建设部等部门关于做好稳定住房价格工作意见的通知》制定并对社会公布的"中小套型、中低价位普通住房"的标准执行。纳税人建造普通标准住宅出售，增值额未超过扣除项目金额之和 20% 的，免征土地增值税；增值额超过扣除项目之和 20% 的，应就其全部增值额按规定计税。纳税人既建造普通住宅，又建造其他商品房的，应分别核算土地增值额。

（2）因国家建设需要依法征用、收回的房地产。因国家建设需要依法征用、收回的房地产，是指因城市实施规划、国家建设的需要而被政府批准征用的房产或收回的土地使用权。因城市实施规划、国家建设的需要而搬迁，由纳税人自行转让原房地产的，免征土地增值税。因"城市实施规划"而搬迁，是指因旧城改造或因企业污染、扰民（指产生过量废气、废水、废渣和噪声，使城市居民生活受到一定危害），而由政府或政府有关主管部门根据已审批通过的城市规划确定进行搬迁的情况；因"国家建设的需要"而搬迁，是指因实施国务院、省级人民政府、国务院有关部委批准的建设项目而进行搬迁的情况。

（3）企事业单位、社会团体以及其他组织转让旧房作为改造安置住房房源且增值额未超过扣除项目金额 20% 的。其中，改造安置住房是指相关部门和单位与棚户区被征收人签订的房屋征收（拆迁）补偿协议或棚户区改造合同（协议）中明确用于安置被征收人的住房或通过改建、扩建、翻建等方式实施改造的住房；公租房是指纳入省、自治区、直辖市、计划单列市人民政府及新疆生产建设兵团批准的公租房发展规划和年度计划，或者市、县人民政府批准建设（筹集），并按照《关于加快发展公共租赁住房的指导意见》和市、县人民政府制定的具体管理办法进行管理的住房。

七、征收管理

纳税人在项目全部竣工结算前转让房地产取得的收入，由于涉及成本确定或其他原因，而无法据实计算土地增值税的，可以预征土地增值税，待该项目全部竣工、办理结算后再进行清算，多退少补。具体办法由各省、自治区、直辖市税务局根据当地情况制定。

土地增值税的预征和清算，各地根据本地区房地产业增值水平和市场发展情况，区别普通住房、非普通住房和商用房等不同类型，科学合理地确定预征率，并适时调整。工程项目竣工结算后，应及时进行清算，多退少补。对未按预征规定期限预缴税款的，应根据《税收征收管理法》及其实施细则的有关规定，从限定的缴纳税款期限届满的次日起，加收滞纳金。对已竣工验收的房地产项目，凡转让的房地产的建筑面积占整个项目可售建筑面积的比例在 85% 以上的，税务机关可以要求纳税人按照转让房地产的收入与扣除项目金额配比的原则，对已转让的房地产进行土地增值税的清算。清算办法由各省、自治区、直辖市和计划单列市税务局规定。

第五节　契　　税

契税是在土地、房屋权属发生转移时，对产权承受人征收的一种税。征收契税的主要依据是《契税法》。《契税法》自 2021 年 9 月 1 日起施行。2021 年 6

月，财政部、国家税务总局发布了《关于贯彻实施契税法若干事项执行口径的公告》，对契税征收中有关具体问题进行统一规范。

一、纳税人和征税范围

在中华人民共和国境内转移土地、房屋权属，承受的单位和个人为契税的纳税人。征收契税的土地、房屋权属，具体为土地使用权、房屋所有权。转移土地、房屋权属是指下列行为：

（1）土地使用权出让，但不包括土地承包经营权和土地经营权的转移；

（2）土地使用权转让，包括出售、赠与、互换；

（3）房屋买卖、赠与、互换。

以作价投资（入股）、偿还债务、划转、奖励等方式转移土地、房屋权属的，应当按规定征收契税。

下列情形发生土地、房屋权属转移的，承受方也应当依法缴纳契税：

（1）因共有不动产份额变化的；

（2）因共有人增加或者减少的；

（3）因人民法院、仲裁委员会的生效法律文书或者监察机关出具的监察文书等因素，发生土地、房屋权属转移的。

二、课税对象

契税的征税对象是发生权属转移的土地、房屋。

三、计税依据

（1）土地使用权出让、出售，房屋买卖，为土地、房屋权属转移合同确定的成交价格，包括应交付的货币以及实物、其他经济利益对应的价款。

土地使用权及所附建筑物、构筑物等（包括在建的房屋、其他建筑物、构筑物和其他附着物）转让的，计税依据为承受方应交付的总价款。土地使用权出让的，计税依据包括土地出让金、土地补偿费、安置补助费、地上附着物和青苗补偿费、征收补偿费、城市基础设施配套费、实物配建房屋等应交付的货币以及实物、其他经济利益对应的价款。房屋附属设施（包括停车位、机动车库、非机动车库、顶层阁楼、储藏室及其他房屋附属设施）与房屋为同一不动产单元的，计税依据为承受方应交付的总价款，并适用与房屋相同的税率；房屋附属设施与房屋为不同不动产单元的，计税依据为转移合同确定的成交价格，并按当地确定的适用税率计税。承受已装修房屋的，应将包括装修费用在内的费用计入承受方应交付的总价款。

（2）土地使用权互换、房屋互换，为所互换的土地使用权、房屋价格的差额。土地使用权互换、房屋互换，互换价格相等的，互换双方计税依据为零；互换价格不相等的，以其差额为计税依据，由支付差额的一方缴纳契税。

（3）土地使用权赠与、房屋赠与以及其他没有价格的转移土地、房屋权属行为，为税务机关参照土地使用权出售、房屋买卖的市场价格依法核定的价格。

（4）契税的计税依据不包括增值税。

在房地产交易契约中，无论是否划分房产的价格和土地的价格，都以房地产交易契约价格总额为计税依据。纳税人申报的成交价格、互换价格差额明显偏低且无正当理由的，由税务机关依照《税收征收管理法》的规定核定。根据国家税务总局关于印发《房地产交易税收服务和管理指引》的通知规定，纳税人申报的成交价格明显低于市场价格且无正当理由的，税务机关应当依据存量房评估价格核定其计税价格。

四、税率

契税的税率为 $3\% \sim 5\%$。契税的具体适用税率，由省、自治区、直辖市人民政府在以上规定的税率幅度内提出，报同级人民代表大会常务委员会决定，并报全国人民代表大会常务委员会和国务院备案。

省、自治区、直辖市可以依照规定的程序对不同主体、不同地区、不同类型的住房的权属转移确定差别税率。

五、纳税地点和义务发生时间

（一）纳税地点

契税由土地、房屋所在地的税务机关依照《契税法》和《税收征收管理法》的规定征收管理。

（二）纳税义务发生时间

契税的纳税义务发生时间，为纳税人签订土地、房屋权属转移合同的当日，或者纳税人取得其他具有土地、房屋权属转移合同性质凭证的当日。因人民法院、仲裁委员会的生效法律文书或者监察机关出具的监察文书等发生土地、房屋权属转移的，纳税义务发生时间为法律文书等生效当日。因改变土地、房屋用途等情形应当缴纳已经减征、免征契税的，纳税义务发生时间为改变有关土地、房屋用途等情形的当日。因改变土地性质、容积率等土地使用条件需补缴土地出让价款，应当缴纳契税的，纳税义务发生时间为改变土地使用条件当日。发生上述情形，按规定不再需要办理土地、房屋权属登记的，纳税人应自纳税义务发生之日起 90 日内申报缴纳契税。

六、减税、免税

1. 法定免征契税的情形

（1）国家机关、事业单位、社会团体、军事单位承受土地、房屋权属用于办公、教学、医疗、科研、军事设施。

（2）非营利性的学校、医疗机构、社会福利机构承受土地、房屋权属用于办公、教学、医疗、科研、养老、救助。

享受契税免税优惠的非营利性的学校、医疗机构、社会福利机构，限于上述三类单位中依法登记为事业单位、社会团体、基金会、社会服务机构等的非营利法人和非营利组织。其中：学校的具体范围为经县级以上人民政府或者其教育行政部门批准成立的大学、中学、小学、幼儿园，实施学历教育的职业教育学校、特殊教育学校、专门学校，以及经省级人民政府或者其人力资源社会保障行政部门批准成立的技工院校；医疗机构的具体范围为经县级以上人民政府卫生健康行政部门批准或者备案设立的医疗机构；社会福利机构的具体范围为依法登记的养老服务机构、残疾人服务机构、儿童福利机构、救助管理机构、未成年人救助保护机构。

（3）承受荒山、荒地、荒滩土地使用权用于农、林、牧、渔业生产。

（4）婚姻关系存续期间夫妻之间变更土地、房屋权属。

（5）法定继承人通过继承承受土地、房屋权属。

（6）依照法律规定应当予以免税的外国驻华使馆、领事馆和国际组织驻华代表机构承受土地、房屋权属。

根据国民经济和社会发展的需要，国务院对居民住房需求保障、企业改制重组、灾后重建等情形可以规定免征或者减征契税，报全国人民代表大会常务委员会备案。

2. 省、自治区、直辖市可以决定免征或者减征契税的情形

（1）因土地、房屋被县级以上人民政府征收、征用，重新承受土地、房屋权属。

（2）因不可抗力灭失住房，重新承受住房权属。

以上规定的免征或者减征契税的具体办法，由省、自治区、直辖市人民政府提出，报同级人民代表大会常务委员会决定，并报全国人民代表大会常务委员会和国务院备案。

纳税人改变有关土地、房屋的用途，或者有其他不再属于上述规定的免征、减征契税情形的，应当缴纳已经免征、减征的税款。

3. 根据《关于贯彻实施契税法若干事项执行口径的公告》享受契税免税优惠的土地、房屋用途

（1）用于办公的，限于办公室（楼）以及其他直接用于办公的土地、房屋；

（2）用于教学的，限于教室（教学楼）以及其他直接用于教学的土地、房屋；

（3）用于医疗的，限于门诊部以及其他直接用于医疗的土地、房屋；

（4）用于科研的，限于科学试验的场所以及其他直接用于科研的土地、房屋；

（5）用于军事设施的，限于直接用于《军事设施保护法》规定的军事设施的土地、房屋；

（6）用于养老的，限于直接用于为老年人提供养护、康复、托管等服务的土地、房屋；

（7）用于救助的，限于直接为残疾人、未成年人、生活无着的流浪乞讨人员提供养护、康复、托管等服务的土地、房屋。

七、其他有关具体规定

（1）根据《契税法》，法定继承人通过继承承受土地、房屋权属，免征契税。需要注意的是，《民法典》第一千一百二十八条规定："被继承人的子女先于被继承人死亡的，由被继承人的子女的直系晚辈血亲代位继承。被继承人的兄弟姐妹先于被继承人死亡的，由被继承人的兄弟姐妹的子女代位继承。"根据《民法典》，除配偶、子女、父母、兄弟姐妹、祖父母、外祖父母外，上述代位继承人，也属于法定继承人的范畴。非法定继承人根据遗嘱承受死者生前的土地、房屋权属，则属于赠与行为，应征收契税。

（2）根据《契税法》，婚姻关系存续期间夫妻之间变更土地、房屋权属，免征契税。在婚姻关系存续期间，房屋、土地权属原归夫妻一方所有，变更为夫妻双方共有或另一方所有的，或者房屋、土地权属原归夫妻双方共有，变更为其中一方所有的，或者房屋、土地权属原归夫妻双方共有，双方约定、变更共有份额的，都属于免征契税。

（3）纳税人缴纳契税后发生下列情形，可依照有关法律法规申请退税：

1）因人民法院判决或者仲裁委员会裁决导致土地、房屋权属转移行为无效、被撤销或者被解除，且土地、房屋权属变更至原权利人的；

2）在出让土地使用权交付时，因容积率调整或实际交付面积小于合同约定面积需退还土地出让价款的；

3）在新建商品房交付时，因实际交付面积小于合同约定面积需返还房价款的。

八、征收管理

纳税人应当在依法办理土地、房屋权属登记手续前申报缴纳契税。纳税人办理纳税事宜后，税务机关应当开具契税完税凭证。纳税人办理土地、房屋权属登记，不动产登记机构应当查验契税完税、减免税凭证或者有关信息。未按照规定缴纳契税的，不动产登记机构不予办理土地、房屋权属登记。在依法办理土地、房屋权属登记前，权属转移合同、权属转移合同性质凭证不生效、无效、被撤销或者被解除的，纳税人可以向税务机关申请退还已缴纳的税款，税务机关应当依法办理。

第六节　相　关　税　收

除以上房地产税种外，在房地产活动中，还有增值税、城市维护建设税、教育费附加和地方教育费附加、企业所得税、个人所得税和印花税等相关税。征收上述税种的主要依据有《增值税暂行条例》《城市维护建设税法》《企业所得税法》《个人所得税法》等。

一、增值税

增值税是以商品和劳务在流转过程中产生的增值额作为征税对象而征收的一种流转税，已被世界许多国家所采用。按照我国税法的规定，增值税是对在境内销售货物或者加工、修理修配劳务，销售服务、无形资产、不动产以及进口货物的单位和个人，就其销售货物、劳务、服务、无形资产、不动产的增值额和货物进口金额为计税依据而课征的一种流转税。财政部和国家税务总局经国务院批准发布《关于全面推开营业税改征增值税试点的通知》，自 2016 年 5 月 1 日起，在全国范围内全面推开营业税改征增值税（以下简称营改增）试点工作，将建筑业、房地产业、金融业、生活服务业等全部营业税纳税人，纳入试点范围，由缴纳营业税改为缴纳增值税。2017 年 11 月 19 日，国务院发布《关于废止〈中华人民共和国营业税暂行条例〉和修改〈中华人民共和国增值税暂行条例〉的决定》，营业税正式退出中国历史舞台。现行增值税的基本规范是《增值税暂行条例》以及《增值税暂行条例实施细则》等。

（一）纳税人和征税范围

在我国境内销售货物、劳务、服务、无形资产、不动产的单位和个人，为增值税的纳税人。增值税的征税范围包括在境内发生应税销售行为以及进口货物等。

1. 一般纳税人

增值税纳税人年应税销售额超过财政部、国家税务总局规定的小规模纳税人标准的，应当向主管税务机关办理一般纳税人登记。已按照政策规定，选择按照小规模纳税人纳税的，不得办理一般纳税人登记。

2. 小规模纳税人

小规模纳税人是指年应税销售额在规定标准以下的增值税纳税人。小规模纳税人的具体认定标准为年应征增值税销售额500万元及以下。转登记纳税人按规定再次登记为一般纳税人后，不得再转登记为小规模纳税人。

（二）税率与征收率

1. 税率

根据《关于深化增值税改革有关政策的公告》，自2019年4月1日起调整增值税税率，调整后的增值税税率分别为13％、9％、6％和零税率。其中，纳税人销售基础电信、建筑、不动产租赁服务，销售不动产，转让土地使用权等，税率为9％。

2. 征收率

增值税征收率是指对特定的货物或特定的纳税人发生应税销售行为在某一生产流通环节应纳税额与销售额的比率。增值税征收率主要适用于两种情况：一是小规模纳税人；二是一般纳税人发生应税销售行为按规定可以选择简易计税方法计税的。除国务院另有规定的外，小规模纳税人增值税征收率为3％。

下列情况适用5％征收率：

（1）小规模纳税人销售自建或者取得的不动产。

（2）一般纳税人选择简易计税方法计税的不动产销售。

（3）房地产开发企业中的一般纳税人，销售自行开发的房地产老项目，选择适用简易计税方法的。房地产开发企业中的小规模纳税人，销售自行开发的房地产项目。

（4）个人销售其取得的不动产。

（5）一般纳税人选择简易计税方法计税的不动产经营租赁。

（6）小规模纳税人出租（经营租赁）其取得的不动产（不含个人出租住房）。

（7）其他个人出租（经营租赁）其取得的不动产（不含住房）。

（8）一般纳税人和小规模纳税人提供劳务派遣服务选择差额纳税的。

（9）一般纳税人 2016 年 4 月 30 日前签订的不动产融资租赁合同，或以 2016 年 4 月 30 日前取得的不动产提供的融资租赁服务，选择适用简易计税方法的。

（10）一般纳税人收取试点前开工的一级公路、二级公路、桥、闸通行费，选择适用简易计税方法的。

（11）一般纳税人提供人力资源外包服务，选择适用简易计税方法的。

（12）纳税人转让 2016 年 4 月 30 日前取得的土地使用权，选择适用简易计税方法的。

除上述适用 5% 征收率以外的纳税人选择简易计税方法发生的应税销售行为均为 3% 征收率。此外，根据规定，适用 3% 征收率的某些一般纳税人和小规模纳税人还可以减按 2% 计征增值税。

（三）计税方法

1. 一般计税方法

一般纳税人发生应税销售行为适用一般计税方法计税。

一般计税方法计算公式：

$$应纳税额 = 当期销项税额 - 当期进项税额$$

（1）销项税额

销项税额是指纳税人发生应税销售行为时，按照销售额与规定税率计算并向购买方收取的增值税税额。销项税额的计算公式为：

$$销项税额 = 销售额 \times 适用税率$$

从销项税额的定义和公式中我们可以知道，它是由购买方在购买货物、劳务、服务、无形资产、不动产时，一并向销售方支付的税额。对于属于一般纳税人的销售方来说，在没有抵扣其进项税额前，销售方收取的销项税额还不是其应纳增值税税额。

销项税额的计算取决于销售额和适用税率两个因素。在适用税率既定的前提下，销项税额的大小主要取决于销售额的大小。

（2）进项税额

进项税额是指纳税人购进货物、劳务、服务、无形资产、不动产所支付或者负担的增值税额。进项税额是与销项税额相对应的另一个概念。对于任何一个一般纳税人而言，由于其在经营活动中，既会发生应税销售行为，又会发生购进货物、劳务、服务、无形资产、不动产行为，因此，每一个一般纳税人都会有产生的销项税额和支付的进项税额。增值税的核心就是纳税人产生的销项税额抵扣其支付的进项税额，其余额为纳税人实际应缴纳的增值税税额。这样，进项税额作为可抵扣的部分，对于纳税人实际纳税多少就产生了举足轻重的作用。

需要注意的是，并不是纳税人支付的所有进项税额都可以从销项税额中抵扣。为体现增值税的配比原则，即购进项目金额与发生应税销售行为的销售额之间应有配比性，当纳税人购进的货物、劳务、服务、无形资产、不动产行为不是用于增值税应税项目，而是用于简易计税方法计税项目、免税项目或用于集体福利、个人消费等情况时，其支付的进项税额就不能从销项税额中抵扣。增值税法律法规对不能抵扣进项税额的项目作了严格的规定，如果违反规定，随意抵扣进项税额将按照有关规定予以处罚。

（3）应纳税额的计算

一般纳税人在计算出销项税额和进项税额后就可以得出实际应纳税额，但为了正确计算增值税的应纳税额，应注意计算应纳税额的时间限定和特殊情况下的处理方式等方面的重要规定，如纳税人转让其取得的不动产，包括以直接购买、接受捐赠、接受投资入股、自建以及抵债等各种形式取得的不动产，按照以下规定进行增值税处理，但是房地产开发企业销售自行开发的房地产项目不适用以下规定。

一般纳税人转让其取得的不动产，按照以下规定缴纳增值税：①一般纳税人转让其 2016 年 4 月 30 日前取得（不含自建）的不动产，可以选择适用简易计税方法计税，以取得的全部价款和价外费用扣除不动产购置原价或者取得不动产时的作价后的余额为销售额，按照 5% 的征收率计算应纳税额，纳税人应按照上述计税方法向不动产所在地主管税务机关预缴税款，向机构所在地主管税务机关申报纳税；②一般纳税人转让其 2016 年 4 月 30 日前自建的不动产，可以选择适用简易计税方法计税，以取得的全部价款和价外费用为销售额，按照 5% 的征收率计算应纳税额，纳税人应按照上述计税方法向不动产所在地主管税务机关预缴税款，向机构所在地主管税务机关申报纳税；③一般纳税人转让其 2016 年 4 月 30 日前取得（不含自建）的不动产，选择适用一般计税方法计税的，以取得的全部价款和价外费用为销售额计算应纳税额，纳税人应以取得的全部价款和价外费用扣除不动产购置原价或者取得不动产时的作价后的余额，按照 5% 的预征率向不动产所在地主管税务机关预缴税款，向机构所在地主管税务机关申报纳税；④一般纳税人转让其 2016 年 4 月 30 日前自建的不动产，选择适用一般计税方法计税的，以取得的全部价款和价外费用为销售额计算应纳税额，纳税人应以取得的全部价款和价外费用，按照 5% 的预征率向不动产所在地主管税务机关预缴税款，向机构所在地主管税务机关申报纳税；⑤一般纳税人转让其 2016 年 5 月 1 日后取得（不含自建）的不动产，适用一般计税方法，以取得的全部价款和价外费用为销售额计算应纳税额，纳税人应以取得的全部价款和价外费用扣除不动产购置原价或者取得不动产时的作价后的余额，按照 5% 的预征率向不动产所在地主管税务机关预缴税款，向机构所在地主管税务机关申报纳税；⑥一般纳税人转让其 2016 年 5 月 1 日后自建的不动产，适用一般计税方法，以取得的全部价款和价外费用为销售额计算应纳税额，纳税人应以取得的全部价款和价外费用，按照 5% 的预征率向不动产所在地主管税务机关预缴税款，向机构所在地主管税务机关申报纳税。

小规模纳税人转让其取得的不动产，除个人转让其购买的住房外，按照以下规定缴纳增值税：①小规模纳税人转让其取得（不含自建）的不动产，以取得的全部价款和价外费用扣除不动产购置原价或者取得不动产时的作价后的余额为销售额，按照 5% 的征收率计算应纳税额；②小规模纳税人转让其自建的不动产，以取得的全部价款和价外费用为销售额，按照 5% 的征收率计算应纳税额，除其他个人之外的小规模纳税人，应按照以上计税方法向不动产所在地主管税务机关预缴税款，向机构所在地主管税务机关申报纳税，其他个人按照以上计税方法向不动产所在地主管税务机关申报纳税。

个人转让其购买的住房，按照以下规定缴纳增值税：①个人转让其购买的住房，按照有关规定全额缴纳增值税的，以取得的全部价款和价外费用为销售额，按照 5% 的征收率计算应纳税额；②个人转让其购买的住房，按照有关规定差额缴纳增值税的，以取得的全部价款和价外费用扣除购买住房价款后的余额为销售额，按照 5% 的征收率计算应纳税额。

2. 简易计税方法

小规模纳税人发生应税销售行为适用简易计税方法计税。

简易计税方法的公式：

$$应纳税额＝销售额（不含增值税）×征收率$$

按简易计税方法计税的销售额不包括其应纳的增值税税额，纳税人采用销售额和应纳增值税税额合并定价方法的，按照下列公式进行含税销售额的换算：

$$销售额＝含税销售额÷（1＋征收率）$$

一般纳税人发生财政部和国家税务总局规定的特定应税销售行为，也可以选择适用简易计税方法计税，但是不得抵扣进项税额。

二、城市维护建设税、教育费附加和地方教育费附加

《城市维护建设税法》自 2021 年 9 月 1 日起施行。城市维护建设税（以下简称城建税）是随增值税、消费税附征并专门用于城市维护建设的一种特别目的税。

城建税以在中华人民共和国境内缴纳增值税、消费税的单位和个人为纳税人。城建税在全国范围内征收，包括城市、县城、镇及其以外的地区。即只要缴纳增值税、消费税（以下简称两税）的地方，除税法另有规定者外，都属征收城建税的范围。但对进口货物或者境外单位和个人向境内销售劳务、服务、无形资产缴纳的增值税、消费税税额，不征收城建税。

城建税实行的是地区差别税率，按照纳税人所在地的不同，税率分别规定为7%、5%、1%三个档次，具体是：纳税人所在地在城市市区的，税率为 7%；在县城、镇的，税率为 5%；不在城市市区、县城、镇的，税率为 1%。纳税人所在地，是指纳税人住所地或者与纳税人生产经营活动相关的其他地点，具体地点由省、自治区、直辖市确定。城建税以纳税人实际缴纳的增值税、消费税税额为计税依据。两税税额仅指两税的正税，不包括税务机关对纳税人加收滞纳金和罚款等非税款项。城建税的纳税义务发生时间与增值税、消费税的纳税义务发生时间一致，分别与增值税、消费税同时缴纳。

教育费附加和地方教育费附加是随增值税、消费税附征并专门用于教育的特别目的税，以各单位和个人实际缴纳的增值税、消费税的税额为计征依据，分别与增值税、消费税同时缴纳。现行教育费附加率为 3%。从 2010 年 11 月起，地方教育费附加率统一为 2%。

三、企业所得税

（一）纳税人

在中华人民共和国境内，企业和其他取得收入的组织（以下统称企业）为企业所得税的纳税人。个人独资企业、合伙企业不适用《企业所得税法》。

企业分为居民企业和非居民企业。居民企业是指依法在中国境内成立，或者依照外国（地区）法律成立但实际管理机构在中国境内的企业。居民企业应当就其来源于中国境内、境外的所得缴纳企业所得税。非居民企业是指依照外国（地区）法律成立且实际管理机构不在中国境内，但在中国境内设立机构、场所的，或者在中国境内未设立机构、场所，但有来源于中国境内所得的企业。非居民企业在中国境内设立机构、场所的，应当就其所设机构、场所取得的来源于中国境

内的所得，以及发生在中国境外但与其所设机构、场所有实际联系的所得，缴纳企业所得税。非居民企业在中国境内未设立机构、场所的，或者虽设立机构、场所但取得的所得与其所设机构、场所没有实际联系的，应当就其来源于中国境内的所得缴纳企业所得税。

（二）税率

企业所得税的税率为 25%。非居民企业在中国境内未设立机构、场所的，或者虽设立机构、场所但取得的所得与其所设机构、场所没有实际联系的，就其来源于中国境内的所得缴纳企业所得税的，适用税率为 20%。

（三）应纳税所得额

企业每一纳税年度的收入总额，减除不征税收入、免税收入、各项扣除以及允许弥补的以前年度亏损后的余额，为应纳税所得额。

企业以货币形式和非货币形式从各种来源取得的收入，为收入总额。包括：

（1）销售货物收入；

（2）提供劳务收入；

（3）转让财产收入；

（4）股息、红利等权益性投资收益；

（5）利息收入；

（6）租金收入；

（7）特许权使用费收入；

（8）接受捐赠收入；

（9）其他收入。

企业实际发生的与取得收入有关的、合理的支出，包括成本、费用、税金、损失和其他支出，准予在计算应纳税所得额时扣除。

（四）应纳税额

企业的应纳税所得额乘以适用税率，减除依照《企业所得税法》关于税收优惠的规定减免和抵免的税额后的余额，为应纳税额。

企业取得的下列所得已在境外缴纳的所得税税额，可以从其当期应纳税额中抵免，抵免限额为该项所得依照《企业所得税法》规定计算的应纳税额；超过抵免限额的部分，可以在以后 5 个年度内，用每年度抵免限额抵免当年应抵税额后的余额进行抵补：

（1）居民企业来源于中国境外的应税所得；

（2）非居民企业在中国境内设立机构、场所，取得发生在中国境外但与该机构、场所有实际联系的应税所得。

（五）房地产开发经营业务企业所得税征收中的收入和成本税务处理

《房地产开发经营业务企业所得税处理办法》对中国境内从事房地产开发经营业务企业（以下简称房地产开发企业）的企业所得税征收作出了规定，这里简要介绍收入和成本的主要税务处理规定。

1. 收入

开发产品销售收入的范围为销售开发产品过程中取得的全部价款，包括现金、现金等价物及其他经济利益。房地产开发企业通过正式签订《房地产销售合同》或《房地产预售合同》所取得的收入，应确认为销售收入的实现。

房地产开发企业销售未完工开发产品的计税毛利率按下列规定进行确定：①开发项目位于省、自治区、直辖市和计划单列市人民政府所在地城市城区和郊区的，不得低于15%；②开发项目位于地及地级市城区及郊区的，不得低于10%；③开发项目位于其他地区的，不得低于5%；④属于经济适用房、限价房和危改房的，不得低于3%。

房地产开发企业销售未完工开发产品取得的收入，应先按预计计税毛利率分季（或月）计算出预计毛利额，计入当期应纳税所得额。开发产品完工后，企业应及时结算其计税成本并计算此前销售收入的实际毛利额，同时将其实际毛利额与其对应的预计毛利额之间的差额，计入当年度企业本项目与其他项目合并计算的应纳税所得额。在年度纳税申报时，房地产开发企业须出具对该项开发产品实际毛利额与预计毛利额之间差异调整情况的报告以及税务机关需要的其他相关资料。

2. 成本、费用的扣除

房地产开发企业在进行成本、费用的核算与扣除时，必须按规定区分期间费用和开发产品计税成本、已销开发产品计税成本与未销开发产品计税成本。房地产开发企业发生的期间费用、已销开发产品计税成本、营业税金及附加、土地增值税准予当期按规定扣除。计税成本对象按可否销售、功能区分、定价差异、成本差异、权益区分等原则确定，开发产品计税成本支出的内容包括：①土地征用费及拆迁补偿费；②前期工程费；③建筑安装工程费；④基础设施建设费；⑤公共配套设施费；⑥开发间接费。已销开发产品的计税成本，按当期已实现销售的可售面积和可售面积单位工程成本确认。房地产开发企业对尚未出售的已完工开发产品和按照有关法律、法规或合同规定对已售开发产品（包括共用部位、共用设施设备）进行日常维护、保养、修理等实际发生的维修费用，准予在当期据实扣除。

房地产开发企业采取银行按揭方式销售开发产品的，凡约定企业为购买方的按揭贷款提供担保的，其销售开发产品时向银行提供的保证金（担保金）不得从销售收入中减除，也不得作为费用在当期税前扣除，但实际发生损失时可据实扣除。房地产开发企业委托境外机构销售开发产品的，其支付境外机构的销售费用（含佣金或手续费）不超过委托销售收入 10% 的部分，准予据实扣除。

四、个人所得税

（一）纳税人

《个人所得税法》规定，在中国境内有住所，或者无住所而一个纳税年度内在中国境内居住累计满 183 天的个人，为居民个人。居民个人是个人所得税的纳税人，从中国境内和境外取得的所得，依法缴纳个人所得税。

在中国境内无住所又不居住，或者无住所而一个纳税年度内在中国境内居住累计不满 183 天的个人，为非居民个人。非居民个人也是个人所得税的纳税人，从中国境内取得的所得，依法缴纳个人所得税。

（二）税目

下列各项个人所得，应纳个人所得税：

（1）工资、薪金所得；

（2）劳务报酬所得；

（3）稿酬所得；

（4）特许权使用费所得；

（5）经营所得；

（6）利息、股息、红利所得；

（7）财产租赁所得；

（8）财产转让所得；

（9）偶然所得。

（三）与房地产相关的个人所得税税率和应纳税所得额

财产租赁所得、财产转让所得，适用比例税率，税率为 20%。

财产租赁所得，每次收入不超过 4000 元的，减除费用 800 元；4000 元以上的，减除 20% 的费用，其余额为应纳税所得额。

财产转让所得，以转让财产的收入额减除财产原值和合理费用后的余额，为应纳税所得额。

（四）与转让住房有关的征收个人所得税具体规定

根据《个人所得税法》及其实施条例，个人转让住房，以其转让收入额减除财产原值和合理费用后的余额为应纳税所得额，按照"财产转让所得"项目缴纳个人所得税。

　　根据《国家税务总局关于个人住房转让所得征收个人所得税有关问题的通知》《财政部　国家税务总局关于营改增后契税　房产税　土地增值税　个人所得税计税依据问题的通知》，个人转让住房所得应纳个人所得税的计算具体规定如下：

　　（1）对住房转让所得征收个人所得税时，以实际成交价格为转让收入。纳税人申报的住房成交价格明显低于市场价格且无正当理由的，征收机关依法有权根据有关信息核定其转让收入，但必须保证各税种计税价格一致。

　　（2）对转让住房收入计算个人所得税应纳税所得额时，纳税人可凭原购房合同、发票等有效凭证，经税务机关审核后，允许从其转让收入中减除房屋原值、转让住房过程中缴纳的税金及有关合理费用。

　　1）房屋原值。①商品房，其原值为购置该房屋时实际支付的房价款及缴纳的相关税费。②自建住房，其原值为实际发生的建造费用及建造和取得产权时实际缴纳的相关税费。③经济适用房（含集资合作建房、安居工程住房），其原值为原购房人实际支付的房价款及相关税费，以及按规定缴纳的土地出让金。④已购公有住房，其原值为原购公有住房标准面积按当地经济适用房价格计算的房价款，加上原购公有住房超标准面积实际支付的房价款以及按规定向财政部门（或原产权单位）缴纳的所得收益及相关税费。⑤城镇拆迁安置住房，其原值分别为：房屋拆迁取得货币补偿后购置房屋的，为购置该房屋实际支付的房价款及缴纳的相关税费；房屋拆迁采取产权调换方式的，所调换房屋原值为《房屋拆迁补偿安置协议》注明的价款及缴纳的相关税费；房屋拆迁采取产权调换方式，被拆迁人除取得所调换房屋，又取得部分货币补偿的，所调换房屋原值为《房屋拆迁补偿安置协议》注明的价款和缴纳的相关税费，减去货币补偿后的余额；房屋拆迁采取产权调换方式，被拆迁人取得所调换房屋，又支付部分货币的，所调换房屋原值为《房屋拆迁补偿安置协议》注明的价款，加上所支付的货币及缴纳的相关税费。

　　2）转让住房过程中缴纳的税金是指：纳税人在转让住房时实际缴纳的城市维护建设税、教育费附加、土地增值税、印花税等税金。个人转让房屋的个人所得税应税收入不含增值税，其取得房屋时所支付价款中包含的增值税计入财产原值，计算转让所得时可扣除的税费不包括本次转让缴纳的增值税。

　　3）合理费用是指：纳税人按照规定实际支付的住房装修费用、住房贷款利息、手续费、公证费等费用。纳税人能提供实际支付装修费用的税务统一发票，并且发票上所列付款人姓名与转让房屋产权人一致的，经税务机关审核，其转让的住房在转让前实际发生的装修费用，可在以下规定比例内扣除：已购公有住房、经济适用房最高扣除限额为房屋原值的15%；商品房及其他住房最高扣除限额为房屋原值的10%。纳税人原购房为装修房，即合同注明房价款中含有装修费（铺装了地板，装配了洁具、厨具等）的，不得再重复扣除装修费用。纳税人出售以按揭贷款方式购置的住房的，其向贷款银行实际支付的住房贷款利息，凭贷款银行出具的有效证明据实扣除。纳税人按照有关规定实际支付的手续费、公证费等，凭有关部门出具的有效证明据实扣除。以上规定自2006年8月1日起执行。

（3）纳税人未提供完整、准确的房屋原值凭证，不能正确计算房屋原值和应纳税额的，税务机关可根据《税收征收管理法》第三十五条的规定，对其实行核定征税，即按纳税人住房转让收入的一定比例核定应纳个人所得税额。具体比例由省级税务局或者省级税务局授权的市级税务局根据纳税人出售住房的所处区域、地理位置、建造时间、房屋类型、住房平均价格水平等因素，在住房转让收入1%～3%的幅度内确定。

（4）各级税务机关要严格执行《国家税务总局关于进一步加强房地产税收管理的通知》和《国家税务总局关于实施房地产税收一体化管理若干具体问题的通知》的规定。为方便出售住房的个人依法履行纳税义务，加强税收征管，主管税务机关要在房地产交易场所设置税收征收窗口，个人转让住房应缴纳的个人所得税，应与转让环节应缴纳的契税、土地增值税等税收一并办理；税务机关暂没有条件在房地产交易场所设置税收征收窗口的，应委托契税征收部门一并征收个人所得税等税收。

（5）各级税务机关要认真落实有关住房转让个人所得税优惠政策。对个人转让自用5年以上，并且是家庭唯一生活用房取得的所得，免征个人所得税。要不折不扣地执行上述优惠政策，确保维护纳税人的合法权益。

在计征个人受赠不动产个人所得税时，不得核定征收，必须严格按照税法规定据实征收。

五、印花税

印花税是对经济活动和经济交往中书立应税凭证、进行证券交易的单位和个人征收的一种税。《印花税法》自2022年7月1日起施行，《印花税暂行条例》同时废止。

（一）纳税人

《印花税法》规定，进行在境内书立应税凭证、证券交易的单位和个人，在境外书立在境内使用的应税凭证的单位和个人均为纳税人。

（二）税目和税率

《印花税法》所附的《印花税税目税率表》列明了合同、产权转移书据和营业账簿、证券交易等四大税目及其税率。与《印花税暂行条例》相对比，《印花税法》的变化，一是明确规定六类合同不征收印花税，分别是：①除记载资金账簿外，其他营业账簿不征收印花税；②个人书立的动产买卖合同不征收印花税；③管道运输合同不征收印花税；④再保险合同不征收印花税；⑤同业拆借合同不征收印花税；⑥土地承包经营权和土地经营权转移不征收印花税。二是降低了以下五项应税合同的印花税税率，分别是：①承揽合同印花税的税率从原先的万分之五降低为万分之三；②建设工程合同的印花税税率从原先万分之五降低为万分之三；③运输合同的印花税税率从原先的万分之五降低为万分之三；④商标权、著作权、专利权、专有技术使用权转让书据印花税税率从原先的万分之五降低为万分之三；⑤营业账簿印花税税率从原先按对"实收资本和资本公积合计"的万分之五降低为万分之二点五。

（三）计税依据

《印花税法》规定，印花税的计税依据分别是：①应税合同的计税依据，为合同所列的金额，不包括列明的增值税税款；②应税产权转移书据的计税依据，为产权转移书据所列的金额，不包括列明的增值税税款；③应税营业账簿的计税依据，为账簿记载的实收资本（股本）、资本公积合计金额；④证券交易的计税依据，为成交金额。应税合同、产权转移书据未列明金额的，印花税的计税依据按照实际结算的金额确定。

计税依据按照以上规定仍不能确定的，按照书立合同、产权转移书据时的市场价格确定；依法应当执行政府定价或者政府指导价的，按照国家有关规定确定。

（四）免征规定

《印花税法》新增了印花税的免税情形，免征印花税的凭证有：①应税凭证的副本或者抄本；②依照法律规定应当予以免税的外国驻华使馆、领事馆和国际组织驻华代表机构为获得馆舍书立的应税凭证；③中国人民解放军、中国人民武装警察部队书立的应税凭证；④农民、家庭农场、农民专业合作社、农村集体经济组织、村民委员会购买农业生产资料或者销售农产品书立的买卖合同和农业保险合同；⑤无息或者贴息借款合同、国际金融组织向中国提供优惠贷款书立的借款合同；⑥财产所有权人将财产赠与政府、学校、社会福利机构、慈善组织书立的产权转移书据；⑦非营利性医疗卫生机构采购药品或者卫生材料书立的买卖合同；⑧个人与电子商务经营者订立的电子订单。

《印花税法》还规定，根据国民经济和社会发展的需要，国务院对居民住房需求保障、企业改制重组、破产、支持小型微型企业发展等情形可以规定减征或者免征印花税，报全国人民代表大会常务委员会备案。

第七节　有关房地产税收的优惠政策

税收优惠政策是指税法对某些纳税人和征税对象给予鼓励和照顾的一种特殊规定，如免除其应缴的全部或部分税款，或者按照其缴纳税款的一定比例给予返还等，从而减轻其税收负担，也是国家利用税收调节经济的具体手段。对特殊房地产产品如普通住房、经济适用住房等，以及对特别房地产交易主体如住房刚需家庭等，实施税收优惠政策，有利于促进房地产业与社会经济的协调发展。

一、享受优惠政策的普通住房标准

《国务院办公厅转发建设部等部门关于做好稳定住房价格工作意见的通知》规定，享受优惠政策的住房应同时满足以下条件：

（1）住宅小区建筑容积率在 1.0 以上；

（2）单套建筑面积在 120m² 以下；

（3）实际成交价格低于同级别土地上住房平均交易价格 1.2 倍以下。

各省、自治区、直辖市要根据实际情况，制定本地区享受优惠政策普通住房的具体标准。允许单套建筑面积和价格标准适当浮动，但向上浮动的比例不得超过上述标准的 20%。

二、个人购买销售住房税收优惠政策

（一）增值税优惠政策

根据《财政部　国家税务总局关于全面推开营业税改征增值税试点的通知》中附件 3《营业税改征增值税试点过渡政策的规定》，北京市、上海市、广州市、深圳市以外的地区实行以下优惠政策：个人将购买不足 2 年的住房对外销售的，按照 5% 的征收率全额缴纳增值税；个人将购买 2 年以上（含 2 年）的住房对外销售的，免征增值税。北京市、上海市、广州市、深圳市实行的优惠政策：个人将购买不足 2 年的住房对外销售的，按照 5% 的征收率全额缴纳增值税；个人将购买 2 年以上（含 2 年）的非普通住房对外销售的，以销售收入减去购买住房价款后的差额按照 5% 的征收率缴纳增值税；个人将购买 2 年以上（含 2 年）的普通住房对外销售的，免征增值税。

（二）契税

根据《财政部 国家税务总局 住房城乡建设部关于调整房地产交易环节契税营业税优惠政策的通知》，对个人购买家庭唯一住房（家庭成员范围包括购房人、配偶以及未成年子女，下同），面积为 90m² 及以下的，减按 1% 的税率征收契税；面积为 90m² 以上的，减按 1.5% 的税率征收契税。除北京、上海、广州、深圳外，对个人购买家庭第二套改善性住房，面积为 90m² 及以下的，减按 1% 的税率征收契税；面积为 90m² 以上的，减按 2% 的税率征收契税。家庭第二套改善性住房是指已拥有一套住房的家庭，购买的家庭第二套住房。

纳税人申请享受税收优惠的，根据纳税人的申请或授权，由购房所在地的房地产主管部门出具纳税人家庭住房情况书面查询结果，并将查询结果和相关住房信息及时传递给税务机关。暂不具备查询条件而不能提供家庭住房查询结果的，纳税人应向税务机关提交家庭住房实有套数书面诚信保证，诚信保证不实的，属于虚假纳税申报，按照《税收征收管理法》的有关规定处理，并将不诚信记录纳入个人征信系统。

根据《国家税务总局 财政部 建设部关于加强房地产税收管理的通知》和《国家税务总局关于房地产税收政策执行中几个具体问题的通知》的规定，个人购买住房以取得的房屋产权证或契税完税证明上注明的时间作为其购买房屋的时间。契税完税证明中注明的时间，是指契税完税证明上注明的填发日期。纳税人申报时，同时出具房屋产权证和契税完税证明且二者所注明的时间不一致的，按照"孰先"的原则确定购买房屋的时间。即房屋产权证上注明的时间早于契税完税证明上注明的时间的，以房屋产权证上注明的时间为购买房屋的时间；契税完税证明上注明的时间早于房屋产权证上注明的时间的，以契税完税证明上注明的时间为购买房屋的时间。对于根据国家房改政策购买的公有住房，以购房合同的生效时间、房款收据的开具日期或房屋产权证上注明的时间，按照"孰先"的原则确定购买房屋的时间。按照便民、高效原则，房地产主管部门应按规定及时出具纳税人家庭住房情况书面查询结果，税务机关应对纳税人提出的税收优惠申请限时办结。

（三）土地增值税

根据《财政部 国家税务总局关于调整房地产交易环节税收政策的通知》，对个人销售住房暂免征收土地增值税。

（四）个人所得税

根据《财政部 国家税务总局 建设部关于个人出售住房所得征收个人所得税有关问题的通知》，就个人出售住房所得征收个人所得税的有关规定和优惠政策主要有：

（1）个人出售自有住房取得的所得应按照"财产转让所得"项目征收个人所得税。

（2）个人出售自有住房的应纳税所得额，按下列原则确定：

个人出售已购公有住房，其应纳税所得额为个人出售已购公有住房的销售价，减除住房面积标准的经济适用住房价款、原支付超过住房面积标准的房价款、向财政或原产权单位缴纳的所得收益以及税法规定的合理费用后的余额。

职工以成本价（或标准价）出资的集资合作建房、安居工程住房、经济适用住房以及拆迁安置住房，比照已购公有住房确定应纳税所得额。

（3）对个人转让自用 5 年以上，并且是家庭唯一生活用房取得的所得，继续免征个人所得税。

（五）印花税

根据《财政部　国家税务总局关于调整房地产交易环节税收政策的通知》，对个人销售或购买住房暂免征收印花税。

三、住房租赁税收优惠政策

根据《财政部　国家税务总局关于廉租住房经济适用住房和住房租赁有关税收政策的通知》《国务院办公厅关于加快培育和发展住房租赁市场的若干意见》《财政部　税务总局　住房城乡建设部关于完善住房租赁有关税收政策的公告》，住房租赁税收的优惠政策主要有以下几项。

（一）对个人出租住房

（1）对个人出租住房所得，减半征收个人所得税。

（2）对个人出租、承租住房签订的租赁合同，免征印花税。

（3）对个人出租住房，不区分用途，按 4% 的税率征收房产税，免征城镇土地使用税。

（4）对个人出租住房的，由按照 5% 的征收率减按 1.5% 计算缴纳增值税。

（二）对住房租赁企业出租住房

根据《财政部　税务总局　住房城乡建设部关于完善住房租赁有关税收政策的公告》，住房租赁企业是指按规定向住房城乡建设主管部门进行开业报告或者备案的从事住房租赁经营业务的企业。专业化规模化住房租赁企业的标准为：企业在开业报告或者备案城市内持有或者经营租赁住房 1000 套（间）及以上或者建筑面积 3 万 m^2 及以上。各省、自治区、直辖市住房城乡建设主管部门会同同级财政、税务部门，可根据租赁市场发展情况，对本地区全部或者部分城市在

50%的幅度内下调标准。

住房租赁企业中的增值税一般纳税人向个人出租住房取得的全部出租收入，可以选择适用简易计税方法，按照5%的征收率减按1.5%计算缴纳增值税，或适用一般计税方法计算缴纳增值税。住房租赁企业中的增值税小规模纳税人向个人出租住房，按照5%的征收率减按1.5%计算缴纳增值税。住房租赁企业向个人出租住房适用简易计税方法并进行预缴的，减按1.5%预征率预缴增值税。对利用非居住存量土地和非居住存量房屋（含商业办公用房、工业厂房改造后出租用于居住的房屋）建设的保障性租赁住房，取得保障性租赁住房项目认定书后，住房租赁企业向个人出租上述保障性租赁住房比照适用以上增值税政策。

（三）对单位和机构出租住房

（1）对企事业单位、社会团体以及其他组织向个人、专业化规模化住房租赁企业出租住房的，减按4%的税率征收房产税。对利用非居住存量土地和非居住存量房屋（含商业办公用房、工业厂房改造后出租用于居住的房屋）建设的保障性租赁住房，取得保障性租赁住房项目认定书后，企事业单位、社会团体以及其他组织向个人、专业化规模化住房租赁企业出租上述保障性租赁住房，比照适用以上房产税政策。

（2）对房地产中介机构提供住房租赁经纪代理服务，适用6%的增值税税率；对一般纳税人出租在实施营改增试点前取得的不动产，允许选择适用简易计税办法，按照5%的征收率计算缴纳增值税。

四、经济适用住房的税收优惠政策

根据《财政部 国家税务总局关于廉租住房经济适用住房和住房租赁有关税收政策的通知》，自2007年8月1日起执行以下经济适用住房税收优惠政策。

（1）对经济适用住房建设用地，免征城镇土地使用税。房地产开发企业在商品住房项目中配套建造经济适用住房，如能提供政府部门出具的相关材料，可按经济适用住房建筑面积占总建筑面积的比例免征开发商应缴纳的城镇土地使用税。

（2）企事业单位、社会团体以及其他组织转让旧房作为经济适用住房房源且增值额未超过扣除项目金额20%的，免征土地增值税。

（3）对经济适用住房经营管理单位与经济适用住房相关的印花税以及经济适用住房购买人涉及的印花税予以免征。房地产开发企业在商品住房项目中配套建造经济适用住房，如能提供政府部门出具的相关材料，可按经济适用住房建筑面积占总建筑面积的比例免征开发商应缴纳的印花税。

（4）对经济适用住房经营管理单位回购经济适用住房继续作为经济适用住房房源的，免征契税。

（5）对个人购买经济适用住房，在法定税率基础上减半征收契税。

（6）经济适用住房、经济适用住房购买人等须符合《国务院关于解决城市低收入家庭住房困难的若干意见》及《经济适用住房管理办法》的规定；经济适用住房经营管理单位为县级以上人民政府主办或确定的单位。

复 习 思 考 题

1. 税收特征有哪些？

2. 税收制度基本要素有哪些？

3. 我国现行税率主要有哪几种？

4. 什么是房产税？如何计算？

5. 什么是城镇土地使用税？如何计算？

6. 什么是耕地占用税？如何计算？

7. 什么是土地增值税？其纳税义务人包括哪些？土地增值税税率为多少？

8. 计算土地增值税时，允许从房地产转让收入总额中扣除哪些项目？

9. 计算增值额的扣除项目中，房地产开发成本、房地产开发费用各包括哪些项目？

10. 什么是契税？如何计算？

11. 什么是增值税、城市维护建设税和教育费附加？如何计算？

12. 什么是企业所得税？如何计算应纳税所得额？税率是多少？

13. 哪些房地产税种采取比例税率？哪些税种采用累进税率？哪些税种采用定额税率？

14. 房地产税收的优惠政策有哪些？

15. 销售、转让房屋的增值税应如何计算？

第九章　不动产登记制度法规政策

第一节　不动产登记概述

我们通常所说的物，包括动产和不动产。通俗地讲，动产是可移动的物；不动产是不可移动、通常不移动或者移动后会造成价值贬损的物。根据《不动产登记暂行条例》第二条的规定，不动产是指土地、海域以及房屋、林木等定着物。《民法典》规定，动产物权的设立和转让，应当依照法律规定交付。不动产物权的设立、变更、转让和消灭，应当依照法律规定登记。按照物权法定原则，不动产物权的种类和内容必须由法律规定，任何人不能创设物权。不动产物权包括所有权、用益物权、担保物权。不动产所有权包括国家所有权和集体所有权、私人所有权、业主的建筑物区分所有权。不动产用益物权包括土地承包经营权、建设用地使用权、宅基地使用权、居住权、地役权。不动产担保物权包括不动产抵押权。除不动产所有权以外的权利，也统称为不动产他项权利。

一、不动产登记的概念和机构

（一）不动产登记概念

不动产登记是指不动产登记机构依法将不动产权利归属和其他法定事项记载于不动产登记簿的行为。《民法典》第二百零九条规定，不动产物权的设立、变更、转让和消灭，经依法登记，发生效力；未经登记，不发生效力，但是法律另有规定的除外。对于依照法律规定需要登记的不动产物权，通过将不动产物权设立、转移、变更和消灭等情况在不动产登记簿上予以记载的方式，使第三人知晓不动产物权情况，达到向社会公示，在保护不动产权利人权益的同时，也避免第三人遭受损害，保护交易安全。在有些情形下，无需登记即可取得不动产的物权。例如，《民法典》第二百三十条规定，因继承取得物权的，自继承开始时发生效力。

在实行不动产登记制度之前，我国土地、房屋采取订立契约的形式予以确认，并由人与人的私下交易行为，逐步发展到官方介入的社会行为。土地、房屋买卖契约由民间立契（俗称草契、白契）发展到由官方加盖印章的官契（俗称红契）。中华人民共和国成立后，我国逐步实现土地、房屋交易管理与登记并存管理的制度。1995 年 1 月 1 日起施行的《城市房地产管理法》规定"国家实行土地使用权和房屋所有权登记发证制度"。2007 年 10 月 1 日起施行的《物权法》，确定了不动产统一登记的制度。根据《物权法》，2015 年 3 月 1 日起实施的《不动产登记暂行条例》，对不动产登记的范围、程序等做出了原则性规定。2021 年 1 月 1 日起实施的《民法典》在延续《物权法》有关不动产登记立法精神的基础上，对不动产登记作出了规定。

（二）不动产登记机构设置和职责

1. 不动产登记机构设置

在国家实施不动产统一登记制度前，原土地、住房城乡建设（房地产）、农业、林业等部门依据《土地管理法》《城市房地产管理法》《森林法》等法律，分别负责土地、房屋和林木、林地等登记工作。2013 年 12 月，中央机构编制委员会印发了《中央编办关于整合不动产登记职责的通知》，确定国土资源部负责指导监督全国土地登记、房屋登记、林地登记、海域登记等不动产登记工作。住房和城乡建设部、国家林业局、国家海洋局等协同国土资源部分别指导房屋、林地、海域登记工作。农村土地承包经营权纳入不动产统一登记予以 5 年过渡期。过渡期内，农业部会同国土资源部等部门负责指导农村土地承包经营权的统一登记工作。过渡期后，由国土资源部指导。2015 年 3 月 1 日起施行的《不动产登记暂行条例》第六条规定，国务院国土资源主管部门负责指导、监督全国不动产登记工作。县级以上地方人民政府应当确定一个部门为本行政区域的不动产登记机构，负责不动产登记工作，并接受上级人民政府不动产登记主管部门的指导、监督。因此，在中央层面，国土资源主管部门负责指导监督不动产登记工作，住房城乡建设主管部门协同指导房屋登记工作。在地方层面，不动产登记机构如何设立由地方人民政府确定。根据《不动产登记暂行条例》，不动产登记由不动产所在地的县级人民政府不动产登记机构办理；直辖市、设区的市人民政府可以确定本级不动产登记机构统一办理所属各区的不动产登记。跨县级行政区域的不动产登记，由所跨县级行政区域的不动产登记机构分别办理。不能分别办理的，由所跨县级行政区域的不动产登记机构协商办理；协商不成的，由共同的上一级人民政府不动产登记主管部门指定办理。国务院确定的重点国有林区的森林、林木和林地，国务院批准项目用海、用岛，中央国家机关使用的国有土地等不动产登记，由国务院国土资源主管部门会同有关部门规定。2018 年 3 月 17 日，根据中国共产党的十九届三中全会审议通过的《深化党和国家机构改革方案》，第十三届全国人民代表大会第一次会议审议批准的国务院机构改革方案，设立自然资源部负责指导监督全国自然资源和不动产确权登记工作。

2. 不动产登记机构职责

不动产登记机构在《民法典》中被称为"登记机构"。《民法典》第二百一十二条、第二百一十八条规定，登记机构应当履行的职责包括：查验申请人提供的权属证明和其他必要材料；就有关登记事项询问申请人；如实、及时登记有关事项；法律、行政法规规定的其他职责。申请登记的不动产有关情况需要进一步证明的，登记机构可以要求申请人补充材料，必要时可以实地查看；登记机构应当为权利人、利害关系人提供登记资料查询、复制服务。

《民法典》第二百一十三条对登记机构禁止行为也作出了规定，包括：不得要求对不动产进行评估；不得以年检等名义进行重复登记；不得有超出登记职责范围的其他行为。《民法典》第二百二十二条规定，因登记错误，给他人造成损害的，登记机构应当承担赔偿责任。登记机构赔偿后，可以向造成登记错误的人追偿。

二、不动产登记范围

不动产登记范围为依法需要登记的不动产物权。需要注意的是，并不是所有的物权等需要登记。按照《不动产登记暂行条例》第五条的规定，不动产登记的范围是：①集体土地所有权；②房屋等建筑物、构筑物所有权；③森林、林木所有权；④耕地、林地、草地等土地承包经营权；⑤建设用地使用权；⑥宅基地使用权；⑦海域使用权；⑧地役权；⑨抵押权；⑩法律规定需要登记的其他不动产权利。

（一）集体土地所有权

《民法典》规定，包括集体土地所有权在内的农民集体所有的不动产，属于本集体成员集体所有。集体土地所有权属于村农民集体所有的，由村集体经济组织或者村民委员会依法代表集体行使所有权；分别属于村内两个以上农民集体所有的，由村内各该集体经济组织或者村民小组依法代表集体行使所有权；属于乡镇农民集体所有的，由乡镇集体经济组织代表集体行使所有权。

（二）房屋等建筑物、构筑物所有权

房屋等建筑物、构筑物是不动产的重要组成部分。房屋等建筑物、构筑物的所有权人可依法对房屋等建筑物、构筑物行使占用、收益、使用、处分的权利。房屋等建筑物、构筑物所有权可以由一个主体单独所有，也可以由若干主体按份共有或者共同共有。除因人民法院和仲裁委员会的法律文书或者人民政府的征收

决定、继承等事实行为导致取得、变更、转让或者消灭房屋等建筑物、构筑物所有权的外，其他行为取得房屋等建筑物、构筑物所有权的，应当依法申请不动产登记，自记载于不动产登记簿时发生物权效力；未经登记，不发生物权效力。需要注意的是，虽因人民法院、仲裁委员会的法律文书或者继承等事实行为，不经登记可以享有房屋等建筑物、构筑物所有权，但如果如买卖、抵押等处分通过上述行为享有的物权，则需要依照法律规定办理登记的，未经登记，不发生物权效力。

（三）森林、林木所有权

森林、林木附着于土地之上，其依土地而生长，属于地上的附着物，虽可以移动，但法律上通常仍将其视为不动产，其所有权按照不动产物权进行登记。

（四）耕地、林地、草地等土地承包经营权

耕地、林地、草地等土地承包经营权是《民法典》确定的一项用益物权。《民法典》规定，土地承包经营权人依法对其承包经营的耕地、林地、草地等享有占有、使用和收益的权利，有权从事种植业、林业、畜牧业等农业生产。耕地的承包期为 30 年。草地的承包期为 30～50 年。林地的承包期为 30～70 年。承包期限届满，由土地承包经营权人依照农村土地承包的法律规定继续承包。土地承包经营权自土地承包经营权合同生效时设立。登记机构应当向土地承包经营权人发放土地承包经营权证、林权证等证书，并登记造册，确认土地承包经营权。土地承包经营权互换、转让的，当事人可以向登记机构申请登记，也可以不申请登记；未经登记，不得对抗善意第三人。

（五）建设用地使用权

《民法典》规定，建设用地使用权可以在土地的地表、地上或者地下分别设立。建设用地使用权人依法对国家所有的土地享有占有、使用和收益的权利，有权利用该土地建造建筑物、构筑物及其附属设施。建设用地使用权人有权将建设用地使用权转让、互换、出资、赠与或者抵押，但是法律另有规定的除外。建设用地使用权转让、互换、出资或者赠与的，附着于该土地上的建筑物、构筑物及其附属设施一并处分。设立建设用地使用权的，应当向登记机构申请建设用地使用权登记。建设用地使用权自登记时设立。登记机构应当向建设用地使用权人发放权属证书。建设用地使用权消灭的，出让人应当及时办理注销登记。登记机构应当收回权属证书。

（六）宅基地使用权

《民法典》规定，宅基地使用权人依法对集体所有的土地享有占有和使用的权利，有权依法利用该土地建造住宅及其附属设施。宅基地因自然灾害等原因灭失的，宅基地使用权消灭。对失去宅基地的村民，应当依法重新分配宅基地。已经登记的宅基地使用权转让或者消灭的，应当及时办理变更登记或者注销登记。

（七）海域使用权

海域使用权是指组织或者个人依法取得对国家所有的特定海域排他性使用权。《海域使用管理法》规定，海域属于国家所有，国务院代表国家行使海域所有权。任何单位或者个人不得侵占、买卖或者以其他形式非法转让海域。单位和个人使用海域，必须依法取得海域使用权。按照不同用途，海域使用权最高期限分别为：养殖用海 15 年；拆船用海 30 年；旅游、娱乐用海 25 年；盐业、矿业用海 30 年；公益事业用海 40 年；港口、修造船厂等建设工程用海 50 年。

（八）地役权

《民法典》规定，设立地役权，当事人应当采用书面形式订立地役权合同。地役权自地役权合同生效时设立。当事人要求登记的，可以向登记机构申请地役权登记；未经登记，不得对抗善意第三人。"善意"指在第三人无过失地相信供役地上没有地役权时，需役地权利人不能向其主张地役权，除非有关地役权经过了登记。已经登记的地役权变更、转让或者消灭的，应当及时办理变更登记或者注销登记。

（九）抵押权

抵押权是指为担保债务的履行，债务人或者第三人不转移财产的占有，将该财产抵押给债权人的，债务人不履行到期债务或者发生当事人约定的实现抵押权的情形，债权人有权就该财产优先受偿。债务人或者第三人为抵押人，债权人为抵押权人，提供担保的财产为抵押财产。以不动产抵押的，抵押权自登记时设立。

（十）法律规定需要登记的其他不动产权利

除上述（一）～（九）项内容外，法律规定需要登记的其他不动产权利，也应当依法办理登记。例如，居住权，由于《不动产登记暂行条例》是在《民法典》颁布之前拟定的，所以该暂行条例没有居住权登记的规定，但并不意味着居住权不属于不动产登记的范畴。《民法典》第三百六十八条规定，设立居住权的，应当向登记机构申请居住权登记。居住权自登记时设立。居住权期限届满或者居住权人死亡的，居住权消灭。居住权消灭的，应当及时办理注销登记。因此，居住权也属于不动产登记的范围，需依法登记后设立。

三、不动产单元

（一）不动产单元设定

《不动产登记暂行条例》规定，不动产以不动产单元为基本单位进行登记。

不动产单元具有唯一编码。不动产单元是指权属界线固定封闭且具有独立使用价值的空间，由定着物单元和其所在宗地（宗海）共同组成，是不动产登记的基本单位。没有房屋等建筑物、构筑物以及森林、林木定着物的，以土地、海域权属界线封闭的空间为不动产单元。有房屋等建筑物、构筑物以及森林、林木定着物的，以该房屋等建筑物、构筑物以及森林、林木定着物与土地、海域权属界线封闭的空间为不动产单元。

为适应不动产权籍调查与登记的需要，需要合理划分不动产单元并以按一定的规则赋予不动产单元的唯一和可识别的标识码，实现不动产单元设定和编码的标准化。唯一和可识别的标识码也称为不动产单元号。一宗土地所有权宗地应设为一个不动产单元。无定着物的一宗使用权宗地（宗海）应设为一个不动产单元。有定着物的一宗使用权宗地（宗海），宗地（宗海）内的每个定着物单元与该宗地（宗海）应设为一个不动产单元。

（二）不动产单元代码编制

1. 不动产单元代码层次结构

不动产单元代码采用七层 28 位层次码结构，由宗地（宗海）代码与定着物单元代码构成，具体如下：

（1）宗地（宗海）代码为五层 19 位层次码，按层次分别表示县级行政区划代码、地籍区代码、地籍子区代码、宗地（宗海）特征码、宗地（宗海）顺序号；其中宗地（宗海）特征码和宗地（宗海）顺序号组成宗地（宗海）号。

（2）定着物单元代码为二层 9 位层次码，按层次分别表示定着物特征码、定着物单元号。

2. 不动产单元代码分层编码规则

不动产单元代码采用分层编码，具体如下：

（1）第一层次为县级行政区划代码，码长为 6 位，采用《中华人民共和国行政区划代码》GB/T 2260 中规定的数字代码。国务院确定的重点国有林区的森林、林木和林地，以及国务院批准的项目用海、用岛，跨行政区的，行政区划代码可采用共同的上一级行政区划代码；跨省级行政区的，行政区划代码采用"860000"表示。

（2）第二层次为地籍区代码，码长为 3 位，码值为 000～999。海籍调查时，地籍区代码可用"000"表示，其中，国务院批准的项目用海、用岛，地籍区代码采用"111"表示；国务院确定的重点国有林区的森林、林木和林地，地籍区代码可用"900"表示；公路、铁路等线性地物地籍区代码可用"999"表示。

（3）第三层次为地籍子区代码，码长为 3 位，码值为 000～999。海籍调查时，地籍子区代码可用"000"表示，其中，国务院批准的项目用海、用岛，地籍子区代码采用"111"表示；国务院确定的重点国有林区的森林、林木和林地，地籍子区代码可用"900"表示；公路、铁路等线性地物地籍子区代码可用"000"表示。

（4）第四层次为宗地（宗海）特征码，码长为2位。第1位用 G、J、Z 表示。"G"表示国家土地（海域）所有权，"J"表示集体土地所有权，"Z"表示土地（海域）所有权未确定或有争议。第2位用 A、B、S、X、C、D、E、F、L、N、H、G、W、Y 表示。"A"表示土地所有权宗地；"B"表示建设用地使用权宗地（地表）；"S"表示建设用地使用权宗地（地上）；"X"表示建设用地使用权宗地（地下）；"C"表示宅基地使用权宗地；"D"表示土地承包经营权宗地（耕地）；"E"表示土地承包经营权宗地（林地）；"F"表示土地承包经营权宗地（草地）；"L"表示林地使用权宗地（承包经营以外的）；"N"表示农用地的使用权宗地（承包经营以外的、非林地）；"H"表示海域使用权宗海；"G"表示无居民海岛使用权海岛；"W"表示使用权未确定或有争议的宗地；"Y"表示其他使用权宗地，用于宗地特征扩展。

（5）第五层次为宗地（宗海）顺序号，码长为5位，码值为00001～99999，在相应的宗地（宗海）特征码后顺序编号。

（6）第六层次为定着物特征码，码长为1位，用 F、L、Q、W 表示。"F"表示房屋等建筑物、构筑物；"L"表示森林或林木；"Q"表示其他类型的定着物，"W"表示无定着物。

（7）第七层次为定着物单元号，码长为8位，具体为：

定着物为房屋等建筑物、构筑物的，定着物单元在使用权宗地（宗海）内应具有唯一编号；前4位表示幢号，码值为0001～9999；后4位表示户号，码值为0001～9999。

定着物为森林、林木的，定着物单元在使用权宗地（宗海）内应具有唯一的编号，码值为00000001～99999999。

定着物为其他类型的，定着物单元在使用权宗地（宗海）内应具有唯一的编号，码值为00000001～99999999。

集体土地所有权宗地或使用权宗地（宗海）内无定着物的，定着物单元代码用"W00000000"表示。

四、不动产登记类型和程序

（一）不动产登记类型

不动产登记有多种分类方法。如按照登记的物的类型划分，可分为土地登记、房屋登记和林权登记等；按照登记的物权的类型划分，可分为所有权登记和他项权利登记；按照登记的效力不同，可分为本登记与预告登记。按照登记的业务类型划分，可分为首次登记、变更登记、转移登记、注销登记、更正登记、异议登记、查封登记和预告登记。我们通常所说的申请办理某类不动产登记，一般采用"登记物的类型＋物权类型＋业务类型"的方式进行描述。例如：张某购买李某的房屋，应当申请办理房屋（物的类型）＋所有权（物权类型）＋转移登记（业务类型）。

　　1. 按照登记的物分类

　　（1）土地登记是指不动产登记机构依法将土地权利及相关事项在不动产登记簿上予以记载的行为。如集体土地所有权登记、国有建设用地使用权登记、集体建设用地使用权登记、宅基地使用权登记、土地使用权抵押登记等。

　　（2）房屋登记是指不动产登记机构依法将房屋建筑物、构筑物权利及相关事项在不动产登记簿上予以记载的行为。如房屋所有权登记、房屋抵押权登记、预购商品房预告登记。

　　（3）林权登记是指不动产登记机构依法对森林、林木和林地权利及其相关事项在不动产登记簿上予以记载的行为。如森林、林木和林地的所有权、使用权等。

　　2. 按照登记的物权分类

　　（1）不动产所有权登记。不动产所有权登记，是指不动产登记机构依法将不动产所有权及相关事项在不动产登记簿上予以记载的行为。如因房屋买卖、互换、赠与、继承、受遗赠、以房屋出资入股，导致房屋所有权发生转移的，当事人应当在有关法律文件生效或者事实发生后申请房屋所有权转移登记。所有权是对物独占的支配权，其权能包括占有、使用、收益和处分。《民法典》第二百四十一条规定，所有权人有权在自己的不动产或者动产上设立用益物权和担保物权。用益物权人、担保物权人行使权利，不得损害所有权人的权益。所有权人在自己的不动产或动产上设立用益物权和担保物权，是其行使权利的具体体现。如不动产所有权人将不动产抵押给他人，就是所有权人行使其权能。

　　（2）不动产他项权利登记。不动产他项权利登记是指不动产登记机构依法将他项权利及相关事项在不动产登记簿上予以记载的行为。不动产他项权利是指除不动产所有权以外的其他物权。不动产他项权利包括用益物权和担保物权。

　　1）不动产用益物权登记。根据《民法典》，不动产用益物权包括土地承包经营权、建设用地使用权、宅基地使用权、居住权、地役权。房地产估价业务中，除房屋所有权登记、不动产抵押权登记外，房地产估价师还经常涉及建设用地使用权登记。依法利用国有建设用地建造房屋的，可以申请国有建设用地使用权及房屋所有权登记。办理房屋所有权首次登记时，申请人应当将建筑区划内依法属于业主共有的道路、绿地、其他公共场所、公用设施和物业服务用房及其占用范围内的建设用地使用权一并申请登记为业主共有。业主转让房屋所有权的，其对共有部分享有的权利依法一并转让。申请国有建设用地使用权及房屋所有权变更登记的，应当根据不同情况，提交相关材料。申请国有建设用地使用权及房屋所有权转移登记的，应当根据不同情况，提交相关材料。不动产买卖合同依法应当备案的，申请人申请登记时须提交经备案的买卖合同。

2）不动产担保物权登记。不动产担保物权即不动产抵押权，包括抵押权设立登记、变更登记、转移登记和注销登记。申请抵押权登记，应当提交登记申请书、申请人的身份证明、不动产所有权证书、抵押合同、主债权合同和其他必要材料。对符合规定条件的，不动产登记机构应当将抵押当事人及债务人的名称（姓名）、被担保债权数额和登记时间记载于不动产登记簿。

设立最高额抵押权的，对最高额抵押权设立前已存在债权转入最高额抵押担保的债权范围，申请登记的，申请人还应当提交已存在债权的合同或其他登记原因证明材料、抵押人与抵押权人同意将该债权纳入最高额抵押权担保范围的书面材料。对符合规定条件的最高额抵押权设立登记，不动产登记机构应当将抵押当事人及债务人的名称（姓名）、登记时间、最高债权额、债权确定的期间记载于不动产登记簿，并明确记载其为最高额抵押权。

此外，《民法典》还将正在建造的建筑物抵押纳入抵押权登记的范畴。当事人申请在建建筑物抵押权首次登记时，抵押财产不包括已经办理预告登记的预购商品房和已经办理预售备案的商品房。在建工程抵押权登记事项在不动产登记簿上予以记载后，不动产登记机构向在建工程抵押权人发放抵押登记证明。在建工程竣工并经房屋所有权首次登记后，当事人应当申请将在建工程抵押权登记转为房屋抵押权登记。

3. 按照登记的效力及类型分类

（1）本登记。本登记是对不动产物权的设立、变更、转让以及消灭等法律事实进行的登记，具有终局、确定的效力，因此又被称为"终局登记"。如房屋所有权首次登记、房屋所有权转移登记等都属于本登记。本登记包括：

1）首次登记。是指不动产权利第一次登记。未办理不动产首次登记的，不得办理不动产其他类型登记，但法律、行政法规另有规定的除外。

2）转移登记。是指不动产物权转移时进行的登记。由于我国实行土地公有制即国家所有与集体所有，土地所有权不能转让。即便是集体所有的土地变为国家所有的土地，也只是通过征收的方式。因此，转移登记仅适用于土地使用权、房屋所有权及抵押权等其他物权发生转移的情形。

3）变更登记。是指不动产物权归属的主体不变，而只是物权的内容、客体等发生变化时进行的登记。如不动产的面积、坐落发生变化，权利人更名时，应申请变更登记。

4）注销登记。是指因法定或约定之原因使已登记的不动产物权归于消灭或因自然的、人为的原因使不动产本身灭失时进行的一种登记。如抵押权已实现，应申请抵押权注销等。

5）更正登记和异议登记。更正登记和异议登记都是保护事实上的权利人或者真正权利人以及真正权利状态的法律措施。更正登记是对原登记权利的涂销，同时对真正权利进行登记。异议登记是将事实上的权利人以及利害关系人对不动产登记簿中记载的权利所提出的异议记入登记簿中，其法律效力是使登记簿所记载权利失去推定的效力。《民法典》第二百二十条规定，权利人、利害关系人认为不动产登记簿记载的事项错误的，可以申请更正登记。不动产登记簿记载的权利人书面同意更正或者有证据证明登记确有错误的，登记机构应当予以更正。不动产登记簿记载的权利人不同意更正的，利害关系人可以申请异议登记。登记机构予以异议登记的，申请人自异议登记之日起 15 日内不提起诉讼的，异议登记失效。异议登记不当，造成权利人损害的，权利人可以向申请人请求损害赔偿。

6）查封登记。是指不动产登记机构按照人民法院协助执行通知书要求，配合人民法院对指定不动产在不动产登记簿上予以注记，以限制权利人处分被查封的不动产的行为。被查封、预查封的房屋，在查封、预查封期间不得办理抵押、转让等权属变更、转移登记手续。根据最高人民法院、建设部、国土资源部联合下发的《关于依法规范人民法院执行和国土资源房地产管理部门协助执行若干问题的通知》，不动产登记机构在协助人民法院执行房屋时，不对生效法律文书和协助执行通知书进行实体审查，认为人民法院查封、预查封的不动产权属错误的，可以向人民法院提出审查建议，但不应当停止办理协助执行事项。

（2）预登记。预登记是在本登记之前进行的登记，其不具有终局、确定的效力，主要目的在于保护权利人的合法权益。如买受人与房地产开发企业签订商品房预售合同后，可申请预购商品房预告登记。《民法典》第二百二十一条规定，当事人签订买卖房屋的协议或者签订其他不动产物权的协议，为保障将来实现物权，按照约定可以向登记机构申请预告登记。预告登记后，未经预告登记的权利人同意，处分该不动产的，不发生物权效力。预告登记后，债权消灭或者自能够进行不动产登记之日起 90 日内未申请登记的，预告登记失效。

需要注意的是，预告登记与房屋交易合同网签备案有着本质的区别，两者不能相互替代。第一，法律依据不同。房屋交易合同网签备案依据的是行政管理法律，即《城市房地产管理法》，属于公法范畴。预告登记依据民事法律，即《民法典》，属于私法范畴。第二，性质不同。房屋交易合同网签备案属于行政措施，是一项行政管理制度。预告登记是由《民法典》规定的一种登记类型、担保方法，兼具物权性与债权性，是一项民事制度。第三，作用不同。房屋交易合同网签备案主要是规范交易活动行为，有助于政府获取房屋交易信息，加强对房地产市场的监管，维护房地产市场秩序。预告登记的主要目的，是保障债权人将来能够实现物权。就预购商品房的预告登记而言，就是使得预购人在预购的房屋办理了所有权初始登记之后，能够办理所有权转移登记，从而确定地取得房屋所有权。第四，强制性不同。房屋交易合同网签备案制度是房屋交易主体应当履行的一项强制性制度。预告登记必须是在双方有预告登记的约定之后，才能申请。如果没有当事人的约定，任何人不得强制他人进行预购商品房的预告登记，不动产登记机构也不能依职权进行预告登记。第五，适用范围不同。房屋交易合同网签备案涵盖了房屋买卖、抵押和租赁等各种交易类型；预告登记仅适用于物权登记，期房和现房的买卖、抵押中可以进行预告登记，在其他不动产物权如建设用地使用权的转让和抵押中，可以申请预告登记。预告登记的法定范围不包括房屋租赁。

4. 按照启动登记的原因分类

按照不动产登记机构启动登记的原因主要可分为依申请登记、依职权登记和依嘱托登记。依申请登记是不动产登记机构依据申请人的申请办理不动产登记。依职权登记是不动产登记机构依据法律法规赋予的职权，不需当事人申请直接办理的不动产登记，主要程序是启动、审核和登簿。依嘱托登记是不动产登记机构依据人民法院、人民检察院等国家有权机关出具的相关嘱托文件办理的不动产登记，主要程序是嘱托、接受嘱托、审核和登簿。不动产登记活动中，绝大多数登记都是经申请启动的。下文将详细介绍因申请启动不动产登记的申请原则、登记程序。

（二）不动产登记申请原则

申请不动产登记，当事人或者其代理人应当到不动产登记机构申请不动产登记。不动产登记以共同申请为原则，以单方申请为例外。即申请不动产登记原则上由当事人双方共同申请，但特殊情形下，也可以单方申请。根据《不动产登记暂行条例》属于下列情形之一的，可以由当事人单方申请：

（1）尚未登记的不动产首次申请登记的；

（2）继承、接受遗赠取得不动产权利的；

（3）人民法院、仲裁机构生效的法律文书或者人民政府生效的决定等设立、变更、转让、消灭不动产权利的；

（4）权利人姓名、名称或者自然状况发生变化，申请变更登记的；

（5）不动产灭失或者权利人放弃不动产权利，申请注销登记的；

（6）申请更正登记或者异议登记的；

（7）法律、行政法规规定可以由当事人单方申请的其他情形。

（三）不动产登记程序

1. 申请

（1）申请人。不动产登记申请人可以是自然人，也可以是法人或非法人组织。申请人为自然人的，应具备完全民事行为能力，即一般为年满 18 周岁智力正常的成年人。未成年人和其他限制行为能力人（如精神病人）由其监护人代为申请。不动产登记申请人可以委托他人代为申请不动产登记，根据《不动产登记暂行条例实施细则》，代理申请不动产登记的，代理人应当向不动产登记机构提供被代理人签字或者盖章的授权委托书。自然人处分不动产，委托代理人申请登记的，应当与代理人共同到不动产登记机构现场签订授权委托书，但授权委托书经公证的除外。境外申请人委托他人办理处分不动产登记的，其授权委托书应当按照国家有关规定办理认证或者公证。

（2）申请材料。申请人对申请材料的真实性负责，如当事人提供虚假材料申请登记，给他人造成损害的，应当承担赔偿责任。申请人申请不动产登记应当提交登记申请书；申请人、代理人身份证明材料、授权委托书；相关的不动产权属来源证明材料、登记原因证明文件、不动产权证书；不动产界址、空间界限、面积等材料；与他人利害关系的说明材料；法律、行政法规以及《不动产登记暂行条例实施细则》规定的其他材料。监护人代为申请时，还应当提交证明其监护身份的证明材料。

为深化"放管服"改革，深入推进审批服务便民化，国务院办公厅《关于压缩不动产登记办理时间的通知》要求，有关部门和单位应当及时提供不动产登记相关信息，与不动产登记机构加强协同联动和信息集成，2019 年底前实现互通共享。与不动产登记相关的材料或信息能够直接通过共享交换平台提取的，不得要求申请人重复提交，提取后不得用于不动产登记之外的其他目的。应当通过共享交换平台提取的主要信息包括：公安部门的户籍人口基本信息，市场监管部门的营业执照信息，机构编制部门的机关、群团、事业单位统一社会信用代码信息，住房城乡建设（房管）部门的竣工验收备案等信息，税务部门的税收信息，银保监部门的金融许可证信息，自然资源部门的规划、测绘、土地出让、土地审批、闲置土地等信息，法院的司法判决信息，民政部门的婚姻登记、涉及人员单位的地名地址等信息，公证机构的公证书信息，国有资产监督管理机构的土地房屋资产调拨信息，卫生健康部门的死亡医学证明、出生医学证明信息等。自然资源部门自身产生的，或者能够通过部门实时信息共享获取、核验的材料，不得要求群众重复提交。出让合同、土地出让价款缴纳凭证、规划核实、竣工验收等证明材料由登记机构直接提取，不得要求申请人自行提交。同时，推行告知承诺制，在不动产继承登记中，逐步推广申请人书面承诺方式替代难以获取的死亡证明、亲属关系证明等材料。对不属于因为权利人原因发生的不动产坐落、地址变化，例如，因行政区划调整导致不动产坐落的街道、门牌号或房屋名称变更，需要变更登记的，由政府相关部门通过信息共享和内部协调方式处理。

2. 受理

不动产登记机构受理不动产登记申请要查验的内容包括：不动产界址、空间界限、面积等材料与申请登记的不动产状况是否一致；有关证明材料、文件与申请登记的内容是否一致；登记申请是否违反法律、行政法规规定。对属于登记职责范围，申请材料齐全、符合法定形式，或者申请人按照要求提交全部补正申请材料的，应当受理并书面告知申请人；申请材料存在可以当场更正的错误的，应当告知申请人当场更正，申请人当场更正后，应当受理并书面告知申请人；申请材料不齐全或者不符合法定形式的，应当当场书面告知申请人不予受理并一次性告知需要补正的全部内容；申请登记的不动产不属于本机构登记范围的，应当当场书面告知申请人不予受理并告知申请人向有登记权的机构申请。

对房屋等建筑物、构筑物所有权首次登记，在建建筑物抵押权登记，因不动产灭失导致的注销登记，以及不动产登记机构认为需要实地查看的情形，不动产登记机构应当实地查看。对可能存在权属争议，或者可能涉及其他利害关系人的登记申请，不动产登记机构可以向申请人、利害关系人或者有关单位进行调查。

对存在尚未解决的权属争议、申请登记的不动产权利超过规定期限，以及对违反法律、行政法规或法律、行政法规规定不予登记情形的，不动产登记机构应当不予登记，并书面告知申请人。不动产登记机构未当场书面告知申请人不予受理的，视为受理。

3. 登簿发证

经查验，申请符合登记条件的，不动产登记机构应当予以登记，依法将各类登记事项准确、完整、清晰地记载于不动产登记簿。同一不动产上设立多个抵押权的，不动产登记机构应当按照受理时间的先后顺序依次办理登记，并记载于不动产登记簿。当事人对抵押权顺位另有约定的，从其规定办理登记。登记事项自记载于不动产登记簿时完成登记。任何人不得损毁不动产登记簿，除依法予以更正外不得修改登记事项。

不动产登记机构完成登记，应当依法向申请人核发不动产权证书或者登记证明。不动产权证书和不动产登记证明由自然资源部统一监制。不动产权证书有单一版和集成版两个版本。单一版证书记载一个不动产单元上的一种权利或者互相兼容的一组权利。集成版证书记载同一权利人在同一登记辖区内享有的多个不动产单元上的不动产权利。目前主要采用单一版证书。不动产登记证明用于证明不动产抵押权、地役权、居住权登记或者预告登记、异议登记等事项。查封登记不颁发不动产权证书或登记证明。除法律另有规定的外，不动产登记机构应当自受理登记申请之日起 30 个工作日内办结不动产登记手续。

五、不动产登记簿

（一）不动产登记簿的内容

不动产登记簿以宗地或者宗海为单位编成，一宗地或者一宗海范围内的全部不动产单元编入一个不动产登记簿。不动产登记簿记载的内容有：不动产的坐落、界址、空间界限、面积、用途等自然状况；权利的主体、类型、内容、来源、期限、权利变化等权属状况；涉及不动产权利限制、提示的事项等。

（二）不动产登记簿的形式

不动产登记簿由不动产登记机构按照统一的登记簿样式自行制作使用。不动产登记机构可以结合地方实际，针对不同的权利登记事项，对登记簿作相应调整，但不得随意减少登记簿的内容。不动产登记簿应当采用电子介质，暂不具备条件的，可以采用纸质介质。不动产登记簿采用电子介质的，应当配备专门的存储设施，采取信息网络安全防护措施，并定期进行异地备份，具有唯一、确定的纸质转化形式。采用纸质介质不动产登记簿的，应当配备必要的防盗、防火、防渍、防有害生物等安全保护设施。

（三）不动产登记簿的效力

《民法典》规定，不动产登记簿是不动产物权归属和内容的根据；不动产物权的设立、变更、转让和消灭，依据法律规定应当登记的，自记载于不动产登记簿时发生效力。《民法典》第二百一十七条规定，不动产权属证书记载的事项，应当与不动产登记簿一致；记载不一致的，除有证据证明不动产登记簿确有错误外，以不动产登记簿为准。

（四）不动产登记簿的使用

不动产登记簿由不动产登记机构指定专人负责管理、永久保存。不动产登记簿损毁、灭失的，不动产登记机构应当及时补造。

不动产权证书和不动产登记证明是不动产登记机构依据不动产登记簿记载的权利内容和事宜，颁发给权利人或登记申请人作为其享有权利或已办理登记的凭证，是不动产登记簿所记载内容的外在表现形式。

六、不动产权证书与证明

（一）不动产权证书

不动产权证书主要内容有：

（1）二维码。由不动产登记机构按照规定自行打印，用于储存不动产登记信息。

（2）登记机构（章）及时间。盖登记机构的不动产登记专用章。登记机构为县级以上人民政府依法确定的、负责不动产登记工作的部门，如：××县人民政府确定由该县自然资源局负责不动产登记工作，则该县自然资源局为不动产登记机构，证书加盖"××县自然资源局不动产登记专用章"。填写登簿的时间，格式为××××年××月××日，如2015年03月01日。

（3）编号。为印制证书的流水号，采用字母与数字的组合。字母"D"表示单一版证书。数字一般为11位。数字前2位为省份代码，北京11、天津12、河北13、山西14、内蒙古15、辽宁21、吉林22、黑龙江23、上海31、江苏32、浙江33、安徽34、福建35、江西36、山东37、河南41、湖北42、湖南43、广东44、广西45、海南46、重庆50、四川51、贵州52、云南53、西藏54、陕西61、甘肃62、青海63、宁夏64、新疆65。国家10，用于国务院自然资源主管部门的登记发证。数字后9位为证书印制的顺序码，码值为000000001～999999999。

（4）不动产权证书号。按照 A（B）C 不动产权第 D 号结构编制。其中："A"处填写登记机构所在省区市的简称；"B"处填写登记年度；"C"处一般填写登记机构所在市县的全称，特殊情况下，可根据实际情况使用简称，但应确保在省级范围内不出现重名；"D"处是年度发证的顺序号，一般为7位，码值为0000001～9999999。如苏（2015）徐州市不动产权第0000001号、苏（2015）睢宁县不动产权第0000001号。国务院自然资源主管部门登记的，"A"处填写"国"；"B"处填写登记年度；"C"处填写"林"或者"海"；"D"处是年度发证的顺序号，一般为7位，码值为0000001～9999999。

（5）权利人。填写不动产权利人的姓名或名称。共有不动产，发一本证书的，权利人填写全部共有人，"权利其他状况"栏记载持证人；共有人分别持证的，权利人填写持证人，其余共有人在"权利其他状况"栏记载。

（6）共有情况。填写单独所有、共同共有或者按份共有的比例。涉及房屋、构筑物的，填写房屋、构筑物的共有情况。

（7）坐落。填写宗地、宗海所在地的地理位置名称。涉及地上房屋的，填写有关部门依法确定的房屋坐落，一般包括街道名称、门牌号、幢号、楼层号、房号等。

（8）不动产单元号。填写不动产单元的编号。

（9）权利类型。根据登记簿记载的内容，填写不动产权利名称。涉及两种的，用"/"分开（"/"由登记机构自行打印）。如：①集体土地所有权；②国家土地所有权；③国有建设用地使用权；④国有建设用地使用权/房屋（构筑物）所有权；⑤宅基地使用权；⑥宅基地使用权/房屋（构筑物）所有权；⑦集体建设用地使用权；⑧集体建设用地使用权/房屋（构筑物）所有权等。

（10）权利性质。国有土地填写划拨、出让、作价出资（入股）、国有土地租赁、授权经营等；集体土地填写家庭承包、其他方式承包、批准拨用、入股、联营等。土地所有权不填写。房屋按照商品房、房改房、经济适用住房、廉租住房、自建房等房屋性质填写。构筑物按照构筑物类型填写。森林、林木按照林种填写。海域、海岛填写审批、出让等涉及两种的，用"/"分开（"/"由登记机构自行打印）。

（11）用途。土地按《土地利用现状分类》填写二级分类，海域按《海域使用分类体系》填写用海类型二级分类。房屋、构筑物填写规划用途。涉及两种的，用"/"分开（"/"由登记机构自行打印）。

（12）面积。填写登记簿记载的不动产单元面积。涉及宗地及房屋、构筑物的，用"/"分开（"/"由登记机构自行打印），分别填写宗地及房屋、构筑物的面积。土地共有的，填写宗地面积。共同共有人和按份共有人及其比例（共有的宗地，填写相应的使用权面积；建筑物区分所有权房屋和共有土地上建筑的房屋，填写独用土地面积与分摊土地面积加总后的土地使用面积）等共有情况在"权利其他状况"栏记载。

（13）使用期限。填写具体不动产权利的使用起止时间，如××××年××月××日起××××年××月××日止。涉及地上房屋、构筑物的，填写土地使用权的起止日期。土地所有权以及未明确权利期限的可以不填。

（14）权利其他状况。根据不同的不动产权利类型，填写相应内容。其中，房屋所有权可以填写的内容主要有：房屋结构（按照钢结构、钢和钢筋混凝土结构、钢筋混凝土结构、混合结构、砖木结构、其他结构等六类填写）；专有建筑面积和分摊建筑面积；房屋总层数和所在层（记载房屋所在建筑物的总层数和所在层）；房屋竣工时间等。

（15）附记。记载设定抵押权、地役权、查封等权利限制或提示事项以及其他需要登记的事项。

（16）附图页。反映不动产界址及四至范围的示意图形，不一定依照比例尺。附图应当打印，暂不具备条件的，可以粘贴。房地一体登记的，附图页要同时打印或粘贴宗地图和房地产平面图。

（二）不动产登记证明

不动产登记证明主要内容有：

（1）证明权利或事项。填写抵押权、地役权或者预告登记、异议登记等事项。

（2）权利人（申请人）。抵押权、地役权或者预告登记，填写权利人姓名或名称。异议登记，填写申请人姓名或名称。

（3）义务人。填写抵押人、供役地权利人或者预告登记的义务人的姓名或名称。异议登记的，可以不填写。

（4）坐落。填写不动产单元所在宗地、宗海的地理位置名称。涉及地上房屋的，填写有关部门依法确定的房屋坐落，一般包括街道名称、门牌号、幢号、楼层号、房号等。

（5）不动产单元号。填写不动产单元的编号。

（6）其他。根据不同的不动产登记事项，分别填写以下内容：抵押权，包括不动产权证书号、抵押的方式和担保债权的数额；地役权，包括供役地的不动产权证书号、需役地的坐落、地役权的内容；预告登记，包括已有的不动产权证书号和预告登记的种类；异议登记，填写异议登记的内容。

（7）附记。记载其他需要填写的事项。

七、不动产登记收费

（一）缴费义务人

不动产登记费由登记申请人缴纳。按规定需由当事人各方共同申请不动产登记的，由登记为不动产权利人的一方缴纳；不动产抵押权登记，由登记为抵押权人的一方缴纳；不动产为多个权利人共有（用）的，由共有（用）人共同缴纳，具体分摊份额由共有（用）人自行协商。

房地产开发企业不得把新建商品房办理首次登记的登记费，以及因提供测绘资料所产生的测绘费等其他费用转嫁给买受人承担；向买受人提供抵押贷款的商业银行，不得把办理抵押权登记的费用转嫁给买受人承担。

不动产登记机构依法办理不动产查封登记、注销登记、预告登记和因不动产登记机构错误导致的更正登记，不得收取不动产登记费。

（二）计费单位

《民法典》第二百二十三条规定，不动产登记费按件收取，不得按照不动产的面积、体积或者价款的比例收取。

申请人以一个不动产单元提出一项不动产权利的登记申请，并完成一个登记类型登记的为一件。申请人以同一宗土地上多个抵押物办理一笔贷款，申请办理抵押权登记的，按一件收费；非同宗土地上多个抵押物办理一笔贷款，申请办理抵押权登记的，按多件收费。

（三）收费标准

《财政部　国家发展和改革委员会关于不动产登记收费有关政策问题的通知》《国家发展改革委　财政部关于不动产登记收费标准等有关问题的通知》《财政部　国家发展改革委关于减免部分行政事业性收费有关政策的通知》先后对不动产登记收费具体标准及相关减免作出了具体规定，不动产登记机构应认真执行收费公示制度，不得擅自增加收费项目、扩大收费范围、提高收费标准或加收其他任何费用，并自觉接受价格、财政部门的监督检查。

1. 住宅类不动产登记费

申请办理下列规划用途为住宅的房屋（以下简称住宅）及其建设用地使用权不动产登记事项，不动产登记费收费标准为每件 80 元：

（1）房地产开发企业等法人、非法人组织、自然人合法建设的住宅，申请办理房屋所有权及其建设用地使用权首次登记；

（2）居民等自然人、法人、非法人组织购买住宅，以及互换、赠与、继承、受遗赠等情形，住宅所有权及其建设用地使用权发生转移，申请办理不动产转移登记；

（3）当事人以住宅及其建设用地设定抵押，办理抵押权首次登记、转移登记；

（4）当事人按照约定在住宅及其建设用地上设定地役权，申请办理地役权首次登记、转移登记。

2. 非住宅类等其他不动产登记费

申请办理下列非住宅类不动产权利的首次登记、转移登记，不动产登记费收费标准为每件 550 元：

（1）住宅以外的房屋等建筑物、构筑物所有权及其建设用地使用权或者海域使用权；

（2）无建筑物、构筑物的建设用地使用权；

（3）地役权；

（4）抵押权。

3. 不动产登记工本费

不动产登记机构按上述规定收取不动产登记费，核发一本不动产权属证书的不收取证书工本费。向一个以上不动产权利人核发权属证书的，每增加一本证书加收证书工本费 10 元。

只收取不动产权属证书每本证书 10 元工本费的情形包括：单独申请宅基地使用权登记的；申请宅基地使用权及地上房屋所有权登记的；夫妻间不动产权利人变更，申请登记的；因不动产权属证书丢失、损坏等原因申请补发、换发证书的。

不动产登记机构依法核发不动产登记证明，不得收取登记证明工本费。

4. 不动产登记费优惠减免

（1）申请不动产异议登记的，按照不动产登记费收费标准减半收取登记费，同时不收取第一本不动产权属证书的工本费。

（2）免收不动产登记费（含第一本不动产权属证书的工本费）的情形包括：申请与房屋配套的车库、车位、储藏室等登记，不单独核发不动产权属证书的；小微企业（含个体工商户）申请不动产登记的；国家法律、法规规定予以免收的。

（3）对申请办理车库、车位、储藏室不动产登记，单独核发不动产权属证书或登记证明的，不动产登记费减按住宅类不动产登记每件 80 元收取。

（4）廉租住房、公共租赁住房、经济适用住房和棚户区改造安置住房所有权及其建设用地使用权办理不动产登记，不收取不动产登记费。

（5）申请办理变更登记、更正登记的，免收不动产登记费。

八、不动产登记法律责任

（一）不动产登记错误赔偿

《民法典》第二百二十二条规定，因登记错误，造成他人损害的，登记机构应当承担赔偿责任。登记机构赔偿后，可以向造成登记错误的人追偿。这里所指的造成登记错误的原因，既包括登记机构工作人员自身原因造成的登记错误，也包括当事人提供虚假材料申请登记原因造成的登记错误。无论是何种原因导致登记错误的，都应当由登记机构赔偿。登记机构赔偿后，可以向造成登记错误的人追偿。这样规定有利于依法为受害人提供更加充分的保护。

（二）不动产登记相关行政、民事、刑事责任

不动产登记涉及行政、民事等活动。登记机构办理不动产登记是行使行政职权的行为，而行政赔偿责任的一个基本要求就是存在行政加害行为，即行政主体及其工作人员行使行政职权而给他人造成损害之行为，即公务行为或公务相关的行为。如存在这种行为，就要承担行政责任。《民法典》第二百二十二条规定，当事人提供虚假材料申请登记，造成他人损害的，应当承担赔偿责任。当事人承担的赔偿责任属于民事责任。无论是当事人还是登记机构工作人员，其行为违反了《刑法》，就要承担刑事责任。

《刑法》第三百八十五条规定，国家工作人员利用职务上的便利，索取他人财物的，或者非法收受他人财物，为他人谋取利益的，是受贿罪。国家工作人员在经济往来中，违反国家规定，收受各种名义的回扣、手续费，归个人所有的，以受贿论处。第三百八十八条规定，国家工作人员利用本人职权或者地位形成的便利条件，通过其他国家工作人员职务上的行为，为请托人谋取不正当利益，索取请托人财物或者收受请托人财物的，以受贿论处。第三百八十六条规定，对犯受贿罪的，根据受贿所得数额及情节予以处罚。索贿的从重处罚。

《刑法》第三百八十九条、第三百九十条规定，为谋取不正当利益，给予国家工作人员以财物的，是行贿罪。对犯行贿罪的，处5年以下有期徒刑或者拘役，并处罚金；因行贿谋取不正当利益，情节严重的，或者使国家利益遭受重大损失的，处5年以上10年以下有期徒刑，并处罚金；情节特别严重的，或者使国家利益遭受特别重大损失的，处10年以上有期徒刑或者无期徒刑，并处罚金或者没收财产。行贿人在被追诉前主动交代行贿行为的，可以从轻或者减轻处罚。其中，犯罪较轻的，对侦破重大案件起关键作用的，或者有重大立功表现的，可以减轻或者免除处罚。

第二节　不动产登记信息查询

在我国，不动产登记信息不属于可以向社会公众开放查询的政府信息，不适用《政府信息公开条例》。《民法典》《不动产登记暂行条例》等法律、行政法规，对不动产登记信息查询作出了明确规定。

一、查询不动产登记信息的规定

（一）查询的原则

从国际惯例上看，不动产登记的登记资料公开有两种模式：一是公开查询原则，是指任何人都可以查询、复制不动产登记资料，如：澳大利亚、奥地利、法国；二是有限查询原则，是指不动产登记资料的内容、可查询的群体不是全部的，而是部分的、有限的，如：德国法律规定，不动产"权利人和利害关系人可以申请查询不动产登记簿"。我国采取了第二种模式。《不动产登记暂行条例》第二十七条规定："权利人、利害关系人可以依法查询、复制不动产登记资料，不动产登记机构应当提供。有关国家机关可以依照法律、行政法规的规定查询、复制与调查处理事项有关的不动产登记资料。"第二十八条规定："查询不动产登记资料的单位、个人应当向不动产登记机构说明查询目的，不得将查询获得的不动产登记资料用于其他目的；未经权利人同意，不得泄露查询获得的不动产登记资料。"为了规范不动产登记资料查询活动，维护不动产交易安全，保护不动产权利人的合法权益，2018年3月2日，国土资源部公布了《不动产登记资料查询暂行办法》，对不动产登记资料管理、保护和利用作出了具体规定，自公布之日起施行。不动产权利人、利害关系人可以依照该办法的规定，查询、复制不动产登记资料。不动产权利人、利害关系人可以委托律师或者其他代理人查询、复制不动产登记资料。

（二）查询的要求

《民法典》赋予权利人、利害关系人可以依法查询复制不动产登记资料，同时，又对利害关系人使用不动产登记资料作出要求。《民法典》第二百一十八条规定："权利人、利害关系人可以申请查询、复制不动产登记资料，登记机构应当提供。"同时，《民法典》第二百一十九条规定："利害关系人不得公开、非法使用权利人的不动产登记资料。"

需要注意的是，《政府信息公开条例》第三十六条第（七）项规定："所申请公开信息属于工商、不动产登记资料等信息，有关法律、行政法规对信息的获取有特别规定的，告知申请人依照有关法律、行政法规的规定办理。"根据上述规定，国务院办公厅政府信息与政务公开办公室对国土资源部办公厅《关于不动产登记资料依申请公开问题的函》复函中明确，不动产登记资料查询，以及户籍信息查询、工商登记资料查询等，属于特定行政管理领域的业务查询事项，其法律依据、办理程序、法律后果等，与《政府信息公开条例》所调整的政府信息公开行为存在根本性差别。当事人依据《政府信息公开条例》申请这类业务查询的，告知其依据相应的法律法规规定办理。因此，查询不动产登记信息应当按照《民法典》《不动产登记暂行条例》及不动产登记信息查询的相应规定办理。

（三）查询的路径

查询不动产登记信息的路径主要有：一是通过查看权利人持有的权属证书、证明，如房屋所有权证、不动产权证书，直接获取登记信息；二是通过向不动产登记机构申请查看该不动产的登记簿等不动产登记资料获取登记信息。

二、查阅权属证书与证明

（一）查阅不动产权证书

查阅权利人持有不动产权证书是获取不动产登记信息最简单、最直接的方式。如房地产估价师通过房屋所有权证、不动产权证的记载，可以获取房屋坐落。需要注意的是，在不动产统一登记制度实施前，我国大多数城市土地、房屋分别登记发证，根据《不动产登记暂行条例》的规定，在该条例施行前依法颁发的各类房屋、土地等不动产权属证书和房屋、土地等不动产登记簿继续有效。需要注意的是，不动产统一登记后，原房产、土地登记部门颁发国有土地使用证、房屋所有权证、房屋他项权证、预告登记证明等仍具有法律效力，而不是自动失效。

1. 所有权归属情况

通过查询不动产权证书可知晓不动产的所有权属于单独所有，还是共有。

（1）单独所有。单独所有是指不动产所有权的主体是单一的，单独享有。单独所有的所有权人可以依法独立对不动产行使占有、使用、收益、处分的权利。如行使处分权，依法出售、抵押不动产。

（2）共有。共有是指由两个或者两个以上的权利主体共同享有所有权。共有包括按份共有和共同共有。

1）共同共有。属于共同共有的，共同共有人对共有的不动产共同享有所有权。处分共有的不动产，或者作出重大修缮、变更性质或者用途的，应当经全体共同共有人同意，但是共有人之间另有约定的除外。需要注意的是，处分不仅包括转让所有权、使用权，也包括设立抵押权。例如，房屋所有权属于夫妻共同共有，转让房屋所有权需夫妻都同意，任何一方是不能单独转让房屋所有权的。

2）按份共有。属于按份共有的，按份共有人对共有的不动产按照其份额享有所有权。按份共有人可以转让其享有的共有的不动产份额。其他共有人在同等条件下享有优先购买的权利。按份共有人转让其享有的共有的不动产或者动产份额的，应当将转让条件及时通知其他共有人。其他共有人应当在合理期限内行使优先购买权。两个以上其他共有人主张行使优先购买权的，协商确定各自的购买比例；协商不成的，按照转让时各自的共有份额比例行使优先购买权。处分共有的不动产或者动产以及对共有的不动产或者动产作重大修缮、变更性质或者用途的，应当经占份额 2/3 以上的按份共有人或者全体共同共有人同意，但是共有人之间另有约定的除外。处分共有的不动产或者作重大修缮、变更性质或者用途的，应当经占份额 2/3 以上的按份共有人同意，但是共有人之间另有约定的除外。

2. 土地和房屋的性质

通过查询不动产权证书可知晓土地和房屋的性质。

（1）土地性质。查询土地属于建设用地、农用地还是未利用地。如属于建设用地的，其性质是国有建设用地还是集体建设用地。

（2）房屋性质。查询房屋是否是限制转让房屋，如经济适用房、中央国家机关按照住房改革政策出售给单位职工的房屋，即央产房等。按照政策规定，购买经济适用住房不满 5 年，不得直接上市交易。央产房有的是禁止转让的，有的是经过批准后方可转让。

（二）查阅不动产登记证明

《不动产登记暂行条例实施细则》规定，抵押权登记、地役权登记和预告登记、异议登记，不动产登记机构仅向申请人核发不动产登记证明。如需查阅涉及抵押权登记、地役权登记、居住权登记和预告登记、异议登记的内容，需查阅相应的不动产登记证明。需要注意的是，不动产统一登记前，对于抵押权登记、地役权登记，原房屋登记部门向权利人核发的是房屋他项权证。

（1）是否设立了抵押权。查询不动产是否设立了抵押权。需要注意的是，《民法典》改变了《物权法》中规定的不动产抵押期间转让需经抵押权人同意的做法。《民法典》规定，抵押期间，抵押人可以转让抵押财产。但是，如果抵押当事人对转让抵押财产有约定，需要遵守约定。抵押期间，抵押人将抵押不动产转让的，抵押权不受影响，即设有抵押权的不动产可以转让，抵押权随着所有权的转让而转让。即不动产的受让人取得所有权的同时，也负有抵押人所负担的义务，受到抵押权的约束。自然资源部根据《民法典》的上述规定，印发了《关于做好不动产抵押权登记工作的通知》，规定当事人对一般抵押或者最高额抵押的主债权及其利息、违约金、损害赔偿金和实现抵押权费用等抵押担保范围有明确约定的，不动产登记机构应当根据申请在不动产登记簿"担保范围"栏记载；没有提出申请的，填写"/"。当事人申请办理不动产抵押权首次登记或抵押预告登记的，不动产登记机构应当根据申请在不动产登记簿"是否存在禁止或限制转让抵押不动产的约定"栏记载转让抵押不动产的约定情况。有约定的填写"是"，抵押期间依法转让的，应当由受让人、抵押人（转让人）和抵押权人共同申请转移登记；没有约定的填写"否"，抵押期间依法转让的，应当由受让人、抵押人（转让人）共同申请转移登记。约定情况发生变化的，不动产登记机构应当根据申请办理变更登记。《民法典》施行前已经办理抵押登记的不动产，抵押期间转让的，未经抵押权人同意，不予办理转移登记。

（2）是否设立了居住权。如果不动产是住宅，需要注意住宅是否设立了居住权。按照《民法典》的规定，设立居住权的住宅不得出租，但是当事人另有约定的除外。

（3）是否设立了地役权。《民法典》规定，地役权不得单独转让。土地承包经营权、建设用地使用权等转让的，地役权一并转让，但是合同另有约定的除外。

（4）是否存在预告登记。在预告登记生效期间，未经预告登记的权利人同意，处分该不动产的，不发生物权效力。例如，预告登记后，房屋所有权人转让房屋就需经预告登记的权利人书面同意。

（5）是否存在异议登记。在异议登记期间，不动产登记簿上记载的权利人以及第三人因处分权利申请登记的，房地产估价师应当书面提示、披露该不动产已经存在异议登记的有关事项，可请委托人提供知悉异议登记并自担风险的书面承诺。

（6）是否存在查封登记。不动产存在查封登记，权利人不得擅自处分。例如，房屋在查封期间，房屋所有权人不得擅自转让房屋所有权。

三、查询登记资料

（一）不动产登记资料范围

不动产登记资料包括：①不动产登记簿等不动产登记结果；②不动产登记原始资料，包括不动产登记申请书、申请人身份材料、不动产权属来源、登记原因、不动产权籍调查成果等材料以及不动产登记机构审核材料。县级以上人民政府不动产登记机构负责不动产登记资料查询管理工作。

（二）不动产登记资料查询人

《不动产登记暂行条例》规定，权利人、利害关系人可以依法查询、复制不动产登记资料，不动产登记机构应当提供。有关国家机关可以依照法律、行政法规的规定查询、复制与调查处理事项有关的不动产登记资料。《不动产登记暂行条例实施细则》规定，国家实行不动产登记资料依法查询制度。人民法院、人民检察院、国家安全机关、监察机关等可以依法查询、复制与调查和处理事项有关的不动产登记资料。其他有关国家机关执行公务依法查询、复制不动产登记资料的，依照以上规定办理。涉及国家秘密的不动产登记资料的查询，按照《保守国家秘密法》的有关规定执行。《不动产登记资料查询暂行办法》对不动产权利人、利害关系人查询、复制不动产登记资料作出了具体规定。

（三）不动产登记资料查询一般规定

不动产权利人、利害关系人可以委托律师或者其他代理人查询、复制不动产登记资料。

查询不动产登记资料，应当在不动产所在地的市、县人民政府不动产登记机构进行，但法律法规另有规定的除外。查询人到非不动产所在地的不动产登记机构申请查询的，该机构应当告知其到相应的机构查询。

不动产权利人、利害关系人申请查询不动产登记资料，应当提交申请的一般材料包括查询申请书以及不动产权利人、利害关系人的身份证明材料。查询申请书应当包括下列内容：①查询主体；②查询目的；③查询内容；④查询结果要求；⑤提交的申请材料清单。

不动产权利人、利害关系人委托代理人代为申请查询不动产登记资料的，被委托人应当提交双方身份证明原件和授权委托书。授权委托书中应当注明双方姓名或者名称、公民身份号码或者统一社会信用代码、委托事项、委托时限、法律义务、委托日期等内容，双方签字或者盖章。代理人受委托查询、复制不动产登记资料的，其查询、复制范围由授权委托书确定。

符合查询条件，查询人需要出具不动产登记资料查询结果证明或者复制不动产登记资料的，不动产登记机构应当当场提供。因特殊原因不能当场提供的，应当在5个工作日内向查询人提供。查询结果证明应当注明出具的时间，并加盖不动产登记机构查询专用章。有下列情形之一的，不动产登记机构不予查询，并出具不予查询告知书：①查询人提交的申请材料不符合规定的；②申请查询的主体或者查询事项不符合规定的；③申请查询的目的不符合法律法规规定的；④法律、行政法规规定的其他情形。查询人对不动产登记机构出具的不予查询告知书不服的，可以依法申请行政复议或者提起行政诉讼。

（四）权利人查询不动产登记资料

不动产登记簿上记载的权利人可以查询本不动产登记结果和本不动产登记原始资料。不动产权利人可以申请以下列索引信息查询不动产登记资料，但法律法规另有规定的除外：①权利人的姓名或者名称、公民身份号码或者统一社会信用代码等特定主体身份信息；②不动产具体坐落位置信息；③不动产权属证书号；

④不动产单元号。

不动产登记机构可以设置自助查询终端，为不动产权利人提供不动产登记结果查询服务。自助查询终端应当具备验证相关身份证明以及出具查询结果证明的功能。

继承人、受遗赠人因继承和受遗赠取得不动产权利的，适用关于不动产权利人查询的规定。以上主体查询不动产登记资料的，除提交申请的一般材料外，还应当提交被继承人或者遗赠人死亡证明、遗嘱或者遗赠抚养协议等可以证明继承或者遗赠行为发生的材料。

清算组、破产管理人、财产代管人、监护人等依法有权管理和处分不动产权利的主体，参照关于不动产权利人查询的规定，查询相关不动产权利人的不动产登记资料。以上主体查询不动产登记资料的，除提交申请的一般材料外，还应当提交依法有权处分该不动产的材料。

（五）利害关系人查询不动产登记资料

符合下列条件的利害关系人可以申请查询有利害关系的不动产登记结果：①因买卖、互换、赠予、租赁、抵押不动产构成利害关系的；②因不动产存在民事纠纷且已经提起诉讼、仲裁而构成利害关系的；③法律法规规定的其他情形。不动产的利害关系人申请查询不动产登记结果的，除提交申请的一般材料外，还应当提交下列利害关系证明材料：①因买卖、互换、赠予、租赁、抵押不动产构成利害关系的，提交买卖合同、互换合同、赠予合同、租赁合同、抵押合同；②因不动产存在相关民事纠纷且已经提起诉讼或者申请仲裁而构成利害关系的，提交受理案件通知书、仲裁受理通知书。

有买卖、租赁、抵押不动产意向，或者拟就不动产提起诉讼或者申请仲裁等，但不能提供利害关系证明材料的，可以提交申请的一般材料，查询相关不动产登记簿记载的下列信息：①不动产的自然状况；②不动产是否存在共有情形；③不动产是否存在抵押权登记、预告登记或者异议登记情形；④不动产是否存在查封登记或者其他限制处分的情形。当事人委托的律师，还可以申请查询相关不动产登记簿记载的下列信息：①申请验证所提供的被查询不动产权利主体名称与登记簿的记载是否一致；②不动产的共有形式；③要求办理查封登记或者限制处分机关的名称。

不动产的利害关系人可以申请以下列索引信息查询不动产登记资料：①不动产具体坐落位置；②不动产权属证书号；③不动产单元号。每份申请书只能申请查询一个不动产登记单元。

不动产利害关系人及其委托代理人申请查询的，应当承诺不将查询获得的不动产登记资料、登记信息用于其他目的，不泄露查询获得的不动产登记资料、登记信息，并承担由此产生的法律后果。

（六）不动产登记资料信息利用与保护要求

不动产登记资料由不动产登记机构负责保存和管理。查询人查询、复制不动产登记资料的，不得将不动产登记资料带离指定场所，不得拆散、调换、抽取、撕毁、污损不动产登记资料，也不得损坏查询设备。申请查询不动产登记原始资料，不动产登记机构应当优先调取数字化成果，确有需求和必要，可以调取纸质不动产登记原始资料。查询人违反规定的，不动产登记机构有权禁止该查询人继续查询不动产登记资料，并可以拒绝为其出具查询结果证明。

复 习 思 考 题

1. 什么是不动产登记？
2. 不动产登记的范围是什么？
3. 什么是不动产单元？
4. 不动产登记的程序和要求有哪些？
5. 什么是不动产登记簿？不动产登记簿的内容、形式有哪些？不动产登记簿的法律效力是什么？
6. 查询不动产登记信息的规定有哪些？
7. 查询不动产登记信息的路径有哪些？

本书中法律、法规、部门规章、规范性文件等简称与全称及相关信息对照表

一、法律

《宪法》——《中华人民共和国宪法》（1982 年 12 月 4 日第五届全国人民代表大会第五次会议通过，根据 2018 年 3 月 11 日第十三届全国人民代表大会第一次会议通过的《中华人民共和国宪法修正案》修正）

《土地管理法》——《中华人民共和国土地管理法》（1986 年 6 月 25 日第六届全国人民代表大会常务委员会第十六次会议通过，根据 2019 年 8 月 26 日第十三届全国人民代表大会常务委员会第十二次会议《关于修改〈中华人民共和国土地管理法〉、〈中华人民共和国城市房地产管理法〉的决定》第三次修正）

《城市房地产管理法》——《中华人民共和国城市房地产管理法》（1994 年 7 月 5 日第八届全国人民代表大会常务委员会第八次会议通过，根据 2019 年 8 月 26 日第十三届全国人民代表大会常务委员会第十二次会议《关于修改〈中华人民共和国土地管理法〉、〈中华人民共和国城市房地产管理法〉的决定》第三次修正）

《农村土地承包法》——《中华人民共和国农村土地承包法》（2002 年 8 月 29 日第九届全国人民代表大会常务委员会第二十九次会议通过，根据 2018 年 12 月 29 日第十三届全国人民代表大会常务委员会第七次会议《关于修改〈中华人民共和国农村土地承包法〉的决定》第二次修正）

《农村土地承包经营纠纷调解仲裁法》——《中华人民共和国农村土地承包经营纠纷调解仲裁法》（2009 年 6 月 27 日第十一届全国人民代表大会常务委员会第九次会议通过）

《行政处罚法》——《中华人民共和国行政处罚法》（1996 年 3 月 17 日第八届全国人民代表大会第四次会议通过，2021 年 1 月 22 日第十三届全国人民代表大会常务委员会第二十五次会议修订）

《刑法》——《中华人民共和国刑法》（1979 年 7 月 1 日第五届全国人民代

表大会第二次会议通过，根据 2020 年 12 月 26 日第十三届全国人民代表大会常务委员会第二十四次会议通过的《中华人民共和国刑法修正案（十一）》修正）

《建筑法》——《中华人民共和国建筑法》（1997 年 11 月 1 日第八届全国人民代表大会常务委员会第二十八次会议通过，根据 2019 年 4 月 23 日第十三届全国人民代表大会常务委员会第十次会议《关于修改〈中华人民共和国建筑法〉等八部法律的决定》第二次修正）

《城乡规划法》——《中华人民共和国城乡规划法》（2007 年 10 月 28 日第十届全国人民代表大会常务委员会第三十次会议通过，根据 2019 年 4 月 23 日第十三届全国人民代表大会常务委员会第十次会议《关于修改〈中华人民共和国建筑法〉等八部法律的决定》第二次修正）

《资产评估法》——《中华人民共和国资产评估法》（2016 年 7 月 2 日第十二届全国人民代表大会常务委员会第二十一次会议通过）

《立法法》——《中华人民共和国立法法》（2000 年 3 月 15 日第九届全国人民代表大会第三次会议通过，根据 2015 年 3 月 15 日第十二届全国人民代表大会第三次会议《关于修改〈中华人民共和国立法法〉的决定》修正）

《民法典》——《中华人民共和国民法典》（2020 年 5 月 28 日第十三届全国人民代表大会第三次会议通过）

《招标投标法》——《中华人民共和国招标投标法》（1999 年 8 月 30 日第九届全国人民代表大会常务委员会第十一次会议通过，根据 2017 年 12 月 27 日第十二届全国人民代表大会常务委员会第三十一次会议《关于修改〈中华人民共和国招标投标法〉、〈中华人民共和国计量法〉的决定》修正）

《公司法》——《中华人民共和国公司法》（1993 年 12 月 29 日第八届全国人民代表大会常务委员会第五次会议通过，根据 2018 年 10 月 26 日第十三届全国人民代表大会常务委员会第六次会议《关于修改〈中华人民共和国公司法〉的决定》第四次修正）

《民事诉讼法》——《中华人民共和国民事诉讼法》（1991 年 4 月 9 日第七届全国人民代表大会第四次会议通过，根据 2021 年 12 月 24 日第十三届全国人民代表大会常务委员会第三十二次会议《关于修改〈中华人民共和国民事诉讼法〉的决定》第四次修正）

《广告法》——《中华人民共和国广告法》（1994 年 10 月 27 日第八届全国人民代表大会常务委员会第十次会议通过，根据 2021 年 4 月 29 日第十三届全国人民代表大会常务委员会第二十八次会议《关于修改〈中华人民共和国道路交通安全法〉等八部法律的决定》第二次修正）

《行政许可法》——《中华人民共和国行政许可法》（2003 年 8 月 27 日第十届全国人民代表大会常务委员会第四次会议通过，根据 2019 年 4 月 23 日第十三届全国人民代表大会常务委员会第十次会议《关于修改〈中华人民共和国建筑法〉等八部法律的决定》修正）

《价格法》——《中华人民共和国价格法》（1997 年 12 月 29 日第八届全国人民代表大会常务委员会第二十九次会议通过）

《电子签名法》——《中华人民共和国电子签名法》（2004 年 8 月 28 日第十届全国人民代表大会常务委员会第十一次会议通过，根据 2019 年 4 月 23 日第十三届全国人民代表大会常务委员会第十次会议《关于修改〈中华人民共和国建筑法〉等八部法律的决定》第二次修正）

《税收征收管理法》——《中华人民共和国税收征收管理法》（1992 年 9 月 4 日第七届全国人民代表大会常务委员会第二十七次会议通过，根据 2015 年 4 月 24 日第十二届全国人民代表大会常务委员会第十四次会议《关于修改〈中华人民共和国港口法〉等七部法律的决定》第三次修正）

《耕地占用税法》——《中华人民共和国耕地占用税法》（2018 年 12 月 29 日第十三届全国人民代表大会常务委员会第七次会议通过）

《契税法》——《中华人民共和国契税法》（2020 年 8 月 11 日第十三届全国人民代表大会常务委员会第二十一次会议通过）

《城市维护建设税法》——《中华人民共和国城市维护建设税法》（2020 年 8 月 11 日第十三届全国人民代表大会常务委员会第二十一次会议通过）

《企业所得税法》——《中华人民共和国企业所得税法》（2007 年 3 月 16 日第十届全国人民代表大会第五次会议通过，根据 2018 年 12 月 29 日第十三届全国人民代表大会常务委员会第七次会议《关于修改〈中华人民共和国电力法〉等四部法律的决定》第二次修正）

《个人所得税法》——《中华人民共和国个人所得税法》（1980 年 9 月 10 日第五届全国人民代表大会第三次会议通过，根据 2018 年 8 月 31 日第十三届全国人民代表大会常务委员会第五次会议《关于修改〈中华人民共和国个人所得税法〉的决定》第七次修正）

《印花税法》——《中华人民共和国印花税法》（2021 年 6 月 10 日第十三届全国人民代表大会常务委员会第二十九次会议通过）

《海域使用管理法》——《中华人民共和国海域使用管理法》（2001 年 10 月 27 日第九届全国人民代表大会常务委员会第二十四次会议通过）

《反垄断法》——《中华人民共和国反垄断法》（2007 年 8 月 30 日第十届全

国人民代表大会常务委员会第二十九次会议通过，2022 年 6 月 24 日第十三届全国人民代表大会常务委员会第三十五次会议通过的关于修改《中华人民共和国反垄断法》的决定修改）

《合伙企业法》——《中华人民共和国合伙企业法》（1997 年 2 月 23 日第八届全国人民代表大会常务委员会第二十四次会议通过，2006 年 8 月 27 日第十届全国人民代表大会常务委员会第二十三次会议修订）

《物权法》——《中华人民共和国物权法》（2007 年 3 月 16 日第十届全国人民代表大会第五次会议通过，2021 年 1 月 1 日废止）

《保守国家秘密法》——中华人民共和国保守国家秘密法（1988 年 9 月 5 日第七届全国人民代表大会常务委员会第三次会议通过，2010 年 4 月 29 日第十一届全国人民代表大会常务委员会第十四次会议修订）

《军事设施保护法》——《中华人民共和国军事设施保护法》（1990 年 2 月 23 日第七届全国人民代表大会常务委员会第十二次会议通过，2009 年 8 月 27 日第十一届全国人民代表大会常务委员会第十次会议《关于修改部分法律的决定》第一次修正，2014 年 6 月 27 日第十二届全国人民代表大会常务委员会第九次会议《关于修改〈中华人民共和国军事设施保护法〉的决定》第二次修正，2021 年 6 月 10 日第十三届全国人民代表大会常务委员会第二十九次会议修订）

二、行政法规

《土地管理法实施条例》——《中华人民共和国土地管理法实施条例》（1998 年 12 月 27 日中华人民共和国国务院令第 256 号公布，根据 2021 年 7 月 2 日中华人民共和国国务院令第 743 号第三次修订）

《城镇国有土地使用权出让和转让暂行条例》——《中华人民共和国城镇国有土地使用权出让和转让暂行条例》（1990 年 5 月 19 日中华人民共和国国务院令第 55 号公布，根据 2020 年 11 月 29 日《国务院关于修改和废止部分行政法规的决定》修订）

《城镇土地使用税暂行条例》——《中华人民共和国城镇土地使用税暂行条例》（1988 年 9 月 27 日中华人民共和国国务院令第 17 号公布，根据 2019 年 3 月 2 日《国务院关于修改部分行政法规的决定》第四次修订）

《基本农田保护条例》——《基本农田保护条例》（1998 年 12 月 27 日中华人民共和国国务院令第 257 号公布，根据 2011 年 1 月 8 日《国务院关于废止和修改部分行政法规的决定》修订）

《住房公积金管理条例》——《住房公积金管理条例》（1999 年 4 月 3 日中

华人民共和国国务院令第 262 号公布，根据 2019 年 3 月 24 日《国务院关于修改部分行政法规的决定》第二次修订）

《国有土地上房屋征收与补偿条例》——《国有土地上房屋征收与补偿条例》（2011 年 1 月 21 日中华人民共和国国务院令第 590 号公布）

《建设工程勘察设计管理条例》——《建设工程勘察设计管理条例》（2000 年 9 月 25 日中华人民共和国国务院令第 293 号公布，根据 2017 年 10 月 7 日《国务院关于修改部分行政法规的决定》第二次修订）

《招标投标法实施条例》——《中华人民共和国招标投标法实施条例》（2011 年 12 月 20 日中华人民共和国国务院令第 613 号公布，根据 2019 年 3 月 2 日《国务院关于修改部分行政法规的决定》第三次修订）

《建设工程质量管理条例》——《建设工程质量管理条例》（2000 年 1 月 30 日中华人民共和国国务院令第 279 号公布，根据 2019 年 4 月 23 日《国务院关于修改部分行政法规的决定》第二次修订）

《建设工程抗震管理条例》——《建设工程抗震管理条例》（2021 年 7 月 19 日中华人民共和国国务院令第 744 号公布）

《城市房地产开发经营管理条例》——《城市房地产开发经营管理条例》（1998 年 7 月 20 日中华人民共和国国务院令第 248 号公布，根据 2020 年 11 月 29 日《国务院关于修改和废止部分行政法规的决定》第五次修订）

《不动产登记暂行条例》——《不动产登记暂行条例》（2014 年 11 月 24 日中华人民共和国国务院令第 656 号公布，根据 2019 年 3 月 24 日《国务院关于修改部分行政法规的决定》修订）

《政府信息公开条例》——《中华人民共和国政府信息公开条例》（2007 年 4 月 5 日中华人民共和国国务院令第 492 号公布，根据 2019 年 4 月 3 日中华人民共和国国务院令 711 号修订）

《物业管理条例》——《物业管理条例》（2003 年 6 月 8 日中华人民共和国国务院令第 379 号公布，根据 2018 年 3 月 19 日《国务院关于修改和废止部分行政法规的决定》第三次修订）

《房产税暂行条例》——《中华人民共和国房产税暂行条例》（1986 年 9 月 15 日国务院公布，根据 2011 年 1 月 8 日《国务院关于废止和修改部分行政法规的决定》修订）

《土地增值税暂行条例》——《中华人民共和国土地增值税暂行条例》（1993 年 12 月 13 日中华人民共和国国务院令第 138 号公布，根据 2011 年 1 月 8 日《国务院关于废止和修改部分行政法规的决定》修订）

《增值税暂行条例》——《中华人民共和国增值税暂行条例》（1993 年 12 月 13 日中华人民共和国国务院令第 134 号公布，根据 2017 年 11 月 19 日《国务院关于废止〈中华人民共和国营业税暂行条例〉和修改〈中华人民共和国增值税暂行条例〉的决定》第二次修订）

《关于废止〈中华人民共和国营业税暂行条例〉和修改〈中华人民共和国增值税暂行条例〉的决定》——《国务院关于废止〈中华人民共和国营业税暂行条例〉和修改〈中华人民共和国增值税暂行条例〉的决定》（2017 年 11 月 19 日中华人民共和国国务院令第 691 号公布）

《印花税暂行条例》——《中华人民共和国印花税暂行条例》（1988 年 8 月 6 日中华人民共和国国务院令第 11 号公布，2022 年 7 月 1 日废止）

《居住证暂行条例》——《居住证暂行条例》（2015 年 10 月 21 日国务院第 109 次常务会议通过 2015 年 11 月 26 日中华人民共和国国务院令第 663 号公布）

三、部门规章

《房产测绘管理办法》——《房产测绘管理办法》（2000 年 12 月 28 日建设部、国家测绘局令第 83 号公布）

《招标拍卖挂牌出让国有建设用地使用权规定》——《招标拍卖挂牌出让国有建设用地使用权规定》（2007 年 9 月 28 日国土资源部令第 39 号公布）

《闲置土地处置办法》——《闲置土地处置办法》（1999 年 4 月 28 日国土资源部令第 5 号公布，根据 2012 年 6 月 1 日国土资源部令第 53 号修订）

《房地产估价机构管理办法》——《房地产估价机构管理办法》（2005 年 10 月 12 日建设部令第 142 号公布，根据 2015 年 5 月 4 日住房和城乡建设部令第 24 号第二次修正）

《建筑工程设计招标投标管理办法》——《建筑工程设计招标投标管理办法》（2017 年 1 月 24 日住房和城乡建设部令第 33 号公布）

《建筑工程施工许可管理办法》——《建筑工程施工许可管理办法》（2014 年 6 月 25 日住房和城乡建设部令第 18 号公布，根据 2021 年 3 月 30 日住房和城乡建设部令第 52 号修改）

《房屋建筑和市政基础设施工程竣工验收备案管理办法》——《房屋建筑和市政基础设施工程竣工验收备案管理办法》（2000 年 4 月 4 日建设部令第 78 号公布，根据 2009 年 10 月 19 日住房和城乡建设部令第 2 号修正）

《房屋建筑工程质量保修办法》——《房屋建筑工程质量保修办法》（2000 年 6 月 30 日建设部令第 80 号公布）

《建筑业企业资质管理规定》——《建筑业企业资质管理规定》（2015 年 1 月 22 日住房城乡建设部令第 22 号公布，根据 2018 年 12 月 22 日住房和城乡建设部令第 45 号修改）

《注册建造师管理规定》——《注册建造师管理规定》（2006 年 12 月 28 日建设部令第 153 号公布，根据 2016 年 9 月 13 日住房和城乡建设部令第 32 号修改）

《房地产开发企业资质管理规定》——《房地产开发企业资质管理规定》（2000 年 3 月 29 日建设部令第 77 号公布，根据 2022 年 3 月 2 日住房和城乡建设部令第 54 号修改）

《房地产广告发布规定》——《房地产广告发布规定》（2015 年 12 月 24 日国家工商行政管理总局令第 80 号公布，根据 2021 年 4 月 2 日国家市场监督管理总局令第 38 号修改）

《城市商品房预售管理办法》——《城市商品房预售管理办法》（1994 年 11 月 15 日建设部令第 40 号公布，根据 2004 年 07 月 20 日建设部令第 131 号修改）

《商品房销售管理办法》——《商品房销售管理办法》（2001 年 4 月 4 日建设部令第 88 号公布）

《城市房地产转让管理规定》——《城市房地产转让管理规定》（1995 年 8 月 7 日建设部令第 45 号公布，根据 2001 年 8 月 15 日建设部令第 96 号修改）

《已购公有住房和经济适用住房上市出售管理暂行办法》——《建设部关于已购公有住房和经济适用住房上市出售管理暂行办法》（1999 年 4 月 22 日建设部令第 69 号公布）

《商品房屋租赁管理办法》——《商品房屋租赁管理办法》（2010 年 12 月 1 日住房和城乡建设部令第 6 号公布）

《不动产登记暂行条例实施细则》——《不动产登记暂行条例实施细则》（2016 年 1 月 1 日国土资源部令第 63 号公布，根据 2019 年 7 月 24 日自然资源部令第 5 号修正）

《不动产登记资料查询暂行办法》——《不动产登记资料查询暂行办法》（2018 年 3 月 2 日国土资源部令第 80 号公布，根据 2019 年 7 月 24 日自然资源部令第 5 号修正）

《注册房地产估价师管理办法》——《注册房地产估价师管理办法》（2006 年 12 月 25 日建设部令第 151 号公布，根据 2016 年 9 月 13 日住房和城乡建设部令第 32 号修正）

《房地产经纪管理办法》——《房地产经纪管理办法》（2011 年 1 月 20 日住

房和城乡建设部、国家发展改革委、人力资源和社会保障部令第 8 号公布，根据 2016 年 3 月 1 日住房和城乡建设部、国家发展改革委、人力资源和社会保障部令第 29 号修正）

《住宅专项维修资金管理办法》——《住宅专项维修资金管理办法》（2007 年 12 月 4 日建设部、财政部令第 165 号公布）

《增值税暂行条例实施细则》——《中华人民共和国增值税暂行条例实施细则》（1993 年 12 月 25 日财政部财法字〔1993〕38 号公布，根据 2011 年 10 月 28 日中华人民共和国财政部令第 65 号第二次修订）

《城市房地产抵押管理办法》——《城市房地产抵押管理办法》（1997 年 5 月 9 日建设部令第 56 号公布，2021 年 3 月 30 日住房和城乡建设部令第 52 号修改）

《划拨用地目录》——《划拨用地目录》（2001 年 10 月 22 日国土资源部令第 9 号发布）

《注册监理工程师管理规定》——《注册监理工程师管理规定》（2006 年 1 月 26 日建设部令第 147 号公布）

《工程监理企业资质管理规定》——《工程监理企业资质管理规定》（2007 年 6 月 26 日建设部令第 158 号公布）

《公共租赁住房管理办法》——《公共租赁住房管理办法》（2012 年 5 月 28 日住房和城乡建设部令第 11 号公布）

《房地产估价师注册管理办法》——《房地产估价师注册管理办法》（1998 年 8 月 20 日建设部令第 64 号发布，2007 年 3 月 1 日废止）

四、司法解释和规范性文件等

《关于印发〈查处土地违法行为立案标准〉的通知》——《国土资源部关于印发〈查处土地违法行为立案标准〉的通知》（国土资发〔2005〕176 号）

《关于在全国城镇分期分批推行住房制度改革的实施方案》——《国务院住房制度改革领导小组关于在全国城镇分期分批推行住房制度改革的实施方案》（国发〔1988〕11 号）

《关于继续积极稳妥地进行城镇住房制度改革的通知》——《国务院关于继续积极稳妥地进行城镇住房制度改革的通知》（国发〔1991〕30 号）

《关于全面推进城镇住房制度改革的意见》——《国务院住房制度改革领导小组〈关于全面推进城镇住房制度改革的意见〉》（国办发〔1991〕73 号，2016 年 6 月 25 日废止）

《国务院关于深化改革严格土地管理的决定》——《国务院关于深化改革严

格土地管理的决定》（国发〔2004〕28 号）

《关于加强国有土地资产管理的通知》——《国务院关于加强国有土地资产管理的通知》（国发〔2001〕15 号）

《关于深化城镇住房制度改革的决定》——《国务院关于深化城镇住房制度改革的决定》（国发〔1994〕43 号，2016 年 6 月 25 日废止）

《国务院关于进一步深化城镇住房制度改革加快住房建设的通知》——《国务院关于进一步深化城镇住房制度改革加快住房建设的通知》（国发〔1998〕23 号）

《国务院关于促进房地产市场持续健康发展的通知》——《国务院关于促进房地产市场持续健康发展的通知》（国发〔2003〕18 号）

《国务院办公厅关于完善建设用地使用权转让、出租、抵押二级市场的指导意见》——《国务院办公厅关于完善建设用地使用权转让、出租、抵押二级市场的指导意见》（国办发〔2019〕34 号）

《国务院办公厅关于加快发展保障性租赁住房的意见》——《国务院办公厅关于加快发展保障性租赁住房的意见》（国办发〔2021〕22 号）

《关于加快发展公共租赁住房的指导意见》——《住房和城乡建设部、国家发展和改革委员会、财政部、国土资源部、中国人民银行、国家税务总局、中国银行业监督管理委员会关于加快发展公共租赁住房的指导意见》（建保〔2010〕87 号）

《公共租赁住房资产管理暂行办法》——《公共租赁住房资产管理暂行办法》（财资〔2018〕106 号）

《住房城乡建设部　财政部　国家发展改革委关于公共租赁住房和廉租住房并轨运行的通知》——《住房和城乡建设部、财政部、国家发展和改革委员会关于公共租赁住房和廉租住房并轨运行的通知》（建保〔2013〕178 号）

《建设用地容积率管理办法》——《建设用地容积率管理办法》（建规〔2012〕22 号）

《国土资源部关于坚持和完善土地招标拍卖挂牌出让制度的意见》——《国土资源部关于坚持和完善土地招标拍卖挂牌出让制度的意见》（国土资发〔2011〕63 号）

《自然资源部以"多规合一"为基础推进规划用地"多审合一、多证合一"改革的通知》——《自然资源部关于以"多规合一"为基础推进规划用地"多审合一、多证合一"改革的通知》（自然资规〔2019〕2 号）

《自然资源部办公厅关于加强国土空间规划监督管理的通知》——《自然资源部办公厅关于加强国土空间规划监督管理的通知》（自然资办发〔2020〕27 号）

《关于授权和委托用地审批权的决定》——《国务院关于授权和委托用地审批权的决定》（国发〔2020〕4号）

《国务院办公厅关于坚决制止耕地"非农化"行为的通知》——《国务院办公厅关于坚决制止耕地"非农化"行为的通知》（国办发明电〔2020〕24号）

《关于发布和实施〈工业项目建设用地控制指标〉的通知》——《国土资源部关于发布和实施〈工业项目建设用地控制指标〉的通知》（国土资发〔2008〕24号）

《自然资源部办公厅关于印发〈产业用地政策实施工作指引（2019年版）〉的通知》——《自然资源部办公厅关于印发〈产业用地政策实施工作指引（2019年版）〉的通知》（自然资办发〔2019〕31号）

《土地储备管理办法》——《土地储备管理办法》（国土资发〔2017〕17号）

《国土资源部办公厅关于加强公示地价体系建设和管理有关问题的通知》——《国土资源部办公厅关于加强公示地价体系建设和管理有关问题的通知》（国土资厅发〔2017〕27号）

《关于扩大国有土地有偿使用范围的意见》——《国土资源部、国家发展和改革委员会、财政部、住房和城乡建设部、农业部、中国人民银行、国家林业局、中国银行业监督管理委员会关于扩大国有土地有偿使用范围的意见》（国土资规〔2016〕20号）

《国有土地上房屋征收评估办法》——《国有土地上房屋征收评估办法》（建房〔2011〕77号）

《中共中央国务院关于建立国土空间规划体系并监督实施的若干意见》——《中共中央、国务院关于建立国土空间规划体系并监督实施的若干意见》（中发〔2019〕18号）

《自然资源部关于全面开展国土空间规划工作的通知》——《自然资源部关于全面开展国土空间规划工作的通知》（自然资发〔2019〕87号）

《国务院办公厅关于促进建筑业持续健康发展的意见》——《国务院办公厅关于促进建筑业持续健康发展的意见》（国办发〔2017〕19号）

《房屋建筑和市政基础设施工程竣工验收规定》——《房屋建筑和市政基础设施工程竣工验收规定》（建质〔2013〕171号）

《建筑业企业资质标准》——《建筑业企业资质标准》（建市〔2014〕159号）

《住房城乡建设部关于简化建筑业企业资质标准部分指标的通知》——《住房城乡建设部关于简化建筑业企业资质标准部分指标的通知》（建市〔2016〕226号）

《住房城乡建设部办公厅关于取消建筑业企业最低等级资质标准现场管理人

员指标考核的通知》——《住房城乡建设部办公厅关于取消建筑业企业最低等级资质标准现场管理人员指标考核的通知》（建办市〔2018〕53号）

《建设工程企业资质管理制度改革方案》——《建设工程企业资质管理制度改革方案》（建市〔2020〕94号）

《国务院关于深化"证照分离"改革进一步激发市场主体发展活力的通知》——《国务院关于深化"证照分离"改革进一步激发市场主体发展活力的通知》（国发〔2021〕7号）

《住房和城乡建设部办公厅关于做好建筑业"证照分离"改革衔接有关工作的通知》——《住房和城乡建设部办公厅关于做好建筑业"证照分离"改革衔接有关工作的通知》（建办市〔2021〕30号）

《国务院关于固定资产投资项目试行资本金制度的通知》——《国务院关于固定资产投资项目试行资本金制度的通知》（国发〔1996〕35号）

《国务院关于调整部分行业固定资产投资项目资本金比例的通知》——《关于调整部分行业固定资产投资项目资本金比例的通知》（国发〔2004〕13号）

《国务院关于调整和完善固定资产投资项目资本金制度的通知》——《国务院关于调整和完善固定资产投资项目资本金制度的通知》（国发〔2015〕51号）

《国务院关于加强城市基础设施建设的意见》——《国务院关于加强城市基础设施建设的意见》（国发〔2013〕36号）

《建设部关于印发〈商品住宅实行住宅质量保证书和住宅使用说明书制度的规定〉的通知》——《建设部关于印发〈商品住宅实行住宅质量保证书和住宅使用说明书制度的规定〉的通知》（建房第〔1998〕102号）

《国务院办公厅关于促进房地产市场平稳健康发展的通知》——《国务院办公厅关于促进房地产市场平稳健康发展的通知》（国办发〔2010〕4号）

《关于进一步规范和加强房屋网签备案工作的指导意见》——《住房城乡建设部关于进一步规范和加强房屋网签备案工作的指导意见》（建房〔2018〕128号）

《住房和城乡建设部关于提升房屋网签备案服务效能的意见》——《住房和城乡建设部关于提升房屋网签备案服务效能的意见》（建房规〔2020〕4号）

《关于加强房屋网签备案信息共享提升公共服务水平的通知》——《住房和城乡建设部、最高人民法院、公安部、中国人民银行、国家税务总局、中国银行保险监督管理委员会关于加强房屋网签备案信息共享提升公共服务水平的通知》（建房〔2020〕61号）

《房屋交易与产权管理工作导则》——《房屋交易与产权管理工作导则》（建办房〔2015〕45号）

《最高人民法院关于适用〈中华人民共和国民法典〉物权编的解释（一）》——《最高人民法院关于适用〈中华人民共和国民法典〉物权编的解释（一）》（法释〔2020〕24号）

《经济适用住房管理办法》——《经济适用住房管理办法》（建住房〔2007〕258号）

《住房和城乡建设部关于加强经济适用住房管理有关问题的通知》——《住房和城乡建设部关于加强经济适用住房管理有关问题的通知》（建保〔2010〕59号）

《关于对失信被执行人实施联合惩戒的合作备忘录》——《关于对失信被执行人实施联合惩戒的合作备忘录》（发改财金〔2016〕141号）

《中共中央办公厅国务院办公厅关于加快推进失信被执行人信用监督、警示和惩戒机制建设的意见》——《中共中央办公厅　国务院办公厅关于加快推进失信被执行人信用监督、警示和惩戒机制建设的意见》（中办发〔2016〕64号）

《国务院关于建立完善守信联合激励和失信联合惩戒制度加快推进社会诚信建设的指导意见》——《国务院关于建立完善守信联合激励和失信联合惩戒制度加快推进社会诚信建设的指导意见》（国发〔2016〕33号）

《最高人民法院关于限制被执行人高消费及有关消费的若干规定》——《最高人民法院关于限制被执行人高消费及有关消费的若干规定》（法释〔2015〕17号）

《最高人民法院关于公布失信被执行人名单信息的若干规定》——《最高人民法院关于公布失信被执行人名单信息的若干规定》（法释〔2017〕7号）

《关于对房地产领域相关失信责任主体实施联合惩戒的合作备忘录》——《关于对房地产领域相关失信责任主体实施联合惩戒的合作备忘录》（发改财金〔2017〕1206号）

《住房城乡建设部办公厅关于印发失信被执行人信用监督、警示和惩戒机制建设分工方案的通知》——《住房城乡建设部办公厅关于印发失信被执行人信用监督、警示和惩戒机制建设分工方案的通知》（建办厅〔2017〕32号）

《关于对失信被执行人实施限制不动产交易惩戒措施的通知》——《国家发展改革委、最高人民法院、国土资源部关于对失信被执行人实施限制不动产交易惩戒措施的通知》（发改财金〔2018〕370号）

《关于进一步加强房地产市场监管完善商品住房预售制度有关问题的通知》——《住房和城乡建设部关于进一步加强房地产市场监管完善商品住房预售制度有关问题的通知》（建房〔2010〕53号）

《国务院办公厅转发建设部等部门关于做好稳定住房价格工作意见的通知》——《国务院办公厅转发建设部等部门关于做好稳定住房价格工作意见的通

知》（国办发〔2005〕26号）

《国务院办公厅关于进一步做好房地产市场调控工作有关问题的通知》——《国务院办公厅关于进一步做好房地产市场调控工作有关问题的通知》（国办发〔2011〕1号）

《最高人民法院关于审理商品房买卖合同纠纷案件适用法律若干问题的解释》——《最高人民法院关于审理商品房买卖合同纠纷案件适用法律若干问题的解释》（法释〔2003〕7号，根据法释〔2020〕17号修订）

《最高人民法院关于审理城镇房屋租赁合同纠纷案件具体应用法律若干问题的解释》——《最高人民法院关于审理城镇房屋租赁合同纠纷案件具体应用法律若干问题的解释》（法释〔2009〕11号，根据法释〔2020〕17号修订）

《住房和城乡建设部等部门关于加强轻资产住房租赁企业监管的意见》——《住房和城乡建设部等部门关于加强轻资产住房租赁企业监管的意见》（建房规〔2021〕2号）

《国务院办公厅关于加快培育和发展住房租赁市场的若干意见》——《国务院办公厅关于加快培育和发展住房租赁市场的若干意见》（国办发〔2016〕39号）

《国务院办公厅关于加快发展生活性服务业促进消费结构升级的指导意见》——《国务院办公厅关于加快发展生活性服务业促进消费结构升级的指导意见》（国办发〔2015〕85号）

《关于在人口净流入的大中城市加快发展住房租赁市场的通知》——《住房城乡建设部、国家发展改革委、公安部、财政部、国土资源部、人民银行、税务总局、工商总局、证监会关于在人口净流入的大中城市加快发展住房租赁市场的通知》（建房〔2017〕153号）

《关于整顿规范住房租赁市场秩序的意见》——《住房和城乡建设部、国家发展改革委、公安部、市场监管总局、银保监会、国家网信办关于整顿规范住房租赁市场秩序的意见》（建房规〔2019〕10号）

《关于规范与银行信贷业务相关的房地产抵押估价管理有关问题的通知》——建设部、中国人民银行、中国银行业监督管理委员会《关于规范与银行信贷业务相关的房地产抵押估价管理有关问题的通知》（建住房〔2006〕8号）

《关于依法规范人民法院执行和国土资源房地产管理部门协助执行若干问题的通知》——最高人民法院、国土资源部、建设部《关于依法规范人民法院执行和国土资源房地产管理部门协助执行若干问题的通知》（法发〔2004〕5号）

《关于压缩不动产登记办理时间的通知》——《国务院办公厅关于压缩不动产登记办理时间的通知》（国办发〔2019〕8号）

《关于不动产登记收费有关政策问题的通知》——《财政部、国家发展改革委关于不动产登记收费有关政策问题的通知》（财税〔2016〕79 号）

《关于不动产登记收费标准等有关问题的通知》——《国家发展改革委、财政部关于不动产登记收费标准等有关问题的通知》（发改价格规〔2016〕2559 号）

《关于减免部分行政事业性收费有关政策的通知》——《财政部、国家发展改革委关于减免部分行政事业性收费有关政策的通知》（财税〔2019〕45 号）

《关于不动产登记资料依申请公开问题的函》——《关于不动产登记资料依申请公开问题的函》（国土资厅函〔2016〕363 号）

《关于做好不动产抵押权登记工作的通知》——《自然资源部关于做好不动产抵押权登记工作的通知》（自然资发〔2021〕54 号）

《关于放开部分服务价格的通知》——《国家发展和改革委员会关于放开部分服务价格的通知》（发改价格〔2014〕2732 号）

《关于放开房地产咨询收费和下放房地产经纪收费管理的通知》——《国家发展改革委、住房城乡建设部关于放开房地产咨询收费和下放房地产经纪收费管理的通知》（发改价格〔2014〕1289 号）

《关于贯彻落实资产评估法规范房地产估价行业管理有关问题的通知》——《住房城乡建设部关于贯彻落实资产评估法规范房地产估价行业管理有关问题的通知》（建房〔2016〕275 号）

《关于试行网上办理房地产估价师执业资格注册的通知》——《住房城乡建设部办公厅关于试行网上办理房地产估价师执业资格注册的通知》（建办房〔2016〕50 号）

《房地产经纪人员职业资格制度暂行规定》和《房地产经纪人执业资格考试实施办法》——《房地产经纪人员职业资格制度暂行规定》和《房地产经纪人执业资格考试实施办法》（人发〔2001〕128 号）

《关于改变房地产经纪人执业资格注册管理方式有关问题的通知》——《关于改变房地产经纪人执业资格注册管理方式有关问题的通知》（建办住房〔2004〕43 号）

《关于加强房地产中介管理促进行业健康发展的意见》——《关于加强房地产中介管理促进行业健康发展的意见》（建房〔2016〕168 号）

《关于整顿和规范房地产市场秩序的通知》——《关于整顿和规范房地产市场秩序的通知》（建住房〔2002〕123 号）

《建设部关于建立房地产企业及执（从）业人员信用档案系统的通知》——《建设部关于建立房地产企业及执（从）业人员信用档案系统的通知》（建住房函

〔2002〕192 号）

《关于进一步整顿规范房地产交易秩序的通知》——《关于进一步整顿规范房地产交易秩序的通知》（建住房〔2006〕166 号）

《关于加快推进社会信用体系建设构建以信用为基础的新型监管机制的指导意见》——《关于加快推进社会信用体系建设构建以信用为基础的新型监管机制的指导意见》（国办发〔2019〕35 号）

《担保企业会计核算办法》——《担保企业会计核算办法》（财会〔2005〕17 号）

《最高人民法院关于审理建筑物区分所有权纠纷案件适用法律若干问题的解释》——《最高人民法院关于审理建筑物区分所有权纠纷案件适用法律若干问题的解释》（法释〔2009〕7 号，根据法释〔2020〕17 号修订）

《国务院办公厅关于全面推进城镇老旧小区改造工作的指导意见》——《国务院办公厅关于全面推进城镇老旧小区改造工作的指导意见》（国办发〔2020〕23 号）

《国务院关于加快推进"互联网＋政务服务"工作的指导意见》——《国务院关于加快推进"互联网＋政务服务"工作的指导意见》（国发〔2016〕55 号）

《关于推动物业服务企业加快发展线上线下生活服务的意见》——《关于推动物业服务企业加快发展线上线下生活服务的意见》（建房〔2020〕99 号）

《业主大会和业主委员会指导规则》——《业主大会和业主委员会指导规则》（建房〔2009〕274 号）

《前期物业管理招标投标管理暂行办法》——《前期物业管理招标投标管理暂行办法》（建住房〔2003〕130 号）

《物业服务收费管理办法》——《物业服务收费管理办法》（发改价格〔2003〕1864 号）

《关于放开部分服务价格意见的通知》——《国家发展和改革委员会关于放开部分服务价格意见的通知》（发改价格〔2014〕2755 号）

《物业服务定价成本监审办法（试行）》——《物业服务定价成本监审办法（试行）》（发改价格〔2007〕2285 号）

《关于土地增值税若干问题的通知》——《财政部、国家税务总局关于土地增值税若干问题的通知》（财税〔2006〕21 号）

《关于贯彻实施契税法若干事项执行口径的公告》——《财政部、税务总局关于贯彻实施契税法若干事项执行口径的公告》（财政部、税务总局公告 2021 年第 23 号）

《关于全面推开营业税改征增值税试点的通知》——《财政部、国家税务总

局关于全面推开营业税改征增值税试点的通知》（财税〔2016〕36 号）

《关于深化增值税改革有关政策的公告》——《财政部、税务总局、海关总署关于深化增值税改革有关政策的公告》（财政部、税务总局、海关总署公告 2019 年第 39 号）

《房地产开发经营业务企业所得税处理办法》——《房地产开发经营业务企业所得税处理办法》（国税发〔2009〕31 号，根据国家税务总局公告 2018 年第 31 号修改）

《关于个人出售住房所得征收个人所得税有关问题的通知》——《财政部、国家税务总局、建设部关于个人出售住房所得征收个人所得税有关问题的通知》（财税字〔1999〕278 号）

《关于个人住房转让所得征收个人所得税有关问题的通知》——《国家税务总局关于个人住房转让所得征收个人所得税有关问题的通知》（国税发〔2006〕108 号，根据国家税务总局公告 2018 年第 31 号修改）

《关于进一步加强房地产税收管理的通知》——《国家税务总局关于进一步加强房地产税收管理的通知》（国税发〔2005〕82 号）

《关于房地产税收政策执行中几个具体问题的通知》——《国家税务总局关于房地产税收政策执行中几个具体问题的通知》（国税发〔2005〕172 号，根据国家税务总局公告 2018 年第 31 号修改）

《国家税务总局关于实施房地产税收一体化管理若干具体问题的通知》——《国家税务总局关于实施房地产税收一体化管理若干具体问题的通知》（国税发〔2005〕156 号）

《关于调整房地产交易环节契税营业税优惠政策的通知》——《财政部、国家税务总局、住房城乡建设部关于调整房地产交易环节契税营业税优惠政策的通知》（财税〔2016〕23 号）

《关于调整房地产交易环节税收政策的通知》——《财政部国家税务总局关于调整房地产交易环节税收政策的通知》（财税〔2008〕137 号）

《关于廉租住房经济适用住房和住房租赁有关税收政策的通知》——《财政部国家税务总局关于廉租住房经济适用住房和住房租赁有关税收政策的通知》（财税〔2008〕24 号）

《关于完善住房租赁有关税收政策的公告》——《财政部　税务总局住房城乡建设部关于完善住房租赁有关税收政策的公告》（财政部　税务总局住房城乡建设部公告 2021 年第 24 号）

《关于开展国土空间规划"一张图"建设和现状评估工作的通知》——《自

然资源部办公厅关于开展国土空间规划"一张图"建设和现状评估工作的通知》（自然资办发〔2019〕38 号）

《省级政府耕地保护责任目标考核办法》——国务院办公厅关于印发《省级政府耕地保护责任目标考核办法》的通知（国办发〔2018〕2 号）

《关于进一步加强土地管理切实保护耕地的通知》——《中共中央、国务院关于进一步加强土地管理切实保护耕地的通知》（中发〔1997〕11 号）

《建设用地容积率管理办法》——中华人民共和国住房和城乡建设部关于印发《建设用地容积率管理办法》的通知（建规〔2012〕22 号）

《关于抓好"三农"领域重点工作确保如期实现全面小康的意见》——《中共中央　国务院关于抓好"三农"领域重点工作确保如期实现全面小康的意见》（中发〔2020〕1 号）

《关于开展城市居住社区建设补短板行动的意见》——《住房和城乡建设部　教育部　工业和信息化部　公安部　商务部　文化和旅游部　卫生健康委　税务总局　市场监管总局　体育总局　能源局　邮政局　中国残联　关于开展城市居住社区建设补短板行动的意见》（建科规〔2020〕7 号）

《国务院办公厅关于全面开展工程建设项目审批制度改革的实施意见》——国务院办公厅关于全面开展工程建设项目审批制度改革的实施意见》（国办发〔2019〕11 号）

《住房和城乡建设部办公厅关于开展建设工程企业资质审批权限下放试点的通知》——《住房和城乡建设部办公厅关于开展建设工程企业资质审批权限下放试点的通知》（建办市函〔2020〕654 号）

《住房和城乡建设部办公厅关于扩大建设工程企业资质审批权限下放试点范围的通知》——《住房和城乡建设部办公厅关于扩大建设工程企业资质审批权限下放试点范围的通知》（建办市函〔2021〕93 号）

《国务院关于坚决遏制部分城市房价过快上涨的通知》——《国务院关于坚决遏制部分城市房价过快上涨的通知》（国发〔2010〕10 号）

《国土资源部住房和城乡建设部关于进一步加强房地产用地和建设管理调控的通知》——《国土资源部住房和城乡建设部关于进一步加强房地产用地和建设管理调控的通知》（国土资发〔2010〕151 号）

《最高人民 法院住房和城乡建设部中国人民银行关于规范人民法院保全执行措施确保商品房预售资金用于项目建设的通知》（法〔2022〕12 号）

《商品住宅实行住宅质量保证书和住宅使用说明书制度的规定》——建设部关于印发《商品住宅实行住宅质量保证书和住宅使用说明书制度的规定》的通知

（建房〔1998〕102号）

《财政部 国家税务总局关于营改增后契税 房产税 土地增值税 个人所得税计税依据问题的通知》——《财政部 国家税务总局关于营改增后契税 房产税 土地增值税 个人所得税计税依据问题的通知》（财税〔2016〕43号）

《国务院关于解决城市低收入家庭住房困难的若干意见》——《国务院关于解决城市低收入家庭住房困难的若干意见》（国发〔2007〕24号）

附录一

中华人民共和国城市房地产管理法

（1994 年 7 月 5 日第八届全国人民代表大会常务委员会第八次会议通过，根据 2007 年 8 月 30 日第十届全国人民代表大会常务委员会第二十九次会议《关于修改〈中华人民共和国城市房地产管理法〉的决定》第一次修正，根据 2009 年 8 月 27 日第十一届全国人民代表大会常务委员会第十次会议《关于修改部分法律的决定》第二次修正，根据 2019 年 8 月 26 日第十三届全国人民代表大会常务委员会第十二次会议《关于修改〈中华人民共和国土地管理法〉、〈中华人民共和国城市房地产管理法〉的决定》第三次修正）

目　　录

第一章　总　　则

第一条　为了加强对城市房地产的管理，维护房地产市场秩序，保障房地产权利人的合法权益，促进房地产业的健康发展，制定本法。

第二条　在中华人民共和国城市规划区国有土地（以下简称国有土地）范围内取得房地产开发用地的土地使用权，从事房地产开发、房地产交易，实施房地产管理，应当遵守本法。

本法所称房屋，是指土地上的房屋等建筑物及构筑物。

本法所称房地产开发，是指在依据本法取得国有土地使用权的土地上进行基础设施、房屋建设的行为。

本法所称房地产交易，包括房地产转让、房地产抵押和房屋租赁。

第三条　国家依法实行国有土地有偿、有限期使用制度。但是，国家在本法规定的范围内划拨国有土地使用权的除外。

第四条　国家根据社会、经济发展水平，扶持发展居民住宅建设，逐步改善居民的居住条件。

第五条　房地产权利人应当遵守法律和行政法规，依法纳税。房地产权利人的合法权益受法律保护，任何单位和个人不得侵犯。

第六条　为了公共利益的需要，国家可以征收国有土地上单位和个人的房屋，并依法给予拆迁补偿，维护被征收人的合法权益；征收个人住宅的，还应当保障被征收人的居住条件。具体办法由国务院规定。

第七条　国务院建设行政主管部门、土地管理部门依照国务院规定的职权划分，各司其职，密切配合，管理全国房地产工作。

县级以上地方人民政府房产管理、土地管理部门的机构设置及其职权由省、自治区、直辖市人民政府确定。

第二章　房地产开发用地

第一节　土地使用权出让

第八条　土地使用权出让，是指国家将国有土地使用权（以下简称土地使用权）在一定年限内出让给土地使用者，由土地使用者向国家支付土地使用权出让金的行为。

第九条　城市规划区内的集体所有的土地，经依法征收转为国有土地后，该幅国有土地的使用权方可有偿出让，但法律另有规定的除外。

第十条　土地使用权出让，必须符合土地利用总体规划、城市规划和年度建设用地计划。

第十一条　县级以上地方人民政府出让土地使用权用于房地产开发的，须根据省级以上人民政府下达的控制指标拟订年度出让土地使用权总面积方案，按照国务院规定，报国务院或者省级人民政府批准。

第十二条　土地使用权出让，由市、县人民政府有计划、有步骤地进行。出让的每幅地块、用途、年限和其他条件，由市、县人民政府土地管理部门会同城市规划、建设、房产管理部门共同拟定方案，按照国务院规定，报经有批准权的人民政府批准后，由市、县人民政府土地管理部门实施。

直辖市的县人民政府及其有关部门行使前款规定的权限，由直辖市人民政府规定。

第十三条　土地使用权出让，可以采取拍卖、招标或者双方协议的方式。

商业、旅游、娱乐和豪华住宅用地，有条件的，必须采取拍卖、招标方式；没有条件，不能采取拍卖、招标方式的，可以采取双方协议的方式。

采取双方协议方式出让土地使用权的出让金不得低于按国家规定所确定的最低价。

第十四条　土地使用权出让最高年限由国务院规定。

第十五条　土地使用权出让，应当签订书面出让合同。

土地使用权出让合同由市、县人民政府土地管理部门与土地使用者签订。

第十六条　土地使用者必须按照出让合同约定，支付土地使用权出让金；未按照出让合同约定支付土地使用权出让金的，土地管理部门有权解除合同，并可以请求违约赔偿。

第十七条　土地使用者按照出让合同约定支付土地使用权出让金的，市、县人民政府土地管理部门必须按照出让合同约定，提供出让的土地；未按照出让合同约定提供出让的土地的，土地使用者有权解除合同，由土地管理部门返还土地使用权出让金，土地使用者并可以请求违约赔偿。

第十八条　土地使用者需要改变土地使用权出让合同约定的土地用途的，必须取得出让方和市、县人民政府城市规划行政主管部门的同意，签订土地使用权出让合同变更协议或者重新签订土地使用权出让合同，相应调整土地使用权出让金。

第十九条　土地使用权出让金应当全部上缴财政，列入预算，用于城市基础设施建设和土地开发。土地使用权出让金上缴和使用的具体办法由国务院规定。

第二十条　国家对土地使用者依法取得的土地使用权，在出让合同约定的使用年限届满前不收回；在特殊情况下，根据社会公共利益的需要，可以依照法律程序提前收回，并根据土地使用者使用土地的实际年限和开发土地的实际情况给予相应的补偿。

第二十一条 土地使用权因土地灭失而终止。

第二十二条 土地使用权出让合同约定的使用年限届满，土地使用者需要继续使用土地的，应当至迟于届满前一年申请续期，除根据社会公共利益需要收回该幅土地的，应当予以批准。经批准准予续期的，应当重新签订土地使用权出让合同，依照规定支付土地使用权出让金。

土地使用权出让合同约定的使用年限届满，土地使用者未申请续期或者虽申请续期但依照前款规定未获批准的，土地使用权由国家无偿收回。

第二节　土地使用权划拨

第二十三条 土地使用权划拨，是指县级以上人民政府依法批准，在土地使用者缴纳补偿、安置等费用后将该幅土地交付其使用，或者将土地使用权无偿交付给土地使用者使用的行为。

依照本法规定以划拨方式取得土地使用权的，除法律、行政法规另有规定外，没有使用期限的限制。

第二十四条 下列建设用地的土地使用权，确属必需的，可以由县级以上人民政府依法批准划拨：

（一）国家机关用地和军事用地；

（二）城市基础设施用地和公益事业用地；

（三）国家重点扶持的能源、交通、水利等项目用地；

（四）法律、行政法规规定的其他用地。

第三章　房 地 产 开 发

第二十五条 房地产开发必须严格执行城市规划，按照经济效益、社会效益、环境效益相统一的原则，实行全面规划、合理布局、综合开发、配套建设。

第二十六条 以出让方式取得土地使用权进行房地产开发的，必须按照土地使用权出让合同约定的土地用途、动工开发期限开发土地。超过出让合同约定的动工开发日期满一年未动工开发的，可以征收相当于土地使用权出让金百分之二十以下的土地闲置费；满二年未动工开发的，可以无偿收回土地使用权；但是，因不可抗力或者政府、政府有关部门的行为或者动工开发必需的前期工作造成动工开发迟延的除外。

第二十七条 房地产开发项目的设计、施工，必须符合国家的有关标准和规范。

房地产开发项目竣工，经验收合格后，方可交付使用。

第二十八条　依法取得的土地使用权，可以依照本法和有关法律、行政法规的规定，作价入股，合资、合作开发经营房地产。

第二十九条　国家采取税收等方面的优惠措施鼓励和扶持房地产开发企业开发建设居民住宅。

第三十条　房地产开发企业是以营利为目的，从事房地产开发和经营的企业。设立房地产开发企业，应当具备下列条件：

（一）有自己的名称和组织机构；

（二）有固定的经营场所；

（三）有符合国务院规定的注册资本；

（四）有足够的专业技术人员；

（五）法律、行政法规规定的其他条件。

设立房地产开发企业，应当向工商行政管理部门申请设立登记。工商行政管理部门对符合本法规定条件的，应当予以登记，发给营业执照；对不符合本法规定条件的，不予登记。

设立有限责任公司、股份有限公司，从事房地产开发经营的，还应当执行公司法的有关规定。

房地产开发企业在领取营业执照后的一个月内，应当到登记机关所在地的县级以上地方人民政府规定的部门备案。

第三十一条　房地产开发企业的注册资本与投资总额的比例应当符合国家有关规定。

房地产开发企业分期开发房地产的，分期投资额应当与项目规模相适应，并按照土地使用权出让合同的约定，按期投入资金，用于项目建设。

第四章　房　地　产　交　易

第一节　一　般　规　定

第三十二条　房地产转让、抵押时，房屋的所有权和该房屋占用范围内的土地使用权同时转让、抵押。

第三十三条　基准地价、标定地价和各类房屋的重置价格应当定期确定并公布。具体办法由国务院规定。

第三十四条　国家实行房地产价格评估制度。

房地产价格评估，应当遵循公正、公平、公开的原则，按照国家规定的技术标准和评估程序，以基准地价、标定地价和各类房屋的重置价格为基础，参照当地的市场价格进行评估。

第三十五条　国家实行房地产成交价格申报制度。

房地产权利人转让房地产，应当向县级以上地方人民政府规定的部门如实申报成交价，不得瞒报或者作不实的申报。

第三十六条　房地产转让、抵押，当事人应当依照本法第五章的规定办理权属登记。

第二节　房地产转让

第三十七条　房地产转让，是指房地产权利人通过买卖、赠与或者其他合法方式将其房地产转移给他人的行为。

第三十八条　下列房地产，不得转让：

（一）以出让方式取得土地使用权的，不符合本法第三十九条规定的条件的；

（二）司法机关和行政机关依法裁定、决定查封或者以其他形式限制房地产权利的；

（三）依法收回土地使用权的；

（四）共有房地产，未经其他共有人书面同意的；

（五）权属有争议的；

（六）未依法登记领取权属证书的；

（七）法律、行政法规规定禁止转让的其他情形。

第三十九条　以出让方式取得土地使用权的，转让房地产时，应当符合下列条件：

（一）按照出让合同约定已经支付全部土地使用权出让金，并取得土地使用权证书；

（二）按照出让合同约定进行投资开发，属于房屋建设工程的，完成开发投资总额的百分之二十五以上，属于成片开发土地的，形成工业用地或者其他建设用地条件。

转让房地产时房屋已经建成的，还应当持有房屋所有权证书。

第四十条　以划拨方式取得土地使用权的，转让房地产时，应当按照国务院规定，报有批准权的人民政府审批。有批准权的人民政府准予转让的，应当由受让方办理土地使用权出让手续，并依照国家有关规定缴纳土地使用权出让金。

以划拨方式取得土地使用权的，转让房地产报批时，有批准权的人民政府按照国务院规定决定可以不办理土地使用权出让手续的，转让方应当按照国务院规定将转让房地产所获收益中的土地收益上缴国家或者作其他处理。

第四十一条　房地产转让，应当签订书面转让合同，合同中应当载明土地使用权取得的方式。

第四十二条　房地产转让时，土地使用权出让合同载明的权利、义务随之转移。

第四十三条　以出让方式取得土地使用权的，转让房地产后，其土地使用权的使用年限为原土地使用权出让合同约定的使用年限减去原土地使用者已经使用年限后的剩余年限。

第四十四条　以出让方式取得土地使用权的，转让房地产后，受让人改变原土地使用权出让合同约定的土地用途的，必须取得原出让方和市、县人民政府城市规划行政主管部门的同意，签订土地使用权出让合同变更协议或者重新签订土地使用权出让合同，相应调整土地使用权出让金。

第四十五条　商品房预售，应当符合下列条件：

（一）已交付全部土地使用权出让金，取得土地使用权证书；

（二）持有建设工程规划许可证；

（三）按提供预售的商品房计算，投入开发建设的资金达到工程建设总投资的百分之二十五以上，并已经确定施工进度和竣工交付日期；

（四）向县级以上人民政府房产管理部门办理预售登记，取得商品房预售许可证明。

商品房预售人应当按照国家有关规定将预售合同报县级以上人民政府房产管理部门和土地管理部门登记备案。

商品房预售所得款项，必须用于有关的工程建设。

第四十六条　商品房预售的，商品房预购人将购买的未竣工的预售商品房再行转让的问题，由国务院规定。

第三节　房地产抵押

第四十七条　房地产抵押，是指抵押人以其合法的房地产以不转移占有的方式向抵押权人提供债务履行担保的行为。债务人不履行债务时，抵押权人有权依法以抵押的房地产拍卖所得的价款优先受偿。

第四十八条　依法取得的房屋所有权连同该房屋占用范围内的土地使用权，可以设定抵押权。

以出让方式取得的土地使用权，可以设定抵押权。

第四十九条　房地产抵押，应当凭土地使用权证书、房屋所有权证书办理。

第五十条 房地产抵押，抵押人和抵押权人应当签订书面抵押合同。

第五十一条 设定房地产抵押权的土地使用权是以划拨方式取得的，依法拍卖该房地产后，应当从拍卖所得的价款中缴纳相当于应缴纳的土地使用权出让金的款额后，抵押权人方可优先受偿。

第五十二条 房地产抵押合同签订后，土地上新增的房屋不属于抵押财产。需要拍卖该抵押的房地产时，可以依法将土地上新增的房屋与抵押财产一同拍卖，但对拍卖新增房屋所得，抵押权人无权优先受偿。

第四节 房 屋 租 赁

第五十三条 房屋租赁，是指房屋所有权人作为出租人将其房屋出租给承租人使用，由承租人向出租人支付租金的行为。

第五十四条 房屋租赁，出租人和承租人应当签订书面租赁合同，约定租赁期限、租赁用途、租赁价格、修缮责任等条款，以及双方的其他权利和义务，并向房产管理部门登记备案。

第五十五条 住宅用房的租赁，应当执行国家和房屋所在城市人民政府规定的租赁政策。租用房屋从事生产、经营活动的，由租赁双方协商议定租金和其他租赁条款。

第五十六条 以营利为目的，房屋所有权人将以划拨方式取得使用权的国有土地上建成的房屋出租的，应当将租金中所含土地收益上缴国家。具体办法由国务院规定。

第五节 中 介 服 务 机 构

第五十七条 房地产中介服务机构包括房地产咨询机构、房地产价格评估机构、房地产经纪机构等。

第五十八条 房地产中介服务机构应当具备下列条件：

（一）有自己的名称和组织机构；

（二）有固定的服务场所；

（三）有必要的财产和经费；

（四）有足够数量的专业人员；

（五）法律、行政法规规定的其他条件。

设立房地产中介服务机构，应当向工商行政管理部门申请设立登记，领取营业执照后，方可开业。

第五十九条 国家实行房地产价格评估人员资格认证制度。

第五章　房地产权属登记管理

第六十条　国家实行土地使用权和房屋所有权登记发证制度。

第六十一条　以出让或者划拨方式取得土地使用权，应当向县级以上地方人民政府土地管理部门申请登记，经县级以上地方人民政府土地管理部门核实，由同级人民政府颁发土地使用权证书。

在依法取得的房地产开发用地上建成房屋的，应当凭土地使用权证书向县级以上地方人民政府房产管理部门申请登记，由县级以上地方人民政府房产管理部门核实并颁发房屋所有权证书。

房地产转让或者变更时，应当向县级以上地方人民政府房产管理部门申请房产变更登记，并凭变更后的房屋所有权证书向同级人民政府土地管理部门申请土地使用权变更登记，经同级人民政府土地管理部门核实，由同级人民政府更换或者更改土地使用权证书。

法律另有规定的，依照有关法律的规定办理。

第六十二条　房地产抵押时，应当向县级以上地方人民政府规定的部门办理抵押登记。

因处分抵押房地产而取得土地使用权和房屋所有权的，应当依照本章规定办理过户登记。

第六十三条　经省、自治区、直辖市人民政府确定，县级以上地方人民政府由一个部门统一负责房产管理和土地管理工作的，可以制作、颁发统一的房地产权证书，依照本法第六十一条的规定，将房屋的所有权和该房屋占用范围内的土地使用权的确认和变更，分别载入房地产权证书。

第六章　法　律　责　任

第六十四条　违反本法第十一条、第十二条的规定，擅自批准出让或者擅自出让土地使用权用于房地产开发的，由上级机关或者所在单位给予有关责任人员行政处分。

第六十五条　违反本法第三十条的规定，未取得营业执照擅自从事房地产开发业务的，由县级以上人民政府工商行政管理部门责令停止房地产开发业务活动，没收违法所得，可以并处罚款。

第六十六条　违反本法第三十九条第一款的规定转让土地使用权的，由县级以上人民政府土地管理部门没收违法所得，可以并处罚款。

第六十七条　违反本法第四十条第一款的规定转让房地产的，由县级以上人民政府土地管理部门责令缴纳土地使用权出让金，没收违法所得，可以并处罚款。

第六十八条 违反本法第四十五条第一款的规定预售商品房的，由县级以上人民政府房产管理部门责令停止预售活动，没收违法所得，可以并处罚款。

第六十九条 违反本法第五十八条的规定，未取得营业执照擅自从事房地产中介服务业务的，由县级以上人民政府工商行政管理部门责令停止房地产中介服务业务活动，没收违法所得，可以并处罚款。

第七十条 没有法律、法规的依据，向房地产开发企业收费的，上级机关应当责令退回所收取的钱款；情节严重的，由上级机关或者所在单位给予直接责任人员行政处分。

第七十一条 房产管理部门、土地管理部门工作人员玩忽职守、滥用职权，构成犯罪的，依法追究刑事责任；不构成犯罪的，给予行政处分。

房产管理部门、土地管理部门工作人员利用职务上的便利，索取他人财物，或者非法收受他人财物为他人谋取利益，构成犯罪的，依法追究刑事责任；不构成犯罪的，给予行政处分。

第七章 附　则

第七十二条 在城市规划区外的国有土地范围内取得房地产开发用地的土地使用权，从事房地产开发、交易活动以及实施房地产管理，参照本法执行。

第七十三条 本法自 1995 年 1 月 1 日起施行。

附录二

中华人民共和国土地管理法

(1986 年 6 月 25 日第六届全国人民代表大会常务委员会第十六次会议通过，根据 1988 年 12 月 29 日第七届全国人民代表大会常务委员会第五次会议《关于修改〈中华人民共和国土地管理法〉的决定》第一次修正，1998 年 8 月 29 日第九届全国人民代表大会常务委员会第四次会议修订，根据 2004 年 8 月 28 日第十届全国人民代表大会常务委员会第十一次会议《关于修改〈中华人民共和国土地管理法〉的决定》第二次修正，根据 2019 年 8 月 26 日第十三届全国人民代表大会常务委员会第十二次会议《关于修改〈中华人民共和国土地管理法〉、〈中华人民共和国城市房地产管理法〉的决定》第三次修正)

目　　录

第一章　总　　则

第一条　为了加强土地管理，维护土地的社会主义公有制，保护、开发土地资源，合理利用土地，切实保护耕地，促进社会经济的可持续发展，根据宪法，制定本法。

第二条　中华人民共和国实行土地的社会主义公有制，即全民所有制和劳动群众集体所有制。

全民所有，即国家所有土地的所有权由国务院代表国家行使。

任何单位和个人不得侵占、买卖或者以其他形式非法转让土地。土地使用权可以依法转让。

国家为了公共利益的需要，可以依法对土地实行征收或者征用并给予补偿。

国家依法实行国有土地有偿使用制度。但是，国家在法律规定的范围内划拨国有土地使用权的除外。

第三条　十分珍惜、合理利用土地和切实保护耕地是我国的基本国策。各级人民政府应当采取措施，全面规划，严格管理，保护、开发土地资源，制止非法占用土地的行为。

第四条　国家实行土地用途管制制度。

国家编制土地利用总体规划，规定土地用途，将土地分为农用地、建设用地和未利用地。严格限制农用地转为建设用地，控制建设用地总量，对耕地实行特殊保护。

前款所称农用地是指直接用于农业生产的土地，包括耕地、林地、草地、农田水利用地、养殖水面等；建设用地是指建造建筑物、构筑物的土地，包括城乡住宅和公共设施用地、工矿用地、交通水利设施用地、旅游用地、军事设施用地等；未利用地是指农用地和建设用地以外的土地。

使用土地的单位和个人必须严格按照土地利用总体规划确定的用途使用土地。

第五条　国务院自然资源主管部门统一负责全国土地的管理和监督工作。

县级以上地方人民政府自然资源主管部门的设置及其职责，由省、自治区、直辖市人民政府根据国务院有关规定确定。

第六条　国务院授权的机构对省、自治区、直辖市人民政府以及国务院确定的城市人民政府土地利用和土地管理情况进行督察。

第七条　任何单位和个人都有遵守土地管理法律、法规的义务，并有权对违反土地管理法律、法规的行为提出检举和控告。

第八条　在保护和开发土地资源、合理利用土地以及进行有关的科学研究等方面成绩显著的单位和个人，由人民政府给予奖励。

第二章　土地的所有权和使用权

第九条　城市市区的土地属于国家所有。

农村和城市郊区的土地，除由法律规定属于国家所有的以外，属于农民集体所有；宅基地和自留地、自留山，属于农民集体所有。

第十条　国有土地和农民集体所有的土地，可以依法确定给单位或者个人使用。使用土地的单位和个人，有保护、管理和合理利用土地的义务。

　　第十一条　农民集体所有的土地依法属于村农民集体所有的，由村集体经济组织或者村民委员会经营、管理；已经分别属于村内两个以上农村集体经济组织的农民集体所有的，由村内各该农村集体经济组织或者村民小组经营、管理；已经属于乡（镇）农民集体所有的，由乡（镇）农村集体经济组织经营、管理。

　　第十二条　土地的所有权和使用权的登记，依照有关不动产登记的法律、行政法规执行。

　　依法登记的土地的所有权和使用权受法律保护，任何单位和个人不得侵犯。

　　第十三条　农民集体所有和国家所有依法由农民集体使用的耕地、林地、草地，以及其他依法用于农业的土地，采取农村集体经济组织内部的家庭承包方式承包，不宜采取家庭承包方式的荒山、荒沟、荒丘、荒滩等，可以采取招标、拍卖、公开协商等方式承包，从事种植业、林业、畜牧业、渔业生产。家庭承包的耕地的承包期为三十年，草地的承包期为三十年至五十年，林地的承包期为三十年至七十年；耕地承包期届满后再延长三十年，草地、林地承包期届满后依法相应延长。

　　国家所有依法用于农业的土地可以由单位或者个人承包经营，从事种植业、林业、畜牧业、渔业生产。

　　发包方和承包方应当依法订立承包合同，约定双方的权利和义务。承包经营土地的单位和个人，有保护和按照承包合同约定的用途合理利用土地的义务。

　　第十四条　土地所有权和使用权争议，由当事人协商解决；协商不成的，由人民政府处理。

　　单位之间的争议，由县级以上人民政府处理；个人之间、个人与单位之间的争议，由乡级人民政府或者县级以上人民政府处理。

　　当事人对有关人民政府的处理决定不服的，可以自接到处理决定通知之日起三十日内，向人民法院起诉。

　　在土地所有权和使用权争议解决前，任何一方不得改变土地利用现状。

第三章　土地利用总体规划

　　第十五条　各级人民政府应当依据国民经济和社会发展规划、国土整治和资源环境保护的要求、土地供给能力以及各项建设对土地的需求，组织编制土地利用总体规划。

　　土地利用总体规划的规划期限由国务院规定。

　　第十六条　下级土地利用总体规划应当依据上一级土地利用总体规划编制。

　　地方各级人民政府编制的土地利用总体规划中的建设用地总量不得超过上一级土地利用总体规划确定的控制指标，耕地保有量不得低于上一级土地利用总体规划确定的控制指标。

　　省、自治区、直辖市人民政府编制的土地利用总体规划，应当确保本行政区域内耕地总量不减少。

　　第十七条　土地利用总体规划按照下列原则编制：

　　（一）落实国土空间开发保护要求，严格土地用途管制；

　　（二）严格保护永久基本农田，严格控制非农业建设占用农用地；

　　（三）提高土地节约集约利用水平；

　　（四）统筹安排城乡生产、生活、生态用地，满足乡村产业和基础设施用地合理需求，促进城乡融合发展；

　　（五）保护和改善生态环境，保障土地的可持续利用；

　　（六）占用耕地与开发复垦耕地数量平衡、质量相当。

　　第十八条　国家建立国土空间规划体系。编制国土空间规划应当坚持生态优先、绿色、可持续发展，科学有序统筹安排生态、农业、城镇等功能空间，优化国土空间结构和布局，提升国土空间开发、保护的质量和效率。

　　经依法批准的国土空间规划是各类开发、保护、建设活动的基本依据。已经编制国土空间规划的，不再编制土地利用总体规划和城乡规划。

　　第十九条　县级土地利用总体规划应当划分土地利用区，明确土地用途。

　　乡（镇）土地利用总体规划应当划分土地利用区，根据土地使用条件，确定每一块土地的用途，并予以公告。

　　第二十条　土地利用总体规划实行分级审批。

　　省、自治区、直辖市的土地利用总体规划，报国务院批准。

　　省、自治区人民政府所在地的市、人口在一百万以上的城市以及国务院指定的城市的土地利用总体规划，经省、自治区人民政府审查同意后，报国务院批准。

　　本条第二款、第三款规定以外的土地利用总体规划，逐级上报省、自治区、直辖市人民政府批准；其中，乡（镇）土地利用总体规划可以由省级人民政府授权的设区的市、自治州人民政府批准。

　　土地利用总体规划一经批准，必须严格执行。

　　第二十一条　城市建设用地规模应当符合国家规定的标准，充分利用现有建设用地，不占或者尽量少占农用地。

　　城市总体规划、村庄和集镇规划，应当与土地利用总体规划相衔接，城市总体规划、村庄和集镇规划中建设用地规模不得超过土地利用总体规划确定的城市和村庄、集镇建设用地规模。

在城市规划区内、村庄和集镇规划区内，城市和村庄、集镇建设用地应当符合城市规划、村庄和集镇规划。

第二十二条　江河、湖泊综合治理和开发利用规划，应当与土地利用总体规划相衔接。在江河、湖泊、水库的管理和保护范围以及蓄洪滞洪区内，土地利用应当符合江河、湖泊综合治理和开发利用规划，符合河道、湖泊行洪、蓄洪和输水的要求。

第二十三条　各级人民政府应当加强土地利用计划管理，实行建设用地总量控制。

土地利用年度计划，根据国民经济和社会发展计划、国家产业政策、土地利用总体规划以及建设用地和土地利用的实际状况编制。土地利用年度计划应当对本法第六十三条规定的集体经营性建设用地作出合理安排。土地利用年度计划的编制审批程序与土地利用总体规划的编制审批程序相同，一经审批下达，必须严格执行。

第二十四条　省、自治区、直辖市人民政府应当将土地利用年度计划的执行情况列为国民经济和社会发展计划执行情况的内容，向同级人民代表大会报告。

第二十五条　经批准的土地利用总体规划的修改，须经原批准机关批准；未经批准，不得改变土地利用总体规划确定的土地用途。

经国务院批准的大型能源、交通、水利等基础设施建设用地，需要改变土地利用总体规划的，根据国务院的批准文件修改土地利用总体规划。

经省、自治区、直辖市人民政府批准的能源、交通、水利等基础设施建设用地，需要改变土地利用总体规划的，属于省级人民政府土地利用总体规划批准权限内的，根据省级人民政府的批准文件修改土地利用总体规划。

第二十六条　国家建立土地调查制度。

县级以上人民政府自然资源主管部门会同同级有关部门进行土地调查。土地所有者或者使用者应当配合调查，并提供有关资料。

第二十七条　县级以上人民政府自然资源主管部门会同同级有关部门根据土地调查成果、规划土地用途和国家制定的统一标准，评定土地等级。

第二十八条　国家建立土地统计制度。

县级以上人民政府统计机构和自然资源主管部门依法进行土地统计调查，定期发布土地统计资料。土地所有者或者使用者应当提供有关资料，不得拒报、迟报，不得提供不真实、不完整的资料。

统计机构和自然资源主管部门共同发布的土地面积统计资料是各级人民政府编制土地利用总体规划的依据。

第二十九条 国家建立全国土地管理信息系统，对土地利用状况进行动态监测。

第四章 耕 地 保 护

第三十条 国家保护耕地，严格控制耕地转为非耕地。

国家实行占用耕地补偿制度。非农业建设经批准占用耕地的，按照"占多少，垦多少"的原则，由占用耕地的单位负责开垦与所占用耕地的数量和质量相当的耕地；没有条件开垦或者开垦的耕地不符合要求的，应当按照省、自治区、直辖市的规定缴纳耕地开垦费，专款用于开垦新的耕地。

省、自治区、直辖市人民政府应当制定开垦耕地计划，监督占用耕地的单位按照计划开垦耕地或者按照计划组织开垦耕地，并进行验收。

第三十一条 县级以上地方人民政府可以要求占用耕地的单位将所占用耕地耕作层的土壤用于新开垦耕地、劣质地或者其他耕地的土壤改良。

第三十二条 省、自治区、直辖市人民政府应当严格执行土地利用总体规划和土地利用年度计划，采取措施，确保本行政区域内耕地总量不减少、质量不降低。耕地总量减少的，由国务院责令在规定期限内组织开垦与所减少耕地的数量与质量相当的耕地；耕地质量降低的，由国务院责令在规定期限内组织整治。新开垦和整治的耕地由国务院自然资源主管部门会同农业农村主管部门验收。

个别省、直辖市确因土地后备资源匮乏，新增建设用地后，新开垦耕地的数量不足以补偿所占用耕地的数量的，必须报经国务院批准减免本行政区域内开垦耕地的数量，易地开垦数量和质量相当的耕地。

第三十三条 国家实行永久基本农田保护制度。下列耕地应当根据土地利用总体规划划为永久基本农田，实行严格保护：

（一）经国务院农业农村主管部门或者县级以上地方人民政府批准确定的粮、棉、油、糖等重要农产品生产基地内的耕地；

（二）有良好的水利与水土保持设施的耕地，正在实施改造计划以及可以改造的中、低产田和已建成的高标准农田；

（三）蔬菜生产基地；

（四）农业科研、教学试验田；

（五）国务院规定应当划为永久基本农田的其他耕地。

各省、自治区、直辖市划定的永久基本农田一般应当占本行政区域内耕地的百分之八十以上，具体比例由国务院根据各省、自治区、直辖市耕地实际情况规定。

第三十四条　永久基本农田划定以乡（镇）为单位进行，由县级人民政府自然资源主管部门会同同级农业农村主管部门组织实施。永久基本农田应当落实到地块，纳入国家永久基本农田数据库严格管理。

乡（镇）人民政府应当将永久基本农田的位置、范围向社会公告，并设立保护标志。

第三十五条　永久基本农田经依法划定后，任何单位和个人不得擅自占用或者改变其用途。国家能源、交通、水利、军事设施等重点建设项目选址确实难以避让永久基本农田，涉及农用地转用或者土地征收的，必须经国务院批准。

禁止通过擅自调整县级土地利用总体规划、乡（镇）土地利用总体规划等方式规避永久基本农田农用地转用或者土地征收的审批。

第三十六条　各级人民政府应当采取措施，引导因地制宜轮作休耕，改良土壤，提高地力，维护排灌工程设施，防止土地荒漠化、盐渍化、水土流失和土壤污染。

第三十七条　非农业建设必须节约使用土地，可以利用荒地的，不得占用耕地；可以利用劣地的，不得占用好地。

禁止占用耕地建窑、建坟或者擅自在耕地上建房、挖砂、采石、采矿、取土等。

禁止占用永久基本农田发展林果业和挖塘养鱼。

第三十八条　禁止任何单位和个人闲置、荒芜耕地。已经办理审批手续的非农业建设占用耕地，一年内不用而又可以耕种并收获的，应当由原耕种该幅耕地的集体或者个人恢复耕种，也可以由用地单位组织耕种；一年以上未动工建设的，应当按照省、自治区、直辖市的规定缴纳闲置费；连续二年未使用的，经原批准机关批准，由县级以上人民政府无偿收回用地单位的土地使用权；该幅土地原为农民集体所有的，应当交由原农村集体经济组织恢复耕种。

在城市规划区范围内，以出让方式取得土地使用权进行房地产开发的闲置土地，依照《中华人民共和国城市房地产管理法》的有关规定办理。

第三十九条　国家鼓励单位和个人按照土地利用总体规划，在保护和改善生态环境、防止水土流失和土地荒漠化的前提下，开发未利用的土地；适宜开发为农用地的，应当优先开发成农用地。

国家依法保护开发者的合法权益。

第四十条　开垦未利用的土地,必须经过科学论证和评估,在土地利用总体规划划定的可开垦的区域内,经依法批准后进行。禁止毁坏森林、草原开垦耕地,禁止围湖造田和侵占江河滩地。

根据土地利用总体规划,对破坏生态环境开垦、围垦的土地,有计划有步骤地退耕还林、还牧、还湖。

第四十一条　开发未确定使用权的国有荒山、荒地、荒滩从事种植业、林业、畜牧业、渔业生产的,经县级以上人民政府依法批准,可以确定给开发单位或者个人长期使用。

第四十二条　国家鼓励土地整理。县、乡(镇)人民政府应当组织农村集体经济组织,按照土地利用总体规划,对田、水、路、林、村综合整治,提高耕地质量,增加有效耕地面积,改善农业生产条件和生态环境。

地方各级人民政府应当采取措施,改造中、低产田,整治闲散地和废弃地。

第四十三条　因挖损、塌陷、压占等造成土地破坏,用地单位和个人应当按照国家有关规定负责复垦;没有条件复垦或者复垦不符合要求的,应当缴纳土地复垦费,专项用于土地复垦。复垦的土地应当优先用于农业。

第五章　建　设　用　地

第四十四条　建设占用土地,涉及农用地转为建设用地的,应当办理农用地转用审批手续。

永久基本农田转为建设用地的,由国务院批准。

在土地利用总体规划确定的城市和村庄、集镇建设用地规模范围内,为实施该规划而将永久基本农田以外的农用地转为建设用地的,按土地利用年度计划分批次按照国务院规定由原批准土地利用总体规划的机关或者其授权的机关批准。在已批准的农用地转用范围内,具体建设项目用地可以由市、县人民政府批准。

在土地利用总体规划确定的城市和村庄、集镇建设用地规模范围外,将永久基本农田以外的农用地转为建设用地的,由国务院或者国务院授权的省、自治区、直辖市人民政府批准。

第四十五条　为了公共利益的需要,有下列情形之一,确需征收农民集体所有的土地的,可以依法实施征收:

(一)军事和外交需要用地的;

(二)由政府组织实施的能源、交通、水利、通信、邮政等基础设施建设需要用地的;

(三)由政府组织实施的科技、教育、文化、卫生、体育、生态环境和资源保护、防灾减灾、文物保护、社区综合服务、社会福利、市政公用、优抚安置、英烈保护等公共事业需要用地的；

（四）由政府组织实施的扶贫搬迁、保障性安居工程建设需要用地的；

（五）在土地利用总体规划确定的城镇建设用地范围内，经省级以上人民政府批准由县级以上地方人民政府组织实施的成片开发建设需要用地的；

（六）法律规定为公共利益需要可以征收农民集体所有的土地的其他情形。

前款规定的建设活动，应当符合国民经济和社会发展规划、土地利用总体规划、城乡规划和专项规划；第（四）项、第（五）项规定的建设活动，还应当纳入国民经济和社会发展年度计划；第（五）项规定的成片开发并应当符合国务院自然资源主管部门规定的标准。

第四十六条　征收下列土地的，由国务院批准：

（一）永久基本农田；

（二）永久基本农田以外的耕地超过三十五公顷的；

（三）其他土地超过七十公顷的。

征收前款规定以外的土地的，由省、自治区、直辖市人民政府批准。

征收农用地的，应当依照本法第四十四条的规定先行办理农用地转用审批。其中，经国务院批准农用地转用的，同时办理征地审批手续，不再另行办理征地审批；经省、自治区、直辖市人民政府在征地批准权限内批准农用地转用的，同时办理征地审批手续，不再另行办理征地审批，超过征地批准权限的，应当依照本条第一款的规定另行办理征地审批。

第四十七条　国家征收土地的，依照法定程序批准后，由县级以上地方人民政府予以公告并组织实施。

县级以上地方人民政府拟申请征收土地的，应当开展拟征收土地现状调查和社会稳定风险评估，并将征收范围、土地现状、征收目的、补偿标准、安置方式和社会保障等在拟征收土地所在的乡（镇）和村、村民小组范围内公告至少三十日，听取被征地的农村集体经济组织及其成员、村民委员会和其他利害关系人的意见。

多数被征地的农村集体经济组织成员认为征地补偿安置方案不符合法律、法规规定的，县级以上地方人民政府应当组织召开听证会，并根据法律、法规的规定和听证会情况修改方案。

拟征收土地的所有权人、使用权人应当在公告规定期限内，持不动产权属证明材料办理补偿登记。县级以上地方人民政府应当组织有关部门测算并落实有关费用，保证足额到位，与拟征收土地的所有权人、使用权人就补偿、安置等签订协议；个别确实难以达成协议的，应当在申请征收土地时如实说明。

相关前期工作完成后，县级以上地方人民政府方可申请征收土地。

第四十八条　征收土地应当给予公平、合理的补偿，保障被征地农民原有生活水平不降低、长远生计有保障。

征收土地应当依法及时足额支付土地补偿费、安置补助费以及农村村民住宅、其他地上附着物和青苗等的补偿费用，并安排被征地农民的社会保障费用。

征收农用地的土地补偿费、安置补助费标准由省、自治区、直辖市通过制定公布区片综合地价确定。制定区片综合地价应当综合考虑土地原用途、土地资源条件、土地产值、土地区位、土地供求关系、人口以及经济社会发展水平等因素，并至少每三年调整或者重新公布一次。

征收农用地以外的其他土地、地上附着物和青苗等的补偿标准，由省、自治区、直辖市制定。对其中的农村村民住宅，应当按照先补偿后搬迁、居住条件有改善的原则，尊重农村村民意愿，采取重新安排宅基地建房、提供安置房或者货币补偿等方式给予公平、合理的补偿，并对因征收造成的搬迁、临时安置等费用予以补偿，保障农村村民居住的权利和合法的住房财产权益。

县级以上地方人民政府应当将被征地农民纳入相应的养老等社会保障体系。被征地农民的社会保障费用主要用于符合条件的被征地农民的养老保险等社会保险缴费补贴。被征地农民社会保障费用的筹集、管理和使用办法，由省、自治区、直辖市制定。

第四十九条　被征地的农村集体经济组织应当将征收土地的补偿费用的收支状况向本集体经济组织的成员公布，接受监督。

禁止侵占、挪用被征收土地单位的征地补偿费用和其他有关费用。

第五十条　地方各级人民政府应当支持被征地的农村集体经济组织和农民从事开发经营，兴办企业。

第五十一条　大中型水利、水电工程建设征收土地的补偿费标准和移民安置办法，由国务院另行规定。

第五十二条　建设项目可行性研究论证时，自然资源主管部门可以根据土地利用总体规划、土地利用年度计划和建设用地标准，对建设用地有关事项进行审查，并提出意见。

第五十三条　经批准的建设项目需要使用国有建设用地的，建设单位应当持法律、行政法规规定的有关文件，向有批准权的县级以上人民政府自然资源主管部门提出建设用地申请，经自然资源主管部门审查，报本级人民政府批准。

第五十四条　建设单位使用国有土地，应当以出让等有偿使用方式取得；但是，下列建设用地，经县级以上人民政府依法批准，可以以划拨方式取得：

（一）国家机关用地和军事用地；

（二）城市基础设施用地和公益事业用地；

（三）国家重点扶持的能源、交通、水利等基础设施用地；

（四）法律、行政法规规定的其他用地。

第五十五条　以出让等有偿使用方式取得国有土地使用权的建设单位，按照国务院规定的标准和办法，缴纳土地使用权出让金等土地有偿使用费和其他费用后，方可使用土地。

自本法施行之日起，新增建设用地的土地有偿使用费，百分之三十上缴中央财政，百分之七十留给有关地方人民政府。具体使用管理办法由国务院财政部门会同有关部门制定，并报国务院批准。

第五十六条　建设单位使用国有土地的，应当按照土地使用权出让等有偿使用合同的约定或者土地使用权划拨批准文件的规定使用土地；确需改变该幅土地建设用途的，应当经有关人民政府自然资源主管部门同意，报原批准用地的人民政府批准。其中，在城市规划区内改变土地用途的，在报批前，应当先经有关城市规划行政主管部门同意。

第五十七条　建设项目施工和地质勘查需要临时使用国有土地或者农民集体所有的土地的，由县级以上人民政府自然资源主管部门批准。其中，在城市规划区内的临时用地，在报批前，应当先经有关城市规划行政主管部门同意。土地使用者应当根据土地权属，与有关自然资源主管部门或者农村集体经济组织、村民委员会签订临时使用土地合同，并按照合同的约定支付临时使用土地补偿费。

临时使用土地的使用者应当按照临时使用土地合同约定的用途使用土地，并不得修建永久性建筑物。

临时使用土地期限一般不超过二年。

第五十八条　有下列情形之一的，由有关人民政府自然资源主管部门报经原批准用地的人民政府或者有批准权的人民政府批准，可以收回国有土地使用权：

（一）为实施城市规划进行旧城区改建以及其他公共利益需要，确需使用土地的；

（二）土地出让等有偿使用合同约定的使用期限届满，土地使用者未申请续期或者申请续期未获批准的；

（三）因单位撤销、迁移等原因，停止使用原划拨的国有土地的；

（四）公路、铁路、机场、矿场等经核准报废的。

依照前款第（一）项的规定收回国有土地使用权的，对土地使用权人应当给予适当补偿。

第五十九条 乡镇企业、乡（镇）村公共设施、公益事业、农村村民住宅等乡（镇）村建设，应当按照村庄和集镇规划，合理布局，综合开发，配套建设；建设用地，应当符合乡（镇）土地利用总体规划和土地利用年度计划，并依照本法第四十四条、第六十条、第六十一条、第六十二条的规定办理审批手续。

第六十条 农村集体经济组织使用乡（镇）土地利用总体规划确定的建设用地兴办企业或者与其他单位、个人以土地使用权入股、联营等形式共同举办企业的，应当持有关批准文件，向县级以上地方人民政府自然资源主管部门提出申请，按照省、自治区、直辖市规定的批准权限，由县级以上地方人民政府批准；其中，涉及占用农用地的，依照本法第四十四条的规定办理审批手续。

按照前款规定兴办企业的建设用地，必须严格控制。省、自治区、直辖市可以按照乡镇企业的不同行业和经营规模，分别规定用地标准。

第六十一条 乡（镇）村公共设施、公益事业建设，需要使用土地的，经乡（镇）人民政府审核，向县级以上地方人民政府自然资源主管部门提出申请，按照省、自治区、直辖市规定的批准权限，由县级以上地方人民政府批准；其中，涉及占用农用地的，依照本法第四十四条的规定办理审批手续。

第六十二条 农村村民一户只能拥有一处宅基地，其宅基地的面积不得超过省、自治区、直辖市规定的标准。

人均土地少、不能保障一户拥有一处宅基地的地区，县级人民政府在充分尊重农村村民意愿的基础上，可以采取措施，按照省、自治区、直辖市规定的标准保障农村村民实现户有所居。

农村村民建住宅，应当符合乡（镇）土地利用总体规划、村庄规划，不得占用永久基本农田，并尽量使用原有的宅基地和村内空闲地。编制乡（镇）土地利用总体规划、村庄规划应当统筹并合理安排宅基地用地，改善农村村民居住环境和条件。

农村村民住宅用地，由乡（镇）人民政府审核批准；其中，涉及占用农用地的，依照本法第四十四条的规定办理审批手续。

农村村民出卖、出租、赠与住宅后，再申请宅基地的，不予批准。

国家允许进城落户的农村村民依法自愿有偿退出宅基地，鼓励农村集体经济组织及其成员盘活利用闲置宅基地和闲置住宅。

国务院农业农村主管部门负责全国农村宅基地改革和管理有关工作。

第六十三条 土地利用总体规划、城乡规划确定为工业、商业等经营性用途，并经依法登记的集体经营性建设用地，土地所有权人可以通过出让、出租等方式交由单位或者个人使用，并应当签订书面合同，载明土地界址、面积、动工期限、使用期限、土地用途、规划条件和双方其他权利义务。

前款规定的集体经营性建设用地出让、出租等，应当经本集体经济组织成员的村民会议三分之二以上成员或者三分之二以上村民代表的同意。

通过出让等方式取得的集体经营性建设用地使用权可以转让、互换、出资、赠与或者抵押，但法律、行政法规另有规定或者土地所有权人、土地使用权人签订的书面合同另有约定的除外。

集体经营性建设用地的出租，集体建设用地使用权的出让及其最高年限、转让、互换、出资、赠与、抵押等，参照同类用途的国有建设用地执行。具体办法由国务院制定。

第六十四条 集体建设用地的使用者应当严格按照土地利用总体规划、城乡规划确定的用途使用土地。

第六十五条 在土地利用总体规划制定前已建的不符合土地利用总体规划确定的用途的建筑物、构筑物，不得重建、扩建。

第六十六条 有下列情形之一的，农村集体经济组织报经原批准用地的人民政府批准，可以收回土地使用权：

（一）为乡（镇）村公共设施和公益事业建设，需要使用土地的；

（二）不按照批准的用途使用土地的；

（三）因撤销、迁移等原因而停止使用土地的。

依照前款第（一）项规定收回农民集体所有的土地的，对土地使用权人应当给予适当补偿。

收回集体经营性建设用地使用权，依照双方签订的书面合同办理，法律、行政法规另有规定的除外。

第六章 监 督 检 查

第六十七条 县级以上人民政府自然资源主管部门对违反土地管理法律、法规的行为进行监督检查。

县级以上人民政府农业农村主管部门对违反农村宅基地管理法律、法规的行为进行监督检查的，适用本法关于自然资源主管部门监督检查的规定。

土地管理监督检查人员应当熟悉土地管理法律、法规，忠于职守、秉公执法。

第六十八条 县级以上人民政府自然资源主管部门履行监督检查职责时，有权采取下列措施：

（一）要求被检查的单位或者个人提供有关土地权利的文件和资料，进行查阅或者予以复制；

（二）要求被检查的单位或者个人就有关土地权利的问题作出说明；

（三）进入被检查单位或者个人非法占用的土地现场进行勘测；

（四）责令非法占用土地的单位或者个人停止违反土地管理法律、法规的行为。

第六十九条　土地管理监督检查人员履行职责，需要进入现场进行勘测、要求有关单位或者个人提供文件、资料和作出说明的，应当出示土地管理监督检查证件。

第七十条　有关单位和个人对县级以上人民政府自然资源主管部门就土地违法行为进行的监督检查应当支持与配合，并提供工作方便，不得拒绝与阻碍土地管理监督检查人员依法执行职务。

第七十一条　县级以上人民政府自然资源主管部门在监督检查工作中发现国家工作人员的违法行为，依法应当给予处分的，应当依法予以处理；自己无权处理的，应当依法移送监察机关或者有关机关处理。

第七十二条　县级以上人民政府自然资源主管部门在监督检查工作中发现土地违法行为构成犯罪的，应当将案件移送有关机关，依法追究刑事责任；尚不构成犯罪的，应当依法给予行政处罚。

第七十三条　依照本法规定应当给予行政处罚，而有关自然资源主管部门不给予行政处罚的，上级人民政府自然资源主管部门有权责令有关自然资源主管部门作出行政处罚决定或者直接给予行政处罚，并给予有关自然资源主管部门的负责人处分。

第七章　法　律　责　任

第七十四条　买卖或者以其他形式非法转让土地的，由县级以上人民政府自然资源主管部门没收违法所得；对违反土地利用总体规划擅自将农用地改为建设用地的，限期拆除在非法转让的土地上新建的建筑物和其他设施，恢复土地原状，对符合土地利用总体规划的，没收在非法转让的土地上新建的建筑物和其他设施；可以并处罚款；对直接负责的主管人员和其他直接责任人员，依法给予处分；构成犯罪的，依法追究刑事责任。

第七十五条　违反本法规定，占用耕地建窑、建坟或者擅自在耕地上建房、挖砂、采石、采矿、取土等，破坏种植条件的，或者因开发土地造成土地荒漠化、盐渍化的，由县级以上人民政府自然资源主管部门、农业农村主管部门等按照职责责令限期改正或者治理，可以并处罚款；构成犯罪的，依法追究刑事责任。

第七十六条　违反本法规定，拒不履行土地复垦义务的，由县级以上人民政府自然资源主管部门责令限期改正；逾期不改正的，责令缴纳复垦费，专项用于土地复垦，可以处以罚款。

第七十七条　未经批准或者采取欺骗手段骗取批准，非法占用土地的，由县级以上人民政府自然资源主管部门责令退还非法占用的土地，对违反土地利用总体规划擅自将农用地改为建设用地的，限期拆除在非法占用的土地上新建的建筑物和其他设施，恢复土地原状，对符合土地利用总体规划的，没收在非法占用的土地上新建的建筑物和其他设施，可以并处罚款；对非法占用土地单位的直接负责的主管人员和其他直接责任人员，依法给予处分；构成犯罪的，依法追究刑事责任。

超过批准的数量占用土地，多占的土地以非法占用土地论处。

第七十八条　农村村民未经批准或者采取欺骗手段骗取批准，非法占用土地建住宅的，由县级以上人民政府农业农村主管部门责令退还非法占用的土地，限期拆除在非法占用的土地上新建的房屋。

超过省、自治区、直辖市规定的标准，多占的土地以非法占用土地论处。

第七十九条　无权批准征收、使用土地的单位或者个人非法批准占用土地的，超越批准权限非法批准占用土地的，不按照土地利用总体规划确定的用途批准用地的，或者违反法律规定的程序批准占用、征收土地的，其批准文件无效，对非法批准征收、使用土地的直接负责的主管人员和其他直接责任人员，依法给予处分；构成犯罪的，依法追究刑事责任。非法批准、使用的土地应当收回，有关当事人拒不归还的，以非法占用土地论处。

非法批准征收、使用土地，对当事人造成损失的，依法应当承担赔偿责任。

第八十条　侵占、挪用被征收土地单位的征地补偿费用和其他有关费用，构成犯罪的，依法追究刑事责任；尚不构成犯罪的，依法给予处分。

第八十一条　依法收回国有土地使用权当事人拒不交出土地的，临时使用土地期满拒不归还的，或者不按照批准的用途使用国有土地的，由县级以上人民政府自然资源主管部门责令交还土地，处以罚款。

第八十二条　擅自将农民集体所有的土地通过出让、转让使用权或者出租等方式用于非农业建设，或者违反本法规定，将集体经营性建设用地通过出让、出租等方式交由单位或者个人使用的，由县级以上人民政府自然资源主管部门责令限期改正，没收违法所得，并处罚款。

第八十三条　依照本法规定，责令限期拆除在非法占用的土地上新建的建筑物和其他设施的，建设单位或者个人必须立即停止施工，自行拆除；对继续施工的，作出处罚决定的机关有权制止。建设单位或者个人对责令限期拆除的行政处罚决定不服的，可以在接到责令限期拆除决定之日起十五日内，向人民法院起诉；期满不起诉又不自行拆除的，由作出处罚决定的机关依法申请人民法院强制执行，费用由违法者承担。

第八十四条　自然资源主管部门、农业农村主管部门的工作人员玩忽职守、滥用职权、徇私舞弊，构成犯罪的，依法追究刑事责任；尚不构成犯罪的，依法给予处分。

第八章　附　　则

第八十五条　外商投资企业使用土地的，适用本法；法律另有规定的，从其规定。

第八十六条　在根据本法第十八条的规定编制国土空间规划前，经依法批准的土地利用总体规划和城乡规划继续执行。

第八十七条　本法自 1999 年 1 月 1 日起施行。

附录三

中华人民共和国资产评估法

(2016 年 7 月 2 日第十二届全国人民代表大会常务委员会第二十一次会议通过)

目　　录

第一章　总　　则

第一条　为了规范资产评估行为，保护资产评估当事人合法权益和公共利益，促进资产评估行业健康发展，维护社会主义市场经济秩序，制定本法。

第二条　本法所称资产评估（以下称评估），是指评估机构及其评估专业人员根据委托对不动产、动产、无形资产、企业价值、资产损失或者其他经济权益进行评定、估算，并出具评估报告的专业服务行为。

第三条　自然人、法人或者其他组织需要确定评估对象价值的，可以自愿委托评估机构评估。

涉及国有资产或者公共利益等事项，法律、行政法规规定需要评估的（以下称法定评估），应当依法委托评估机构评估。

第四条　评估机构及其评估专业人员开展业务应当遵守法律、行政法规和评估准则，遵循独立、客观、公正的原则。

评估机构及其评估专业人员依法开展业务，受法律保护。

第五条　评估专业人员从事评估业务，应当加入评估机构，并且只能在一个评估机构从事业务。

第六条　评估行业可以按照专业领域依法设立行业协会，实行自律管理，并接受有关评估行政管理部门的监督和社会监督。

第七条　国务院有关评估行政管理部门按照各自职责分工，对评估行业进行监督管理。

设区的市级以上地方人民政府有关评估行政管理部门按照各自职责分工，对本行政区域内的评估行业进行监督管理。

第二章　评估专业人员

第八条　评估专业人员包括评估师和其他具有评估专业知识及实践经验的评估从业人员。

评估师是指通过评估师资格考试的评估专业人员。国家根据经济社会发展需要确定评估师专业类别。

第九条　有关全国性评估行业协会按照国家规定组织实施评估师资格全国统一考试。

具有高等院校专科以上学历的公民，可以参加评估师资格全国统一考试。

第十条　有关全国性评估行业协会应当在其网站上公布评估师名单，并实时更新。

第十一条　因故意犯罪或者在从事评估、财务、会计、审计活动中因过失犯罪而受刑事处罚，自刑罚执行完毕之日起不满五年的人员，不得从事评估业务。

第十二条　评估专业人员享有下列权利：

（一）要求委托人提供相关的权属证明、财务会计信息和其他资料，以及为执行公允的评估程序所需的必要协助；

（二）依法向有关国家机关或者其他组织查阅从事业务所需的文件、证明和资料；

（三）拒绝委托人或者其他组织、个人对评估行为和评估结果的非法干预；

（四）依法签署评估报告；

（五）法律、行政法规规定的其他权利。

第十三条　评估专业人员应当履行下列义务：

（一）诚实守信，依法独立、客观、公正从事业务；

（二）遵守评估准则，履行调查职责，独立分析估算，勤勉谨慎从事业务；

（三）完成规定的继续教育，保持和提高专业能力；

（四）对评估活动中使用的有关文件、证明和资料的真实性、准确性、完整性进行核查和验证；

（五）对评估活动中知悉的国家秘密、商业秘密和个人隐私予以保密；

（六）与委托人或者其他相关当事人及评估对象有利害关系的，应当回避；

（七）接受行业协会的自律管理，履行行业协会章程规定的义务；

（八）法律、行政法规规定的其他义务。

第十四条 评估专业人员不得有下列行为：

（一）私自接受委托从事业务、收取费用；

（二）同时在两个以上评估机构从事业务；

（三）采用欺骗、利诱、胁迫，或者贬损、诋毁其他评估专业人员等不正当手段招揽业务；

（四）允许他人以本人名义从事业务，或者冒用他人名义从事业务；

（五）签署本人未承办业务的评估报告；

（六）索要、收受或者变相索要、收受合同约定以外的酬金、财物，或者谋取其他不正当利益；

（七）签署虚假评估报告或者有重大遗漏的评估报告；

（八）违反法律、行政法规的其他行为。

第三章 评 估 机 构

第十五条 评估机构应当依法采用合伙或者公司形式，聘用评估专业人员开展评估业务。

合伙形式的评估机构，应当有两名以上评估师；其合伙人三分之二以上应当是具有三年以上从业经历且最近三年内未受停止从业处罚的评估师。

公司形式的评估机构，应当有八名以上评估师和两名以上股东，其中三分之二以上股东应当是具有三年以上从业经历且最近三年内未受停止从业处罚的评估师。

评估机构的合伙人或者股东为两名的，两名合伙人或者股东都应当是具有三年以上从业经历且最近三年内未受停止从业处罚的评估师。

第十六条 设立评估机构，应当向工商行政管理部门申请办理登记。评估机构应当自领取营业执照之日起三十日内向有关评估行政管理部门备案。评估行政管理部门应当及时将评估机构备案情况向社会公告。

第十七条 评估机构应当依法独立、客观、公正开展业务，建立健全质量控制制度，保证评估报告的客观、真实、合理。

评估机构应当建立健全内部管理制度，对本机构的评估专业人员遵守法律、行政法规和评估准则的情况进行监督，并对其从业行为负责。

评估机构应当依法接受监督检查，如实提供评估档案以及相关情况。

第十八条　委托人拒绝提供或者不如实提供执行评估业务所需的权属证明、财务会计信息和其他资料的，评估机构有权依法拒绝其履行合同的要求。

第十九条　委托人要求出具虚假评估报告或者有其他非法干预评估结果情形的，评估机构有权解除合同。

第二十条　评估机构不得有下列行为：

（一）利用开展业务之便，谋取不正当利益；

（二）允许其他机构以本机构名义开展业务，或者冒用其他机构名义开展业务；

（三）以恶性压价、支付回扣、虚假宣传，或者贬损、诋毁其他评估机构等不正当手段招揽业务；

（四）受理与自身有利害关系的业务；

（五）分别接受利益冲突双方的委托，对同一评估对象进行评估；

（六）出具虚假评估报告或者有重大遗漏的评估报告；

（七）聘用或者指定不符合本法规定的人员从事评估业务；

（八）违反法律、行政法规的其他行为。

第二十一条　评估机构根据业务需要建立职业风险基金，或者自愿办理职业责任保险，完善风险防范机制。

第四章　评　估　程　序

第二十二条　委托人有权自主选择符合本法规定的评估机构，任何组织或者个人不得非法限制或者干预。

评估事项涉及两个以上当事人的，由全体当事人协商委托评估机构。

委托开展法定评估业务，应当依法选择评估机构。

第二十三条　委托人应当与评估机构订立委托合同，约定双方的权利和义务。

委托人应当按照合同约定向评估机构支付费用，不得索要、收受或者变相索要、收受回扣。

委托人应当对其提供的权属证明、财务会计信息和其他资料的真实性、完整性和合法性负责。

第二十四条　对受理的评估业务，评估机构应当指定至少两名评估专业人员承办。

委托人有权要求与相关当事人及评估对象有利害关系的评估专业人员回避。

第二十五条 评估专业人员应当根据评估业务具体情况，对评估对象进行现场调查，收集权属证明、财务会计信息和其他资料并进行核查验证、分析整理，作为评估的依据。

第二十六条 评估专业人员应当恰当选择评估方法，除依据评估执业准则只能选择一种评估方法的外，应当选择两种以上评估方法，经综合分析，形成评估结论，编制评估报告。

评估机构应当对评估报告进行内部审核。

第二十七条 评估报告应当由至少两名承办该项业务的评估专业人员签名并加盖评估机构印章。

评估机构及其评估专业人员对其出具的评估报告依法承担责任。

委托人不得串通、唆使评估机构或者评估专业人员出具虚假评估报告。

第二十八条 评估机构开展法定评估业务，应当指定至少两名相应专业类别的评估师承办，评估报告应当由至少两名承办该项业务的评估师签名并加盖评估机构印章。

第二十九条 评估档案的保存期限不少于十五年，属于法定评估业务的，保存期限不少于三十年。

第三十条 委托人对评估报告有异议的，可以要求评估机构解释。

第三十一条 委托人认为评估机构或者评估专业人员违法开展业务的，可以向有关评估行政管理部门或者行业协会投诉、举报，有关评估行政管理部门或者行业协会应当及时调查处理，并答复委托人。

第三十二条 委托人或者评估报告使用人应当按照法律规定和评估报告载明的使用范围使用评估报告。

委托人或者评估报告使用人违反前款规定使用评估报告的，评估机构和评估专业人员不承担责任。

第五章 行 业 协 会

第三十三条 评估行业协会是评估机构和评估专业人员的自律性组织，依照法律、行政法规和章程实行自律管理。

评估行业按照专业领域设立全国性评估行业协会，根据需要设立地方性评估行业协会。

第三十四条 评估行业协会的章程由会员代表大会制定，报登记管理机关核准，并报有关评估行政管理部门备案。

第三十五条 评估机构、评估专业人员加入有关评估行业协会，平等享有章程规定的权利，履行章程规定的义务。有关评估行业协会公布加入本协会的评估机构、评估专业人员名单。

第三十六条　评估行业协会履行下列职责：

（一）制定会员自律管理办法，对会员实行自律管理；

（二）依据评估基本准则制定评估执业准则和职业道德准则；

（三）组织开展会员继续教育；

（四）建立会员信用档案，将会员遵守法律、行政法规和评估准则的情况记入信用档案，并向社会公开；

（五）检查会员建立风险防范机制的情况；

（六）受理对会员的投诉、举报，受理会员的申诉，调解会员执业纠纷；

（七）规范会员从业行为，定期对会员出具的评估报告进行检查，按照章程规定对会员给予奖惩，并将奖惩情况及时报告有关评估行政管理部门；

（八）保障会员依法开展业务，维护会员合法权益；

（九）法律、行政法规和章程规定的其他职责。

第三十七条　有关评估行业协会应当建立沟通协作和信息共享机制，根据需要制定共同的行为规范，促进评估行业健康有序发展。

第三十八条　评估行业协会收取会员会费的标准，由会员代表大会通过，并向社会公开。不得以会员交纳会费数额作为其在行业协会中担任职务的条件。

会费的收取、使用接受会员代表大会和有关部门的监督，任何组织或者个人不得侵占、私分和挪用。

第六章　监　督　管　理

第三十九条　国务院有关评估行政管理部门组织制定评估基本准则和评估行业监督管理办法。

第四十条　设区的市级以上人民政府有关评估行政管理部门依据各自职责，负责监督管理评估行业，对评估机构和评估专业人员的违法行为依法实施行政处罚，将处罚情况及时通报有关评估行业协会，并依法向社会公开。

第四十一条　评估行政管理部门对有关评估行业协会实施监督检查，对检查发现的问题和针对协会的投诉、举报，应当及时调查处理。

第四十二条　评估行政管理部门不得违反本法规定，对评估机构依法开展业务进行限制。

第四十三条　评估行政管理部门不得与评估行业协会、评估机构存在人员或者资金关联，不得利用职权为评估机构招揽业务。

第七章 法 律 责 任

第四十四条 评估专业人员违反本法规定,有下列情形之一的,由有关评估行政管理部门予以警告,可以责令停止从业六个月以上一年以下;有违法所得的,没收违法所得;情节严重的,责令停止从业一年以上五年以下;构成犯罪的,依法追究刑事责任:

(一)私自接受委托从事业务、收取费用的;

(二)同时在两个以上评估机构从事业务的;

(三)采用欺骗、利诱、胁迫,或者贬损、诋毁其他评估专业人员等不正当手段招揽业务的;

(四)允许他人以本人名义从事业务,或者冒用他人名义从事业务的;

(五)签署本人未承办业务的评估报告或者有重大遗漏的评估报告的;

(六)索要、收受或者变相索要、收受合同约定以外的酬金、财物,或者谋取其他不正当利益的。

第四十五条 评估专业人员违反本法规定,签署虚假评估报告的,由有关评估行政管理部门责令停止从业两年以上五年以下;有违法所得的,没收违法所得;情节严重的,责令停止从业五年以上十年以下;构成犯罪的,依法追究刑事责任,终身不得从事评估业务。

第四十六条 违反本法规定,未经工商登记以评估机构名义从事评估业务的,由工商行政管理部门责令停止违法活动;有违法所得的,没收违法所得,并处违法所得一倍以上五倍以下罚款。

第四十七条 评估机构违反本法规定,有下列情形之一的,由有关评估行政管理部门予以警告,可以责令停业一个月以上六个月以下;有违法所得的,没收违法所得,并处违法所得一倍以上五倍以下罚款;情节严重的,由工商行政管理部门吊销营业执照;构成犯罪的,依法追究刑事责任:

(一)利用开展业务之便,谋取不正当利益的;

(二)允许其他机构以本机构名义开展业务,或者冒用其他机构名义开展业务的;

(三)以恶性压价、支付回扣、虚假宣传,或者贬损、诋毁其他评估机构等不正当手段招揽业务的;

(四)受理与自身有利害关系的业务的;

(五)分别接受利益冲突双方的委托,对同一评估对象进行评估的;

(六)出具有重大遗漏的评估报告的;

（七）未按本法规定的期限保存评估档案的；

（八）聘用或者指定不符合本法规定的人员从事评估业务的；

（九）对本机构的评估专业人员疏于管理，造成不良后果的。

评估机构未按本法规定备案或者不符合本法第十五条规定的条件的，由有关评估行政管理部门责令改正；拒不改正的，责令停业，可以并处一万元以上五万元以下罚款。

第四十八条 评估机构违反本法规定，出具虚假评估报告的，由有关评估行政管理部门责令停业六个月以上一年以下；有违法所得的，没收违法所得，并处违法所得一倍以上五倍以下罚款；情节严重的，由工商行政管理部门吊销营业执照；构成犯罪的，依法追究刑事责任。

第四十九条 评估机构、评估专业人员在一年内累计三次因违反本法规定受到责令停业、责令停止从业以外处罚的，有关评估行政管理部门可以责令其停业或者停止从业一年以上五年以下。

第五十条 评估专业人员违反本法规定，给委托人或者其他相关当事人造成损失的，由其所在的评估机构依法承担赔偿责任。评估机构履行赔偿责任后，可以向有故意或者重大过失行为的评估专业人员追偿。

第五十一条 违反本法规定，应当委托评估机构进行法定评估而未委托的，由有关部门责令改正；拒不改正的，处十万元以上五十万元以下罚款；情节严重的，对直接负责的主管人员和其他直接责任人员依法给予处分；造成损失的，依法承担赔偿责任；构成犯罪的，依法追究刑事责任。

第五十二条 违反本法规定，委托人在法定评估中有下列情形之一的，由有关评估行政管理部门会同有关部门责令改正；拒不改正的，处十万元以上五十万元以下罚款；有违法所得的，没收违法所得；情节严重的，对直接负责的主管人员和其他直接责任人员依法给予处分；造成损失的，依法承担赔偿责任；构成犯罪的，依法追究刑事责任：

（一）未依法选择评估机构的；

（二）索要、收受或者变相索要、收受回扣的；

（三）串通、唆使评估机构或者评估师出具虚假评估报告的；

（四）不如实向评估机构提供权属证明、财务会计信息和其他资料的；

（五）未按照法律规定和评估报告载明的使用范围使用评估报告的。

前款规定以外的委托人违反本法规定，给他人造成损失的，依法承担赔偿责任。

第五十三条 评估行业协会违反本法规定的，由有关评估行政管理部门给予警告，责令改正；拒不改正的，可以通报登记管理机关，由其依法给予处罚。

第五十四条　有关行政管理部门、评估行业协会工作人员违反本法规定，滥用职权、玩忽职守或者徇私舞弊的，依法给予处分；构成犯罪的，依法追究刑事责任。

第八章　附　　则

第五十五条　本法自 2016 年 12 月 1 日起施行。